算經十書

錢寶琮 點校

中華書局

圖書在版編目(CIP)數據

算經十書/錢寶琮點校. —北京:中華書局,2021.1
(2023.2 重印)
ISBN 978-7-101-14926-5

Ⅰ.算… Ⅱ.錢… Ⅲ.古算經 Ⅳ.O112

中國版本圖書館 CIP 數據核字(2020)第 227172 號

責任編輯:汪 煜 劉 明
責任印製:陳麗娜

算 經 十 書

錢寶琮 點校

*

中 華 書 局 出 版 發 行
(北京市豐臺區太平橋西里 38 號 100073)
http://www.zhbc.com.cn
E-mail:zhbc@zhbc.com.cn
三河市中晟雅豪印務有限公司印刷

*

850×1168 毫米 1/32 · 20⅛印張 · 2 插頁 · 350 千字
2021 年 1 月第 1 版 2023 年 2 月第 3 次印刷
印數:5001-6500 册 定價:78.00 元

ISBN 978-7-101-14926-5

出版説明

算經十書是中國古代最基本的數學典籍，這十種書集中體現了中國的古典數學成就，具有非常重要的學術意義。在周髀算經、九章算術、海島算經、孫子算經、張邱建算經、五曹算經、五經算術、緝古算經、數術記遺、夏侯陽算經等十種算經中，不少算題側面反映了當時社會、經濟及人民生活狀況，具有较高的史料價值。十種算經多數附帶有古注，例如周髀算經中有趙君卿的注，徵引了不少已佚散的古代文獻，具有很高的文獻價值，可供輯佚之用。當下的文史研究多能從此書中獲益。

上世紀六十年代，中華書局出版了由錢寶琮先生點校的算經十書。錢寶琮（一八九二—一九七四），字琢如，浙江嘉興人。是著名的數學史家、數學教育家，爲中國古典數學史和古代天文學史的開拓者之一。其點校的算經十書是科技類古籍的整理典範，長久以來被視作古代科技研究的必備書之一。但是此書當年印量不高，其中内容也偶有錯訛。現在我們根據錢寶琮先生所留的手批本予以修訂再版，並據中華書局圖書館所藏的微波榭叢書本算經十書對其中錯漏之處進行了訂補。錢先生發表於科學史集刊第九期（一九六六年）上的王孝通緝古算術第二題第三題術文疏證是對王氏著作的重要解讀，故本次出版將之作爲附録收入。由于原文有大量數學公式，不方便重排，且原爲横排西式，今縮小影印後，置於全書之末，以便省覽。原文爲繁簡體混排，今仍其舊。

本書在編輯過程中，雖已盡力更正舊版錯訛，但限於水平，恐仍有未盡之處。祈請讀者批評指正。

本次重版得到錢寶琮先生家屬的大力支持，在此謹表謝忱！

中華書局編輯部

二〇二〇年十月

點校算經十書序

我國有着歷史悠久的文化，在許多方面都有內容豐富的典籍流傳到後世。唐代「立於學官」的十部算經是具有代表性意義的十種數學著作，它們是了解我國古代數學發展情況必不可少的文獻。

隋代於國子監內設立「算學」（相當於現在大學裏的數學系），有博士二人，助教二人，學生八十人。唐初國子監內不立「算學」，高宗顯慶元年（公元六五六年）始添設算學館，有學生三十人，以李淳風等注釋的十部算經作爲課本。顯慶三年又廢去算學館，以博士以下人員併入太史局。龍朔二年（公元六六二年）又在國子監內設立「算學」，但學生名額由三十人減爲十人。

與國子監內設立「算學」的同時，於國家每年舉行的科舉考試中也添設了明算科。明算科考試章程據新唐書選舉志記載是：「凡算學，錄大義本條爲問答，明數造術，詳明術理，然後爲通。試九章三條，海島、孫子、五曹、張邱建、夏侯陽、周髀、五經算各一條，十通六；記遺、三等數帖讀十得九，爲第。試綴術、緝古大義爲問答者，明數造術，詳明術理；無注者合數造術，不失義理，然後爲通。綴術七條，緝古三條十通六；記遺、三等數帖讀十得九，爲第。落經者雖通六不第。」經過考試及第後，送吏部銓敍（分配工作），給以「從九品下」的官階。明算科及第的出身既然很差，應試的人就不會多。杜佑通典論科舉說：「士族所趨唯明經、進士二科而已。」大概在晚唐時期明算科考試早已停止了。

唐代封建政權重視數學敎育是歷史上少見的。但這僅僅是前一時期數學獲得高度發展的反映，對於當時的數學發展並沒有起多少推動作用。到北宋時，社會經濟有了一定的發展，推動了科學研究的風氣。雕板印書的事業也有助於學術文化的廣泛流傳。元豐七年（公元一〇八四年）祕書省刻了幾部算經，是最早的官刻本數學書籍。各書後面有祕書省校書郎姓名一幅，進呈批准校定鏤板，祕書少監、祕書丞姓名一幅，宰輔大臣司馬光、呂公著等姓名一幅，足見當時校刻古典數學書的鄭重。北宋刻本的算經實際上有下列九部：

周髀算經二卷，趙君卿注，甄鸞述，李淳風等注。
九章算術九卷，劉徽注，李淳風等注。
劉徽海島算經一卷，李淳風等注。
孫子算經三卷。

張邱建算經三卷，劉孝孫細草，李淳風等注。

五曹算經五卷。

甄鸞五經算術二卷，李淳風等注。

王孝通緝古算術一卷。

夏侯陽算經三卷。

周髀算經和九章算術又各有李籍所撰的「音義」附刻於二書之後。

元豐七年刻書時，因限於當時的條件，不能將唐代立於學官的十部算經全部印行。刻書以前綴術一書已經失傳，它的損失是無法彌補的。我們根據宋書曆志、隋書律曆志、經籍志、王孝通上緝古算術表和九章算術李淳風注等有關史料，知道一些綴術的內容。祖沖之（公元四二九——五〇〇年）是第五世紀中一個傑出的天文學家和數學家，少年時曾任劉宋王朝南徐州（今江蘇鎮江）從事史和公府參軍。他計算圓周率近似值，得到下列成果：圓徑為一千萬時，圓周長在三一四一五九二六和三一四一五九二七之間；約率，七分之二十二；密率，一百十三分之三百五十五。他解決了劉徽提出的「牟合方蓋」體積問題，從而得出計算球體積的正確公式。又創立了「開差立」法，就是後世所稱的開帶從立方法（求三次方程的正根)。南齊書文學傳說,祖沖之曾「注九章,造綴述數十篇」。我們認爲他鑽研了九章算術的劉徽注,寫成了數十篇的專題論文,附綴於劉徽注的後面,叫它「綴述」,也就是他的「九章注」。上述的許多輝煌成就無疑是「綴述」的組成部分。他的兒子祖暅也是一個博學多才的科學家。他繼承了父親的數學成就,另編綴術五卷(或稱六卷)。綴術和九章算術等傳統數學書一樣,應當是一部數學問題集。這部內容極爲豐富的綴術比較難讀,隋書律曆志說「學官莫能究其深奥,是故廢而不理」,這大概是一代傑作不能流芳百世的主要原因。

宋元豐七年刻書時,夏侯陽算經也已失傳,以唐大曆年間韓延所撰的實用算術書充數,詳情見本書「夏侯陽算經提要」。唐代立於學官的夏侯陽算經現在沒有傳本,它究竟有多少科學成就,我們無法估計。在另一方面,我們現在所能了解的唐代後期實用數學的發展史却有韓延的書可供參考,它以「夏侯陽算經」的名義流傳下來,倒是一件好事。

北宋秘書省刻的幾部算經有南宋嘉定六年(一二一三)的鮑澣之翻刻本。鮑澣之又於杭州七寶山寧壽觀所藏道書中覓得徐岳數術記遺一卷,認爲它也是唐代算學用書之一,將它和周髀、九章等算經同付印刷。

明永樂大典（一四〇三至一四〇七）中兼收各種數學書，因它現在已經散逸，所收唐代以前的數學書究有幾種，難以詳考。明代晚期出現了很多種叢書，數學書被採入於叢書中的只有周髀算經和數術記遺二種。

清初，北宋秘書省刻的各種算經全部亡逸。南宋鮑澣之刻本也僅存周髀算經、孫子算經、張邱建算經、五曹算經、緝古算經、夏侯陽算經六部的孤本，和殘存的九章算術五卷。常熟汲古閣主人毛扆倩人影摹得這七種的抄本。

清乾隆三十七年（一七七二）開四庫全書館，訪得毛氏的影宋抄本七種，又於永樂大典中錄出九章算術、海島算經、五經算術三種，經過戴震的校訂，作爲四庫書的底本。與此同時，曲阜孔繼涵依據戴震的校定稿印行微波榭本算經十書，並將數術記遺和戴震的兩種著作（策算一卷，句股割圜記三卷）附刻於內。微波榭本算經十書流傳很廣，推動了當時研究古典數學的風氣，算經十書又有了很多的翻刻本。

我們這次整理出版的算經十書，實際上只有目前還留傳下來的周髀、九章、海島、孫子、張邱建、五曹、五經算、緝古八種，但以甄鸞數術記遺和韓延「夏侯陽算經」兩種作爲附錄。

算經十書包括從漢初到唐末一千年中的數學名著，有着豐富多彩的內容，是了解中國古代數學必不可少的文獻。在這一千年的時期裏，我們的祖先發展了許多數學知識，創造了許多計算技能。有些光輝成就不僅當時在世界上是先進的，就是對現在的數學教學也還有一定的參考價值。九章算術方田章裏的分數四則、粟米章和衰分章裏的比例、方程章裏的聯立一次方程和正負數概念等等，都是世界數學發展過程中的先驅，是值得我們感到自豪的。在算經十書研究中，我們還可以挖掘出很多在現在中學數學教學裏可以引用的教材。例如趙君卿周髀注用面積圖形證明句股定理和二次方程解法。又如九章算術圓田術劉徽注，只用圓內接正多邊形的面積就可以得到圓面積近似值的下限和上限。這些比現今中學教科書更簡明的數學方法在算經十書中例子很多，對于數學教學工作是有幫助的。

算經十書的彙刻不是代表着中國古代數學的發展史，但通過這幾部書的綜合研究，我們可以了解唐末以前古代數學發展的道路。我們探討中國古代數學的基本概念和方法與它們的發生和發展，算經十書是不可多得的最原始的資料。在九章算術裏，我們很容易看到：面積問題起源於田地的測量，比例問題起源於糧食的交換，體積問題起源於工程土方和倉庫容量的計算，等等，說明人類的生產實踐對數學的發生與發展起着基本性的作用。後來的算經增加了許多新的應用問題，主要也是適應當時的生產實踐而提出來的。例如各時期的數學書中就有以當時的賦税制度爲題材的應用問題，在九章算術裏有均輸法問題，張邱建算經裏有「九品混通」租調法問題，僞夏侯陽算經裏有唐代的租庸調法和兩税法問題。數學的發展和其他自然科學的發展之間也有密切的聯系。西漢時期的蓋天説促進了句股形的研究，三國時期的地理測量推廣了重差術的應用。東晉時期天文學家「上元積年」的推算引起了孫子算經「物不知數」問題的解法，隋代大規模的土木建設引起了緝古算術的工程土方問題。

漢代的數學家繼承前人在生產實踐中產生的數學知識和計算技能，編成了九章算術，後世的數學家們又在九章算術的基礎上，結合當時的生產實踐，對各個具體問題的解法，經過科學的抽象，概括一些共同性的東西，進行比較深入的研究，或是把它的應用擴展開來，或是把它的理論提高一步。當實踐和認識有了新的發展，數學就有着不斷的進步，並爲宋、元時期中國數學的高度發展創造了條件。

北宋元豐七年刻算經十書是經祕書省的幾個校書郎校訂過的，但根據南宋鮑澣之的翻刻本，我們知道原刻本有着很多的錯誤文字未曾校正。周髀算經有明刻本，卷首題「趙開美校」或「毛晉校」字樣，書中的誤文奪字比南宋本更爲嚴重。清乾隆三十七年開四庫全書館，戴震任纂修官，曾對周髀算經、九章算術、孫子算經、五經算術等書略加校訂。嘉慶中李潢、沈欽裴校勘了九章算術和海島算經，張敦仁、李潢校勘了緝古算經。道光中顧觀光和光緒中孫詒讓對周髀算經寫下了校勘記。清代諸家的校勘工作大體說來是對讀者很有裨益的，但也有漏校和誤校的地方。我們要徹底了解作者原意，還有不少困難。要發揚古代數學的偉大成就，明瞭數學發展的規律，首先必須將算經十書重加校勘，儘可能消滅一切以訛傳訛的情況。爲了讀者的便利，我們按照下列三點具體計劃試作校訂：

一、校點時主要以天祿琳琅叢書本（毛氏的影宋本）、北京大學所藏的南宋刻本、武英殿聚珍版本（保留了永樂大典本的原文）互相勘對，並以各種通行本（詳各書的「版本與校勘」）參校，擇善而從，各本的衍文脫誤與重要異文，於校勘記中說明之。

二、凡原文的衍文脫誤，逕行改正。而於校勘記中說明之；已經清人校正的文字，儘所見及予以採用，並在校勘記中聲明他們的功績。清人有誤校之處，或依據原本指出其謬誤，或針對具體情況重新校訂。

三、九章算術等問題集，按卷於各題上加〔一〕、〔二〕、〔三〕等數碼，以便查閱。

由於校者學識淺薄，鑽研未能深入，工作上存在的問題很多，漏校和誤校的毛病仍恐難以避免，初次引用新式標點容亦有不妥之處。希望讀者們隨時指敎。

校點工作中所需的參考資料主要是借用我室李儼主任的藏書。工作中還經常得到李主任、嚴敦杰同志、杜石然同志和中華書局編輯部諸同志的協助，我向他們致由衷的感謝。

錢寶琮 一九六一年十月於中國自然科學史研究室

算經十書目錄

點校算經十書序……一

周髀算經

周髀算經提要……三

版本與校勘……七

周髀算經序……一一

卷上……一三

卷下……五三

九章算術

九章算術提要……八三

版本與校勘……八七

劉徽九章算術注原序……九一

卷第一　方田……九三

卷第二　粟米……一一三

卷第三　衰分……………………一三一
卷第四　少廣……………………一四三
卷第五　商功……………………一五九
卷第六　均輸……………………一七九
卷第七　盈不足……………………二〇五
卷第八　方程……………………二二一
卷第九　句股……………………二四一

海島算經

海島算經提要……………………二六一
版本與校勘……………………二六三
海島算經……………………二六五

孫子算經

孫子算經提要……………………二七五
版本與校勘……………………二七六
孫子算經序……………………二七九
卷上……………………二八一

卷中……二九五
卷下……三〇九

張邱建算經

張邱建算經提要……三二五
版本與校勘……三二七
張邱建算經序……三二九
卷上……三三一
卷中……三五五
卷下……三七三

五曹算經

五曹算經提要……四〇九
版本與校勘……四一〇
卷第一　田曹……四一一
卷第二　兵曹……四一七
卷第三　集曹……四二一
卷第四　倉曹……四二五

卷第五　金曹……四三一

五經算術

五經算術提要……四三七
版本與校勘……四三八
卷上……四四一
卷下……四五九

緝古算經

緝古算經提要……四八七
版本與校勘……四九〇
上緝古算術表……四九三
緝古算經……四九五

附　録

數術記遺

數術記遺提要……五三一
版本與校勘……五三三

數術記遺……五三五

夏侯陽算經

夏侯陽算經提要……五五一
版本與校勘……五五四
夏侯陽算經序……五五五
卷上……五五七
明乘除法……五五七
辯度量衡……五五九
言斛法不同……五六一
課租庸調……五六四
論步數不等……五六七
變米穀……五七〇
卷中……五七三
求地稅……五七三
分祿料……五七七
計給糧……五七九
定脚價……五八一

稱輕重……五八五
卷下……五八九
說諸分……五八九

周髀算經

周髀算經提要

周髀算經原名周髀，不著撰人名氏。它是我國最古的天文學著作，主要闡明蓋天說和四分曆法。在周髀裏，已經有相當繁複的數字計算，並且引用了句股定理。唐代於規定國子監「算學」課程時，認爲周髀是一份最可寶貴的數學遺產，將它列爲十部算經之一，並且改稱爲周髀算經。

古人於平地上樹立一個八尺高的表，於中午時量取太陽的晷長（表的影子），從而知道當日太陽的高度。因表與晷成一直角，故以晷長爲句，表高爲股。周髀卷上有這樣一段對話：「榮方曰：『周髀者何？』陳子曰：『古時天子治周。此數望之從周，故曰周髀。髀者表也。』」周是洛陽的王城，髀就是股，這說明周髀書名的來歷。

周髀書中的蓋天說是西漢時期天文學家的一種宇宙構造學說。唐瞿曇悉達開元占經卷二「論天」說：「夫言天體者蓋非一家也。世之所傳有渾天，有蓋天。說渾天者言天渾然而圓，地在其中。蓋天者言天形如車蓋，地在其下。二曜推移，五星迭覿，見狀昏明，皆由遠近，動移麗天，不入於地。日之將沒，去人彌遠，明衰光滅，故闇其明。及其將出，因而彌近，光明炎熾，故隆其照。」渾天說產生於蓋天說之後，用它來說明太陽、月亮的視運動更能和實際觀測相接近。東漢末蔡邕在朔方上書說：「周髀術數具存，考驗天狀，多所違失。惟渾天近得其情，今史官候台所用銅儀則其法也。」

四分曆法是一種以閏月來調節四時季候的陰曆，以三百六十五日又四分之一日爲一個回歸年，十九年有七個閏月，故一個平均朔望月爲二十九日又九百四十分之四百九十九日。這種曆法最初出現於春秋後期，到漢武帝太初元年（公元前一〇四年）纔改用太初曆法（在漢書律曆志中稱爲三統曆法）。

二十四節氣最早見於淮南子天文訓。周髀所載二十四氣的名稱和順序與天文訓相同。周髀的作者認爲冬至日在牽牛，春分日在婁，夏至日在東井，秋分日在角，和劉歆三統曆譜所載「牽牛初冬至」，「婁四度春分」，「井三十一度夏至」，「角十度秋分」，基本上相合。我們根據這些資料和其他有時代性的文字，斷定周髀是公元前一〇〇年前後的作品。周髀卷上的開始敍述周公和商高的問答，南宋鮑澣之撰周髀算經跋，認爲「其書出商、周之間」。清陳杰算法大成上編（一八二三年）卷二說：「句股之法始於周髀算經，大約漢人所作，乃託爲周公、商高問答之辭。……其言『昔者』則非周公同時已顯然矣。」

現在有傳本的數學書以東漢初年編寫的九章算術爲最古。周髀的寫成時代還是在九章算術之前，它所包含的數學知識和計算技能足以考證西漢時期數學的成就。周髀中的數學成就主要是在下列三方面：一、相當繁複的分數乘除。二、計算太陽在正東西方向時離人「遠近」用着句股定理，已知弦與句求股。實際計算里數時，開平方得出六位數碼的答數。三、測量太陽的「高」、「遠」時有所謂「日高術」，奠立了後世重差術的基礎。

傳本周髀算經有趙君卿注，甄鸞重述，李淳風等的注釋。趙君卿生平履歷和生卒年代俱不可詳考。他於序文和注文中自稱其名曰「爽」。宋李籍周髀算經音義說：「君卿趙爽字也。」周髀卷下，注者曾兩次引用乾象曆法。按東漢末劉洪所撰的乾象曆法只在三國時期吳國頒行。趙爽注將古四分曆法和當時實行的曆法作比較研究。我們認爲趙爽應是吳人，作注的年代是在吳國頒行乾象曆（公元二二二年）之後。趙爽對於周髀原著作了忠實的注解，並且援引了淮南子天文訓，張衡靈憲，劉洪乾象曆，以及易乾鑿度，河圖括地象，尙書考靈曜等緯書來證實周髀的說法。趙爽補繪了「日高圖」和「七衡圖」，並加以說明，使周髀作者的蓋天說昭然若揭，這對於後世的讀者是大有裨益的。趙爽又撰「句股圓方圖」說一篇附於周髀首章的注中。在這短短五百餘字的文章中，句股定理，關於句、股、弦的幾個關係式，以及二次方程解法都得到了幾何證明。

甄鸞字叔遵，仕北周，官至司隸校尉、漢中郡守。曾撰天和曆法，於天和元年（五六六年）頒行。周髀書中有很多數字計算，甄鸞均詳細敍述演算程序和逐步所得的數字。沒有數字計算的文句，他就不加解釋。趙爽的句股圓方圖說是一篇簡明的句股算法綱要，甄鸞依據句三、股四、弦五的特例來核對它的各個命題。因他對於有關句股形的基本原理有了很多誤解，連核算的工作都沒有做好。

周髀本文和趙爽、甄鸞的注解都有美中不足之處。唐李淳風等的注釋就重點批判了這部書存在的缺點。一、周髀的「日高術」是以南北相距一千里，同日中午八尺表的影子相差一寸作爲算法的根據。李淳風等指出地面既然不是平面，這種算法顯然不合於理，何況地差千里影差一寸的假定亦是脫離實際的。二、他們指出趙爽用等差級數插值法推算二十四氣的表影尺寸和實際測量所得的結果不合。三、他們也指出了甄鸞對於趙爽句股圓方圖說的種種誤解而逐條加以駁正。他們的注釋雖然只有上列的三項，但都能明辨是非，並且提出正確的意見，對於讀者是有很大的幫助的。

版本與校勘

北宋元豐七年祕書省刻本算經十書到南宋朝傳本很少。括蒼鮑澣之，字仲祺，留心古典數學書籍，廣事收羅，於他知汀州軍州時，將祕書省本算經十書翻刻印行。周髀算經卷末綴錄他的跋言，時在嘉定六年（一二一三）。

明代永樂大典兼收各種數學書。周髀算經在大典中是相當完整的。萬曆中胡震亨刻祕册彙函，以周髀算經爲這部叢書中的一種，於趙、甄、李三家注之外又增加唐寅注。唐注量既很少，質亦不高。卷首題「明趙開美校」。祕册彙函本周髀算經現在還有傳本，錯誤的文字比南宋刻本更多。趙開美取什麽本子作底本，校勘了多少，現在都無法查明了。稍後，常熟汲古閣主人毛晉刻津逮祕書，周髀算經卽以祕册彙函本翻刻，但卷首原題「明趙開美校」改爲「明毛晉校」而已。清人所刻叢書，如古今圖書集成中的曆象典，嘉慶年張海鵬刻的學津討原，光緒年朱記榮的槐廬叢書，和商務印書館所印的四部叢刊，中華書局所印的四部備要等都以趙開美校本爲藍本。

南宋本周髀算經到明代末年僅章邱李開先家中保藏一部。此書於清康熙中歸毛晉的兒子毛扆，現在保存在上海圖書館。毛扆又「求善書者刻畫影摹，不爽毫末」，得一副本。這個影宋抄本後來歸於清宮，作爲天祿琳琅閣藏書，今存故宮博物院。故宮博物院於一九三一年影印天祿琳琅叢書，其中的周髀算經的底本就是毛氏的影宋抄本。

清乾隆中編纂四庫全書，採周髀算經入子部天文類。戴震在四庫全書館任纂修官，據永樂大典中的周髀算經校訂明刻本，四庫書提要說：「補脫文一百四十七字，改譌舛者一百十三字，删其衍複十八字。」「其舊書內凡爲圖者五而失傳者三，譌舛者一，謹據正文及注爲之補訂。」永樂大典本現已失傳，據四庫全書本可以約略知道它的大概，錯誤的文字和不符合正文及注的插圖與南宋刻本不相上下。武英殿聚珍板本和孔繼涵微波榭本算經十書皆以戴震校本爲底本。殿本和孔刻本流傳較廣，後來的翻印本亦多。翻刻微波榭本的有同治年梅啓照重刻本，光緒年上海鴻寶齋石印本，劉鐸古今算學叢書本和商務印書館的萬有文庫本。翻刻武英殿本的有福建、江西、浙江等省的翻印本，和商務印書館的叢書集成本。

周髀本文流傳於世有二千餘年的歷史，趙、甄、李三家注也都在一千三百年以上。累代轉輾傳抄，誤文奪字在所難免。北宋元豐年刻書時所用的底本未必是當時的善本。明、清二代叢書的出版者大都對於古代文化遺產有着抱殘守缺的思想，宋板書的錯誤文字還是保留下來。四庫全書本雖經戴震校訂，失校之處還是很多。清道光中金山顧觀光撰周髀算經校勘記，對於周髀本文中文義難通的字句校正了二十八條，「注中差謬更多不復具論」。光緒年瑞安孫詒讓又於本文和趙注、李注中校勘了十六條，見於所編札迻卷十一。顧觀光、孫詒讓所舉各條大都通過覃思精勘，深究本原，但掛漏尚多，猶有遺憾。現在參考各種版本吹毛求疵，又校正若干條，連趙、戴、顧、孫所校共得一百四十餘條。原有插圖與本文及注不相配合的亦皆重繪。有不正確之處，敢請讀者隨時指敎。

周髀算經序

趙君卿撰

夫高而大者莫大於天，厚而廣者莫廣於地。體恢洪而廓落，形脩廣而幽清。可以玄①象課其進退，然而宏遠不可指掌也。可以晷儀驗其長短，然其巨闊不可度量也。雖窮神知化不能極其妙，探賾索隱不能盡其微。是以詭異之說出，則兩端之理生，遂有渾天、蓋天兼而並之。故能彌綸天地之道，有以見天地之賾。則渾天有靈憲之文，蓋天有周髀之法。累代存之，官司是掌。所以欽若昊天，恭授民時。爽以暗蔽，才學淺昧。鄰高山之仰止，慕景行之軌轍。負薪餘日，聊觀周髀。其旨約而遠，其言曲或作典。而中。將恐廢替，濡滯不通，使談天者無所取則。輒依經爲圖，誠冀頽毁重仞之牆，披露堂室之奥。庶博物君子時迴思焉。

① 「玄」係影宋本、明刻本原文，殿本、孔刻本改作「元」，避康熙名諱也。

周髀算經卷上

昔者周公問於商高曰：「竊聞乎大夫善數也，周公姓姬，名旦，武王之弟。商高周時賢大夫，善算者也。周公位居冢宰，德則至聖，尚卑己以自牧，下學而上達，況其凡乎。請問古者包犧立周天曆度，包犧，三皇之一，始畫八卦。以商高善數，能通乎微妙，達乎無方，無大不綜，無幽不顯，問①包犧立周天曆度建章蔀之法。易曰「古者包犧氏之王天下也，仰則觀象於天，俯則觀法於地」，此之謂也。夫天不可階而升，地不可得②尺寸而度，邈乎懸廣，無階可升。蕩乎遐遠，無度可量。請問數安從出③？」心昧其機，請問其目。商高曰：「數之法出於圓方。圓徑一而周三，方徑一而匝四。伸圓之周而爲句，展方之匝而爲股，共結一角，邪適弦五。此圓方邪徑相通之率。故曰「數之法出於圓方」。圓方者，天地之形，陰陽之數。然則周公之所問天地也，是以商高陳圓方之形，以見其象，因奇耦之數，以制其法。所謂言約旨遠，微妙幽通矣。圓出於方，方出於矩，圓規之數，理之以方。方，周

---

① 「問」，各本作「聞」，今依孫詒讓校正。

② 「得」，係影宋本原文，趙開美校本作「將」。

③ 「數安從出」，明刻本「安從」二字誤倒，影宋本不誤。

匝也。方正之物，出之以矩。矩，廣長也。矩出於九九八十一。推圓方之率，通廣長之數，當須乘除以計之。九九者，乘除之原也。故折矩故者申事之辭也。將爲句股之率，故曰折矩也。以爲句廣三，應圓之周。横者謂之廣，句亦廣。廣，短也。股脩四，應方之匝。從者謂之脩，股亦脩。脩，長也。徑隅五。自然相應之率。徑，直；隅，角也。亦謂之弦。既方其外，半之一矩。① 句股之法，先知二數然後推一，見句、股然後求弦。先各自乘，成其實。實成勢化，爾乃變通。故曰「既方其外」。或并句、股之實以求弦②。弦實之中乃求句股之分并。實不正等，更相取與，互有所得。故曰「半之一矩③」。其術，句股各自乘，三三如九，四四一十六，并爲弦自乘之實二十五。減句於弦，爲股之實一十六。減股於弦，爲句之實九。環而共盤，得成三、四、五。盤讀如盤桓之盤。言取其④并減之積，環屈而共盤之⑤。開方除之，得⑥其一面。故曰「得成三、四、五」也。兩矩共長二十有五，是謂積矩。兩矩者，句、股各自乘之實。共長者，并實之數。將以施於萬事，而此先陳其率也。故禹之所以治天下者，此數之所生也。禹治洪水，決流江河。望山川之形，定高下之勢，除滔天之災，釋昏墊之厄，使東注於海而無浸逆。乃句股之所由生也。

句股圓方圖⑦

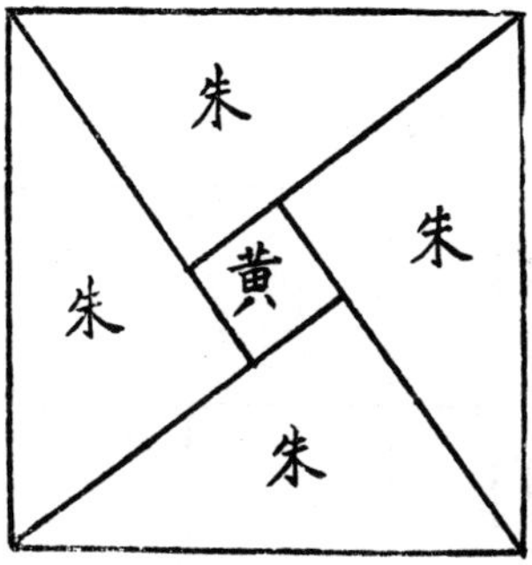

弦圖一

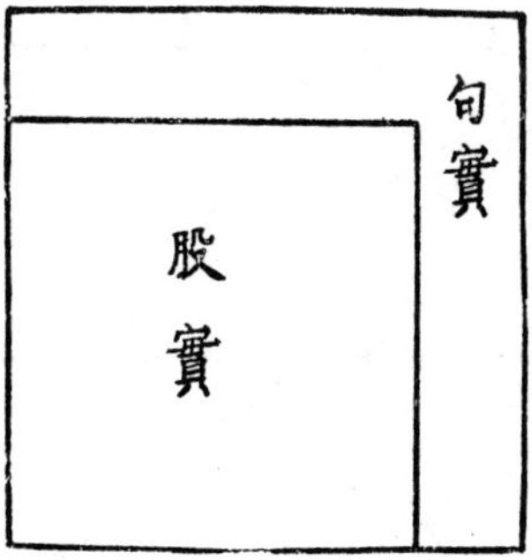

弦圖二

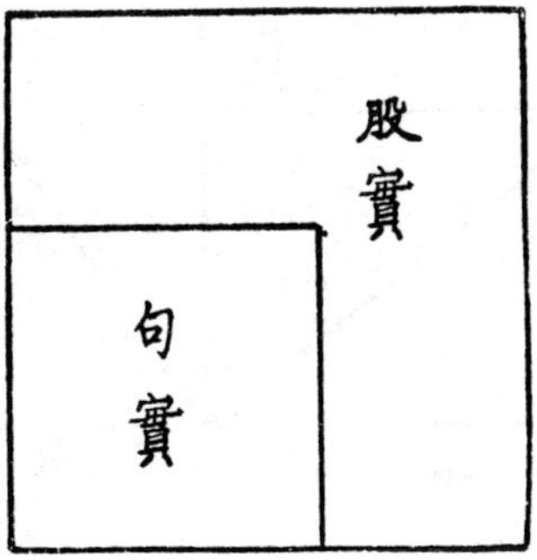

弦圖三

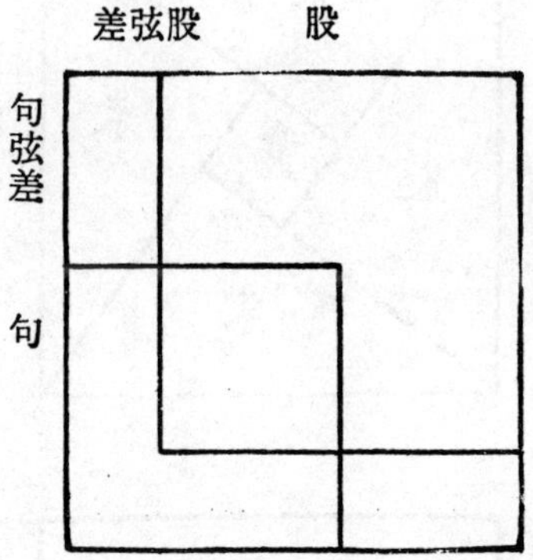

弦圖四

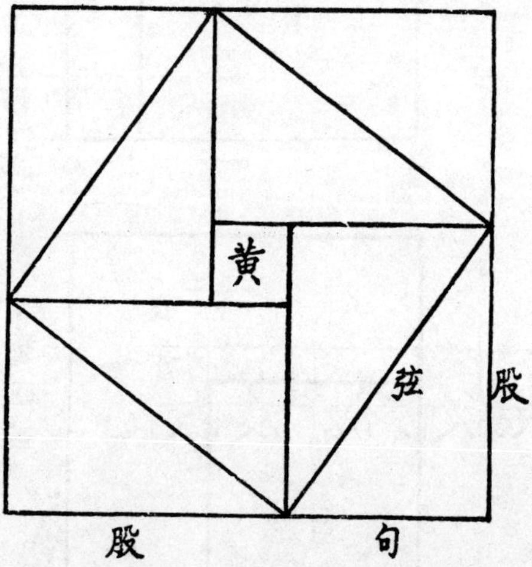

并實圖

① 「既方其外，半之一矩」，影宋本、趙校本俱作「既方之外，半其一矩」，今從殿本。

② 「或并句、股之實以求弦」，影宋本缺「弦」字，今依殿本補。

③「半之一矩」，影宋本作「半其一矩」，今從殿本。
④「言取其并減之積」，影宋本「其」訛作「而」，今從殿本校。
⑤「環屈而共盤之」之下，影宋本衍一「謂」字，依殿本刪去。
⑥「得其一面」，影宋本奪去「得」字，今依殿本補。
⑦「句股圓方圖」，各本原有三圖如下，各圖雖與甄鸞注有關，但與趙爽注俱不合。今依據趙爽注重繪，得五圖如上。

弦圖

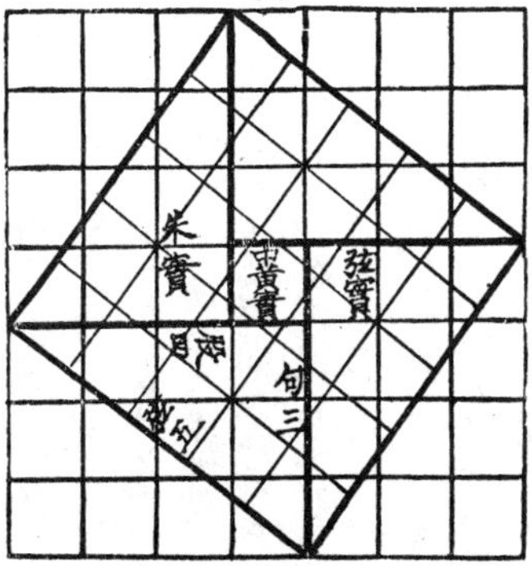

弦實二十五朱及黃

朱實六黃實一

右圖

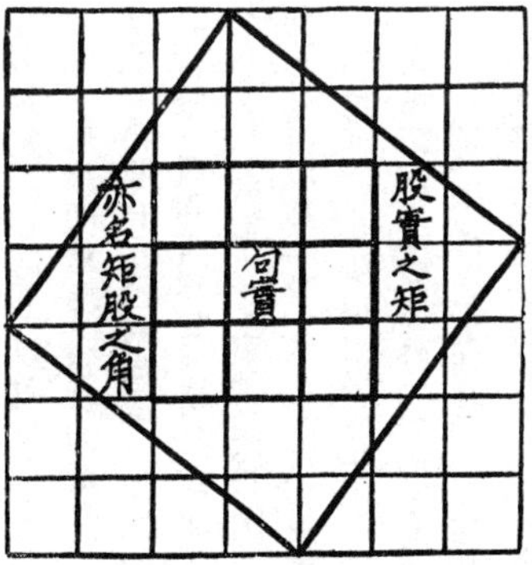

句實九青

股實之矩十六黃

左圖

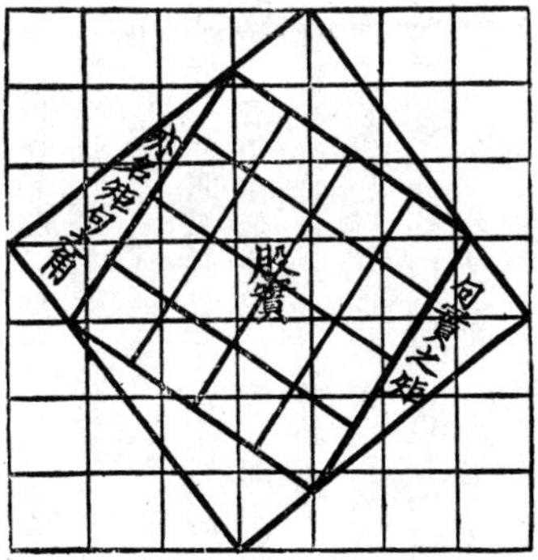

股實十六黃

句實之矩九青

句股圓方圖

句、股各自乘，并之爲弦實。開方除之，卽弦。案弦圖又可以句、股相乘爲朱實二，倍之爲朱實四。以句股之差自相乘爲中黃實。加差實一亦成弦實。① 以差實減弦實，半其餘。以差爲從法，開方除之，復得句矣。加差於句，卽股。凡并句、股之實卽成弦實。或方於內，或矩於外。② 形詭而量均，體殊而數齊。句實之矩以股弦差爲廣，股弦并爲袤。而股實方其裏。減矩句之實於弦實，開其餘卽股。倍股在兩邊爲從法，開矩句之角卽股弦差。加股爲弦。以差除句實，得股弦并。以并除句實，亦得股弦差。令并自乘，與句實爲實。倍并爲法。所得亦弦。句實減并自乘，如法爲股。股實之矩以句弦差爲廣，句弦并爲袤。而句實方其裏。減矩股之實於弦實，開其餘卽句。倍句在兩邊爲從法，開矩股之角卽句弦差。加句爲弦。以差除股實，得句弦并。以并除股實，亦得句弦差。令并自乘與股實爲實。倍并爲法。所得亦弦。股實減并自乘，如法爲句。兩差相乘，倍而開之，所得，以股弦差增之，爲句。以句弦差增之，爲股。兩差增之，爲弦。倍弦實列句股差實，見并實者③，以圖考之，倍弦實滿外大方而多黃實。黃實之多，卽句股差實。以差實減之，開其餘，得外大方。大方之面，卽句股并也。令并自乘，倍弦實乃減之，開其餘，得中黃方。黃方之面，卽句股差。以差減并而半之，爲句。加差於并而半之，爲股。其倍弦爲廣袤合，令句、股見者自乘爲其實。四實以減之④，開其餘所得爲差。以差減合，半其餘爲廣。減廣於弦，卽所求也。觀其迭相規矩，共爲返覆，互與通分，各有所得。然則統敍羣倫，宏紀衆理，貫幽入微，鉤深致遠。故曰，其裁制萬物，唯所爲之也。

臣鸞釋曰：按君卿注云，句股各自乘，并之爲弦實。開方除之，卽弦。臣鸞曰：假令句三自乘得九，股四自乘得十六，并之得二十五。開方除之得五，爲弦也。注云，按弦圖又可以句股相乘爲朱實二，倍之爲朱實四。以句股之差自相乘，爲中黃實。臣鸞曰：以句弦差二，倍之爲四。自乘得十六，爲左圖中黃實也。臣淳風等謹按：注云「以句股之差自乘爲中黃實」，鸞云倍句弦差自乘者，苟求異端，雖合其數，於率不通。注云，加差實一⑤亦成弦實。臣鸞曰：加差實一，幷外矩青八，得九。幷中黃十六得二十五，亦成弦實也。臣淳風等謹按：注云「加差實一亦成弦實」。鸞云加差實幷外矩及中黃者，雖合其數，於率不通。注云，以差實減弦實，半其餘。以差爲從法，開方除之，復得句矣。臣鸞曰：以差實九，減弦實二十五，餘十六。半之得八。以差一加之，得九。開之，得句三也。臣淳風等謹按：注宜云，以差實一減弦實二十五，餘二十四。半之爲十二。以差一爲從。開方除之，得句三。鸞云以差實九減弦實者，雖合其數，於率不通。注云，加差於句卽股。臣鸞曰：加差一於句三，得股四也。注云，凡幷句、股之實，卽成弦實。臣鸞曰：句實九，股實十六，幷之得二十五也。注云，或方於內，或矩於外。⑥形詭而量均，體殊而數齊。句實之矩，以股弦差爲廣，股弦幷爲袤。臣鸞曰：以股弦差一爲廣，股四幷弦五，得九爲袤。左圖，外青也。注云，而股實方其裏。臣鸞曰：爲左圖中黃十六。注云，減矩句之實於弦實，

---

① 據後文李淳風等引，作「加差實一，亦成弦實」，各本脫落「一」字，今補。又依文義，「加」字之前，應有「朱實四」三字，但甄、李注中都未提到，疑非原本所有，故不補。

② 「或方於內，或矩於外」，各本「方」訛作「矩」，「矩」訛作「方」，今校正。

③ 「見幷實者」，各本「幷」訛作「弦」，今校正。

④ 依文義，「四實以減之」之前應有「令合自乘」四字。但甄鸞注未引，疑非原本所有，故不校補。

⑤ 「加差實一」，各本脫落「一」字，今補。

⑥ 「或方於內，或矩於外」，「方」「矩」各本訛倒，今校正。

開其餘卽股。臣鸞曰：減矩句之實九於弦實二十五，餘一十六，開之得四，股也。注云，倍股在兩邊爲從法，開矩句之角卽股弦差。臣鸞曰：倍股四得八，在圖兩邊以爲從法。開矩句之角九，得一也。注云，加股爲弦。臣鸞曰：加差一於股四，則弦五也。注云，以差除句實得股弦并。臣鸞曰：以差一除句實九，得九，卽股四、弦五并爲九也。注云，以并除句實，亦得股弦差。臣鸞曰：以九除句實九，得股弦差一。注云，令并自乘與句實爲實。臣鸞曰：令并股、弦得九，自乘爲八十一。又與句實九加之，得九十爲實。注云，倍并爲法。臣鸞曰：倍股弦并九得十八，爲法。注云，所得亦弦。臣鸞曰：除之，得五爲弦。注云，句實減并自乘，如法爲股。臣鸞曰：以句實九減并自乘八十一，餘七十二。以法十八除之，得四，爲股也。注云，股實之矩以句弦差爲廣，句弦并爲袤。臣鸞曰：股實之矩以句弦差二爲廣，句弦并八爲袤。注云，而句實方其裏。減矩股之實於弦實，開其餘卽句。臣鸞曰：句實有九，方在右圖裏。以減矩股之實①十六於弦實二十五，餘九，開之，得三，句也。注云，倍句在兩邊。臣鸞曰：各三也。注云，爲從法，開矩股之角卽句弦差。加句爲弦。臣鸞曰：加差二於句三，則弦五也。注云，以差除股實，得句弦并。臣鸞曰：以差二除股實十六得八，句三、弦五并爲八也。注云，以并除股實，亦得句弦差。臣鸞曰：以并除股實十六，得句弦差二。注云，令并自乘與股實爲實。臣鸞曰：合并八自乘得六十四，與股實十六。加之，得八十，爲實。注云，倍并爲法。臣鸞曰：倍句弦并八得十六，爲法。注云，所得亦弦。臣鸞曰：除之得弦五也。注云，股實減并自乘，如法爲句。臣鸞曰：以股實十六減并自乘六十四，餘四十八。以法十六除之，得三，爲句也。注云，兩差相乘，倍而開之，所得，以股弦差增之爲句。臣鸞曰：以股弦差一乘句弦差二，得二。倍之爲四。開之得二。以股弦差一增之，得三，句也。注云，以句弦差增之爲股。臣鸞曰：以句弦差二增之，得四，股也。注云，兩差增之爲弦。臣鸞曰：以股弦差一，句弦差二增之，得五，弦也。注云，倍弦實列句股差實見并②實者，以圖考之，倍弦實滿外大方而多黄實。黄實之多，即句股差實。臣鸞曰：倍弦實二十五得五十。滿外大方七七四十九，而多黄實。黄實之多，即句股差實也。注云，以差實減之，開其餘，得外大方。大方之面即句股并。臣鸞曰：以差實一減五十，餘四十九。開之，即大方之面七也。亦是句股并也。注云，令并自乘，倍弦實乃減之。開其餘，得中黄方。黄方之面，即句股差。臣鸞曰：并七自乘得四十九，倍弦實二十五得五十。以減之，餘即中黄方，差實一也。故開之即句股差一也。注云，以差減并而半之，爲句。臣鸞曰：以差一減并七，餘六。半之得三，句也。注云，加差於并而半之，爲股。臣鸞曰：加差一於并七，得八。而半之，得四，股也。注云，其倍弦爲廣袤合。臣鸞曰：倍弦二十五爲五十，爲廣袤合。臣淳風等謹按：列廣袤術宜云：「倍弦五得十，爲廣袤合。」今鸞云倍弦二十五者，錯也。注云，令句股見者自乘，爲其實。

① 「矩股之實」，殿本「實」訛作「角」，此依影宋本。

② 「并」，各本訛作「弦」，今爲校正。

四實以減之，開其餘，所得爲差。臣鸞曰：令自乘者以七七自乘得四十九。四實者，大方句股之中有四方。一方之中有方十二。四實有四十八。減上四十九，餘一也。開之得一，即句股差一。臣淳風等謹按注意，令自乘者，十自乘得一百。四實者，大方廣袤之中，有四方。若據句實而言，一方之中有實九，四實有三十六。減上一百，餘六十四。開之得八，即廣袤差。此是股弦差減股弦并餘數。若據股實而言之，一方之中有實十六，四實有六十四。減上一百，餘三十六，開之得六，即廣袤差。此是句弦差減句弦并餘數也。鸞云，「令自乘者，以七七自乘得四十九。四實者，大方句股之中有四方，一方之中有方十二，四實有四十八。減上四十九餘一也。開之得一，即句股差一」者，錯也。注云，以差減合，半其餘爲廣。臣鸞曰：以差一減合七，餘六。半之得三，廣也。臣淳風等謹按注意，以差八、六各減合十，餘二、四。半之得一、二。一即股弦差，二即句弦差。以差減弦即各袤廣也。鸞云，「以差一減合七餘六。半之得三，廣」者，錯也。注云，減廣於弦，即所求也。臣鸞曰：以廣三減弦五，即①所求差，二也。臣淳風等謹按注意，以廣一、二各減弦五，即所求股四、句三也。鸞云，「以廣三減弦五，即所求差二」者，錯也。

周公曰：「大哉言數！心達數術之意，故發「大哉」之歎。請問用矩之道？」謂用表之宜，測望之法。

商高曰：「平矩以正繩，以水繩之正②，定平懸之體，將欲愼毫氂之差，防千里之失。偃矩以望高，覆矩以測深，臥矩以知遠，言施用無方，曲從其事，術在九章。環矩以爲圓，合矩以爲方。既以追尋情理，又可造製圓方。言矩之於物，無所不至。方屬地，圓屬天，天圓地方。物有圓方，數有奇耦。天動爲圓，其數奇。地靜爲方，其數耦。此配陰陽之義，非實天地之體也。天不可窮而見，地不可盡而觀，豈能定其圓方乎？又曰：「北極之下高人所居六萬里，旁沲四隤而下。天之中央亦高四旁六萬里。」是爲形狀同歸而不殊途，隆高齊軌而易以陳。故曰「天似蓋笠，地法覆槃」。方數爲典，以方出圓。夫體方則度影正，形圓則審實難。蓋方者有常而圓者多變。故當制法而理之。理之法者，半周、半徑相乘則得方矣。又可周徑相乘，四而一。又可徑自乘，三之，四而一。又可周自乘，十二而一。故曰「圓出於方」。笠以寫天。③笠亦如蓋，其形正圓。戴之所以象天。寫猶象也。言笠之體象天之形。詩云「何蓑何笠」，此之義也。天青黑，地黄赤。天數之爲笠也，青黑爲表，丹黄爲裏，以象天地之位。既象其形，又法其位。言相方類，不亦似乎。是故知地者智，知天者聖。言天之高大，地之廣遠，自非聖智，其孰能與於此乎？智出於句，句亦影也。察句之損益，知物之高遠。故曰「智出於句」。句出於矩。矩謂之表。表不移，亦爲句。爲句將正，故曰「句出於矩」焉。夫矩之於數，其裁制萬物，唯所爲耳。」言包含幾微，轉通旋還也。周公曰：「善哉！」善哉，言明曉之意。所謂問一事而萬事達。

昔者榮方問於陳子　榮方、陳子是周公之後人。非周髀之本文，然此二人共相解釋，後之學者謂爲章句，

---

① 「卽」，宋本訛作「六」，今依殿本。

② 「以水繩之正」，係南宋本及大典本原文。秘冊彙函本趙開美不悟「水」爲水準，改爲「求」字，就失去原意。

③ 「笠以寫天」，顧觀光云：「寫當作象。古象字作爲，與寫相似。」但趙爽注云「寫猶象也」，可見東漢末周髀傳本已有「笠以寫天」之文字。

因從其類，列於事下。又欲尊而遠之，故云「昔者」。時世、官號，未之前聞。曰：「今者竊聞夫子之道。榮方聞①陳子能述商高之旨，明周公之道。知日之高大，日去地與圓徑之術。光之所照，日旁照之所及也。一日所行，日行天之度也。遠近之數，冬至、夏至去人之遠近也。人所望見，人目之所極也。四極之窮，日光之所遠也。列星之宿，二十八宿之度也。天地之廣袤，袤，長也。東西、南北謂之廣、長。夫子之道皆能知之。其信有之乎？」而明察之故②，不昧不疑。陳子曰：「然。」言可知也。榮方曰：「方雖不省，願夫子幸而說之。欲以不省之情，而觀大雅之法。今若方者可教此道邪？」不能自料，訪之賢者。陳子曰：「然。言可教也。此皆算術之所及。言周髀之法，出於算術之妙也。子之於算，足以知此矣。若誠累思之。」累，重也。言若誠能重累思之，則達至微之理。

於是榮方歸而思之，數日不能得。雖潛心馳思，而才單智竭。復見陳子曰：「方思之不能得，敢請問之。」陳子曰：「思之未熟。熟猶善也。此亦望遠起高之術，而子不能得，則子之於數③，未能通類。定高遠者立兩表，望懸邈者施累矩。言未能通類求句股之意。是智有所不及，而神有所窮。言不能通類，是情智有所不及，而神思有所窮滯。夫道術，言約而用博者，智類之明。夫道術聖人之所以極深而研幾。唯深也，故能通天下之志。唯幾也，故能成天下之務。是以其言約，其旨遠，故曰「智類之明」也。問一類而以萬事達者④，謂之知道。引而伸之，觸類而長之，天下之能事畢矣，故謂之知道也。今子所學，欲知天地之數。算數之術，是用智矣，而尚有所難，是子之智類單。算術所包尚以爲難，是子智類單盡。夫道術所以難通者，既學矣，患其不博。不能廣博。既博矣，患其不習。不能究習。既習矣，患其不能知。不能知類。故同術相學，術教同者則當學通類之意。同事相觀，事類同者觀其旨趣之類。此列士之愚智⑤，列猶別也。言觀其術，鑒其學，則愚智⑥者別矣。賢不肖之所分。賢者達於事物之理，不肖者闇於照察之情。至於役神馳思，聰明殊別矣。是故能類以合類，此賢者業精習知⑦之質也。學其倫類，觀其指歸，唯賢智精習者能之也。夫學同業而不能入神者，此不肖無智而業不能精習。俱學道術，明智不察，不能以類合類而長之。此心遊目蕩，義不入神也。是故算不能精習，吾豈以道隱子哉。固復熟思之。」凡教之道，不憤不啓，不悱不發。憤之悱之，然後啓發。既不精思，又不學習，故言吾無隱也，爾固復熟思之。舉一隅，使反之以三也。

榮方復歸，思之，數日不能得。復見陳子曰：「方思之以精熟矣。智有所不及，而神有所窮，知不能得。願終請說之。」自知不敏，避席而請說之。陳子曰：「復坐，吾語汝。」於是榮

---

① 「聞」，各本俱訛作「問」，今以意校正。

② 「明察之故」，「之」疑當作「其」。

③ 「則子之於數」，影宋本缺「則」字，今依殿本補。

④ 「以萬事達者」，係影宋本原文，明刻本無「以」字。

⑤⑥ 「愚智」，影宋本訛作「遇智」，此從趙校本。

⑦ 「知」，影宋本、趙校本、殿本俱作「智」，此從孔刻本。

方復坐而請。陳子說之曰：「夏至南萬六千里，冬至南十三萬五千里，日中立竿無影①。臣鸞曰：南戴日下立八尺表，表影千里而差一寸，是則天上一寸，地下千里。今夏至影有一尺六寸，故知其萬六千里②。冬至影一丈三尺五寸，則知③其十三萬五千里。此一者天道之數。言天道數一，悉以如此。周髀長八尺，夏至之日晷一尺六寸。晷，影也。此數望之從周④。而周官測景，尺有五寸⑤。蓋出周城南千里也。記云：「神州之土方五千里。」雖差一寸，不出畿地之分，失四和之實⑥，故建王國。髀者，股也。正晷者，句也。以髀爲股，以影爲句。句股定⑦，然後可以度日之高遠。正晷者，日中之時節也。正南千里，句一尺五寸。正北千里，句一尺七寸。候其影，使表相去二千里，影差二寸。將求日之高遠，故先見其表影之率。日益南，晷益長。⑧候句六尺，候其影使長六尺者，欲令句股相應，句三、股四、弦五，句六、股八、弦十。即取竹，空徑一寸，長八尺，捕影而視之，空正掩日，以徑寸之空視日之影，髀長則大，矩短則小，正滿八尺也。捕猶索也。掩猶覆也。而日應空⑨。掩若重規。更言八尺者，舉其定也。又日近則大，遠則小，以影六尺爲正。由此觀之，率八十寸而得徑一寸。以此爲日髀之率。故以句爲首，以髀爲股。首猶始也。股猶末也。句能制物之率，股能制句之正。欲以爲總見之數，立精理之本。明可以周萬事，智可以達無方。所謂「智出於句，句出於矩」也。從髀至日下六萬里而髀無影。從此以上至日，則八萬里。臣鸞曰：求從髀至日下六萬里者，先置南表晷六尺，上十之爲六十寸。以兩表相去二千里乘，得十二萬里爲實。以影差二寸爲法，除之，得日底地去表六萬里。求從髀至日八萬里者，先置表高八尺，上十之爲八十寸。以兩表相去二千里乘之，得十六萬爲實。以影差二寸爲法，除之，得從表端上至日八萬里也。

若求邪至日者，以日下爲句，日高爲股。句、股各自乘，并而開方除之，得邪至日，從髀所衺⑩至日所十萬里。衺⑪，此古邪字。求其數之術曰：以表南至日下六萬里爲句，以日高八萬里爲股，爲之求弦。句、股各自乘，并而開方除之，卽邪至日之所也。臣鸞曰：求從髀邪至日所法：先置南

---

① 「日中立竿無影」，各本「無」訛作「測」，今以意校改。顧觀光云：「此句有誤。世說言語篇注引作『日中樹表則無影矣』。」

② 「故知其萬六千里」，影宋本脱落「知」字，今依殿本校補。

③ 「知」，影宋本訛作「故」，此依殿本。

④ 「周」字下各本衍「城之南千里也」六字，今依孫詒讓校删。

⑤ 「尺有五寸」，影宋本「五」訛作「六」，此依殿本。

⑥ 「失四和之實」，影宋本、殿本「失」訛作「先」，趙校本作「先王知之實」，此依孫詒讓校改。

⑦ 「句股定」，各本脱落「句」字，今依孫詒讓校補。

⑧ 「日益南，晷益長」，各本均作「日益表南，晷日益長」。顧觀光據華嚴經音義四引，斷定「此表字、日字並衍」。今依顧校删去。

⑨ 「空」字下各本有「之孔」二字。顧觀光謂是衍文，今删去。

⑩⑪ 本文與趙注中兩「衺」字，各本均訛作「旁」。顧觀光云：「注云『旁古邪字』。按旁與邪音義俱不類。本文兩『邪』字並『衺』之誤。注云『衺古邪字』則合矣。『從髀所旁至日所十萬里』此句應屬下節，『旁』亦當作『衺』。」今本文與注中兩「旁」字俱依顧氏改正爲「衺」，本文及注中原有「邪」字未加校改。

至日底六萬里爲句，重張自乘，得三十六億爲句實。更置日高八萬里爲股，重張自乘，得六十四億爲股實。并句、股實得一百億爲弦實。開方除之，得從王城至日十萬里。今有十萬里，問徑幾何？曰，一千二百五十里。八十寸而得徑一寸，以一寸乘十萬里爲實。八十寸爲法，即得。以率率之，八十里得徑一里。十萬里得徑千二百五十里。法當以空徑爲句率，竹長爲股率。日去人爲大股，大股之句即日徑也。其術以句率乘大股，股率而一。此以八十里爲法，十萬里爲實。實如法而一，即得日徑。故曰，日徑①千二百五十里。臣鸞曰：求以率八十里得徑一里，十萬里得徑千二百五十里法，先置竹孔徑一寸爲千里作大句，更置邪去日十萬里爲股。以句千里乘股十萬里，得一億爲實。更置日去地八萬里爲法。除實得日徑千二百五十里。故云日徑②也。臣淳風等謹按：夏至王城望日，立兩表相去二千里，表高八尺。影去前表一尺五寸，去後表一尺七寸。舊術以前後影差二寸爲法，以前影寸數乘表間爲實。實如法得萬五千里爲日下去南表里。又以表高八十寸乘表間爲實。實如法，得八萬里爲表上去日里。仍以表寸爲日高，影寸爲日下。待日漸高，候日影六尺，用之爲句。以表爲股。爲之求弦，得十萬里爲邪表數目。取管圓孔徑一寸，長八尺，望日滿筒以爲率。長八十寸爲一，邪去日十萬里，日徑即千二百五十里。以理推之，法云天之處心高於外衡六萬里者，此乃語與術違。句六尺，股八尺，弦十尺，角隅正方自然之數。蓋依繩水之定，施之於表矩。然則天無別體，用日以爲高下。術既隨平而遷，③高下從何而出。語術相違，是爲大失。又按二表下地，依水平法定其高下。若北表④地高則以爲句，以間爲弦。置其高數，其影乘之，其表除之，所得益股爲定間。若北表⑤下者，亦置所下，以法乘、除，所得以減股爲定間。又以高、下之數與間相約，爲地高、遠之率。求遠者，影乘定間，差法而一，所得加影，日之遠也。求高者，表乘定間，差法而一，所得加表，⑥日之高也。求邪去地者，弦乘定間，差法而一，所得加弦，日邪去地。此三等至皆以日爲正。求日下地高下者，置戴日之遠近，地高下率乘之，如間率而一，所得爲日下地高下。形勢隆殺與表間同，可依此率。若形勢不等，非代所知。⑦率日徑求日大小者，徑率乘間，如法而一，得日徑。此徑當即得，不待影長六尺。凡度日者，先須定二矩水平者，影南北，立句齊高四尺，相去二丈。以二弦候率於句上，并率二則擬爲候影。句上立表，弦下望日。前一則上畔，後一則下畔，引則就影，令與表日參直。二至前後三四日間，影不移處，即是當以候表，並望人取一影亦可，日徑影端表頭爲則。　然地有高下，表望不同，後六術乃窮其實。第一，後高前下術。高爲句，表間爲弦⑧。後復影爲所求率，表爲所有率，以句爲所有數。所得益股爲定間。第二，後下術。以其所下爲句，表間爲弦。置其所下，以影乘表除，所得減股，餘爲定間。第三，邪下術。依其北高之率⑨高其句影，令⑩與地勢隆殺相似，餘同平法。假令髀邪下而南，其邪亦同，不須別望。但弦短⑪與句股不得相應。其南里數亦隨地勢，不得校平。平則促⑫。若用此術，但得南望。若北望者⑬，即用句影⑭南下之術，當北高之地。第四，邪上術。依其後下之率下其

---

①② 二「日徑」，各本俱作「日晷徑」，衍「晷」字，今刪。

③ 「隨平而邐」，影宋本脫落「隨」字，趙校本「平」訛作「乎」，此從殿本。

④⑤ 「北表」，影宋本俱訛作「此表」，殿本則第二個「北表」作「此表」，今從趙校本。

⑥ 「求遠者，影乘定間，差法而一」下各本俱脫落「所得加影，日之遠也。求高者，表乘定間，差法而一」十九字，今補。

⑦ 「非代所知」四字費解，但各本皆同，頗難是正。疑「代」原有「世」意，因避唐太宗李世民諱而寫作「代」字。

⑧ 「表間爲弦」，影宋本「表間」訛作「一表」，此從趙校本。

⑨ 「北高之率」，影宋本脫「北」、「之」二字，殿本作「卑高之率」，今從趙校本。

⑩ 「令」，南宋本、明本俱訛作「合」，此從殿本。

⑪ 「短」，影宋本、殿本訛作「矩」，此從趙校本。

⑫ 「平則促」，南宋本「促」訛作「從」，此從明本。

⑬ 「若北望者」，南宋本脫落「若北望」三字，此從明本。

⑭ 「即用句影南下之術」，「影」字南宋本訛作「股」，明本訛作「照」，此從殿本。

句影，此謂迴望北極以爲高遠者，望去取差亦同南望。此術弦長，亦與句股不得相應。唯得北望，不得南望。若南望者，即用句影北高之術。第五，平術。不論高下，周髀度日用此平術。故東、西、南、北四望皆通。近遠一差，不須別術。第六術者，是外衡。其經云四十七萬六千里。半之，得二十三萬八千里者，是外衡去天心之處。心高於外衡六萬里爲率，南行二十三萬八千里，下校六萬里約之，得南行一百一十九里，下校三十里。一百一十九步，差下三十步，則三十九步太半步①，差下十步。以此爲準，則不合有平地。地既不平②而用術尤乖理驗。且自古論晷影差變，每有不同。今略其梗概，取其推步之要。尚書考靈曜云：「日永影尺五寸，日短一十三尺。日正南千里而減一寸。」張衡靈憲云：「懸天之晷，薄地之儀，皆移千里而差一寸。」鄭玄注周禮云：「凡日影於地，千里而差一寸。」王蕃、姜岌因此爲說。按前諸說，差數並同，其言更出書，非眞③有此。以事考量，恐非實矣。謹案宋元嘉十九年歲在壬午，遣使往交州度日影，夏至之日影在表南三寸二分。太康地理志，交趾去洛陽一萬一千里，陽城去洛陽一百八十里。交趾西南望陽城、洛陽，在其東北④。較而言之，今陽城去交趾近於洛陽去交趾一百八十里，則交趾去陽城一萬八百二十里，而影差尺有八寸二分，是六百里而影差一寸也。況復人路迂迴，羊腸曲折，方於鳥道，所較彌多。以事驗之，又未盈五百里而差一寸，明矣。千里之言，固非實也。何承天又云：「詔以土圭測影，考校二至，差三日有餘。從來積歲及交州所上，檢其增減⑤，亦相符合。」此則影差之驗也。周禮大司徒職曰：「夏至之影尺有五寸。」馬融以爲洛陽，鄭玄以爲陽城。尚書考靈曜：「日永影一尺五寸。」鄭玄以爲陽城日短十三尺。易緯通卦驗：「夏至影尺有四寸八分，冬至一丈三尺。」劉向洪範傳：「夏至影一尺五寸八分。」是時漢都長安，而向不言測影處所，若在長安，則非晷影之正也。夏至影長一尺五寸八分，冬至一丈三尺一寸四分。向又云「春秋分長七尺三寸六分」，此即總是虛妄。後漢曆志：「夏至影一尺五寸。」後漢洛陽冬至一丈三尺。自梁天監已前並同此數。魏景初，夏至影一尺五寸。魏初都許昌，與潁川相近。後都洛陽，又在地中之數。但易緯因漢曆舊影，似不別影之，冬至一丈三尺。晉姜岌影一尺五寸。宋都建康在江表，驗影之數遙取陽城，冬至一丈三尺。宋大明祖沖之曆，夏至影一尺五寸。宋都秣陵遙取影同前，冬至一丈三尺。後魏信都芳注周髀四術云（按永平元年戊子是梁天監之七年也），見洛陽測影，又見公孫崇集諸朝士共觀祕書影，同是夏至之日以八尺之表測日中影，皆長一尺五寸八分，雖無六寸，近六寸。梁武帝大同十年，太史令虞劆以九尺表於江左建康測夏至日中影，長一尺三寸二分。以八尺表測之，影長一尺一寸七分强。冬至一丈三尺七分，八尺表影長一丈一尺六寸二分弱。隋開皇元年，冬至影長一丈二尺七寸二分。開皇二年，夏至影一尺四寸八分。冬至長安測，夏至洛陽測。及王邵隋靈感志，冬至一丈二尺七寸二分，長安測也。開皇四年，夏至一尺四寸八分，洛陽測也。冬至一丈二尺八寸八分，洛陽測也。大唐貞觀三年己丑五月二十三日癸亥夏至，中影一尺四寸六分，長安測也。十一月二十九日丙寅冬至，中影一丈二尺六寸三分，長安測也。按漢、魏及隋所記夏至中影或長或短⑥，齊其盈縮之中，則夏至之影尺有五寸爲近定實矣。以周官推之，洛陽爲所交會，則冬至一丈二尺五寸亦爲近矣。按梁武帝都金陵，去⑦洛陽南北大較千里。以尺表令其有九尺影，則大同十年江左八尺表夏至中影長一尺一寸七分。若是爲夏至八尺表千里而差三寸强⑧矣。此推驗即是夏至影差升降不同，南北遠近數亦有異。若以一等永定，恐皆乖理之實。

---

① 「三十九步太半步」，各本俱作「三十步太强」，今以算法校正。

② 「地既不平」，各本俱脱落「不」字，今補。

③ 「眞」，各本俱作「直」，今依孫詒讓校。

④ 「東北」，各本俱訛作「東南」，今以意校正。

⑤ 「檢其增減」，係宋書曆志何承天上新曆表原文。各本引此文，「檢」俱改作「驗」，今爲校正。

⑥ 「或長或短」，影宋本脱落第二個「或」字，今從殿本補。

⑦ 「去」，影宋本與明刻本俱訛作「云」，今從殿本校正。

⑧ 「三寸强」，各本俱訛作「一寸弱」。前言洛陽「夏至之影尺有五寸」又言金陵「影長一尺一寸七分」，二影相差應是三寸有餘。

黃乙

青己

黃
甲

表

表

青
丙

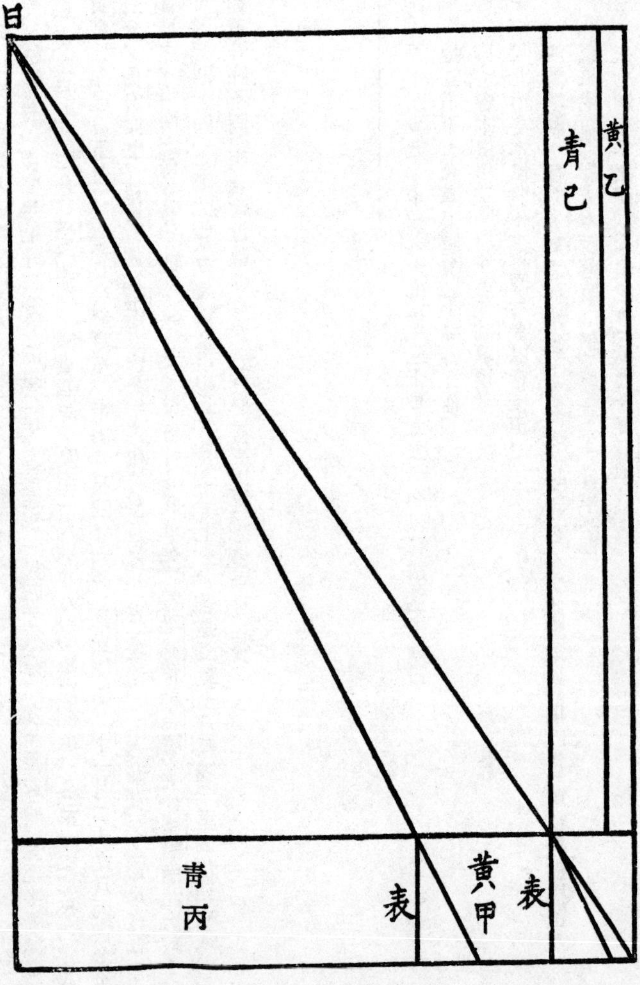

① 日高圖原圖各本俱誤如下，今依據趙爽注重繪。

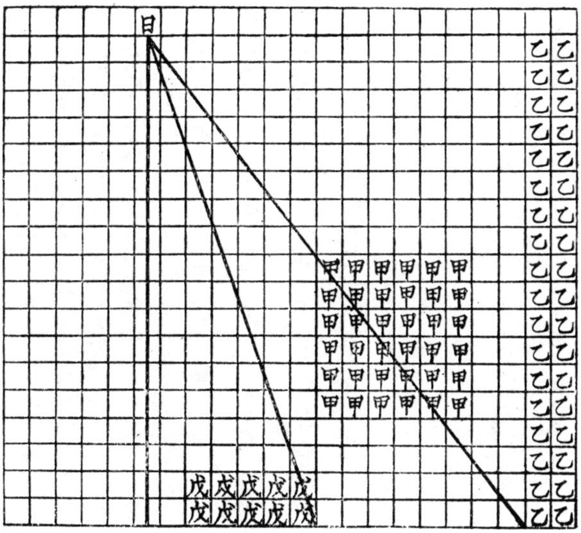

日高圖

黄甲與黄乙其實正等。以表高乘兩表相去爲黄甲之實。以影差爲黄乙之廣而一，所得則變得黄乙之袤，①上與日齊。按圖當加表高，今言八萬里者，從表以上復加之。青丙與青己其實亦等。黄甲與青丙相連，黄乙與青己相連，其實亦等②。臣鸞曰：求日高法，先置表高八尺爲八萬里爲袤，以兩表相去二千里爲廣，乘袤八萬里得一億六千萬里，爲黄甲之實。以影差二寸爲二千里爲法，除之，得黄乙之袤八萬里，卽上與日齊。此言王城去天名曰甲，日底地上至日名曰乙。上天名青丙，下地名青戊。據影六尺，王城上天南至日六萬里。王城南至日底地亦六萬里。是上下等數。日夏至南萬六千里者，立表八尺於王城，影一尺六寸。影寸千里。故王城去夏至日底地萬六千里也。

法曰：「周髀長八尺，句之損益寸千里。句謂影也。言懸天之影，薄地之儀，皆千里而差一寸。故曰極者，天廣袤也。言極之遠近有定，則天廣長可知。今立表高八尺以望極，其句一丈三寸。由此觀之，則從周北十萬三千里而至極下。」謂冬至日加卯、酉之時若春、秋分之夜半。極南兩旁與天中齊，故以爲周去天中之數。

榮方曰：「周髀者何？」

陳子曰：「古時天子治周，古時天子謂周成王時。以治周居王城，故曰，昔先王之經邑，奄觀九隩，靡地不營。土圭測影，不縮不盈。當風雨之所交，然後可以建王城。此之謂也。此數望之從周，故曰周髀。言周都河南，爲四方之中，故以爲望主也。髀者，表也。因其行事，故曰髀。由此捕望，故曰表。影爲句，故曰句股也。

「日夏至南萬六千里，日冬至南十三萬五千里，日中無影。以此觀之，從極南至夏至之日中③十一萬九千里。諸言極者，斥天之中。極去周十萬三千里，亦謂極與天中齊時，更加南萬六千里是也。北至其夜半，亦然。日極在極北正等也。凡徑二十三萬八千里，幷南北之數也。此夏至日道之徑也，其徑者，圓中之直者也。其周七十一萬四千里。周，匝也。謂夫戴日行，其數以三乘徑。臣鸞曰：求夏至日道徑法，列夏至日去天中心十一萬九千里，夏至夜半日亦去天中心十一萬九千里，幷之，得夏至日道徑二十三萬八千里。三乘徑，得周七十一萬四千里也。從夏至之日中，至冬至之日中，十一萬九千里。冬至日中去周十三萬五千里，除夏至日中去周一萬六千里是也。北至極下，亦然。則從極南至冬至之日中二十三萬八千里。從極北至其夜半，亦然。凡徑四十七萬六千里。此冬至日道徑也，其周百四十二萬八千里。從春秋分之日中北至極下十七萬八千五百里。春秋之日影七尺五寸五分，加望極之句一丈三寸。臣鸞曰：求冬至日道徑法，列夏至去冬至日中十一萬九千里，從夏至日道北徑亦十一萬九千里，併之，得從冬至日中北極下二十三萬八千里。從極至夜半亦二十三萬八千里。幷之，得冬至日道徑四十七萬六千里。以三乘徑，即冬至日道周一百四十二萬八千里。從極下北至其夜半，亦然。凡徑三十五萬七千里，周一百七萬一千里。故曰，月之道常緣宿，日道亦與宿正。內衡之南，外衡之北，圓

---

① 「黃乙之廣」、「黃乙之袤」，南宋本、明本兩「乙」字俱訛作「甲」，今依殿本校正。

② 「其實亦等」下，各本俱衍「皆以影差爲廣」六字，今依顧觀光校刪。

③ 「從極南至夏至之日中」，各本俱脫落「極」字，今依顧觀光校補。

而成規，以爲黃道。二十八宿列焉。月之行也①，一出一入，或表或裏，五月、二十三分月之二十而一道一交，謂之合朔交會及月蝕相去之數，故曰「緣宿」也。日行黃道以宿爲正，故曰「宿正」。於中衡之數與黃道等。臣鸞曰：求春、秋分日道法，列春、秋分日中北至極下十七萬八千五百里，從北極北至其夜半亦然。幷之，得春、秋分日道徑三十五萬七千里。以三乘徑，卽日道周一百七萬一千里。求黃道徑法，列從北極南至夏至日中一十一萬九千里，以從極北至冬至夜半二十三萬八千里，幷之，得黃道三十五萬七千里。從極南至冬至日中，北至夏至夜半，②亦黃道徑也。以三乘徑，周得一百七萬一千里也。南至夏至之日中，北至冬至之夜半，南至冬至之日中，北至夏至之夜半，亦徑三十五萬七千里，周一百七萬一千里。此皆黃道之數，與中衡等。

「春分之日夜分以至秋分之日夜分，極下常有日光。春秋分者晝夜等。春分至秋分日內近極，故日光照及也。秋分之日夜分以至春分之日夜分，極下常無日光。秋分至春分日外遠極，故日光照不及也。故春秋分之日夜分之時，日光所照適至極，陰陽之分等也。冬至、夏至者，日道發斂之所至③，晝夜長短之所極。發猶往也。斂猶還也。極，終也。春秋分者，陰陽之脩，晝夜之象。脩，長也。言陰陽長短之等。晝者陽，夜者陰。以明暗之差爲陰陽之象。春分以至秋分，晝之象。北極下見日光也。日永主物生，故象晝也。秋分以至春分，夜之象。北極下不見日光也。日短主物死，故象夜也。故春秋分之日中光之所照北至極下④，夜半日光之所照亦南至極。此日夜分之時也，故曰，日照四旁各十六萬七千里。至極者，謂璇璣之際爲陽絕陰彰。以日夜⑤分之時而日光有所不逮，故知日旁照十六萬七千里，不及天中一萬一千五百里也。

「人所望見，遠近宜如日光所照。日近我一十六萬七千里之內及我。我目見日，故爲日出。日遠我十六萬七千里之外，日則不見我，我亦不見日，故爲日入。是爲日與目見於十六萬七千里之中，故曰「遠近宜如日光之所照」也。從周所望見北過極六萬四千里，自此已下，諸言過者⑥，皆置日光之所照，若人目之所見十六萬七千里，以除之。此除極至周十萬三千里。臣鸞曰：求從周所望見北過極六萬四千里法，列人目所極十六萬七千里，以王城周去極十萬三千里減之，餘六萬四千里，即人望過極之數也。南過冬至之日中⑦三萬二千里。除冬至日中去周十三萬五千里。臣鸞曰：求冬至日中三萬二千里法，列人目所極十六萬七千里，以冬至日中去王城十三萬五千里減之，餘即過冬至日中三萬二千里也。夏至之日中，光南過冬至之日中⑧四萬八千里，

---

① 「月之行也」，南宋本、明本「月」訛作「日」，此從殿本。

② 「從極南至冬至日中，北至夏至夜半」，各本脱「中」字，又於「夏至」下衍一「日」字，此從殿本。

③ 「日道發斂之所至」，各本於「所」字下衍「生也」二字，今從顧觀光校刪。

④ 「北至極下」，各本脱落「至」字，今補。

⑤ 「日夜分之時」，各本脱落「分」字，今補。

⑥ 「諸言過者」，各本「過」訛作「減」，今校正。

⑦ 「冬至之日中」，各本脱落「中」字，今補。

⑧ 「冬至之日中」下各本衍一「光」字，今刪。

除冬至之日中相去十一萬九千里。 臣鸞曰：求夏至日中光南過冬至日中四萬八千里法，列日高照十六萬七千里，以冬、夏至日中相去一十一萬九千里減之，餘即南過冬至之日中四萬八千里。① 南過人所望見萬六千里，夏至日中去周一萬六千里。 臣鸞曰：求夏至日中光南過人所望見萬六千里法，列王城去夏至日中光南過人所望見萬六千里，加日光所及十六萬七千里，得十八萬三千里。以人目所極十六萬七千里減之，餘即南過人目所望見一萬六千里也。 北過周十五萬一千里，除周夏至之日中一萬六千里。 臣鸞曰：求夏至日中光北過周十五萬一千里法，列日光所及十六萬七千里，以王城去夏至日中一萬六千里減之，餘即北過周十五萬一千里。 北過極四萬八千里。 除極去夏至之日十一萬九千里。 臣鸞曰：求夏至日中光北過極四萬八千里法，列日光所及十六萬七千里，以北極去夏至夜半十一萬九千里減之，餘即北過極四萬八千里也。 冬至之夜半日光南不至人目②所見七千里， 倍日光所照里數，以減冬至日道徑四十七萬六千里，又除冬至日中去周十三萬五千里。 臣鸞曰：求冬至夜半日光南不至人目所見七千里法，列日光十六萬七千里，倍之，得三十三萬四千里。以減冬至日道徑四十七萬六千里，餘十四萬二千里。復以冬至日中去周十三萬五千里減之，餘即不至人目所見七千里。 不至極下七萬一千里。 從極至夜半除所照十六萬七千里。 臣鸞曰：求冬至日光不至極下七萬一千里法，列冬至夜半去極二十三萬八千里，以日光一十六萬七千里減之，餘即不至極下七萬一千里。 夏至之日中與夜半日光九萬六千里過極相接。 倍日光所照，以夏至日道徑減之，餘即相接之數。 臣鸞曰：求夏至日中日光與夜半相接九萬六千里法，列倍日光所照十六萬七千里，得徑三十三萬四千里。以夏至日道徑二十三萬八千里減之，餘即日光相接九萬六千里也。**冬至之日中與夜半日光不相及十四萬二千里，不至極下七萬一千里。**倍日光所照，以減冬至日道徑，餘即不相及之數。半之，即各不至極下。臣鸞曰：求冬至日中與夜半日光③不及十四萬二千里，不至極下七萬一千里法，列冬至日道徑四十七萬六千里，以倍日光所照三十三萬四千里減之，餘即日光不相及十四萬二千里。半之，即不至極下七萬一千里也。**夏至之日正東西望，直周東西日下至周五萬九千五百九十八里半。**求之術，以夏至日道徑二十三萬八千里爲弦。倍極去周十萬三千里，得二十萬六千里爲股。爲之求句。以股自乘減弦自乘，其餘，開方除之，得句一十一萬九千一百九十七里有奇。半之，各得東、西數。④ 臣鸞曰：求夏至日正東西去周法，列夏至日道徑二十三萬八千里爲弦。自相乘得五百六十六億四千四百萬爲弦實。更置極去周十萬三千里，倍之爲二十萬六千里爲股。重張自相乘，得四百二十四億三千六百萬爲股實。以減弦實，餘一百四十二億八百萬，即句實。以開方除之，得正東西⑤一十一萬九千一百九十七里、二十三萬八千三百九十五分里之七萬五千一百九十一。半之，即周東西各五萬九千五百九十八里半。經曰奇者，分也。若求分者，倍分母得四十七萬六千七百九十，即一方得五萬九千五百九十八里半、四十七萬六千七百九十分里之七萬五千一百九十一。本經無所餘。算之次，因而演之也。**冬至之日正東西方不見日。**正東西方者，周之卯酉。日在十六萬七千里之外，故不見日。**以**

---

① 甄鸞注中兩處「冬至日中」下俱衍「光」字，今均删去。

② 「人目」，影宋本與明刻俱無「目」字，此從殿本。

③ 「求冬至日中與夜半日光」，各本「中」訛作「光」，「夜半日」下又脱落「光」字，今並依本文校正。

④ 「東西數」，各本俱訛作「周半數」，今據下節趙注校正。

⑤ 「正東西」下各本衍「去周」二字，今删去。

算求之，日下至周二十一萬四千五百五十七里半。求之術，以冬至日道徑四十七萬六千里爲弦。倍極去周十萬三千里，得二十萬六千里，爲句。爲之求股。句自乘減弦之自乘，其餘，開方除之，得四十二萬九千一百一十五里有奇。半之，各得東西數。　臣鸞曰：求冬至正東西方不見日法，列冬至日道徑四十七萬六千里爲弦，重張相乘得二千二百六十六億七千六百萬爲弦實。更列極去周十萬三千里，倍之得二十萬六千里，爲句，重張相乘得四百二十四億三千六百萬，以減弦實，餘一千八百四十一億四千萬，卽股實。開方除之，得周直東西四十二萬九千一百一十五里、八十五萬八千二百三十一分里之三十一萬六千七百七十五。半之，卽周一方去日二十一萬四千五百五十七里半，亦倍分母，得一百七十一萬六千四百六十二分里之三十一萬六千七百七十五。凡此數者，日道之發斂。凡此上周徑之數者，日道往還之所至，晝夜長短之所極。冬至、夏至，觀律之數，聽鍾之音。觀律數之生，聽鍾音之變，知寒暑之極，明代序之化也。冬至晝，夏至夜，冬至晝夜日道徑，半之，得夏至晝夜日道徑。法置冬至日道徑四十七萬六千里，半之，得夏至日中去夏至夜半二十三萬八千里，爲四極之里也。差數所及，日光所遝① 觀之，以差數之所及，日光所遝，以此觀之，則四極之窮也。四極徑八十一萬里，從極南至冬至日中二十三萬八千里，又日光所照十六萬七千里，凡徑四十萬五千里。北至其夜半亦然。故曰徑八十一萬里。八十一者，陽數之終，日之所極。　臣鸞曰：求四極徑八十一萬里法，列冬至日中去極二十三萬八千里，復加冬至日光所及十六萬七千里，得四十萬五千里。北至其夜半亦然。幷南北卽是大徑八十一萬里。周二百四十三萬里。三乘徑卽周。　臣鸞曰：以三乘八十一萬里，得周二百四十三萬里。自此以外，日所不及也。

「從周南至日照處三十萬二千里，半徑除周去極十萬三千里。　臣鸞曰：求周南三十萬二千里法，列半徑四十萬五千里，以王城去極十萬三千里減之，餘即周南至日照處三十萬二千里。周北至日照處五十萬八千里，半徑加周去極十萬三千里。臣鸞曰：求周去冬至夜半日北極照處五十萬八千里法，列半道徑四十萬五千里，加周夜半去極十萬三千里，得冬至夜半北極照去周五十萬八千里。東西各三十九萬一千六百八十三里半。求之術，以徑八十一萬里爲弦。倍去周十萬三千里得二十萬六千里爲句。爲之求股，得七十八萬三千三百六十七里有奇。半之，各得東西之數。臣鸞曰：求東西各三十九萬一千六百八十三里半法，列徑八十一萬里，重張自乘，得六千五百六十一億爲弦實。更置倍周去北極二十萬六千里爲句。重張自乘，得四百二十四億三千六百萬。以減弦實，餘六千一百三十六億六千四百萬，即股實。開方除之，得股七十八萬三千三百六十七里、一百五十六萬六千七百三十五分里之十四萬三千三百一十一。半之，即得去周三十九萬一千六百八十三里半。分母亦倍之，得三百一十三萬三千四百七十分里之十四萬三千三百一十一也。周在天中南十萬三千里，故東西短中徑②二萬六千六百三十二里有奇。③臣鸞曰：求短中徑二萬六千六百三十二里有奇法，列八十一萬里，以周東西七十八萬三千三百六十七里有奇減之，餘二萬六千六百三十三里。取一里破爲一百五十六萬六千七百三十五分。減一十四萬三千三百一十一，餘一百四十二萬三千四百二十四。即徑東西短二萬六千六百三十二里、一百五十六萬六千七百

---

① 「差數所及，日光所遝」，各本於「數」下脫落「所」字，「遝」訛作「還」，今依孫詒讓校正。遝音踏，義與逮通。

② 「短中徑」，南宋本、明本俱訛作「矩中徑」，今從殿本。

③ 各本於本節下有注文「求短中徑二萬六千六百三十二里有奇法，列八十一萬里，以周東西七十八萬三千三百六十七里有奇減之，餘即短中徑之數」等五十字，與甄鸞注重複，決非趙爽注，今刪。

三十五分里之一百四十二萬三千四百二十四。周北五十萬八千里。冬至日十三萬五千里。冬至日道徑四十七萬六千里，周百四十二萬八千里。日光四極當周東西各三十九萬一千六百八十三里有奇。」①

此方圓之法。此言求圓於方之法。

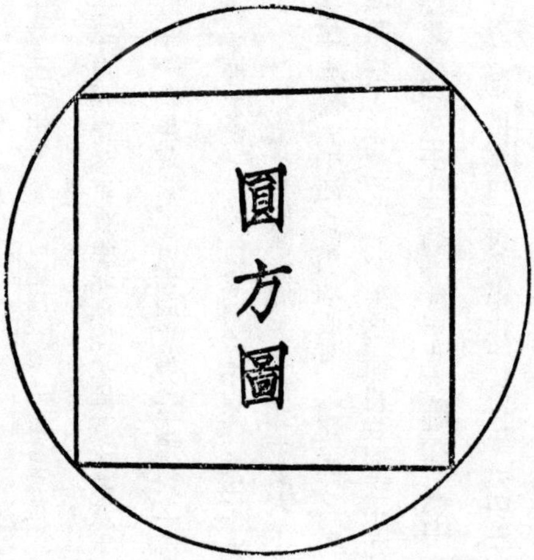

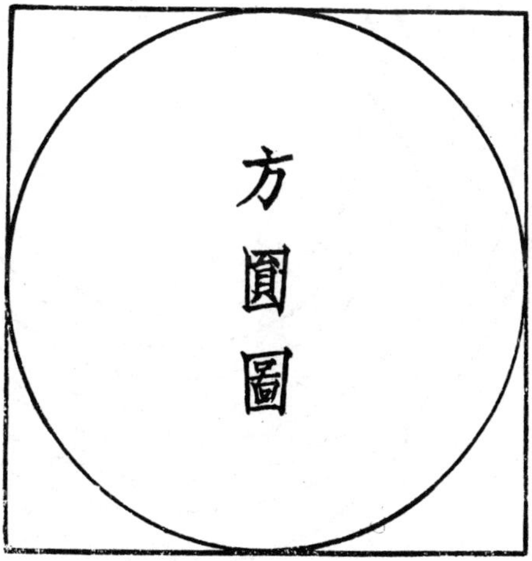

萬物周事而圓方用焉，大匠造制而規矩設焉，或毀方而爲圓，或破圓而爲方。方中爲圓者謂之圓方，圓中爲方者謂之方圓也。

---

① 顧觀光云：「此節六十一字獨無注，且諸數竝已見前，無庸複舉，必衍文也。下文『此方圓之法』五字即接上文。」

七衡圖①

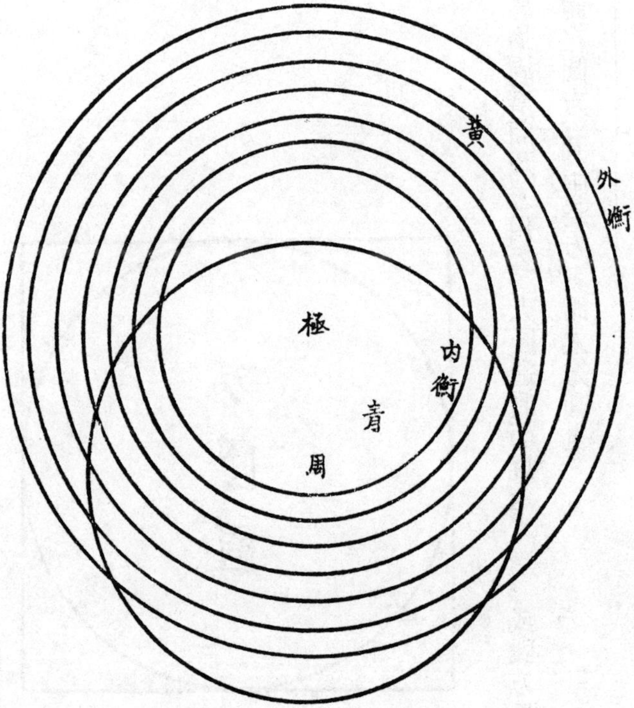

① 七衡圖各本原圖如下，與趙爽注不相符合。今依注重繪。

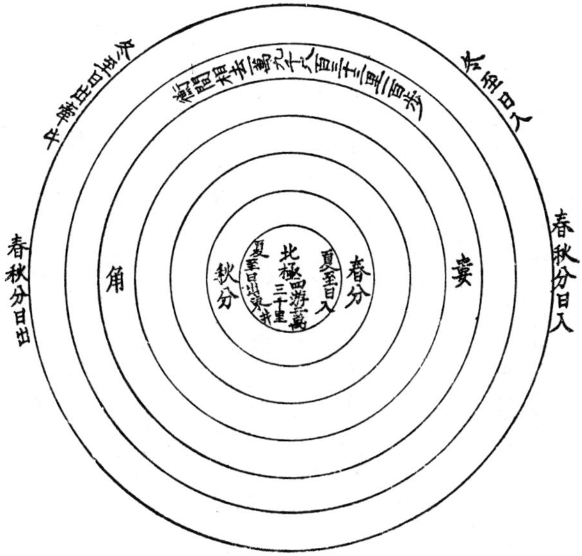

七衡圖

青圖畫者，天地合際，人目所遠者也。天至高，地至卑，非合也，人目極觀而天地合也。日入青圖畫內謂之日出，出青圖畫外謂之日入。青圖畫之內外，皆天也。北辰正居天之中央。人所謂東、西、南、北者，非有常處，各以日出之處爲東，日中爲南，日入爲西，日沒爲北。北辰之下，六月見日，六月不見日。從春分至秋分，六月常見日；從秋分至春分，六月常不見日。見日爲晝，不見日爲夜。所謂一歲者，卽北辰之下一晝一夜。黃圖畫者，黃道也，二十八宿列焉，日月星辰躔焉。使青圖在上不動，貫其極而轉之，卽交矣。我之所在，北辰之南，非天地之中也。我之卯酉，非天地之卯酉。內第一，夏至日道也。中第四①，春秋分日道也。外第七，冬至日道也。皆隨黃道，日冬至在牽牛，春分在婁，夏至在東井，秋分在角。冬至從南而北，夏至從北而南，終而復始也。

凡爲此圖，以丈爲尺，以尺爲寸，以寸爲分，分一千里。凡用繒方八尺一寸。今用繒方四尺五分，分爲二千里。方爲四極之圖，盡七衡之意。

呂氏曰：「凡四海之內，東西二萬八千里，南北二萬六千里。」呂氏秦相呂不韋，作呂氏春秋。此之義在有始第一篇，非周髀本文。爾雅云，九夷八狄七戎六蠻謂之四海。言東西南北之數者，將以明車轍馬跡之所至。河圖括地象：有君長之州九②，阻中國之文德及而不治。又云，八極之廣東西二億二萬三千五百里，南北二億三萬三千五百里。淮南子地形訓云，禹使大章步自東極至于西極，孺亥步自北極至于南極，而數皆然。或其廣闊將焉可步矣，亦後學之徒未之或知也。夫言億者，十萬曰億也。

凡爲日月運行之圓周，春秋分、冬夏至璿璣之運也。七衡周而六間，以當六月節。六月爲百八十二日、八分日之五。節六月者，從冬至至夏至日，百八十二日、八分日之五爲半歲。六月節者，謂中氣也。

不盡其日也。此日周天通四分之一，倍法四以除之，即得也。　臣鸞曰：求七衡周而六間以當六月節，六月爲一百八十二日、八分日之五，此爲半歲也。列周天三百六十五日、四分日之一，通分，內子，得一千四百六十一爲實。倍分母四爲八，除實得半歲一百八十二日、八分日之五也。**故日夏至在東井極內衡，日冬至在牽牛極外衡也。**東井、牽牛爲長短之限，內外之極也。**衡復更終冬至。**冬至日從外衡還黃道，一周年復於故衡，終於冬至。**故曰，一歲三百六十五日、四分日之一。歲一內極，一外極。**從冬至一內極及一外極，度終於星，月窮於次，是爲一歲。**三十日、十六分日之七，月一外極，一內極。**欲分一歲爲十二月，一衡間當一月。此舉中相去之日數。以此言之，月行二十九日、九百四十分日之四百九十九，則過周天一日而與日③合宿。論其入內、外之極，大歸粗通，未必得也。日光言內極，月光言外極。日陽從冬至起，月陰從夏至起，往來之始，易曰「日往則月來，月往則日來」，此之謂也。此數置一百八十二日、八分日之五，通分，內子五，以六間乘分母以除之，得三十，以三約法得十六，約餘得七。　臣鸞曰：求三十日、十六分日之七法，列半歲一百八十二日、八分日之五，通分，內子，得一千四百六十一爲實。以六間乘分母八得四十八，除實得三十日，不盡二十一。更置法、實，求等數，平於三。即以約法得十六，約餘得七。即是從中氣相去三十日、十六分日之七也。**是故一衡之間萬九千八百三十三里、三分里之一，即爲百步。**此數，夏至冬至相去十一萬九千里，以六間除之，得矣。法與餘分皆半之。　臣鸞曰：求一衡之間一萬九千八百三十三里、三分里之一法，置冬至夏至相去十一萬九千里，以六間除之，即得。法與餘分半之，得

---

① 「中第四」，各本「中」訛作「出」，今校正。

② 「有君長之州九」，各本「有」上衍「而」字，今據太平御覽刪。

③ 「日」，南宋本、明本訛作「月」，此從殿本。

也。欲知次衡徑，倍而增內衡之徑。倍一衡間數，以增內衡，即次二衡徑。二之以增內衡徑，得三衡徑。①二乘所倍一衡之間數，以增內衡徑，即得三衡徑。次衡放此。次至皆如數。

內一衡徑二十三萬八千里，周七十一萬四千里。分爲三百六十五度、四分度之一，度得一千九百五十四里二百四十七步、千四百六十一分步之九百三十三。通周天四分之一爲法。又以四乘衡周爲實。實如法得一百步。不滿法者，十之，如法得十步。不滿法者，十之，如法得一步。不滿者以法命之。至七衡皆如此。臣鸞曰：求內衡度法，置夏至徑二十三萬八千里，以三乘之，得內衡周七十一萬四千里。以周天分母四乘內衡周，得二百八十五萬六千里爲實。以周天分一千四百六十一爲法，除之，得一千九百五十四里，不盡一千二百六。即因而三之，爲三千六百一十八，以法除之，得二百步，不盡六百九十六步。上十之，如法而一。得四十步，不盡一千一百一十六。復上十之，如法而一，得七步，不盡九百三十三。即是一千九百五十四里、二百四十七步、一千四百六十一分步之九百三十三。

次二衡徑二十七萬七千六百六十六里二百步，周八十三萬三千里。分里爲度，度得二千二百八十里百八十八步、千四百六十一分步之千三百三十二。通周天四分之一爲法。四乘衡周爲實。實如法得里數。不滿者求步數，不盡者命分。臣鸞曰：求第二衡法，列一衡間一萬九千八百三十三里少半里，倍之得三萬九千六百六十六里太半里。增內衡徑二十三萬八千里，得第二衡徑二十七萬七千六百六十六里二百步，是三分里之二。又以三乘之，步滿三百成一里，得二衡周八十三萬三千里。以周天分母四乘周得三百三十三萬二千爲實。更置周天三百六十五度四分度之一，通分，內子，得一千四百六十一爲法。除之，得二千二百八十里，不盡九百二十。以三百乘之，得二十七萬六千。復以前法除之，得一百八十八步，不盡一千三百三十二。即是度得二千二百八十里一百八十八步、一千四百六十一分步之一千三百三十二。

次三衡徑三十一萬七千三百三十三②里一百步，周九十五萬二千里。分爲度，度得二千六百六里百三十步、千四百六十一分步之二百七十。通周天四分之一爲法。四乘衡周爲實。實如法得里數。不滿法者求步數，不盡者命分。臣鸞曰：求第三衡法，列倍一衡間得三萬九千六百六十六里、三分里之二，增第二衡徑二十七萬七千六百六十六里二百步，即三分里之二，得第三衡徑三十一萬七千三百三十三里一百步。以三乘徑步，步滿三百成里，得周九十五萬二千里。又以分母四乘周，得三百八十萬八千爲實。以周天分一千四百六十一爲法，以除實，得二千六百六里，不盡六百三十四。以三百乘之，以法除之，得一百三十步，不盡二百七十。即是度得二千六百六里一百三十步、一千四百六十一分步之二百七十。

次四衡徑三十五萬七千里，周一百七萬一千里。分爲度，度得二千九百三十二里七十一步、千四百六十一分步之六百六十九。通周天四分之一爲法。四乘衡周爲實。實如法得里數。不滿法者求步數，不盡者命分。臣鸞曰：求第四衡法，列倍一衡間三萬九千六百六十六里三分里之二，增第三衡徑三十一萬七千三百三十三里一百步，步滿三百成里，得徑三十五萬七千里。以三乘之，得周一百七萬一千里。以分母四乘之，得四百二十八萬四千爲實。以周天分一千四百六十一除之，得二千九百三十二里，不盡三百四十八。以三百乘之，以法除之，得七十一步，不盡六百六十九。即是度得二千九百三十二里七十一步、一千四百六十一分步之六百六十九。

次五衡徑三十九萬六千六百六十六里二百步，周一百一十九萬里。分爲度，度得三千

---

① 「二之以增內衡徑」下應有「得三衡徑」四字，但各本均缺，今補。
② 「三」，孔刻本訛作「二」，影宋本、明刻本、殿本均不誤。

二百五十八里十二步、千四百六十一分步之千六十八。通周天四分之一爲法。四乘衡周爲實。實如法得里數。不滿法者求步數，不盡者命分。　臣鸞曰：求第五衡法，列倍①一衡間三萬九千六百六十六里、三分里之二，增第四衡徑三十五萬七千里，②得第五衡徑三十九萬六千六百六十六里二百步。以三乘徑，得周一百一十九萬里。又以分母四乘周，得四百七十六萬爲實。以周天分一千四百六十一爲法，除之，得三千二百五十八里，不盡六十二。以三百乘之，以法除之，得十二步，不盡一千六十八。即是度得三千二百五十八里十二步、一千四百六十一分步之一千六十八。

次六衡徑四十三萬六千三百三十三里一百步，周一百三十萬九千里。分爲度，度得三千五百八十三里二百五十四步、千四百六十一分步之六。通周天四分之一爲法。四乘衡周爲實。實如法得一里。不滿法者求步，不盡者命分。　臣鸞曰：求第六衡法，列倍③一衡間三萬九千六百六十六里三分里之二，以增第五衡徑三十九萬六千六百六十六里二百步，步滿三百成里，得徑四十三萬六千三百三十三里一百步。④又三乘徑，得周一百三十萬九千里。又以分母四乘周，得五百二十三萬六千爲實。以周天分一千四百六十一爲法，除之，得三千五百八十三里，不盡一千二百三十七。以三百乘之，以法除之，得二百五十四步，不盡六。即是度得三千五百八十三里二百五十四步、一千四百六十一分步之六。

次七衡徑四十七萬六千里，周百四十二萬八千里。分爲度，度得三千九百九里一百九十五步、千四百六十一分步之四百五。通周天四分之一爲法。四乘衡周爲實。實如法得里數。不滿法者求步數，不盡者命分。　臣鸞曰：求第七衡法，列倍⑤一衡間三萬九千六百六十六里、三分里之二，增第六衡徑四十三萬六千三百三十三里一百步，得第七衡徑四十七萬六千里。以三乘之，得周一百四十二萬八千里。以分母四乘之，得五百七十一萬二千爲實。以周天分一千四百六十一爲法，除之，得三千九百九里，不盡九百五十一。又以三百乘之，所得，以法一千四百六十一除之，得一百九十五步，不盡四百五。即是度得三千九百九里一百九十五步、一千四百六十一分步之四百五。

其次，日冬至所照⑥，過北衡十六萬七千里。冬至十一月，日在牽牛，徑在北方。因其在北，故言照過北衡。爲徑八十一萬里，倍所照，增七衡徑。周二百四十三萬里。三乘倍，增七衡周。分爲三百六十五度四分度之一，度得六千六百五十二里二百九十三步、千四百六十一分步之三百二十七。過此而往者，未之或知。過八十一萬里之外。或知者，或疑其可知，或疑其難知。此言上聖不學而知之。上聖者智無不至，明無不見。考靈曜曰「微式出冥，唯審其形」，此之謂也。故冬至日晷丈三尺五寸，夏至日晷尺六寸。冬至日晷長，夏至日晷短，日晷損益，寸差千里。故冬至、夏至之日南北游十一萬九千里，四極徑八十一萬里，周二百四十三萬里。分爲度，度得六千六百五十二里二百九十三步、千四百六十一分步之三百二十七。此度之相去也。臣鸞曰：求冬至日所北照十六萬七千里，幷南北日光得三十三萬四千里，增冬至日道徑四十七萬六千里，得八十一萬里。

---

①③⑤ 「倍」字下各本衍一「第」字，今删去。

② 各本於「里」字下衍「滿三百成里」五字，今删去。

④ 「步滿三百成里，得徑四十三萬六千三百三十三里一百步」，南宋本、明本俱無此二十三字，今從殿本校補。

⑥ 「冬至所照」，各本於「所」字下衍一「北」字，今依顧觀光校删。

三之，得周二百四十三萬里①。以周天分母四乘之，得九百七十二萬里爲實。以周天分一千四百六十一爲法，除之，得六千六百五十二里，不盡一千四百二十八。以三百乘之，得四十二萬八千四百。復以法除之，得二百九十三步，不盡三百二十七。卽是度得六千六百五十二里二百九十三步、一千四百六十一分步之三百二十七。 其南北游，日六百五十一里一百八十二步、一千四百六十一分步之七百九十八。

術曰：置十一萬九千里爲實。以半歲一百八十二日八分日之五爲法，半歲者，從外衡去內衡以爲法。除相去之數得一日所行也。 而通之，通之者，數不合齊，常以法等得相通入，以八乘也。 得九十五萬二千爲實。通十一萬九千里。 所得一千四百六十一爲法，除之。通百八十二日、八分日之五也。 實如法得一里。不滿法者，三之，如法得百步。一里三百步。當以三百乘，而言三之者，不欲轉法，便以一位爲百實。故從一位，命爲百。 不滿法者，十之，如法得十步。上不用三百乘，故此十之，便以一位爲十實。故從一位，命爲十。 不滿法者，十之，如法得一步。復十之者，但以一位爲實。故從一位，命爲一。 不滿法者，以法命之。位盡於一步，故以法命其餘分爲殘步。 臣鸞曰：求南北游法，置冬至十一萬九千里，以半歲日分母八乘之，得九十五萬二千爲實。通半歲一百八十二日、八分日之五，得一千四百六十一。以除，得六百五十一里。不盡八百八十九，以三百乘之，得二十六萬六千七百。復以法除之，得一百八十二步，不盡七百九十八。卽得日南北游日六百五十一里一百八十二步、一千四百六十一分步之七百九十八。

---

① 「得周二百四十三萬里」，各本脱落「里」字，今補。

周髀算經卷下

凡日月運行四極之道。運，周也。極，至也。謂外衡也。日月周行四方，至外衡而還，故曰四極也。極下者，其地高人所居六萬里，滂沲四隤而下。游北極從外衡至極下乃高六萬里。而言人所居，蓋復盡外衡，滂沲四隤而下，如覆槃也。天之中央亦高四旁六萬里。四旁，猶四極也。隨地穹隆而高，如蓋笠。故日光外所照徑八十一萬里，周二百四十三萬里。日至外衡而還，出其光十六萬七千里，故云照。故日運行處極北，北方日中，南方夜半。日在極東，東方日中，西方夜半。日在極南，南方日中，北方夜半。日在極西，西方日中，東方夜半。凡此四方者，天地四極四和，四和者，謂之極。子、午、卯、酉得東、西、南、北之中，天地之所合，四時之所交，風雨之所會，陰陽之所和。然則百物阜安，草木蕃庶，故曰四和。晝夜易處，南方爲晝，北方爲夜。加時相反①。南方日中，北方夜半。然其陰陽所終，冬夏所極，皆若一也。陰陽之數齊，冬夏之節同，寒暑之氣均，長短之晷等。周回無差，運變不二。

---

① 「加時相反」，各本作「加四時相及」。孫詒讓據趙注推之，加時謂日中、夜半，不得云四時，「四」字是衍文，「及」字爲「反」之誤。今依孫校改正。

天象蓋笠，地法覆槃。見乃謂之象，形乃謂之法。在上故準蓋，在下故擬槃。象法義同，蓋槃形等。互文異器，以別尊卑；仰象俯法，名號殊矣。天離地八萬里，然其隆高相從，其相去八萬里。冬至之日雖在外衡，常出極下地上二萬里。天地隆高，高於外衡六萬里。冬至之日雖在外衡，其相望爲平地直常出於北極下地上二萬里。言日月不相障蔽，故能揚光於晝，納明於夜。故日兆月，日者陽之精，譬猶火光。月者陰之精，譬猶水光。水則含影①，故月光生於日之所照，魄生於日之所蔽。當日卽光盈，就日卽明盡。月稟日光而成形兆，故云日兆月也。月光乃出，故成明月。待日然後能舒其光，以成其明。星辰乃得行列。靈憲曰：「衆星被曜，因水轉光②。」故能成其行列。是故秋分以往到冬至，三光之精微，以其道遠③。日從中衡往至外衡，其徑日遠。以其相遠，故光微。不言從冬至到春分者，俱在中衡之外，其同可知。此天地陰陽之性自然也。自然如此，故曰性也。

欲知北極樞，璿璣四極④。極中不動，動者璿璣也。⑤言北極璿璣周旋四至。極，至也。常以夏至夜半時北極南游所極，游在樞南之所至。冬至夜半時北游所極，游在樞北之所至。冬至日加酉之時西游所極，游在樞西之所至。日加卯之時東游所極，游在樞東之所至。此北極璿璣四游。北極游常近冬至，而言夏至夜半者，夏至夜半極見⑥，冬至夜半極不見也。正北極樞璿璣之中，正北天之中。極處璿璣之中，天心之正，故曰璿璣也。正極之所游⑦，冬至日加酉之時，立八尺表，以繩繫表顛，希望北極中大星，引繩致地而識之。顛，首；希，仰；致，至也。識之者，所望大星、表首，及繩至地，參相直而識之也。

又到旦，明日加卯之時，復引繩希望之，首及繩致地而識其兩端，相去二尺三寸。日加卯、酉之時，望至地之相去也⑧。故東西極二萬三千里，影寸千里，故爲東西所致之里數也。其兩端相去正東西。以繩至地所識兩端相直，爲東、西之正也。中折之以指表，正南北。所識兩端之中與表，爲南北之正。加此時者，皆以漏揆度之。此東、西、南、北之時。⑨冬至日加卯、酉者，北極之正東、西，日不見矣。以漏度之者，一日一夜百刻。從夜半至日中，從日中至夜半，無冬夏常各五十刻。中分之，得二十五刻，加極卯酉之時。揆，亦度也。其繩致地所識，去表丈三寸，故天之中去周十萬三千里。北極東西之時，與天中齊，故以所望

---

① 「水則含影」，各本訛作「月含影」，今依孫詒讓校正。「水則含影」係張衡靈憲原文，趙爽引以爲注。

② 「因水轉光」，各本於「水」字下衍一「火」字，今依孫詒讓校刪。

③ 「以其道遠」，各本於「以」字下衍一「成」字，今依顧觀光校刪。顧氏又謂此下脫一節，應補之云，「春分以往到夏至，三光之精盛，以其道近」，凡十六字。

④ 「璿璣四極」，各本「璣」作「周」，今校正。

⑤ 「動者璿璣也」，各本脫落「動者」二字，今依孫詒讓校補。

⑥ 「夏至夜半極見」，南宋本、明本俱脫落「夏至夜半」四字，今從殿本。

⑦ 「正極之所游」五字，影宋本與明刻本俱屬上句，此從殿本。

⑧ 「相去也」，各本於「去」字下衍一「子」字，今刪去。

⑨ 「此東西南北之時」，各本皆同。顧觀光云，「南北」二字爲衍文。張文虎贊同顧說，並謂「此」字爲「北」字之譌，而下脫「極」字。

表句爲天中去周之里數。何以知其南北極之時也?以冬至夜半北游所極①北過天中萬一千五百里,以夏至南游所極不及天中萬一千五百里。此皆以繩繫表顚而希望之,北極至地所識丈一尺四寸半,故去周十一萬四千五百里,過天中萬一千五百里;其南極至地所識九尺一寸半,故去周九萬一千五百里,不及天中萬一千五百里②。此璿璣四極南北過不及之法,東、西、南、北之正句。以表爲股,以影爲句。③影言正句者,四方之影皆正而定也。

璿璣徑二萬三千里,周六萬九千里。此陽絶陰彰,故不生萬物。春秋分謂之陰陽之中,而日光所照適至璿璣之徑,爲陽絶陰彰,故萬物不復生也。其術曰,立正句定之。正四方之法也。以日始出,立表而識其晷。日入,復識其晷。晷之兩端相直者,正東西也。中折之指表者,正南北也。極下不生萬物。何以知之?以何法知之也。冬至之日去夏至十一萬九千里,萬物盡死;夏至之日去北極十一萬九千里,是以知極下不生萬物。北極左右,夏有不釋之冰。水凍不解,是以推之。夏至之日外衡之下爲冬矣,萬物當死。此日遠近爲冬夏,非陰陽之氣。爽或疑焉。春分、秋分,日在中衡。春分以往日益北,五萬九千五百里而夏至。秋分以往日益南,五萬九千五百里而冬至。并冬至、夏至相去十一萬九千里。冬至以往日益北近中衡,夏至以往日益南近中衡。④中衡去周七萬五千五百里。影七尺五寸五分。中衡左右冬有不死之草,夏長之類。此欲以內衡之外,外衡之內,常爲夏也。然其脩廣，爽未之前聞。**此陽彰陰微，故萬物不死，五穀一歲再熟。**近日陽多，農再熟。**凡北極之左右，物有朝生暮獲，冬生之類**⑤。獲疑作穫。謂葶藶薺麥，冬生之類。北極之下，從春分至秋分爲晝，從秋分至春分爲夜。物有朝生暮獲者，亦有春刱而秋熟。然其所有，皆是周地冬生之類，薺麥之屬。言左右者，不在璿

---

① 「何以知其南北極之時也？以冬至夜半北游所極」，各本於「時」字下無「也」字，「極」字下有「也」字，今從顧觀光校正。

② 「不及天中萬一千五百里」，各本於「不」字前衍「其南」二字，今依顧觀光校刪。

③ 「以表爲股，以影爲句」，此是解釋「東西南北之正句」之趙注。各本於此下有「繩至地所亦如短中徑二萬六千六百三十二里有奇法：列八十一萬里，以周東西七十八萬三千三百六十七里有奇減之，餘二萬六千六百三十三里。取一里破爲一百五十六萬六千七百三十五分，減一十四萬三千三百一十一，餘一百四十二萬三千四百二十四。卽徑東西二萬六千六百三十二里、一百五十六萬六千七百三十五分里之一百四十二萬三千四百二十四。」等一百四十七字，與北極璿璣四游毫不相干，顯係卷上「周在天中南十萬三千里」節之甄鸞注複衍於此。今刪去。又本節後，各本有「周去極十萬三千里。日去人十六萬七千里。夏至去周一萬六千里。夏至日道徑二十三萬八千里，周七十一萬四千里。春秋分日道徑三十五萬七千里，周百七萬一千里。冬至日道徑四十七萬六千里，周百四十二萬八千里。日光四極八十一萬里，周二百四十三萬里。從周南三十萬二千里。」凡一百十三字，大字，與上下文義不相聯系，必是衍文。今亦刪去。注文「影言正句者，四方之影皆正而定也」。十四字，應與「以表爲股，以影爲句」相連。

④ 「冬至以往日益北近中衡，夏至以往日益南近中衡」，各本脫落「冬至」「夏至」四字，第二「近」字又訛作「遠」，今加校正。

⑤ 「物有朝生暮獲」下，各本脫落「冬生之類」四字，今據趙注補正。

璣二萬三千里之內也。此陽微陰彰，故無夏長之類。

立二十八宿，以周天曆度之法：以，用也。列二十八宿之度用周天。

術曰：倍正南方，倍猶背也。正南方者，二極之正南北也。以正句定之。正句之法，日出入識其晷。晷兩端相直者，正東西。中折之以指表，正南北。即平地徑二十一步，周六十三步。令其平矩以水正，如定水之平，故曰平矩以水正也。則位徑一百二十一尺七寸五分。因而三之，爲三百六十五尺、四分尺之一，徑一百二十一尺七寸五分，周三百六十五尺二寸五分者，四分之一。而或言一百二十六尺①，舉其全數。以應周天三百六十五度、四分度之一。審定分之，無令有纖微。所分平地，周一尺爲一度。二寸五分爲四分度之一。其令審定，不欲使有細小之差也。纖微，細分也。臣鸞曰：求一百二十一尺七寸五分，因而三之，爲三百六十五度四分度之一法，列徑一百二十一尺七寸五分，以三乘，得三百六十五尺二寸五分。二寸五分者，即四分之一。此即周天三百六十五度、四分度之一。分度以定則正督經緯。而四分之一合各九十一度、十六分度之五。南北爲經，東西爲緯。督亦通正②。周天四分之一，又以四乘分母爲法除之。臣鸞曰：求分度以定四分之一，合各九十一度、十六分度之五法，列周天三百六十五度，以四分度之一而通分，內子一③，得一千四百六十一爲實。更以四乘分母，得十六爲法。除之，得九十一，不盡五。即是各九十一度、十六分度之五也。於是圓定而正。分所圓爲天度，又四分之，皆定而正。則立表正南北之中央，以繩繫顚，希望牽牛中央星之中。引繩至經緯之交，以望之，星與表繩參相直也。則復候須女之星先至者。復候須女中，則當以繩望之。如復以表繩希望須女先至，定中。須女之先至者，又復如上引繩至經緯之交，以望之。即以一游儀希望牽牛中央星，出中正表西幾何度。游儀，亦表也。游儀移望星爲正。知星出中正之表西幾何度，故曰游儀。各如游儀所至之尺，爲度數。所游分圓周一尺應天一度。故以游儀所至尺數爲度。游在於八尺之上，故知牽牛八度。須女中而望牽牛，游在八尺之上，故牽牛爲八度。其次星放此，以盡二十八宿度，則定矣④。皆如此上法定。

立周度者，周天之度。各以其所先至游儀度上。二十八宿不以一星爲體，皆以先至之星爲正之度。車輻引繩，就中央之正以爲轂，則正矣。以經緯之交爲轂，以圓度爲輻。知一宿得幾何度，則引繩如輻，湊轂爲正。望星定度皆以方爲正南，知二十八宿爲幾何度，然後環分而布之也。日所出入⑤，亦以周定之。亦同望星之周。欲知日之出入，出入二十八宿，東、西、南、北面之宿，列置各應其方。立表望之，知日出入何宿，從出入

---

① 「或言一百二十六尺」，各本脱落「六」字，今補。一百二十六尺，即平地徑二十一步也。

② 「督亦通正」，影宋本無「正」字，趙校本作「督亦通尺」，俱難以理解。此解釋本文「正督」二字，注謂正、督二字古義相通也。

③ 「內子一」，影宋本無「一」字，殿本「一」訛作「五」，今校正。

④ 「則定矣」，南宋本、明本「定」訛作「之」，此從殿本。

⑤ 「日所出入」，各本「出」訛作「以」，今從顧觀光校正。

徑幾何度。即以三百六十五度、四分度之一而各置二十八宿。以二十八宿列置地所圓周之度，使四面之宿各應其方。以東井夜半中，牽牛之初臨子之中。東井、牽牛，相對之宿也。東井臨午，則牽牛臨於子也。東井出中正表西三十度、十六分度之七，而臨未之中，牽牛初亦當臨丑之中，分周天之度爲十二位，而十二辰各當其一。所應十二月，從午至未三十度、十六分度之七；未與丑相對。而東井、牽牛之所居分之法，已陳於上矣。臣鸞曰：求東井出中正表西三十度、十六分度之七法，先通周天得一千四百六十一爲實。以位法十二乘周天分母四，得四十八爲法。除實得三十度，不盡二十一。更副置法實等數，平於三。約不盡二十一得七，約法四十八得十六。即位①三十度、一十六分度之七。於是天與地協，協，合也。置東井、牽牛使居丑、未相對，則天之列宿與地所爲圓周相應合，得之矣。乃以置周二十八宿。從東井、牽牛所居以置十二位焉。置以定，乃復置周度之中央立正表。置周度之中央者，經緯之交也。以冬至、夏至之日，以望日始出也，立一游儀於度上，以望中央表之晷。從日所出度上，立一游儀，皆望中表之晷。所以然者，當曜不復當日，得以視之也。晷參正，則日所出之宿度。游儀與中央表及晷參相直。游儀之下即所出合宿度。日入放此。此日出法求之。

牽牛去北極百一十五度千六百九十五里二十一步、千四百六十一分步之八百一十九。牽牛，冬至日所在之宿於外衡者，與極相去之度數。

術曰：置外衡去北極樞二十三萬八千里，除璿璣萬一千五百里。北極常近牽牛爲樞，過極萬一千五百里。此求去極，故以除之。其不除者二十二萬六千五百里以爲實，以三百乘之，里爲步。以周天分一千四百六十一乘步爲分②。內衡之度以周天分爲法。法有分，故以周天乘實，齊同之，得九百九十二億七千四百九十五萬。以內衡一度數千九百五十四里二百四十七步、千四百六十一分步之九百三十三以爲法，如上，乘里爲步，步爲分③，通分內子得八億五千六百八十萬。實如法得一度。以八億五千六百八十萬爲一度法。不滿法，求里、步。上求度，故以此次求里，次求步。約之合三百得一以爲實。上以三百乘里爲步。而求里，故以三百約餘分爲里之實。以千四百六十一分爲法，得一里。里、步皆以周天之分爲母。求度當齊同法實等。故乘以散之，度已定，當次求里，故還爲法。不滿法者三之，如法得百步。上以三百約之爲里之實，此當以三百乘之，爲步之實。而言三之者，不欲轉法，便以一位爲百實，故從一位命爲百也。不滿法者上十之，如法得十步。上不用三百乘，故此十之。便以一位爲十實，故從一位命爲十。④不滿法者又上十之，如法得一步。又復上之者，便以一位爲一實。故從一位命爲一。不滿法者，以法命之。位盡於一步，故以法命其餘爲殘分。次放此。次婁與角及東井皆如此也。臣鸞曰：求牽牛星去極法，先列衡去極樞二十三萬

---

① 「卽位」，南宋本作「卽部」，殿本作「得部」，此從明刻本。

② 「步爲分」，各本脫落「爲」字，今補。

③ 「乘里爲步，步爲分」，各本訛作「乘內步步爲」，今據下文婁角去北極東井去北極算法趙注校正。

④ 南宋本、明本俱闕本文「不滿法者上十之，如法得十步」及注，此從殿本校補。

八千里，減極去樞心二萬一千五百里，餘二十二萬六千五百里。以三百乘里，得六千七百九十五萬步。又以周天分一千四百六十一乘之，得九百九十二億七千四百九十五萬步，爲實。更副置內衡一度數一千九百五十四里二百四十七步、一千四百六十一分步之九百三十三，亦以三百乘一千九百五十四里爲步。內二百四十七步，得五十八萬六千四百四十七步。又以周天分母千四百六十一乘步，內子九百三十三，得八億五千六百八十萬爲法。以除實得一百一十五度，不盡七億四千二百九十五萬。去下法不用。更以三百約餘分七億四千二百九十五萬，得二百四十七萬六千五百爲實。更以周天分千四百六十一除之，得一千六百九十五里，不盡一百五。以三百乘之，得三萬一千五百。復以前法除之，得二十一步，不盡八百一十九。即牽牛去北極一百一十五度千六百九十五里二十一步、千四百六十一分步之八百一十九。

婁與角去北極九十一度六百一十里二百六十四步、千四百六十一分步之千二百九十六。婁，春分日所在之宿也。角，秋分日所在之宿也。爲中衡也。

術曰：置中衡去北極樞十七萬八千五百里，以爲實。不言加、除者，婁與角準北極在樞兩旁，正與樞齊。以婁角無差，故便以去樞之數爲實。如上，乘里爲步，步爲分，得七百八十二億三千六百五十五萬。以內衡一度數爲法。實如法得一度。不滿法者，求里、步。不滿法者，以法命之。臣鸞曰：求婁與角去極法，列中衡去極樞十七萬八千五百里，以三百乘之，得五千三百五十五萬步。又以周天分千四百六十一分乘之，得七百八十二億三千六百五十五萬，爲實。以內衡一度數千九百五十四里二百四十七步、千四百六十一分步之九百三十三，亦以三百乘里，內步二百四十七，得五十八萬六千四百四十七步。又以分母千四百六十一分乘之，內子，得八億五千六百八十萬，爲法。以除實，得九十一度，不盡二億六千七百七十五萬。以三百約之，得八十九萬二千五百。下法不用。以周天分千四百六十一除之，得六百一十里，不盡千二百九十。以三百乘之，得三十八萬七千。如前法除之，得二百六十四步，不盡一千二百九十六。即是婁與角去極九十一度六百一十里二百六十四步、千四百六十一分步之千二百九十六。

東井去北極六十六度千四百八十一里一百五十五步、千四百六十一分步之千二百四十五。東井夏至日所在之宿，爲內衡。

術曰：置內衡去北極樞十一萬九千里，加璿璣萬一千五百里，北極游常近東井爲樞，不及極萬一千五百里。此求去極，故加之。得十三萬五百里，以爲實。如上，乘里爲步，步爲分，得五百七十一億九千八百一十五萬分。以內衡一度數爲法。實如法得一度。不滿法者求里、步。不滿法者，以法命之。臣鸞曰：求東井去極法，列內衡去極樞十一萬九千里，加璿璣萬一千五百里，得十三萬五百里。以三百乘里爲步，復以分母千四百六十一乘之，得五百七十一億九千八百一十五萬，爲實。通分內衡一度數爲步，步爲分，得八億五千六百八十萬，爲法。以除實，得六十六度，不盡六億四千九百三十五萬。以三百約之，得二百一十六萬四千五百。下法不用。更以周天千四百六十一爲法除之，得千四百八十一里，不盡七百五十九。以三百乘之，得二十二萬七千七百。復以周天分除之，得一百五十五步，不盡一千二百四十五。即是東井去北極六十六度千四百八十一里一百五十五步、千四百六十一分步之一千二百四十五。

凡八節二十四氣，氣損益九寸九分、六分分之一。冬至晷長一丈三尺五寸，夏至晷長一尺六寸。問次節損益寸數長短各幾何？

冬至晷長丈三尺五寸。

小寒丈二尺五寸，小分五。
大寒丈一尺五寸一分，小分四。
立春丈五寸二分，小分三。
雨水九尺五寸三分①，小分二。
啓蟄八尺五寸四分，小分一。
春分七尺五寸五分。
清明六尺五寸五分，小分五。
穀雨五尺五寸六分，小分四。
立夏四尺五寸七分，小分三。
小滿三尺五寸八分，小分二。
芒種二尺五寸九分，小分一。
夏至一尺六寸。
小暑二尺五寸九分，小分一。
大暑三尺五寸八分，小分二。

立秋四尺五寸七分，小分三。

處暑五尺五寸六分，小分四。

白露六尺五寸五分，小分五。

秋分七尺五寸五分。

寒露八尺五寸四分，小分一。

霜降九尺五寸三分，小分二。

立冬丈五寸二分，小分三。

小雪丈一尺五寸一分，小分四。

大雪丈二尺五寸，小分五。

凡爲八節二十四氣，二至者寒暑之極，二分者陰陽之和，四立者生、長、收、藏之始，是爲八節。節三氣，三而八之，故爲二十四。氣損益九寸六分、六分分之一。損者，減也。破一分爲六分，然後減之。益者，加也。以小分滿六得一，從分。冬至、夏至爲損益之始。冬至晷長極，當反短，故爲損之始。夏至晷短極，當反長，故爲益之始。此爽之新術。

---

① 「三分」，各本訛作「二分」，今據霜降晷長校正。

術曰：置冬至晷，以夏至晷減之，餘爲實。以十二爲法。十二者，半歲十二氣也。爲法者，一節損益①之法。實如法得一寸。不滿法者十之，以法除之，得一分。求分，故十之也。不滿法者，以法命之。法與餘分皆半之也。舊晷之術於理未當。謂春秋分者陰陽晷等，各七尺五寸五分，故中衡去周七萬五千五百里。按春分之影七尺五寸、七百二十三分，秋分之影七尺四寸、二百六十二分，差一寸、四百六十一分。以此準之，是爲不等。冬至至小寒多半日之影，夏至至小暑少半日之影，芒種至夏至多二日之影，大雪至冬至多三日之影。又半歲一百八十二日、八分日之五。而此用四分日之二率，故一日得七百三十分寸之四百七十六，非也。節候不正十五日，有三十二分日之七。以一日之率十五日爲一節，至令差錯，不通尤甚。易曰：「舊井無禽，時舍也。」言法三十日，實當改而舍之。於是爽更爲新術，以一氣率之，使言約法易，上下相通，周而復始，除其紕繆。臣鸞曰：求二十四氣損益之法，先置冬至影長丈三尺五寸，以夏至影一尺六寸減之，餘一丈一尺九寸。上十之爲實。以半歲十二氣爲②法除之，得九寸，不盡十一。復上十之，如法而一，得九分，不盡二。與法十二皆半之，得六分之一，卽是。氣損益法，先置冬至影長丈三尺五寸，以氣損益九寸九分、六分分之一。其破一分以爲六分，減，其餘卽是小寒影長丈二尺五寸小分五。餘悉依此法。求益法，置夏至影一尺六寸，以九寸九分、六分分之一增之，小分滿六從大分一，卽是小暑二尺五寸九分小分一。次氣放此。臣淳風等謹按：此術本文，趙君卿注，求二十四氣影，列損益九寸九分、六分分之一以爲定率。檢勘術注，有所未通。又按宋書曆志所載何承天元嘉曆影，冬至一丈三尺，小寒一丈二尺四寸八分，大寒一丈一尺三寸四分，立春九尺九寸一分，雨水八尺二寸八分，啓蟄六尺七寸二分，春分五尺三寸九分，清明四尺二寸五分，穀雨三尺二寸五分，立夏二尺五寸，小滿一尺九寸七分，芒種一尺六寸九分，夏至一尺五寸，小暑一尺六寸九分，大暑一尺九寸七分，立秋二尺五寸，處暑三尺二寸五分，白露四尺二寸五分，秋分五尺三寸九分，寒露六尺七寸二分，霜降八尺二寸八分，立冬九尺九寸一分，小雪一丈一尺三寸四分，大雪一丈二尺四寸八分。司馬彪續漢志所載四分曆影，亦與此相近。至如祖沖之③大明曆影與何承天雖有小差，皆是量天實數。鸞校三曆，足驗君卿所立率虛誕，且周髀本文外衡下於天中六萬里，而二十四氣率乃是④平遷。所以知者，按望影之法，日近影短，日遠影長。又以高下言之，日高影短，日卑影長。夏至之日最近北，又最高，其影尺有五寸。自此以後，日行漸遠向南，天體又漸向下，以及冬至。冬至之日最近南，居於外衡，日最近下，故日影一丈三尺。此當每氣差降有別，不可均爲一概，設其升降之理。今此文，自冬至畢芒種，自夏至畢大雪，均差每氣損九寸有奇。是爲天體正平，無高卑之異。而日但南北均行，又無升降之殊。即無內衡高於外衡六萬里，自相矛楯。又按尚書考靈曜所陳格上格下里數，及鄭注升降遠近，雖有成規，亦未臻理實。欲求至當，皆依天體高下遠近修規以定差數。自霜降畢於立春，升降差多，南北差少。自雨水畢於寒露，南北差多，升降差少。依此推步，乃得其實。既事涉渾儀，與蓋天相反。

月後天十三度、十九分度之七。月後天者，月東行也。此見日月與天俱西南遊，一日一夜天一周，而月在昨宿之東，故曰後天。又曰，章歲除章月，加日周一日作率。以一日所行爲一度，周天之日爲天度。

術曰：置章月二百三十五，以章歲十九除之，加日行一度，得十三度、十九分度之七。此月一日行之數，即後天之度及分。⑤臣鸞曰：月後天十三度十九分度之七法，列章月二百三十五，以章歲十九除之，得十二度。加日行一度，得十三度。餘十九分度之七。即月後天之度分。

小歲月不及故舍三百五十四度、萬七千八百六十分度之六千六百一十二。小歲者，十二月爲一歲。一歲之月，十二月則有餘，十三月復不足。而言大小歲，通閏月焉。不及故舍，亦猶後天也。假令十一月

---

①「損益」，各本脫落「損」字，今補。
②「十二氣」，各本脫落「氣」字，今補。
③各本於「祖沖之」下衍「歷宋」二字，今删。
④「是」，南宋本、明本俱訛作「足」，此從殿本。
⑤「術曰：置章月……度及分」。四十六字，南宋本在趙爽注中，似非周髀本文。此從明刻本及殿本。

朔旦冬至，日月俱起牽牛之初，而月十二與日會。此數，月發牽牛所行之度也。

術曰：置小歲三百五十四日、九百四十分日之三百四十八，小歲者，除經歲十九分月之七。以七乘周天分千四百六十一，得萬二百二十七。以減經歲之積分，餘三十三萬三千一百八，則小歲之積分也。以九百四十分除之，卽得小歲之積日及分。以月後天十三度、十九分度之七乘之，爲實。通分內子爲二百五十四。乘之者，乘小歲積分也。又以度分母乘日分母爲法。實如法，得積後天四千七百三十七度、萬七千八百六十分度之六千六百一十二。以月後天分乘小歲積分，得八千四百六十萬九千四百三十二，則積後天分也。以度分母十九乘日分母九百四十，得萬七千八百六十，除之，卽得。以周天三百六十五度、萬七千八百六十分度之四千四百六十五除之。此猶四分之一也，約之卽得。當於齊同，故細言之。通分內子爲六百五十二萬三千三百六十五。除積後天分得十二周天，卽去之。其不足除者，不足除者，不及故舍之六百三十二萬九千五十二是也。三百五十四度、萬七千八百六十分度之六千六百一十二。以萬七千八百六十除不及故舍之分，得此分矣。此月不及故舍之分度數。佗皆放此。次至經月，皆如此。臣鸞曰：求小歲月不及故舍法，列經歲三百六十五日、九百四十分日之二百三十五，通分內子，得三十四萬三千三百三十五，是爲經歲之積分。以十九分月之七，以七乘周天分一千四百六十一，得萬二百二十七，以減經歲積分，不盡三十三萬三千一百八，小歲積分也。以九百四十除之，得三百五十四日，不盡三百四十八。還通分內子，復得本積分三十三萬三千一百八。更置月後天十三度十九分度之七，通分內子，得二百五十四。以乘本積分，得積後天分八千四百六十萬九千四百三十二，爲實。更列月後天分母十九，以乘日分母九百四十，得萬七千八百六十爲法。除之，得積後天四千七百三十七度，不盡六千六百一十二。卽是得四千七百三十七度、萬七千八百六十分度之六千六百一十二。還通分內子，得本分八千四百六十萬九千四百三十二爲實。更列周天三百六十五度、萬七千八百六十分度之四千四百六十五，卽通分內子，得六百五十二萬三千三百六十五。以除實，得十二。下法不用。餘分卽不及故舍之分，六百三十二萬九千五十二。更以日、月分母相乘，得萬七千八百六十爲法。除不及故舍之分六百三十二萬九千五十二，得三百五十四度，不盡六千六百一十二。卽不及故舍三百五十四度、萬七千八百六十分度之六千六百一十二。

大歲月不及故舍十八度、萬七千八百六十分度之萬一千六百二十八。大歲者十三月爲一歲。

術曰：置大歲三百八十三日、九百四十分日之八百四十七，大歲者，加經歲十九分月之十二。以十二乘周天分①千四百六十一，得萬七千五百三十二。以加經歲積分，得三十六萬八百六十七，則大歲之積分也。以九百四十除之，卽得。以月後天十三度、十九分度之七乘之，爲實。又以度分母乘日分母爲法。實如法得積後天五千一百三十二度、萬七千八百六十分度之二千六百九十八。此月後天分乘大歲積分，得九千一百六十六萬二百一十八，則積後天分也。以周天除之。除積後天分，得十四周天，卽去之。其不足除者，不足除者，三十三萬三千一百八是也。此月不及故舍之分度數。臣鸞曰：求大歲月不及故舍法，列經歲三百六十五日、九百四十分日之二百三十五，通分內子，得經積分三十四萬三千三百三十五。更以十九

---

① 「以十二乘周天分」，影宋本於「乘」字下衍一「之」字，今從趙校本、殿本。

分月之十二乘周天分千四百六十一，得一萬七千五百三十二。以經歲積分加大歲積分，得三十六萬八百六十七爲實。以九百四十除之，得大歲三百八十三日、九百四十分日之八百四十七。還通分內子，得①本分三十六萬八百六十七。更列月後天十三度、十九分度之七，通分內子，得二百五十四。以乘本積分，得積後天分九千一百六十六萬二百一十八爲實。以萬七千八百六十爲法。除之，得積後天度五千一百三十二，不盡二千六百九十八。卽命分。還通分內子，得本積後天分九千一百六十六萬二百一十八。以周天分六百五十二萬三千三百六十五爲法。除實，得十四周天之數。餘以日月分母萬七千八百六十除之，得大歲不及故舍十八度。不盡萬一千六百二十八，卽以命分也。

經歲月不及故舍百三十四度、萬七千八百六十分度之萬一百五。經，常也。卽十二月十九分月之七也。

術曰：置經歲三百六十五日、九百四十分日之二百三十五，經歲者，通十二月、十九分月之七爲二百三十五。乘周天千四百六十一，得三十四萬三千三百三十五，則經歲之積分。又以周天分母四乘二百三十五，得九百四十爲法。除之卽得。以月後天十三度十九分度之七乘之，爲實。又以度分母乘日分母爲法。實如法得積後天四千八百八十二度、萬七千八百六十分度之萬四千五百七十。以月後天分乘經歲積分，得八千七百二十萬七千九十，則積後天之分。以周天除之。除積後天分，得十三周天，卽去之。其不足除者，不足除者，二百四十萬三千三百四十五是也。此月不及故舍之分度數。臣鸞曰：求經歲月不及故舍法，列十二月、十九分月之七，通分內子，得二百三十五。以乘周天分千四百六十一，得三十四萬三千三百三十五，卽經歲分也。以日分母四乘二百三十五，得九百四十爲法。以除，得經歲三百六十五日，不盡二百三十五，卽命分。還通分內子，卽得經歲分②三十四萬三千三百三十五。更列通月後天度分二百五十四，以乘經歲分，得積後天分八千七百二十萬七千九十爲實。更列萬七千八百六十，除實，得積後天度四千八百八十二，不盡萬四千五百七十，即命分。還通分內子，得本積後天分爲實。以周天分六百五十二萬三千三百六十五除實，得十三周天，即去之。餘分二百四十萬三千三百四十五，以萬七千八百六十除之，得不及故舍百三十四度，不盡萬一百五，即以命分也。

小月不及故舍二十二度、萬七千八百六十分度之七千七百五十五。小月者，二十九日爲一月。一月之二十九日則有餘，三十日復不足。而言大小者，通其餘分。

術曰：置小月二十九日，小月者，減經月之積分四百九十九，餘二萬七千二百六十，則小月之積也。以九百四十除之，即得。以月後天十三度、十九分度之七乘之，爲實。又以度分母乘日分母爲法。實如法得積後天三百八十七度、萬七千八百六十分度之萬二千二百二十。以月後天乘小月積分，得六百九十二萬四千四十，則積後天之分也。以周天分除之。除積後天分，得一周天，即去之。其不足除者，不足除者四十萬六百七十五。此月不及故舍之分度數。臣鸞曰：求小月不及故舍法，置二十九日，以九百四十乘之，得二萬七千二百六十，則小月之分也。更列月後天十三度、十九分度之七，通分內子，得二百五十四。以乘小月分得六百九十二萬四千四十爲實。以萬七千八百六十爲法。除實，得三百八十七度，不盡萬二千二百二十，以命分。還通分內子，得本實。更列周天分六百五十二萬三千三百六十五，除本實，得一周天。不盡四十萬六百七十五，即不及故舍之分。又以萬七千八百六十除不及故舍之分，得二十二度，不盡七千七百五十五，即以命分。

---

① 各本於「通分內子」下脫落「得」字，今補。

② 「即得經歲分」，南宋本、明本並作「即復本歲分」，此從殿本。

大月不及故舍三十五度、萬七千八百六十分度之萬四千三百三十五。大月者，三十日爲一月。

術曰：置大月三十日，大月，加經積分四百四十一，得二萬八千二百，則大月之積分也。以九百四十除之，卽得。以月後天十三度、十九分度之七乘之，爲實。又以度分母乘日分母爲法。實如法得積後天四百一度、萬七千八百六十分度之九百四十。以月後天分乘大月積分，得①七百一十六萬二千八百，則積後天之分也。以周天除之。除積後天分，得一周天，卽去之。其不足除者，不足除者，六十三萬九千四百三十五是也。此月不及故舍之分度數。臣鸞曰：求大月不及故舍法，置三十日，以九百四十乘之，得二萬八千二百。以後天分二百五十四乘之，得七百一十六萬二千八百爲實。以萬七千八百六十爲法。以除實，得四百一度，不盡九百四十，卽以命分。還通分內子，得②本實。更以周天六百五十二萬三千三百六十五爲法。除本實，得一周，餘不足除積六十三萬九千四百三十五分。以萬七千八百六十爲法。以除實，得大月不及故舍三十五度。不盡萬四千三百三十五，卽命分也。

經月不及故舍二十九度、萬七千八百六十分度之九千四百八十一。常月者，一月日，月與日合數。

術曰：置經月二十九日、九百四十分日之四百九十九，經月者，以十九乘周天分一千四百六十一，得二萬七千七百五十九，則經月之積。以九百四十除之，卽得。以月後天十三度、十九分度之七乘之，爲實。又以度分母乘日分母爲法。實如法得積後天三百九十四度、萬七千八百六十分度之萬三千九百四十六。以月後天分乘經月積分，得七百五萬七百八十六，則積後天之分。以周天除之。除積後天分，得一周天，即去之。其不足除者，不足除者，五十二萬七千四百二十一是也。此月不及故舍之分度數。臣鸞曰：求經月不及故舍法，以十九乘周天分千四百六十一，得二萬七千七百五十九，即經月積分。以九百四十除積分，得經月二十九日、九百四十分日之四百九十九。還通分内子，得本經月積分。以後天分乘木積分，得七百五萬七百八十六，即後天之積分。更以萬七千八百六十除之，得積後天三百九十四度。不盡萬三千九百四十六，即以命分。還通分内子，得本後天積分，爲實。以周天六百五十二萬三千三百六十五除之，得一周。餘分五十二萬七千四百二十一，即不及故舍之分。以一萬七千八百六十除之，得經月不及故舍二十九度，不盡九千四百八十一，即以命分。

冬至晝極短，日出辰而入申。如上，日之分入何宿法，分十二辰於地所圓之周，舍相去三十度、十六分度之七。子午居南北，卯酉居東西。日出入時立一游儀以望中央表之晷，游儀之下即日出入。陽照三，不覆九。陽，日也。覆猶徧也。照三者，南方三辰巳、午、未。東西相當正南方。日出入相當不覆三辰爲正南方。夏至晝極長，日出寅而入戌。陽照九，不覆三。不覆三者，北方三辰亥、子、丑。冬至日出入之三辰屬晝。晝夜互

---

① 各本俱無此「得」字，今以意補正。

② 「得」，南宋本、明本並作「復」，此從殿本。

見。是出入三辰分爲晝夜各半明矣。考靈曜曰：「分周天爲三十六頃，頃有十度、九十六分度之十四。長日分於寅，行二十四頃，入於戌，行十二頃。短日分於辰，行十二頃，入於申，行二十四頃。」此之謂也。東西相當正北方。出入相當，不覆三辰爲北方。

日出左而入右，南北行。聖人南面而治天下，故以東爲左，西爲右。日冬至從南而北，夏至從北而南，故日南北行。故冬至從坎，陽在子，日出巽而入坤，見日光少，故曰寒。冬至十一月斗建子，位在北方，故曰從坎；坎亦北也。陽氣所始起，故曰在子。巽，東南；坤，西南。日見少晷，陽照三，不覆九也。夏至從離，陰在午，日出艮而入乾，見日光多，故曰暑。夏至五月斗建午，位在南方，故曰從離；離亦南也。陰氣始生，故曰在午。艮，東北；乾，西北。日見多晷，陽照九，不覆三也。日月失度而寒暑相姦。考靈曜曰：「在璿璣玉衡以齊七政。」璿璣未中而星中是急，急則日過其度，月不及其宿①。璿璣中而星未中②是舒，舒則日不及其度，月過其宿③。璿璣中而星中是調，調則風雨時，④風雨時則草木蕃庶而百穀熟。故書曰，急常寒若，舒常燠若。急舒不調是失度，寒暑不時即相姦。往者詘，來者信也，故屈信相感。從夏至南往，日益短，故曰詘。從冬至北來，日益長，故曰信。言來往相推，詘信相感，更衰代盛，此天之常道。易曰：「日往則月來，月往則日來，日月相推而明生焉。寒往則暑來，暑往則寒來，寒暑相推而歲成焉。往者屈也，來者信也，屈信相感而利生焉。」此之謂也。故冬至之後日右行，夏至之後日左行。左者往，右者來。冬至日出從辰來北，故曰右行。夏至日出從寅往南，故曰左行。故月與日合爲一月，從合至合則爲一月。日復日爲一日，從旦至旦爲一日也。日復星爲一歲。冬至日出在牽牛，從牽牛周牽牛，則爲一歲也。外衡冬至，日在牽牛。內衡夏至，日在東井。六氣復返，皆謂中氣。中氣，月中也。言日月往來，中氣各六。傳曰：「先王之正時，履端於始，舉正於中，歸餘於終。」謂中氣也。

陰陽之數，日月之法。謂陰陽之度數，日月之法。十九歲爲一章。章，條也。言閏餘盡，爲曆法章條也。乾象曰：「辰爲歲中，以御朔之月而納焉。朔爲章中除朔爲章月，月差爲閏。」臣鸞曰：歲中除章中爲章歲求餘法，置中氣相去三十日、十六分日之七，通分內子，得四百八十七。又置從朔至朔一月之日二十九、九百四十分日之四百九十九，通之，得二萬七千七百五十九。二者法異，當同之者，以中氣分母十六乘朔分，得四十四萬四千一百四十四，變爲中氣積分也。以朔分母九百四十乘中氣分，得四十五萬七千七百八十，爲朔日積分。以少減多，求等數平之，得一千九百四十八爲法。除中氣積得二百二十八，卽章中也。更以一千九百四十八除朔積分，得二百三十五，卽章月也。章月與章中差七，卽一章之閏。更置二百二十八，以歲中十二除之，得十九，爲章歲也。更置章月二百三十五，以章歲十九除之，得十二月、十九分月之七，卽一年之月也。四章爲一蔀，七十六歲。蔀之言，齊同日月之分爲一蔀

---

① 「月不及其宿」，各本脫落「月」字，今補。

② 「璿璣中而星未中」，各本於「璣」字下衍「玉衡」二字，今删。

③ 「月過其宿」，各本於「月」字上衍「夜」字，今删。

④ 「璿璣中而星中是調，調則風雨時」，二「調」字各本俱訛作「周」，今依孫詒讓校正。

也。一歲之月，十二月、十九分月之七。通分内子，得二百三十五。一歲之日，三百六十五日、四分日之一。通之，得一千四百六十一。分母不同，則子不齊。當互乘之以齊同之者，以日分母四乘月分，得九百四十，卽一蔀之月。以月分母十九乘日分，得二萬七千七百五十九，卽一蔀之日。以日、月分母相乘，得七十六，得一蔀之歲。以一歲之月除蔀月，得七十六歲。又以一歲之日除蔀日，亦得七十六歲矣。月餘既終，日分又盡，衆殘齊合，羣數畢滿，故謂之蔀。　臣鸞曰：求蔀法，列章歲十九，以四乘之，得一蔀，七十六歲。求一蔀之月法，十二月、十九分月之七，通分内子得二百三十五，卽月分也。更列一歲三百六十五日、四分日之一，通分内子，得一千四百六十一。以日分母四乘月分，得九百四十，卽一蔀之月。以月分母十九乘日分，得二萬七千七百五十九，卽一蔀之日。以日分母四乘月分母十九，得七十六，卽一蔀之歲。更以月分母十九乘蔀月九百四十，得萬七千八百六十爲實。以十二月、十九分月之七，通分内子，得二百三十五，爲法。以除實得七十六，亦一蔀之歲也。更列一蔀之日二萬七千七百五十九，以分母四乘之，得十一萬一千三十六爲實。以周天分千四百六十一除之，得一蔀之歲七十六也。二十蔀爲一遂，遂千五百二十歲。遂者，竟也。言五行之德一終，竟極日月辰終也。乾鑿度曰：「至德之數，先立金、木、水、火、土五，凡各三百四歲。」五德運行，日月開闢。甲子爲蔀首，七十六歲。次得癸卯蔀，七十六歲。次壬午蔀，七十六歲。次辛酉蔀，七十六歲。凡三百四歲，木德也，主春生。次庚子蔀，七十六歲。次己卯蔀，七十六歲。次戊午蔀，七十六歲。次丁酉蔀，七十六歲。凡三百四歲，金德也，主秋成。次丙子蔀，七十六歲。次乙卯蔀，七十六歲。次甲午蔀，七十六歲。次癸酉蔀，七十六歲。凡三百四歲，火德也，主夏長。次壬子蔀，七十六歲。次辛卯蔀，七十六歲。次庚午蔀，七十六歲。次己酉蔀，七十六歲。凡三百四歲，水德也，主冬藏。次戊子蔀，七十六歲。次丁卯蔀，七十六歲。次丙午蔀，七十六歲。次乙酉蔀，七十六歲。凡三百四歲，土德也，主致養。其得四正子、午、卯、酉而朝四時焉。凡一千五百二十歲終一紀，復甲子，故謂之遂也。求五德日名之法：置一蔀者七十六歲，德四蔀，因而四之，爲三百四歲。以一歲三百六十五日、四分日之一乘之，爲十一萬一千三十六。以六十去之，餘三十六。命甲子算外，得庚子，金德也。求次德，加三十六，滿六十①去之，命如前，則次德日也。求算蔀名，置一章歲數，以周天分乘之，得二萬七千七百五十九。以六十去之，餘三十九。命以甲子算外，得癸卯蔀。求蔀，加三十九，滿六十去之，命如前，得次蔀。臣鸞曰：求遂法，列一蔀七十六歲，以二十乘之，得千五百二十歲，即一遂之歲。② 求五德金、木、水、火、土法，列一蔀七十六歲，以周天分千四百六十一乘之，得十一萬一千三十六。即以六十除之，餘三十六。命從甲子算外，得庚子。凡三百四歲土秋成，金德也。加三十六得七十二，以六十除之，餘十二。命從甲子算外，得丙子。凡三百四歲火德，主夏長。次放此。求蔀名，列一章十九歲，以周天分一千四百六十一歲乘之，得二萬七千七百五十九。以六十去之，餘三十九。命從甲子算外，得癸卯蔀七十六歲。復加三十九，亦六十去之，餘十八。命亦起甲子算外，次得壬午蔀。次放此，至甲子即止之。三遂爲一首，首四千五百六十歲。首，始也。言日、月、五星終而復始也。考靈曜曰：「日月首甲子，冬至。日、月、五星俱起牽牛初，日月若合璧，五星如聯珠，青龍甲寅攝提格。」並四千五百六十歲積及初，故謂首也。臣鸞曰：求一首法，列遂一千五百二十歲，三之，得一首四千五百六十歲也。七首爲一極，極三萬一千九百二十歲。生數皆終，萬物復始。極，終也。言日、月、星辰，弦、望、晦、朔，寒暑推移，萬物生育，皆復始，故謂之極。臣鸞曰：求極法，先列一首四千五百六十，以七乘之，得一極三萬一千九百二十歲。天以更元，作紀曆。元，始。作，爲。七紀法天數更始，復爲法述之。

何以知天三百六十五度、四分度之一，而日行一度，而月後天十三度、十九分度之七。

---

① 「滿六十去之」，各本無「滿六十」三字，今補。

② 「即一遂之歲」，各本「一」訛作「以」，今校正。

二十九日、九百四十分日之四百九十九爲一月，十二月、十九分月之七爲一歲。非周髀本文。蓋人問師之辭。其欲知度之所分，法術之所生。周天除之。除積後天分，得一周，卽棄之。其不足除者，如合朔。①古者包犧神農制作爲曆，度元之始，見三光未知其則。②三光，日、月、星。則，法也。日、月、列星，未有分度。列③星之初列，謂二十八宿也。日主晝，月主夜，晝夜爲一日。日月俱起建星。建六星在斗上也。日月起建星，謂十一月朔旦冬至④也。爲曆術者，度起牽牛前五度，則建星其近也。月度疾，日度遲。度，日、月所行之度也。日、月相逐於二十九日、三十日間，言日、月二十九日則未合，三十日復相過。而日行天二十九度餘，如九百四十分日之四百九十九。未有定分。未知餘分定幾何也。於是三百六十五日南極影長，明日反短。以歲終日影長，故知三百六十五日者三，三百六十六日者一。⑤影四歲而後知差一日。是爲四歲共一日，故歲得四分日之一。故知一歲三百六十五日、四分日之一，歲終也。月積後天十三周，又與百三十四度餘，經歲月後天之周及度求之。餘者，未知也。言欲求之也。無慮後天十三度、十九分度之七，未有定。無慮者，粗計也。此已得月後天數而言。未有者，求之意。未有見故也。於是日行天七十六周，月行天千一十六周，又合於建星⑥。月行一月，則行過一周而與日合。七十六歲九百四十周天，所過復九百四十日。七十六周幷之，得一千一十六，爲一月後天率。分盡度終，復還及初也。

臣鸞曰：求「於是日行天七十六周，月行天千一十六周，又合於建星」法，以九百四十周幷七十六周，得一千一十六周，則日月氣朔合於建星。置月行後天之數，以日後天之數除之，得十三度、十九分度之七，則月一日行天之度。以日度行率除月行率，一日得月度幾何。置月行率一千一十六爲實，日行率七十六爲法，實如法而一。法及餘分皆四約之，與乾象同歸而殊塗，義等而法異也。復置七十六歲之積月，置章歲之月二百三十五，以四乘之，得九百四十，則蔀之積月也。以七十六歲除之，得十二月、十九分月之七，則一歲之月。亦以四約法除分。蔀歲除月與章歲除章月同也。置周天度數，以十二月、十九分月之七除之，得二十九日、九百四十分日之四百九十九，則一月日之數。通周天四分日之一爲千四百六十一。通十二月、十九分月之七爲二百三十五。分母不同則子不齊，當互乘以同齊之，以十九乘千四百六十一，爲二萬七千七百五十九。以四乘二百三十五，爲九百四十。乃⑦以除之，則月與日合之數。臣鸞曰：求日行一度法，

---

① 「周天除之，其不足除者，如合朔」，顧觀光云：「此與上下文不相屬。『周天除之，其不足除者』九字及注，竝見前經『月不及故舍』條中，複衍於此，殊無文理。『如合朔』三字又他處斷爛之僅存者。……竝當删。」

② 「未知其則」，各本「知」譌作「如」，今依顧觀光校正。

③ 「列」，南宋本、明本俱作「則」，此從殿本。

④ 「冬至」下各本俱衍一「日」字，應删去。

⑤ 「以歲終日影長，故知三百六十五日者三，三百六十六日者一」，各本於「影」字下衍「反」字，「知」字下衍「之」字，今删去。

⑥ 「又合於建星」，各本「又」作「及」，今校正。

⑦ 「乃」，南宋本、明本俱譌作「及」，此從殿本。

還置前一千一十六，以七十六歲除之，得十三度，不盡二十八。以求等，平於四。以四約餘得七，約分得十九。是十三度、十九分度之七。更列一章歲積月二百三十五，以周天分母四乘之，即一蔀月九百四十。亦以七十六歲除之，得一歲之十二月、十九分月之七。餘分及法，並以四約。更通周天，得千四百六十一。復通十二月、十九分月之七，得二百三十五。分母不同，互乘之。以月分母十九乘日分，得二萬七千七百五十九。以日分母四乘月分，得九百四十，除①二萬七千七百五十九，得二十九日、九百四十分日之四百九十九，而月與日合。此其數也。

---

① 「除」字下各本衍一「之」字，今删。

九章算術

九章算術提要

九章算術九卷，不詳作者名氏。九章算術是一部現在有傳本的、最古老的中國數學書，它的編纂年代大約是在東漢初期。書中收集了二百四十六個應用問題的解法，分別隸屬於方田、粟米、衰分、少廣、商功、均輸、盈不足、方程、句股九章。

春秋、戰國時期社會生產力的逐漸提高，促進了數學知識和計算技能的發展。當時各國的統治階級要按畝收稅，必須有測量土地、計算面積的方法；要儲備糧食，必須有計算倉庫容積的方法；要修建灌溉渠道、治河堤防和其他土木工事，必須能計算工程人功；要修訂一個適合農業生產的曆法，必須能運用有關的天文數據。那時的人民掌握了相當豐富的、由生產實踐中產生的數學知識和計算技能。雖然沒有一本先秦的數學書流傳到後世，但無可懷疑的是九章算術方田、粟米、衰分、少廣、商功等章中的解題方法，絕大部分是產生於秦以前的。漢書藝文志術數類著錄有許商算術二十六卷，杜忠算術十六卷，這兩部算術雖早已失傳，應該是東漢初編纂的九章算術的前身，它們的主要教材應當被保存於九章算術各章之内。

周禮大司徒篇說：「保氏掌諫王惡而養國子以道。乃教之六藝：一曰五禮，二曰六樂，三曰五射，四曰五馭，五曰六書，六曰九數。」這是說，主持貴族子弟教育的保氏以禮、樂、射、馭、書、數爲「小學」的六門課程，每一門課程又各有若干細目，例如「數」學中有九個細目。但在周禮裏沒有把「九數」列舉出來，我們就無法考證它的內容。漢武帝時這部周禮開始受到經學家的注意。到東漢時期，鄭衆、馬融等都爲「九數」作了注解。東漢末鄭玄周禮注引鄭衆說：「九數：方田、粟米、差分、少廣、商功、均輸、方程、贏不足、旁要，今有重差、句股。」事實上，鄭衆所說「九數」中的「均輸」已是漢武帝太初元年以後的賦稅制度，決不是周禮九數原有的一個細目。「方田、粟米、差分、少廣、商功、均輸、方程、贏不足、旁要」大概是西漢末傳統算術的主要綱目，「今有重差、句股」說明數學有了新的發展。傳本九章算術將句股代替旁要，它的編纂年代當在鄭衆注周禮「九數」（約公元五〇年）之後。後漢書馬援傳說，馬續「善九章算術」。馬續是馬援的侄孫，馬融（公元七九——一六六年）之兄，他的生年約在公元七〇年前後。馬續研究九章算術大概在公元九〇年前後。根據上述史料，我們認爲九章算術的編定年代是在公元第一世紀的後半個世紀，而各章的主要內容在第一世紀初期已具備了一定的成就。

九章算術不但對後世的數學著作奠定了優良的傳統，對世界數學的發展也有着重要的貢獻。現在小學算術課程中的分數四則，各種比例，面積和體積，以及各類應用問題的解法，在九章算術方田、粟米、衰分、商功、均輸、盈不足等章裏已有了相當詳備的內容。現在中學課程中的代數部分，如開平方、開立方、正負數、聯立一次方程組、二次方程等項目，在少廣、方程、句股章裏亦已有了卓越的成就。

傳本九章算術有劉徽注和唐李淳風等的注釋。劉徽是我國古代傑出的數學家。他爲九章算術作注解，又自撰重差一卷附於九章算術九卷之後，故隋書經籍志著錄「九章算術十卷，劉徽撰」。經籍志又錄有「九章重差圖一卷，劉徽撰」，當是十卷本的附圖，可惜早已亡佚。九章算術方田章圓田術注和商功章圓囷術注中都論及「晉武庫中有漢時王莽所作銅斛」。隋書律曆志論歷代量制引商功章注，說「魏陳留王景元四年（公元二六三年）劉徽注九章」。我們根據這些資料，認爲劉徽是魏、晉時人。他的生平履歷無可詳考。

劉徽九章算術注自序說：「又所析理以辭，解體用圖。庶亦約而能周，通而不黷，覽之者思過半矣。」這是說，問題解法的理論分析，要用明確的語言表達出來；空間形體的具體分解，要用幾何圖形顯示出來。這樣纔能做到又簡又明，啓發讀者的思考。他在注中一方面整理九章算術各個問題的解法，理論上屬於一類的使它們歸於一類，提綱挈領地闡明所以能解的道理。在另一方面，對於原來所有不够準確的近似計算，他提出了更精確的計算方法。例如九章算術原術取用三爲圓周率，他通過了圓內接正三百八十四邊形和正三千零七十二邊形面積的嚴密計算，得到圓周率的近似值，五十分之一百五十七，或一千二百五十分之三千九百二十七。又如開平方或開立方不盡時（平方根或立方根爲無理數），原有以分數表示奇零部分的方法不甚準確，他主張繼續開方，得出以十進分數表示平方根或立方根的近似值。此外，他創立許多新的解題方法，例如盈不足章第十九題的等差級數求和法，方程章第七題的互乘相消法，第九題的消去常數項法，句股章第十六題的內切圓徑公式等等，都比原術簡便。

唐李淳風等對劉徽注本九章算術作了一些解釋，原有劉注意義十分明確的不再補注，盈不足、方程二章就沒有他們的注釋。九章算術所有與圓面積有關的問題，都取圓周率三計算，劉徽注以爲應取五十分之一百五十七，李淳風等補注認爲可以用七分之二十二計算，這是對的。但七分之二十二是祖沖之的所謂「約率」，而李淳風等引用此率，稱它爲「密率」。後世人誤認七分之二十二爲「密率」的很多，這是李注的謬種流傳。少廣章開立圓術，李淳風等注釋引祖暅之說，介紹球體積公式的理論基礎。綴術書失傳後，祖沖之父子對於球體積的研究，幸有李淳風等的徵引而得流傳到現在。

劉、李注本九章算術到北宋仁宗時有賈憲所撰的細草，原書早已失傳，但永樂大典中保存楊輝所引的賈憲開方法是非常寶貴的數學史料。南宋末有楊輝詳解九章算法十二卷（一二六一），現在僅存商功、均輸、盈不足、方程、句股五章和「九章算法纂類」。楊輝鈔錄的九章算術本文和劉、李二家注文有很多脫誤，但也有可據以對校永樂大典本的文字。清嘉慶初年李潢撰九章算術細草圖說九卷，有校勘、有補圖、有詳草、有說明，發揮九章算術劉徽注的原意，對於讀者是大有裨益的。

版本與校勘

劉、李注本九章算術在宋代有北宋元豐七年（公元一〇八四年）秘書省刻本和南宋嘉定年鮑澣之刻本。明代永樂大典依據九章名義分類抄錄，到清朝初年並未散佚。明代留心古典數學的人很少，九章算術非但沒有新的刻本，連宋代遺留下來的舊書也漸次散佚。清初南京黃虞稷家中有南宋刻本九章算術，僅存方田、粟米、衰分、少廣、商功五章。一六七八年梅文鼎到南京應鄉試時曾到黃家翻閱過。這個殘本九章算術於乾隆中爲曲阜孔繼涵所得，嘉慶中爲陽城張敦仁所得，今存上海圖書館。常熟毛扆於一六八四年向黃家借鈔得一影宋鈔本。這個影宋的殘本九章算術於乾隆中轉入清宮，作爲天祿琳琅閣藏書，今存故宮博物院。一九三二年故宮博物院把它影印爲天祿琳琅叢書的一種。

乾隆三十八年（一七七三）開四庫全書館，婺源戴震充四庫全書纂修及分校官。次年，戴震從永樂大典中抄集九章算術九卷，並且做了一番校勘工作。四庫全書本和武英殿聚珍版本九章算術都有戴震的校訂文字和補圖。商務印書館刊行的叢書集成本是依據武英殿本排印的。

戴震的兒女親家孔繼涵刻微波榭本算經十書，其中九章算術九卷採用戴震的校定本。戴震校正的文字，顛撲不破的果然不少，但也有些地方，他師心自用，把原本不錯的文字改掉，後來的讀者很容易被他蒙蔽而引起誤會。所以作爲一個善本書看，微波榭本的參考價值是遠不如武英殿本的。微波榭本九章算術卷九的最後一頁上題稱「大清乾隆三十八年癸巳秋闕里孔氏依汲古閣影宋刻本重雕」，書的底本和刻書年代都有問題，顯然是不足徵信的。此後依據微波榭本翻刻的九章算術有常熟屈曾發的重刻本、南昌梅啓照的算經十書本和商務印書館的萬有文庫本、四部叢刋本等等。

嘉慶年鍾祥李潢撰九章算術細草圖説，用微波榭本作底本，校正了很多錯誤文字。戴震所謂「舛誤不可通」而無法校訂的文句，經過李潢校訂後，一般都能文從字順容易理解了。但碰到戴震誤改原文的地方，他就沒有能够糾正過來。方程章最後一題的劉徽注中，敍述了兩個「新術」的演算程序，文字冗長，數字繁瑣，舊刻本的譌文奪字很多，不容易整理。李潢的友人戴敦元和李鋭各代爲校正一術。李潢就照錄他們的校定稿作爲細草圖説的一部分。又，均輸章第八題答數、術文和李淳風等的注文俱有訛字，李潢未能訂正，沈欽裴於李潢死後算校編輯付刻時代爲校正。

爲了要恢復唐代立於學官的劉、李注本九章算術，我根據天祿琳琅叢書本和宜稼堂本楊輝詳解九章算法所引，重加校訂，寫出了校勘記四百六十餘條。戴震、李潢二家所校定的文字認爲是正確的，於校勘記中聲明他們的開辟草萊的功績。也有各本俱誤而各家漏校或誤校的文字，只能憑個人意見，擅自校改，但在校勘記中保留各本原有的異文衍字。商功章陽馬術和句股章容圓術的劉徽注中各有意義難於理解而不能句讀的文字，無法校訂，只能付之缺疑。

劉徽九章算術注原序

昔在包犧氏始畫八卦，以通神明之德，以類萬物之情，作九九之術以合六爻之變。暨於黃帝神而化之，引而伸之，於是建曆紀，協律呂，用稽道原，然後兩儀四象精微之氣可得而效焉。記稱隸首作數，其詳未之聞也。按周公制禮而有九數，九數之流，則九章是矣。往者暴秦焚書，經術散壞。自時厥後，漢北平侯張蒼、大司農中丞耿壽昌皆以善算命世。蒼等因舊文之遺殘，各稱刪補。故校其目則與古或異，而所論者多近語也。徽幼習九章，長再詳覽。觀陰陽之割裂，總算術之根源，探賾之暇，遂悟其意。是以敢竭頑魯，采其所見，爲之作注。事類相推，各有攸歸，故枝條雖分而同本榦者，知發其一端而已。又所析理以辭，解體用圖，庶亦約而能周，通而不黷，覽之者思過半矣。且算在六藝，古者以賓興賢能，教習國子。雖曰九數，其能窮纖入微，探測無方。至於以法相傳，亦猶規矩度量可得而共，非特難爲也。當今好之者寡，故世雖多通才達學，而未必能綜於此耳。

周官大司徒職，夏至日中立八尺之表，其景尺有五寸，謂之地中。說云，南戴日下萬五千里。夫云爾者，以術推之。按九章立四表望遠及因木望山之術，皆端旁互見，無有超邈若斯之類。然則蒼等爲術猶未足以博盡羣數也。徽尋九數有重差之名，原其指趣乃所以施於此也。凡望極高、測絶深而兼知其遠者必用重差，句股則必以重差爲率，故曰重差也。立兩表於洛陽之城，令高八尺。南北各盡平地，同日度其正中之景①。以景差爲法，表高乘表間爲實，實如法而一，所得加表高，卽日去地也。以南表之景乘表間爲實，實如法而一，卽爲從南表至南戴日下也。以南戴日下及日去地爲句、股，爲之求弦，卽日去人也。以徑寸之筩南望日，日滿筩空，則定筩之長短以爲股率，以筩徑爲句率，日去人之數爲大股，大股之句卽日徑也。雖天圓穹之象猶曰可度，又況泰山之高與江海之廣哉。徽以爲今之史籍且略舉天地之物，考論厥數，載之於志，以闡世術之美。輒造重差，并爲注解，以究古人之意，綴於句股之下。度高者重表，測深者累矩，孤離者三望，離而又旁求者四望。觸類而長之，則雖幽遐詭伏，靡所不入。博物君子，詳而覽焉。

---

①「景」，各本訛作「時」，今校正。「度其正中之景」，謂於太陽在正南時量取八尺表之影長也。

九章算術卷第一

方田 以御田疇界域

〔一〕今有田廣十五步，從十六步。問爲田幾何？

荅曰：一畝。

〔二〕又有田廣十二步，從十四步。問爲田幾何？

荅曰：一百六十八步。圖從十四，廣十二。

方田術曰：廣從步數相乘得積步。此積謂田冪。凡廣從相乘謂之冪。臣淳風等謹按：經云「廣從相乘得積步」，注云「廣從相乘謂之冪」，觀斯注意，積冪義同。以理推之，固當不爾。何則？冪是方面單布之名，積乃衆數聚居之稱。循名責實，二者全殊。雖欲同之，竊恐不可。今以凡言冪者據廣從之一方；其言積者舉衆步之都數。經云「相乘得積步」，卽是都數之明文。注云謂之爲冪，全乖積步之本意。此①注前云「積爲田冪」，於理得通。復云「謂之爲冪」，繁而不當。今者注釋存善去非，略爲料②簡，遺諸後學。以畝法二百四十步除之，卽畝數。百畝爲一頃。臣淳風等謹按：此爲篇端，故特舉頃、畝

① 「此」字下南宋本衍一「經」字，今從殿本删去。 ② 「料」，各本均訛作「科」，今爲校正。

二法。餘術不復言者，從此可知。一畝之田，廣十五步，從而疏之，令爲十五行，卽每行廣一步而從十六步。又横而截之令爲十六行，卽每行廣一步而從十五步。此卽從疏横截之步，各自爲方，凡有二百四十步。一畝之地①步數正同。以此言之，卽廣從相乘得積步，驗矣。二百四十步者，畝法也。百畝者，頃法也。故以除之，卽得。

〔三〕今有田廣一里，從一里。問爲田幾何？

答曰：三頃七十五畝。

〔四〕又有田廣二里，從三里。問爲田幾何？

答曰：二十二頃五十畝。

里田術曰：廣從里數相乘得積里。以三百七十五乘之，卽畝數。按此術廣從里數相乘得積里。方里②之中有三頃七十五畝，故以乘之，卽得畝數也。

〔五〕今有十八分之十二。問約之得幾何？

答曰：三分之二。

〔六〕又有九十一分之四十九。問約之得幾何？

答曰：十三分之七。

約分　按約分者，物之數量，不可悉全，必以分言之。分之爲數，繁則難用。設有四分之二者，繁而言之，亦可爲八分之四；約而言之，則二分之一也。雖則異辭，至於爲數，亦同歸爾。法實相推，動有參差，故爲術者先治諸分。　術曰：可半者半之，不可半者，副置分母子之數，以少減多，更相減損，求其等也。以等數約之。等數約之，卽除也。其所以相減者，皆等數之重疊，故以等數約之。

〔七〕今有三分之一，五分之二。問合之得幾何？

荅曰：十五分之十一。

〔八〕又有三分之二，七分之四，九分之五。問合之得幾何？

荅曰：得一、六十三分之五十。

〔九〕又有二分之一，三分之二，四分之三，五分之四。問合之得幾何？

荅曰：得二、六十分之四十三。

合分　臣淳風等謹按：合分者③，數非一端，分無定準，諸分子雜互，羣母參差，麁細既殊，理難從一。故齊其衆分，同其羣母，令可相并，故曰合分。　術曰：母互乘子，并以爲實，母相乘爲法，母互乘子；約而言之者，其分麁；繁而言之者，其分細。雖則麁細有殊，然其實一也。衆分錯雜④，非細不會。乘而散之，所以

---

① 南宋本在「一畝之地」之前多一「爲」字，今據大典本刪去。

② 「方里」之上，南宋本衍一「故」字，今據殿本刪去。

③ 「者」，南宋本、大典本俱作「知」，今依戴震校改。

④ 「雜」，南宋本作「難」，今從殿本。

通之。通之則可并也。凡母互乘子謂之齊，羣母相乘謂之同。同者，相與通同共一母也。齊者，子與母齊，勢不可失本數也。方以類聚，物以羣分。數同類者無遠，數異類者無近。遠而通體者①，雖異位而相從也；近而殊形者②，雖同列而相違也。然則齊同之術要矣，錯綜度數，動之斯諧，其猶佩觿解結，無往而不理焉。乘以散之，約以聚之，齊同以通之，此其算之綱紀乎。其一術者可令母除爲率，率乘子爲齊。實如法而一。不滿法者，以法命之。今欲求其實，故齊其子，又同其母，令如母而一。其餘以等數約之，即得③。所謂同法爲母，實餘爲子，皆從此例。其母同者，直相從之。

〔一〇〕今有九分之八，減其五分之一。問餘幾何？

荅曰：四十五分之三十一。

〔一一〕又有四分之三，減其三分之一。問餘幾何？

荅曰：十二分之五。

減分　臣淳風等謹按：諸分子母數各不同。以少減多，欲知餘幾，減餘爲實，故曰減分。術曰：母互乘子，以少減多，餘爲實，母相乘爲法，實如法而一。母互乘子者，以齊其子也。④以少減多者，子齊故可相減也。⑤母相乘爲法者，同其母也。母同子齊，故如母而一，即得。

〔一二〕今有八分之五，二十五分之十六。問孰多？多幾何？

荅曰：二十五分之十六多，多二百分之三。

〔一三〕又有九分之八，七分之六。問孰多？多幾何？

荅曰：九分之八多，多六十三分之二。

〔一四〕又有二十一分之八，五十分之十七。問孰多？多幾何？

荅曰：二十一分之八多，多一千五十分之四十三。

課分 臣淳風等謹按：分各異名，理不齊一，校其相多⑥之數，故曰課分也。 術曰：母互乘子，以少減多，餘爲實，母相乘爲法，實如法而一，卽相多也。 臣淳風等謹按：此術母互乘子，以少分減多分，與減分義同⑦。唯相多之數，意共減分有異⑧。減分知求其餘數有幾，課分知以其餘數相多也。

〔一五〕今有三分之一，三分之二，四分之三。問減多益少，各幾何而平？

---

①② 二「者」字，南宋本均作「知」，今依殿本。

③ 「卽得」下，南宋本、大典本俱衍一「知」字，今依戴震校刪。

④ 「母互乘子者，以齊其子也」，各本於「以」字上衍一「知」字，今刪去。

⑤ 「以少減多者，子齊故可相減也」，南宋本、大典本「子」訛作「知」，今爲校正。微波榭本刪去「知」字而不補「子」字，亦於文義欠妥。

⑥ 「相多」，大典本訛作「相近」，南宋本不誤。

⑦ 「與減分義同」前，南宋本衍「按此術多」四字，此據大典本刪去。

⑧ 「意共減分有異」，係南宋本原文。大典本「共」字作「與」，亦通。

答曰：減四分之三者二，三分之二者一，并以益三分之一，而各平於十二分之七。

〔一六〕又有二分之一，三分之二，四分之三。問減多益少，各幾何而平？

答曰：減三分之二者一，四分之三者四，并以益二分之一，而各平於三十六分之二十三。

平分 臣淳風等謹按：平分者①，諸分參差，欲令齊等，減彼之多，增此之少，故曰平分也。術曰：母互乘子，齊其子也。副并爲平實，臣淳風等謹按：母互乘子，副并爲平實者，定此平實立限，衆子所當損益，如限爲平。② 母相乘爲法。母相乘爲法者，亦齊其子，又同其母。以列數乘未并者各自爲列實。亦以列數乘法，此當副置列數除平實③。若然則重有分，故反以列數乘同齊。臣淳風等謹按：問云所平之分多少不定，或三或二，列位無常。平三者置位三重，平二者④置位二重。凡此之例，一準平分不可預定多少，故直云列數而已。以平實減列實，餘，約之爲所減。并所減以益於少，以法命平實，各得其平。

〔一七〕今有七人，分八錢三分錢之一。問人得幾何？

答曰：人得一錢、二十一分錢之四。

〔一八〕又有三人，三分人之一，分六錢三分錢之一，四分錢之三。問人得幾何？

荅曰：人得二錢、八分錢之一。

經分 臣淳風等謹按：經分者，自合分已下，皆與諸分相齊，此乃直求一人之分。以人數分所分，故曰經分也。術曰：以人數爲法，錢數爲實，實如法而一。有分者通之，母互乘子者齊其子，母相乘者同其母。以母通之者，分母乘全內子。乘全則散爲積分⑤，積分則與分子相通，故可令相從。凡數相與者謂之率。率者，自相與通。有分則可散，分重疊則約也。等除法實，相與率也。故散分者，必令兩分母相乘法實也。重有分者同而通之。又以法分母乘實，實分母乘法。此謂法實俱有分，故令分母各乘全⑥內子，又令分母互乘上下。

〔一九〕今有田廣七分步之四，從五分步之三。問爲田幾何？

---

① 「者」，南宋本、大典本均作「知」，此依戴震校改。

② 「爲平實者」，各本「者」訛作「知」；「平實立限」，「立」訛作「主」；「如限爲平」，「如」訛作「知」。今依戴震校改。

③ 「此當副置列數除平實」，南宋本、大典本均訛作「此當副并列數爲平實」，今依李潢校改。

④ 「平三者」、「平二者」兩「者」字，各本均作「知」，今爲校正。

⑤ 「乘全則散爲積分」，南宋本作「乘散全則爲積分」，大典作「散全則爲積分」，均甚難理解。今取約分術劉注「乘而散之，所以通之」之意，校正如上。

⑥ 「全」字下各本衍一「分」字，此依李潢校刪。

答曰：三十五分步之十二。

〔二〇〕又有田廣九分步之七，從十一分步之九。問爲田幾何？

答曰：十一分步之七。

〔二一〕又有田廣五分步之四，從九分步之五，問爲田幾何？

答曰：九分步之四。

乘分 臣淳風等謹按：乘分者，分母相乘爲法，子相乘爲實，故曰乘分。術曰：母相乘爲法，子相乘爲實，實如法而一。凡實不滿法者而①有母子之名，若有分以乘其實而長之，則亦滿法乃爲全耳。又以子有所乘，故母當報除。報除者，實如法而一也。今子相乘則母各當報除，因令分母相乘而連除也。此田有廣從，難以廣論。設有問者曰：馬二十四，直金十二斤。今賣馬二十四，三十五人分之，人得幾何？答曰：三十五分斤之十二。其爲之也，當如經分術，以十二斤金爲實，三十五人爲法。設更言馬五匹，直金三斤。今賣四匹，七人分之，人得幾何？答曰：人得三十五分斤之十二。其爲之也，當齊其金人之數，皆合初問入於經分矣。然則分子相乘爲實者，猶齊其金也。母相乘爲法者，猶齊其人也。同其母爲二十，馬無事於同，但欲求齊而已。又馬五匹，直金三斤，完全之率。分而言之，則爲一匹直金五分斤之三。七人賣四馬，一人賣七分馬之四。分子與人交互相生所從言之異，而計數則三術同歸也。

〔二二〕今有田廣三步、三分步之一，從五步、五分步之二。問爲田幾何？

答曰：十八步。

〔二三〕又有田廣七步、四分步之三，從十五步、九分步之五。問爲田幾何？

荅曰：一百二十步、九分步之五。

〔二四〕又有田廣十八步、七分步之五，從二十三步、十一分步之六。問爲田幾何？

荅曰：一畝二百步、十一分步之七。

大廣田 臣淳風等謹按：大廣田者②，初術直有全步而無餘分，次術空有餘分而無全步，此術先見全步復有餘分，可以廣兼三術，故曰大廣。 術曰：分母各乘其全，分子從之，分母各乘其全分子從之者，通全步內分子，如此則母子皆爲實矣。 相乘爲實。分母相乘爲法。猶乘分也。實如法而一。今爲術廣從俱有分，當各自通其分。命母入者還須出之。故令分母相乘爲法，而連除之。

〔二五〕今有圭田廣十二步，正從二十一步。問爲田幾何？

荅曰：一百二十六步。

〔二六〕又有圭田廣五步、二分步之一，從八步、三分步之二。問爲田幾何？

荅曰：二十三步、六分步之五。

---

① 「而」，孔刻本改作「乃」，似非必要。

② 「者」，南宋本、大典本俱作「知」，此依戴震校改。

術曰：半廣以乘正從。半廣者，①以盈補虛爲直田也。亦可半正從以乘廣。按半廣②乘從，以取中平之數。故廣從相乘爲積步。畝法除之，卽得也。

〔二七〕今有邪田，一頭廣三十步，一頭廣四十二步，正從六十四步。問爲田幾何？

荅曰：九畝一百四十四步。

〔二八〕又有邪田，正廣六十五步，一畔從一百步，一畔從七十二步。問爲田幾何？

荅曰：二十三畝七十步。

術曰：并兩邪而半之，以乘正從若廣。又可半正從若廣，以乘并，畝法而一。并而半之者，以盈補虛也。

〔二九〕今有箕田，舌廣二十步，踵廣五步，正從三③十步。問爲田幾何？

荅曰：一畝一百三十五步。

〔三〇〕又有箕田，舌廣一百一十七步，踵廣五十步，正從一百三十五步。問爲田幾何。

荅曰：四十六畝二百三十二步半。

術曰：并踵舌而半之，以乘正從。畝法而一。中分箕田則爲兩邪田，故其術相似。又可并踵舌，半正從以乘之。

〔三一〕今有圓田，周三十步，徑十步。臣淳風等謹按：術意以周三徑一爲率，周三十步，合徑十步。今依密率合徑九步、十一分步之六。問爲田幾何？

荅曰：七十五步。此於徽術，當爲田七十一步、一百五十七分步之一百三。臣淳風等謹依密率，爲田七十一步、二十二分步之一十三。

〔三二〕又有圓田，周一百八十一步，徑六十步、三分步之一。臣淳風等謹按：周三徑一，周一百八十一步，徑六十步、三分步之一。依密率，徑五十七步、二十二分步之一十三。問爲田幾何？

荅曰：十一畝九十步、十二分步之一。此於徽術，當爲田十畝二百八步、三百一十四分步之一百一十三。臣淳風等謹依密率，當爲田十畝二百五步、八十八分步之八十七。

術曰：半周半徑相乘得積步。按半周爲從，半徑爲廣，故廣從相乘爲積步也。假令圓徑二尺，圓中容六觚④之一面，與圓徑之半，其數均等。合⑤徑率一而外⑥周率三也。又按爲圖，⑦以六觚之一面乘半徑，因而三之，⑧得十二觚之冪。若又割之，次以十二觚之一面乘半徑⑨、因而六之⑩，則得二十四觚之冪。割

---

① 「者」，南宋本、大典本作「知」，此依戴震校改。

② 「半廣」，南宋本訛作「平廣」，此從殿本。

③ 「三」，南宋本訛作「五」，此從殿本。

④ 此下各「觚」字，南宋本、大典本俱訛作「弧」，此依戴震校。

⑤ 「合」，南宋本訛作「令」，此從殿本。

⑥ 「外」字南宋本訛作「弧」，此從殿本。

⑦ 「又按爲圖」，殿本「圖」作「圓」，此從南宋本。

⑧ 「因而三之」，各本作「二因而六之」，今依李潢校改。

⑨ 「半徑」上南宋本衍「一弧之」三字，依戴震校刪。

⑩ 「因而六之」，南宋本作「四因而六之」，衍一「四」字，依李潢校刪。

之彌細，所失彌少。割之又割，以至於不可割，則與圓①合體，而無所失矣。觚面之外，猶有餘徑。以面乘餘徑，則冪出弧表。② 若夫觚之細者，與圓合體，則表無餘徑。表無餘徑，則冪不外出矣。以一面乘半徑，觚而裁之，每輒自倍。故以半周乘半徑而爲圓冪。此以周徑，謂至然之數，非周三徑一之率也。周三者從其六觚之環耳。以推圓規多少之較③，乃弓之與弦也。然世傳此法，莫肯精覈。學者踵古，習其謬失。不有明據，辯之斯難。凡物類形象，不圓則方。方圓之率，誠著於近，則雖遠可知也。由此言之，其用博矣。謹按圖驗④，更造密率。恐空設法，數昧而難譬。故置諸檢括，謹詳其記注焉。

割六觚以爲十二觚術曰：置圓徑二尺，半之爲一尺，即圓裏六觚之面也。令半徑一尺爲弦，半面五寸爲句，爲之求股。以句冪二十五寸減弦冪，餘七十五寸。開方除之，下至秒忽。又一退法，求其微數。微數無名者以爲分子，以十⑤爲分母，約作五分忽之二。故得股八寸六分六氂二秒⑥五忽、五分忽之二。以減半徑，餘一寸三分三氂九毫七秒⑦四忽、五分忽之三，謂之小句。⑧ 觚之半面又謂之小股。爲之求弦。其冪二千六百七十九億四千九百一十九萬三千四百四十五忽，餘分棄之⑨。開方除之，即十二觚之一面也。

割十二觚以爲二十四觚術曰：亦令半徑爲弦，半面爲句，爲之求股。置上小弦冪，四而一，得六百六十九億八千七百二十九萬八千三百六十一忽，餘分棄之，即句冪也。以減弦冪，其餘，開方除之，得股九寸六分五氂九毫二秒五忽、五分忽之四。以減半徑，餘三分四氂七秒四忽、五分忽之一，謂之小句。觚之半面又謂之小股。爲之求小弦。其冪六百八十一億四千八百三十四萬九千四百六十六忽，餘分棄之。開方除之，即二十四觚之一面也。

割二十四觚以爲四十八觚術曰：亦令半徑爲弦，半面爲句，爲之求股。置上小弦冪，四而一，得一百七十億三千七百八萬七千三百六十六忽，餘分棄之，即句冪也。以減弦冪，其餘，開方除之，得股九寸九分一氂四毫四秒四忽、五分忽之四。以減半徑，餘八氂五毫五秒五忽、五分忽之一，謂之小句。觚之半面又謂之小股。爲之求小弦。其冪一百七十一億一千二十七萬八千八百一十三忽，餘分棄之。開方除之，得小弦一寸三分八毫六忽，餘分棄之。即四十八觚之一面。以半徑一尺乘之，又以二十四乘之，得冪三萬一千三百九十三億四千四百萬忽。以百億除之，得冪三百一十三寸、六百二十五分寸之五百八十四，即九十六觚之冪也。

割四十八觚以爲九十六觚術曰：亦令半徑爲弦，半面爲句，爲之求股。置次上弦冪四而一，得四十二億七千七百五十六萬九千七百三忽，餘分棄之，則句冪也。以減弦冪，其餘，開方除之，得股九寸九分七釐八毫五秒八忽、十分忽之九。以減半徑，餘二釐一毫四秒一忽、十分忽之一，謂之小句。觚之半面又謂之小股。爲之求小弦。其冪四十二億八千二百一十五萬四千一十二忽，餘分棄之。開方除之，得小弦六分五釐四毫三秒八忽，餘分棄之，即九十六觚之一面。　以半徑一尺乘之，又以四十八乘之，得冪三萬一千四百一十億二千四百萬忽。以百億除之，得冪三百一十四寸、六百二十五分寸之六十四，即一百九十二觚之冪也。以九十六觚之冪減之，餘六百二十五分寸之一百五，謂之差冪。倍之，爲分寸之二百一十，即九十六觚之外弧田九十六所⑩，謂以弦乘矢之凡冪也。加此冪於九十六觚之冪，得三百一十四寸、六百二十五分寸之一百六十九，則出於圓之表矣。故還就一百九十二觚之全冪三百一十四寸，以爲圓冪之定率，而棄其餘分。　以半徑一尺除圓冪，倍之得⑪六尺二寸八分，即周數。令徑自乘爲方冪四百寸，與圓冪相折，圓冪得一百五十七爲率，方冪得二百爲率。方冪二百，其中容圓冪一百五十七也。圓率猶爲微少。按弧田圖令方中容圓，圓中容方，內方合外方之半。然則圓冪一百五十七，其

---

① 「與圓合體」，各本於「圓」字下衍一「周」字，今刪去。

② 「以面乘餘徑則冪出弧表」，各本脫落「餘」字，今補。戴校本將「弧」字改成「觚」字，亦不恰當。

③ 「較」，南宋本作「覺」，此依戴震校正。　④ 「圖驗」，各本訛作「圓驗」，今爲校正。

⑤ 「十」字各本訛作「下」，今據少廣章開方術注「微數無名者以爲分子，其一退以十爲母」校正。

⑥ 「秒」，南宋本、大典本訛作「絲」，此依戴震校正。　⑦ 「七秒」，孔刻本誤作「九秒」，南宋本、殿本不誤。

⑧ 「謂之小句」下，南宋本衍「小句知半面五寸之句」九字，今依戴震刪去。

⑨ 「餘分棄之」，南宋本訛作「全分并之」，今依戴震校正。

⑩ 「九十六所」，係南宋本原文，戴震校本刪去「九十六」三字，而以「所」連下讀，恐非是。

⑪ 「倍之得」，「之」南宋本訛作「所」，此從殿本。

中容方冪一百①也。又令徑二尺與周六尺二寸八分相約，周得一百五十七，徑得五十，則其相與之率也。周率猶爲微少也。晉武庫中漢時王莽作銅斛，其銘曰：「律嘉量斛，內方尺而圓其外，庣旁九氂五毫，冪一百六十二寸，深一尺，積一千六百二十寸，容十斗。」以此術求之，得冪一百六十一寸有奇，其數相近矣。此術微少，而②差冪六百二十五分寸之一百五。以十二觚之冪爲率消息③，當取此分寸之三十六，以增於一百九十二觚之冪以爲圓冪，三百一十四寸二十五分寸之四。置徑自乘之方冪四百寸，令與圓冪通相約，圓冪三千九百二十七，方冪得五千。是爲率，方冪五千中容圓冪三千九百二十七，圓冪三千九百二十七中容方冪二千五百也。以半徑一尺除圓冪三百一十四寸二十五分寸之四，倍之得六尺二寸八分二十五分分之八④，卽周數也。全徑二尺，與周數通相約，徑得一千二百五十，周得三千九百二十七，卽其相與之率。若此者，蓋盡其纖微矣。舉而用之，上法仍約耳。當求一千五百三十六觚之一面，得三千七十二觚之冪，而裁其微分，數亦宜然，重其驗耳。臣淳風等謹按：舊術求圓，皆以周三徑一爲率。若用之求圓周之數，則周少徑多。用之求其六觚之田，乃與此率合會耳。何則？假令六觚之田，觚間各一尺爲面，自然從角至角，其徑二尺⑤可知。此則周六徑二，與周三徑一已合。恐此猶以難曉，今更引物爲喻。設令刻物作圭形者六枚，枚別三面，皆長一尺。攢此六物悉使銳頭向裏，則成六觚之周，角徑亦皆一尺。更從觚角外畔圍繞爲規，則六觚之徑盡達規矣。當面徑短，不至外規。若以六觚言之，則爲周六尺，徑二尺，面皆一尺。⑥面徑股不至外畔，定無二尺可知。故周三徑一之率，於圓周乃是徑多周少。徑一周三，理非精密。蓋術從簡要，舉大綱略而言之。劉徽特以爲疎，遂乃改張其率。但周徑相乘數難契合。徽雖出斯二法⑦，終不能究其纖毫也。祖沖之以其不精，就中更推其數。今者修撰，攈摭諸家，考其是非，沖之爲密。故顯之於徽術之下，冀學者之所裁焉。

又術曰：周徑相乘，四而一。此周與上觚同耳。周徑相乘各當以半，而今周徑兩⑧全，故兩母相乘爲四，以報除之。於徽術以五十乘周，一百五十七而一，卽徑也。以一百五十七乘徑，五十而一，卽周也。新術徑率猶當微少。據周以求徑，則失之長；據徑以求周，則失之短。諸據見徑以求冪者，皆失之於微少；據周以求冪者，皆失之於微多。　臣淳風等謹依密率，以七乘周，二十二而一卽徑；以二十二乘徑，七而一卽周。依術求之卽得。

又術曰：徑自相乘，三之，四而一。按圓徑自乘爲外方。三之，四而一者，是爲圓居外方四分之三也。若令六觚之一面乘半徑，其冪卽外方四分之一也。因而三之，卽亦居外方四分之三也。是爲圓裏十二觚之冪耳。取以爲圓，失之於微少。於徽新術，當徑自乘，又以一百五十七乘之，二百而一。臣淳風等謹按密率，令徑自乘，以十一乘之，十四而一，卽圓冪也。

又術曰：周自相乘，十二而一。六觚之周其於圓徑，三與一也。故六觚之周自相乘爲冪，若圓徑自乘者九方，九方凡爲十二觚者十有二，故曰十二而一，卽十二觚之冪也。今此令周自乘，非但若爲圓徑自乘者九方而已。然則十二而一，所得又非十二觚之類也。若欲以爲圓冪，失之於多矣。以六觚之周十二而一可也。

---

① 「一百」，南宋本訛作「二百」，依戴震校正。

② 「差冪」上，南宋本、大典本均衍一「斛」字，今刪去。

③ 「爲率消息」，南宋本「爲」作「以」，據殿本校改。

④ 「二十五分分之八」，南宋本、大典本、孔刻本誤作「二十五分寸之八」。

⑤ 「二尺」，南宋本訛作「一尺」，依戴震校改。

⑥ 「若以六觚言之，則爲周六尺，徑二尺，面皆一尺」，南宋本「六觚」二字訛作「徑」，「周」訛作「規」，「面」字下又衍「徑」字。今依戴震校正。

⑦ 「徽雖出斯二法」，係南宋本原文，不誤。大典本「二法」訛作「一法」。「二法」謂徑五十、周一百五十七與徑一千二百五十、周三千九百二十七也。

⑧ 「兩」，南宋本、大典本俱訛作「田」，依戴震校改。

於徽新術，直令圓周自乘，又以二十五乘之，三百一十四而一，得圓冪。其率：二十五者，圓冪也；①三百一十四者，周自乘之冪也。置周數六尺二寸八分，令自乘得冪三十九萬四千三百八十四分，又置圓冪三萬一千四百分，皆以一千二百五十六約之，得此率。臣淳風等謹按：方面自乘即得其積。圓周求其冪，假率②乃通。但此術所求，用三一爲率。圓田正法，半周及半徑以相乘。今乃用全周自乘，故須以十二爲母。何者？據全周而求半周，則須以二爲法，就全周而求半徑，復假六以除之。是二、六相乘，除周自乘之數。依密率以七乘之，八十八而一。

〔三三〕今有宛田，下周三十步，徑十六步。問爲田幾何？

荅曰：一百二十步。

〔三四〕又有宛田，下周九十九步，徑五十一步。問爲田幾何？

荅曰：五畝六十二步、四分步之一。

術曰：以徑乘周，四而一。此術不驗。故推方錐以見其形。假令方錐下方六尺，高四尺。四尺爲股，下方之半三尺爲句，正面邪爲弦，弦五尺也。令句弦③相乘。四因之，得六十尺，即方錐四面見者之冪。若令其中容圓錐，圓錐見冪與方錐見冪，其率猶方冪之與圓冪也。按方錐下六尺，則方周二十四尺，以五尺乘而半之，則亦方錐之見冪。故求圓錐之數，折徑以乘下周之半，即圓錐之冪也。今宛田上徑圓穹，而與圓錐同術，則冪失之於少矣。然其術難用，故略舉大較，施之大廣田也。求圓錐之冪，猶求圓田之冪也。今用兩全相乘，故以四④爲法，除之，亦如圓田矣。開立圓術，說圓方諸率甚備，可以驗此。

〔三五〕今有弧田，弦三十步，矢十五步。問爲田幾何？

荅曰：一畝九十七步半。

〔三六〕又有弧田，弦七十八步、二分步之一，矢十三步、九分步之七。問爲田幾何？

答曰：二畝一百五十五步、八十一分步之五十六。

術曰：以弦乘矢，矢又自乘，并之，二而一。方中之圓，圓裏十二觚之冪，合外方之冪四分之三也。中方⑤合外方之半，則朱實⑥合外方四分之一也。弧田，半圓之冪也，故依半圓之體而爲之術。以弦乘矢而半之則爲黄冪，矢自乘而半之爲二青冪，青黄相連爲弧體。弧體法當應規，今觚面不至外畔⑦，失之於少矣。圓田舊術以周三徑一爲率，俱得十二觚之冪，亦失之於少也。與此相似，指驗半圓之觚耳。若不滿半圓者，益復疎闊。宜依句股鋸圓材之術，以弧弦爲鋸道長，以矢爲鋸⑧深，而求其徑。既知圓徑，則弧可割分也。割之者半弧田之弦以爲股，其矢爲句，爲之求弦，即小弧之弦也。以半小弧之弦爲句，半圓徑爲弦，爲之求股，以減半徑，其餘即小弧⑨之矢也。割之又割，使至極細。但舉弦矢相乘之數，則必近密率矣。然於算數差繁，必欲有所尋究

---

① 「其率」下，南宋本脱落「二十五者圓冪也」七字，此依殿本補。
② 「假率」，南宋本訛作「股率」，此依戴震校正。
③ 「句弦」，南宋本訛作「句股」，此依戴震校正。
④ 「故以四爲法」，南宋本脱落「四」字，依戴震校補。
⑤ 「中方合外方之半」，「中方」二字各本誤倒，今依李潢校正。
⑥ 「朱實」，南宋本作「朱青」，此依殿本。
⑦ 「今觚面不至外畔」，南宋本、大典本訛作「今弧而不至外畔」，此依戴震校改。
⑧ 「鋸深」，各本訛作「句深」，依李潢校正。
⑨ 「小弧」，各本訛作「小弦」，今依李潢校正。

也。若但度田，取其大數，舊術爲約耳。

〔三七〕今有環田，中周九十二步，外周一百二十二步，徑五步。此欲令與周三徑一之率相應，故言徑五步也。據中外周，以徽術言之，當徑四步、一百五十七分步之一百二十二也。臣淳風等謹按：依密率，合徑四步、二十二分步之十七。問爲田幾何？

荅曰：二畝五十五步。於徽術，當爲田二畝三十一步、一百五十七分步之二十三。臣淳風等謹依密率，爲田二畝三十步、二十二分步之十五。

〔三八〕又有環田，中周六十二步、四分步之三，外周一百一十三步、二分步之一，徑十二步、三分步之二。此田環而不通匝，故徑十二步、三分步之二。若據上周求徑者，此徑失之於多，過周三徑一之率，蓋爲疎矣。於徽術當徑八步、六百二十八分步之五十一。臣淳風等謹按：依周三徑一考之，合徑八步、二十四分步之二十一。依密率，合徑八步、一百七十六分步之一十三。問爲田幾何？

荅曰：四畝一百五十六步、四分步之一。於徽術，當爲田二畝二百三十二步、五千二十四分步之七百八十七也。依周三徑一爲田，三畝二十五步、六十四分步之二十五。臣淳風等謹按：密率，爲田二畝二百三十一步、一千四百八分步之七百一十七也。

術曰：并中外周而半之，以徑乘之爲積步。此田截齊中外之周爲長。① 并而半之者②，亦以盈補虚也。此可令中外周各自爲圓田，以中圓減外圓，餘則環實也。按此術，置③中外周步數於上，分母、子於下。母乘子者，爲中外周俱有餘④分，故以互乘齊其子，母相乘同其母。子齊母同，故通全步，內分子。并而半之者⑤，以盈補虛，得中平之周。周則爲從，徑則爲廣，故廣從相乘而得其積。既合分母還須分母出之，故令周徑分母相乘而連除之，即得積步。不盡，以等數除之而命分。以畝法除積步，得畝數也。

密率術曰⑥：置中外周步數，分母⑦、子各居其下。母互乘子，通全步，內分子。⑧以中周減外周，餘半之，以益中周⑨。徑亦通分內子，以乘周爲實⑩。分母相乘爲法，除之爲積步，餘積步之分。以畝法除之，即畝數也。

---

① 「此田截齊中外之周爲長」，南宋本訛作「此田截而中之周則爲長」，戴震校改爲「此田截齊中外之周，周則爲長」。

② 「者」，南宋本作「知」。

③ 「置」，南宋本訛作「并」，依戴震校改。

④ 「餘」，南宋本無此「餘」字，依戴震校補。

⑤ 「并而半之者」，南宋本作「半之知」，此依戴震校改。

⑥ 「密率術曰」以下至於卷終，係九章算術經文，抑係劉徽或李淳風等注釋，很難斷定。南宋本與其他各本都用與經文相同的大號字，今仍其舊貫。

⑦ 「分母」，南宋本脫落「母」字，今依戴震校補。

⑧ 孔刻本於「通全步，內分子」前衍「分母相乘」四字，後衍「并而半之，又可」六字。此從南宋本。

⑨ 南宋本、大典本俱缺「以益中周」四字，今依戴震校補。

⑩ 「以乘周爲實」，南宋本「爲」字下衍一「密」字，此依殿本。

九章算術卷第二

粟米　以御交質變易

粟米之法：凡此諸率相與大通，其特相求各如本率。可約者約之，別術然也。

粟率五十　糲米三十

粺米二十七　糳米二十四

御米二十一　小䵂十三半

大䵂五十四　糲飯七十五

粺飯五十四　糳飯四十八

御飯四十二　菽、荅、麻、麥各四十五

稻六十　豉六十三

飧九十　熟菽一百三半

糵一百七十五

今有 此都術也。凡九數以爲篇名，可以廣施諸率，所謂告往而知來，舉一隅而三隅反者也。誠能分詭數之紛雜，通彼此之否塞，因物成率，審辨名分，平其偏頗，齊其參差，則終無不歸於此術也。 術曰：以所有數乘所求率爲實，以所有率爲法，少者多之始，一者數之母，故爲率者必等之於一。據粟率五，糲率三，是粟五而爲一，糲米三而爲一也。欲化粟爲糲米者①，粟②當先本是一。一者謂以五約之，令五而爲一也。訖，乃以三乘之，令一而爲三。如是則率等③於一，以五爲三矣。然先除後乘或有餘分，故術反之。又究④言之，知粟五升爲糲米三升。分言之，知粟一斗爲糲米五分斗之三。以五爲母，三爲子。以粟求糲米者，以子乘⑤，其母報除也。然則所求之率常爲母⑥也。 臣淳風等謹按：宜云「所求之率常爲子，所有之率常爲母」。今乃云「所求之率常爲母」，知脫錯也。 實如法而一。

〔一〕今有粟一斗，欲爲糲米。問得幾何？

荅曰：爲糲米六升。

術曰：以粟求糲米，三之，五而一。 臣淳風等謹按：都術以所求率乘所有數，以所有率爲法。此術以粟求米，故粟爲所有數。三是米率，故三爲所求率。五是粟率，故五爲所有率。粟率五十，米率三十，退位求之，故唯云三、五也。

〔二〕今有粟二斗一升，欲爲粺米。問得幾何？

荅曰：爲粺米一斗一升、五十分升之十七。

術曰：以粟求粺米，二十七之，五十而一。臣淳風等謹按：粺米之率二十有七，故直以二十七之，五十而一也。

〔三〕今有粟四斗五升，欲爲糳米。問得幾何？

答曰：爲糳米二斗一升、五分升之三。

術曰：以粟求糳米，十二之，二十五而一。臣淳風等謹按：糳米之率二十有四，以爲率太繁，因而半之，故半所求之率⑦，以乘所有之數。所求之率既減半，所有之率亦減半，是故十二乘之，二十五而一也。

〔四〕今有粟七斗九升，欲爲御米。問得幾何？

答曰：爲御米三斗三升、五十分升之九。

術曰：以粟求御米，二十一之，五十而一。

---

① 「欲化粟爲糲米者」，南宋本、大典本均脱落「糲」字，今補。

② 「粟」，各本俱訛作「糲」，此依李潢校正。

③ 「率等於一」，南宋本、大典本「等」訛作「至」，此依戴震校改。

④ 「究」，南宋本訛作「完」，今從殿本。

⑤ 「以子乘」，南宋本、大典本俱脱落「以子」二字，此依戴震校補。

⑥ 「所求之率常爲母」，顯然不合理，李淳風等注中已爲校正。

⑦ 「因而半之，故半所求之率」，南宋本於「因」字前衍一「故」字，大典本又於「半之」之後脱去「故」字。

〔五〕今有粟一斗，欲爲小䵂。問得幾何？

荅曰：爲小䵂二升、一十分升之七。

術曰：以粟求小䵂，二十七之，百而一。臣淳風等謹按：小䵂之率十三有半，半者二爲母，以二通之，得二十七，爲所求率。又以母二通其粟率，得一百，爲所有率。凡本率有分者，須卽乘除也。他皆放此。

〔六〕今有粟九斗八升，欲爲大䵂。問得幾何？

荅曰：爲大䵂一十斗五升、二十五分升之二十一。

術曰：以粟求大䵂，二十七之，二十五而一。臣淳風等謹按：大䵂之率五十有四，因其可半①，故二十七之。亦如粟求糳米，半其二率。

〔七〕今有粟二斗三升，欲爲糲飯。問得幾何？

荅曰：爲糲飯三斗四升半。

術曰：以粟求糲飯，三之，二而一。臣淳風等謹按：糲飯之率七十有五，粟求糲飯，合以此數乘之。今以等數二十有五約其二率，所求之率得三，所有之率得二，故以三乘二除。

〔八〕今有粟三斗六升，欲爲粺飯。問得幾何？

荅曰：爲粺飯三斗八升、二十五分升之二十二。

術曰：以粟求粺飯，二十七之，二十五而一。臣淳風等謹按：此術與大䵂多同。

〔九〕今有粟八斗六升，欲爲糳飯。問得幾何？

荅曰：爲糳飯八斗二升、二十五分升之一十四。

術曰：以粟求糳飯，二十四之，二十五而一。臣淳風等謹按：糳飯率四十八，此亦半二率而乘除。

〔一〇〕今有粟九斗八升，欲爲御飯。問得幾何？

荅曰：爲御飯八斗二升、二十五分升之八。

術曰：以粟求御飯，二十一之，二十五而一。臣淳風等謹按：此術半率亦與糳飯多同。

〔一一〕今有粟三斗少半升，欲爲菽。問得幾何？

荅曰：爲菽二斗七升、一十分升之三。

〔一二〕今有粟四斗一升、太半升，欲爲荅。問得幾何？

荅曰：爲荅三斗七升半。

〔一三〕今有粟五斗、太半升，欲爲麻。問得幾何？

---

① 「因其可半」，南宋本脫落「因」字，殿本不脫。

答曰：爲糲四斗五升、五分升之三。

〔一四〕今有粟一十斗八升、五分升之二，欲爲麥。問得幾何？

答曰：爲麥九斗七升、二十五分升之一十四。

術曰：以粟求菽、荅、糲、麥，皆九之，十而一。臣淳風等謹按：四術率並①四十五，皆是爲粟所求，俱合以此率乘其本粟。術欲從省，先以等數五約之，所求之率得九，所有之率得十，故九乘十除，義由於此。

〔一五〕今有粟七斗五升、七分升之四，欲爲稻。問得幾何？

答曰：爲稻九斗、三十五分升之二十四。

術曰：以粟求稻，六之，五而一。臣淳風等謹按：稻率六十，亦約二率而乘除。

〔一六〕今有粟七斗八升，欲爲豉。問得幾何？

答曰：爲豉九斗八升、二十五分升之七。

術曰：以粟求豉，六十三之，五十而一。

〔一七〕今有粟五斗五升，欲爲飧。問得幾何？

答曰：爲飧九斗九升。

術曰：以粟求飧，九之，五而一。臣淳風等謹按：飧率九十，退位，與求稻多同。

〔一八〕今有粟四斗，欲爲熟菽。問得幾何？

荅曰：爲熟菽八斗二升、五分升之四。

術曰：以粟求熟菽，二百七之，百而一。臣淳風等謹按：熟菽之率一百三半，半者其母二，故以母二通之。所求之率既被二乘，所有之率隨而俱長，故以二百七之，百而一。

〔一九〕今有粟二斗，欲爲糵。問得幾何？

荅曰：爲糵七斗。

術曰：以粟求糵，七之，二而一。臣淳風等謹按：糵率一百七十有五，合以此數乘其本粟。術欲從省，先以等數二十五約之，所求之率得七，所有之率得二，故七乘二除。

〔二〇〕今有糲米十五斗五升、五分升之二，欲爲粟。問得幾何？

荅曰：爲粟二十五斗九升。

術曰：以糲米求粟，五之，三而一。臣淳風等謹按：上術以粟求米，故粟爲所有數，三爲所求率，五爲所有率。今此以米求粟，故米爲所有數，五爲所求率，三爲所有率。准都術求之，各合其數。以下所有反求多同，皆准此。

---

① 「並」，大典本訛作「并」，南宋本不誤。

〔二一〕今有粺米二斗，欲爲粟。問得幾何？

答曰：爲粟三斗七升、二十七分升之一。

術曰：以粺米求粟，五十之，二十七而一。

〔二二〕今有糳米三斗、少半升，欲爲粟。問得幾何？

答曰：爲粟六斗三升、三十六分升之七。

術曰：以糳米求粟，二十五之，十二而一。

〔二三〕今有御米十四斗，欲爲粟。問得幾何？

答曰：爲粟三十三斗三升、少半升。

術曰：以御米求粟，五十之，二十一①而一。

〔二四〕今有稻一十二斗六升、一十五分升之一十四，欲爲粟。問得幾何？

答曰：爲粟一十斗五升、九分升之七。

術曰：以稻求粟，五之，六而一。

〔二五〕今有糲米一十九斗二升、七分升之一，欲爲粺米。問得幾何？

答曰：爲粺米一十七斗二升、一十四分升之一十三。

術曰：以糲米求粺米，九之，十而一。臣淳風等謹按：粺率二十七，合以此數乘糲米。術欲從省，先以等數三約之，所求之率得九，所有之率得十，故九乘而十除。

〔二六〕今有糲米六斗四升、五分升之三，欲爲糲飯。問得幾何？

荅曰：爲糲飯一十六斗一升半。

術曰：以糲米求糲飯，五之，二而一。臣淳風等謹按：糲飯之率七十有五，宜以本糲米乘此率數②。術欲從省，先以等數十五約之，所求之率得五，所有之率得二，故五乘二除，義由於此。

〔二七〕今有糲飯七斗六升、七分升之四，欲爲飧。問得幾何？

荅曰：爲飧九斗一升、三十五分升之三十一。

術曰：以糲飯求飧，六之，五而一。臣淳風等謹按：飧率九十，爲糲飯所求，宜以糲飯乘此率③。術欲從省，先以等數十五約之，所求之率得六，所有之率得五。以此，故六乘五除也。

〔二八〕今有菽一斗，欲爲熟菽。問得幾何？

荅曰：爲熟菽二斗三升。

---

① 「二十一」，大典本訛作「二十二」，南宋本不誤。

② 「宜以本糲米乘此率數」，南宋本「米」訛作「飯」。

③ 「宜以糲飯乘此率」，南宋本「糲飯」訛作「飧」，此依戴震校正。

術曰：以菽求熟菽，二十三之，十而一。臣淳風等謹按：熟菽之率一百三半，因其有半，各以母二通之，宜以菽①數乘此率。術欲從省，先以等數九約之，所求之率得一十一半，所有之率得五也。

〔二九〕今有菽二斗，欲爲豉。問得幾何？

荅曰：爲豉二斗八升。

術曰：以菽求豉，七之，五而一。臣淳風等謹按：豉率六十三，爲菽所求，宜以菽②乘此率。術欲從省，先以等數九約之，所求之率得七，而所有之率得五也。

〔三〇〕今有麥八斗六升、七分升之三，欲爲小䵂，問得幾何？

荅曰：爲小䵂二斗五升、一十四分升之一十三。

術曰：以麥求小䵂，三之，十而一。臣淳風等謹按：小䵂之率十三半，宜以母二通之，以乘本麥之數。術欲從省，先以等數九約之，所求之率得三，所有之率得十也。

〔三一〕今有麥一斗，欲爲大䵂。問得幾何？

荅曰：爲大䵂一斗二升。

術曰：以麥求大䵂，六之，五而一。臣淳風等謹按：大䵂之率五十有四，合以麥數乘此率③。術欲從省，先以等數九約之，所求之率得六，所有之率得五也。

〔三二〕今有出錢一百六十，買瓴甓十八枚。瓴甓，甎也。問枚幾何？

荅曰：一枚，八錢、九分錢之八。

〔三三〕今有出錢一萬三千五百，買竹二千三百五十箇。問箇幾何？

荅曰：一箇，五錢、四十七分錢之三十五。

經率 臣淳風等謹按：今有之義，以所求率乘所有數④，合以瓴、甓一枚乘⑤錢一百六十爲實。但以一乘不長，故不復乘。是以徑將所買之率與所出之錢爲法、實也。又按此今有之義，出錢爲所有數，一枚爲所求率，所買爲所有率，而今有之，即得所求數⑥。一乘不長⑦，故不復乘，是以徑將所買之率爲法，以所出之錢爲實，實如法得一枚。錢不盡者，等數而命分。術曰：以所買率爲法，所出錢數爲實，實如法得一錢⑧。

---

① 「菽」字上，南宋本、大典本俱衍一「熟」字，依戴震校刪。

② 「菽」，南宋本訛作「豉」，依戴震校正。

③ 「合以麥數乘此率」，南宋本「麥」訛作「大麴」，此依戴震校正。

④ 「以所求率乘所有數」，南宋本訛作「以所有率乘所求」，大典本不誤。

⑤ 南宋本、大典本俱脱落此「乘」字，依戴震校補。

⑥ 「即得所求數」，南宋本、大典本「數」俱訛作「率」，此依戴震校正。

⑦ 「一乘不長」，南宋本脱「乘」字，今從殿本。

⑧ 「實如法得一錢」是南宋本原文，不誤。殿本、微波榭本俱脱落最後的「錢」字。

〔三四〕今有出錢五千七百八十五，買漆一斛六斗七升、太半升。欲斗率之，問斗幾何。

答曰：一斗，三百四十五錢、五百三分錢之一十五。

〔三五〕今有出錢七百二十，買縑一匹二丈一尺。欲丈率之，問丈幾何？

答曰：一丈，一百一十八錢、六十一分錢之二。

〔三六〕今有出錢二千三百七十，買布九匹二丈七尺。欲匹率之，問匹幾何？

答曰：一匹，二百四十四錢、一百二十九分錢之一百二十四。

〔三七〕今有出錢一萬三千六百七十，買絲一石二鈞一十七斤。欲石率之，問石幾何？

答曰：一石，八千三百二十六錢、一百九十七分錢之一百七十八。

經術　此術猶經分。　臣淳風等謹按：今有之義，出錢爲所有數，一斗爲所求率①，故以乘錢，又以分母乘之爲實。所買爲所有率，有分者通之，通分內子以爲法。實如法而一，得錢數。② 不盡而命分者，因法爲母，實餘爲子。實見不滿，故以命之。術曰：以所求率乘錢數爲實，以所買率爲法，實如法得一。

〔三八〕今有出錢五百七十六，買竹七十八箇。欲其大小率之，問各幾何？

答曰：

其四十八箇，箇七錢。

其三十箇，箇八錢。

〔三九〕今有出錢一千一百二十，買絲一石二鈞十八斤。欲其貴賤斤率之，問各幾何？

答曰：

其二鈞八斤，斤五錢。

其一石一十斤，斤六錢。

〔四〇〕今有出錢一萬三千九百七十，買絲一石二鈞二十八斤三兩五銖。欲其貴賤石率之，問各幾何？

答曰：

其一鈞九兩一十二銖，石八千五十一錢。

---

① 「出錢爲所有數、一斗爲所求率」，南宋本訛作「錢爲所求率，物爲所有數」。今依前一術李注校正。

② 「所買爲所有率，有分者通之，通分內子以爲法。實如法而一，得錢數」，南宋本訛作「實如法而一。有分者通之。所買通分內子爲所有率，故以爲法。得錢數」。今以意校正。從「今有之義」到「得錢數」，戴震校改作「今有之義，一斗爲所求率，出錢爲所有數，故以一斗乘錢數。有分者通之，又以分母乘之爲實。所買通分內子爲所有率，故以爲法。實如法而一，得錢」。他將「實如法而一」句移後是對的，但將「有分者通之」句提前，顯然不合注者原意。

其一石一鈞二十七斤九兩一十七銖，石八千五十二錢。

〔四一〕今有出錢一萬三千九百七十，買絲一石二鈞二十八斤三兩五銖。欲其貴賤鈞率之，問各幾何？

答曰：

其七斤一十兩九銖，鈞二千一十二錢。

其一石二鈞二十斤八兩二十銖，鈞二千一十三錢。

〔四二〕今有出錢一萬三千九百七十，買絲一石二鈞二十八斤三兩五銖。欲其貴賤斤率之，問各幾何？

答曰：

其一石二鈞七斤十兩四銖，斤六十七錢。

其二十斤九兩一銖，斤六十八錢。

〔四三〕今有出錢一萬三千九百七十，買絲一石二鈞二十八斤三兩五銖。欲其貴賤兩率之，問各幾何？

答曰：

其一石一鈞一十七斤一十四兩一銖，兩四錢。

其一鈞一十斤五兩四銖，兩五錢。

其率　如欲令無分①，按出錢五百七十六。買竹七十八箇，以除錢得七，實餘三十。是爲三十箇復可增一錢。然則實餘之數卽②是貴者之數。故曰「實貴」也。本以七十八箇爲法，今以貴者減之，則其餘悉是賤者之數。故曰「法賤」也。其求石、鈞、斤、兩，以積銖各除法實，各得其積數，餘各爲銖者，謂石、鈞、斤、兩積銖除實，又以石、鈞、斤、兩積銖除法，餘各爲銖。卽合所問。

術曰：各置所買石、鈞、斤、兩以爲法，以所率乘錢數爲實，實如法而一。不滿法者反以實減法，法賤實貴。

〔四四〕今有出錢一萬三千九百七十，買絲一石二鈞二十八斤三兩五銖。欲其貴賤銖率之，問各幾何？

荅曰：

其一鈞二十斤六兩十一銖，五銖一錢。

---

① 「如欲令無分」，謂使竹每箇之價爲整錢數，無分數。南宋本不誤。大典本「無分」訛作「差分」，因而難於理解。

② 「卽」，南宋本訛作「則」，此從殿本。

其一石一鈞七斤一十二兩一十八銖，六銖一錢。

〔四五〕今有出錢六百二十，買羽二千一百翭。翭，羽本也。數羽稱其本，猶數草木稱其根株。欲其貴賤率之，問各幾何？

荅曰：

其一千一百四十翭，三翭一錢。

其九百六十翭，四翭一錢。

〔四六〕今有出錢九百八十，買矢簳五千八百二十枚。欲其貴賤率之，問各幾何？

荅曰：

其三百枚，五枚一錢。

其五千五百二十枚，六枚一錢。

反其率 臣淳風等謹按：其率者，錢多物少；反其率者，錢少物多。多少相反，故曰反其率也。① 術曰：以錢數爲法，所率爲實，實如法而一。不滿法者反以實減法，法少，實多。二物各以所得多少之數乘法實，卽物數。按其率出錢六百二十，買羽二千一百翭。反之，當二百四十錢一錢四翭，其三百八十錢一錢三翭。是錢有二價，物有貴賤。故以羽乘錢，反其率也②。 臣淳風等謹按：其率者，以物數爲法，錢爲實。反之者，以錢數爲法，物爲實。不滿法者，實餘也。當以餘物化爲錢矣。法爲凡錢，而今以化錢減之。故曰反以實減法也。法少者知經分之所得，故曰法少。實多者，知餘分之所益，故曰實多。宜以多乘實，少乘法③，故曰各以所得多少數乘法實，卽物數也。④ 其求石鈞斤兩，以積銖各除法實，各得其數，餘各爲銖者，謂以石、鈞、斤、兩積銖除實，石、鈞、斤、兩積銖除法，餘各爲銖，卽合所問。

---

① 李淳風等注釋「反其率」，到此止。南宋本於「反其率也」下有「其率者，以物數爲法，錢數爲實。反之者，以錢數爲法，物數爲實，不滿法知實餘也，當以餘物化爲錢矣。法爲凡錢，而今以化錢減之，故以實減法。法少知經分之所得，故曰法少。實多者，餘分之所益，故曰實多。乘實宜以多，乘法宜以少，故曰各以其所得多少之數乘法實，卽物數。其求石鈞斤兩，以積銖各除法實，各得其數，餘各爲銖者，謂之石鈞斤兩積銖除實，石鈞斤兩積銖除法，餘各爲銖，卽合所問。」等一百四十二字，原係術文後之李注，複衍於此，今刪。

② 「反其率也」，各本俱作「反二率也」，以意校改。

③ 「宜以多乘實，少乘法」，南宋本、大典本「實」訛作「法」，「法」訛作「實」，此依李潢校正。

④ 「卽物數也」下「其求石鈞斤兩」等四十八字，南宋本誤衍於「術曰」之前，今移補於此。

九章算術卷第三

衰分 以御貴賤稟税

衰分 衰分，差分也①。術曰：各置列衰，列衰，相與率也。重疊，則可約。副并爲法，以所分乘未并者各自爲實，法集而衰別。數本一也，今以所分乘上別，以下集除之，一乘一除適足相消，故所分猶存，且各應率而別也。於今有術，列衰各爲所求率，副并爲所有率，所分爲所有數。又以經分言之，假令甲家三人，乙家二人，丙家一人，并六人，共分十二，爲人得二也。欲復作逐家者，則當列置人數，以一人所得乘之。今此術先乘而後除也。實如法而一。不滿法者，以法命之。

〔一〕今有大夫、不更、簪褭、上造、公士，凡五人，共獵得五鹿。欲以爵次分之，問各得幾何？

荅曰：

大夫得一鹿、三分鹿之二。

---

①「差分也」，南宋本脱去「分」字，今補。殿本缺本文「衰分」二字及注文「衰分，差分也」五字。

不更得一鹿、三分鹿之一。

簪裹得一鹿。

上造得三分鹿之二。

公士得三分鹿之一。

術曰：列置爵數，各自爲衰，爵數者，謂大夫五，不更四，簪裹三，上造二，公士一也。墨子號令篇「以爵級爲賜」，然則戰國之初有此名也。今有術，列衰各爲所求率，副并爲所有率，今有鹿數爲所有數，而今有之，卽得。副并爲法。以五鹿乘未并者，各自爲實。實如法得一鹿。

〔二〕今有牛、馬、羊食人苗。苗主責之粟五斗。羊主曰：「我羊食半馬。」馬主曰：「我馬食半牛。」今欲衰償之，問各出幾何？

荅曰：

牛主出二斗八升、七分升之四。

馬主出一斗四升、七分升之二。

羊主出七升、七分升之一。

術曰：置牛四、馬二、羊一，各自爲列衰，副并爲法。以五斗乘未并者各自爲實。

實如法得一斗。臣淳風等謹按：此術問意，羊食半馬，馬食半牛，是謂四羊當一牛，二羊當一馬。今術置羊一、馬二、牛四者，通其率以爲列衰。

〔三〕今有甲持錢五百六十，乙持錢三百五十，丙持錢一百八十，凡三人俱出關，關稅百錢。欲以錢數多少衰出之，問各幾何？

答曰：

甲出五十一錢、一百九分錢之四十一。

乙出三十二錢、一百九分錢之一十二。

丙出一十六錢、一百九分錢之五十六。

術曰：各置錢數爲列衰，副并爲法，以百錢乘未并者，各自爲實，實如法得一錢。

臣淳風等謹按：此術甲、乙、丙持錢數以爲列衰，副并爲所有率，未并者各爲所求率，百錢爲所有數，而今有之，即得。

〔四〕今有女子善織，日自倍，五日織五尺。問日織幾何？

答曰：

初日織一寸、三十一分寸之十九。

次日織三寸、三十一分寸之七。

次日織六寸、三十一分寸之十四。

次日織一尺二寸、三十一分寸之二十八。

次日織二尺五寸、三十一分寸之二十五。

術曰：置一、二、四、八、十六爲列衰，副并爲法，以五尺乘未并者，各自爲實，實如法得一尺。

〔五〕今有北鄉算八千七百五十八，西鄉算七千二百三十六，南鄉算八千三百五十六，凡三鄉，發傜三百七十八人。欲以算數多少衰出之，問各幾何？

答曰：

北鄉遣一百三十五人、一萬二千一百七十五分人之一萬一千六百三十七。

西鄉遣一百一十二人、一萬二千一百七十五分人之四千四。

南鄉遣一百二十九人、一萬二千一百七十五分人之八千七百九。

術曰：各置算數爲列衰，臣淳風等謹按：三鄉算數約，可半者爲列衰。副并爲法，以所發傜人數乘未并者，各自爲實，實如法得一人。按此術，今有之義也。

〔六〕今有稟粟，大夫、不更、簪褭、上造、公士，凡五人，一十五斗。今有大夫一人後來，亦當稟五斗。倉無粟，欲以衰出之，問各幾何？

答曰：

大夫出一斗、四分斗之一。

不更出一斗。

簪褭出四分斗之三。

上造出四分斗之二。

公士出四分斗之一。

術曰：各置所稟粟斛斗數，爵次均之，以爲列衰，副并而加後來大夫亦五斗，得二十以爲法。以五斗乘未并者各自爲實。實如法得一斗。稟前五人十五斗者，大夫得五斗；不更得四斗，簪褭得三斗，上造得二斗，公士得一斗。欲令五人各依所得粟多少，減與後來大夫，即與前來大夫同。據前來大夫已得五斗，故言亦也。各以所得斗數爲衰，并得十五，而加後來大夫亦五斗，凡二十爲法也。是爲六人共出五斗，後來大夫亦俱損折。今有術，副并爲所有率，未并者各爲所求率，五斗爲所有數，而今有之，即得。

〔七〕今有稟粟五斛，五人分之，欲令三人得三，二人得二。問各幾何？

答曰：

三人，人得一斛一斗五升、十三分升之五。

二人，人得七斗六升、十三分升之十二。

術曰：置三人，人三；二人，人二，爲列衰。副并爲法。以五斛乘未并者，各自爲實。實如法得一斛。

返衰　以爵次言之，大夫五、不更四。欲令高爵得多者，當使大夫一人受五分，不更一人受四分，人數爲母，分數爲子。母同則子齊，齊卽衰也。故上衰分宜以五四爲列焉。今此令高爵出少，則當使大夫五人共出一人分，不更四人共出一人分，故謂之返衰。人數不同，則分數不齊，當令母互乘子，母互乘子則動者爲不動者衰也。亦可先同其母，各以分母約其同①，爲返衰。副并爲法，以所分乘未并者各自爲實，實如法而一。術曰：列置衰而令相乘，動者爲不動者衰。

〔八〕今有大夫、不更、簪褭、上造、公士，凡五人，共出百錢。欲令高爵出少，以次漸多，問各幾何？

答曰：

大夫出八錢、一百三十七分錢之一百四。

不更出一十錢、一百三十七分錢之一百三十。

簪褭出一十四錢、一百三十七分錢之八十二。

上造出二十一錢、一百三十七分錢之一百二十三。

公士出四十三錢、一百三十七分錢之一百九。

術曰：置爵數各自爲衰，而返衰之，副幷爲法。以百錢乘未幷者各自爲實。實如法得一錢。

〔九〕今有甲持粟三升，乙持糲米三升，丙持糲飯三升。欲令合而分之，問各幾何？

荅曰：

甲二升、一十分升之七。

乙四升、一十分升之五。

丙一升、一十分升之八。

術曰：以粟率五十、糲米率三十、糲飯率七十五爲衰，而返衰之，副幷爲法。以九升乘未幷者各自爲實。實如法得一升。按此術三人所持升數雖等，論其本率，精粗不同。米率雖少，令最得多。飯率雖多，返使得少。故令返之，使精得多而粗得少。於今有術，副幷爲所有率，未幷者各爲所求率，九升爲所有數，而今有之，即得。

---

①「同」謂分母相乘所得之共同分母也。各本俱訛作「子」，以意校改。

〔一〇〕今有絲一斤，價直二百四十。今有錢一千三百二十八，問得絲幾何？

荅曰：五斤八兩一十二銖、五分銖之四。

術曰：以一斤價數爲法，以一斤乘今有錢數爲實，實如法得絲數。按此術，今有之義，以一斤價爲所有率，一斤爲所求率，今有錢爲所有數，而今有之，即得。

〔一一〕今有絲一斤，價直三百四十五。今有絲七兩一十二銖，問得錢幾何？

荅曰：一百六十一錢、三十二分錢之二十三。

術曰：以一斤銖數爲法，以一斤價數，乘七兩一十二銖爲實。實如法得錢數。按此術亦今有之義。以絲一斤銖數爲所有率，價錢爲所求率，今有絲爲所有數，而今有之，即得。

〔一二〕今有縑一丈，價直一百二十八。今有縑一匹九尺五寸，問得錢幾何？

荅曰：六百三十三錢、五分錢之三。

術曰：以一丈寸數爲法，以價錢數乘今有縑寸數爲實，實如法得錢數。臣淳風等謹按：此術亦今有之義。以縑一丈寸數爲所有率，價錢爲所求率，今有縑寸數爲所有數，而今有之，即得。

〔一三〕今有布一匹，價直一百二十五。今有布二丈七尺，問得錢幾何？

荅曰：八十四錢、八分錢之三。

術曰：以一匹尺數爲法，今有布尺數乘價錢爲實，實如法得錢數。按此術亦今有之義。以一匹尺數爲所有率，價錢爲所求率，今有布爲所有數，今有之，即得。

〔一四〕今有素一匹一丈，價直六百二十五。今有錢五百，問得素幾何？

荅曰：得素一匹。

術曰：以價直爲法，以一匹一丈尺數乘今有錢數爲實。實如法得素數。按此術亦今有之義。以價錢爲所有率，五丈尺數爲所求率，今有錢爲所有數，今有之，即得。

〔一五〕今有與人絲一十四斤，約得縑一十斤。今與人絲四十五斤八兩，問得縑幾何？

荅曰：三十二斤八兩。

術曰：以一十四斤兩數爲法，以一十斤乘今有絲兩數爲實，實如法得縑數。此術亦今有之義。以一十四斤兩數爲所有率，一十斤爲所求率，今有絲爲所有數，今有之，即得。

〔一六〕今有絲一斤，耗七兩。今有絲二十三斤五兩，問耗幾何？

荅曰：一百六十三兩四銖半。

術曰：以一斤展十六兩爲法，以七兩乘今有絲兩數爲實，實如法得耗數。按此術亦今有之義。以一斤爲十六兩爲所有率，七兩爲所求率，今有絲爲所有數，而今有之，即得。

【一七】今有生絲三十斤，乾之，耗三斤十二兩。今有乾絲一十二斤，問生絲幾何？

答曰：一十三斤一十一兩十銖、七分銖之二。

術曰：置生絲兩數，除耗數，餘，以爲法。餘四百二十兩，即乾絲率。三十斤乘乾絲兩數爲實。實如法得生絲數。凡所謂率者，細則俱細，粗則俱粗，兩數相推①而已。故品物不同，如上縑絲之比，相與爲率②。三十斤凡四百八十兩。令③生絲率四百八十兩，乾④絲率四百二十兩，則其數相通。可俱爲銖，可俱爲兩，可俱爲斤，無所歸滯也。若然宜以所有乾絲斤數，乘生絲兩數爲實。今斤兩錯互而亦同歸者，使乾絲以兩數爲率，生絲以斤數爲率⑤，譬之異類，亦各有一定之勢。臣淳風等謹按：此術，置生絲兩數，除耗數，餘即乾絲之率，於今有術爲所有率。三十斤爲所求率。乾絲兩數爲所有數。凡所謂率者，細則俱細，粗則俱粗。今以斤乘兩者⑥，乾絲即以兩數爲率，生絲即以斤數爲率，譬之異物，各有一定之率也。

【一八】今有田一畝，收粟六升、太半升。今有田一頃二十六畝一百五十九步，問收粟幾何？

答曰：八斛四斗四升、一十二分升之五。

術曰：以畝二百四十步爲法，以六升、太半升乘今有田積步爲實，實如法得粟數。按此術亦今有之義。以一畝步數爲所有率，六升、太半升爲所求率，今有田積步爲所有數，而今有之，即得。

【一九】今有取保一歲，價錢二千五百。今先取一千二百，問當作日幾何？

答曰：一百六十九日、二十五分日之二十三。

術曰：以價錢爲法，以一歲三百五十四日乘先取錢數爲實，實如法得日數。按此術亦今有之義。以價爲所有率，一歲日數爲所求率，取錢爲所有數，而今有之，即得。

〔二〇〕今有貸人千錢，月息三十。今有貸人七百五十錢，九日歸之，問息幾何？

荅曰：六錢、四分錢之三。

術曰：以月三十日，乘千錢爲法。以三十日乘千錢爲法者，得三萬，是爲貸人錢三萬，一日息三十也。以息三十乘今所貸錢數，又以九日乘之，爲實。實如法得一錢。以九日乘今所貸錢爲今一日所有錢，於今有術爲所有數，息三十爲所求率，三萬錢爲所有率。此又可以一月三十日約息三十錢，爲十分一日，以乘今一日所有錢爲實。千錢爲法。爲率者當等之於一也。故三十日或可乘本，或可約息，皆所以等之也。

---

① 「推」，南宋本、大典本俱訛作「抱」，今從殿本校改。

② 「相與爲率」，南宋本、大典本俱訛作「相與乘爲」。戴震校作「得相與乘焉」。李潢校作「得相與率焉」。今改爲「相與爲率」。

③ 「令」，係南宋本原文，殿本改作「今」。

④ 「乾」字上，南宋本有一「令」字，今刪去。

⑤ 「生絲以斤數爲率」，各本訛作「生絲以類爲率」，今從微波榭本校改。

⑥ 「今以斤乘兩者」，各本訛作「今有一斤乘兩知」，今從微波榭本校改。

九章算術卷第四

少廣 以御積冪方圓

少廣 臣淳風等謹按：一畝之田廣一步，長二百四十步。今欲截取其從少，以益其廣，故曰少廣。術曰：置全步及分母子，以最下分母偏乘諸分子及全步，臣淳風等謹按：以分母乘全步者，通其分也。以母乘子者，齊其子也。各以其母除其子，置之於左。命通分者，又以分母偏乘諸分子，及已通者皆通而同之，并之爲法。臣淳風等謹按：諸子悉通，故可并之爲法。亦不①宜用合分術，列數尤多，若用乘則算數至繁，故別制此術，從省約。② 置所求步數，以全步積分乘之爲實。此以田廣爲法，以畝積步爲實。法有分者，當同其母，齊其子，以同乘法實，而并齊於法。今以分母乘全步及子，子如母而一，③

---

① 「不」字原缺，此依微波榭本校補。

② 「從省約」後，南宋本衍「置所求步數，以全步積分乘之爲實」十四字，今從殿本删去。

③ 從「法有分者」到「子如母而一」三十五字南宋本、大典本訛作正文，「法有分者」的「法」字，南宋本又訛作「置」字，此依戴震校改。

竝以并全法，則法實俱長，意亦等也。故如法而一，得從步數。實如法而一，得從步。

〔一〕今有田廣一步半。求田一畝，問從幾何？

荅曰：一百六十步。

術曰：下有半，是二分之一。以一爲二，半爲一，并之得三，爲法。置田二百四十步，亦以一爲二乘之，爲實。實如法得從步。

〔二〕今有田廣一步半、三分步之一。求田一畝，問從幾何？

荅曰：一百三十步、一十一分步之一十。

術曰：下有三分，以一爲六，半爲三，三分之一爲二，并之得一十一爲法。置田二百四十步，亦以一爲六乘之，爲實。實如法得從步。

〔三〕今有田廣一步半、三分步之一、四分步之一。求田一畝，問從幾何？

荅曰：一百一十五步、五分步之一。

術曰：下有四分，以一爲一十二，半爲六，三分之一爲四，四分之一爲三，并之得二十五，以爲法。置田二百四十步，亦以一爲一十二乘之，爲實。實如法而一，得從步。

〔四〕今有田廣一步半、三分步之一、四分步之一、五分步之一。求田一畝，問從幾何？

荅曰：一百五步、一百三十七分步之一十五。

術曰：下有五分，以一爲六十，半爲三十，三分之一爲二十，四分之一爲一十五，五分之一爲一十二，并之得一百三十七，以爲法。置田二百四十步，亦以一爲六十乘之，爲實。實如法得從步。

〔五〕今有田廣一步半、三分步之一、四分步之一、五分步之一、六分步之一。求田一畝，問從幾何？

荅曰：九十七步、四十九分步之四十七。

術曰：下有六分，以一爲一百二十，半爲六十，三分之一爲四十，四分之一爲三十，五分之一爲二十四，六分之一爲二十，并之得二百九十四以爲法。置田二百四十步，亦以一爲一百二十乘之，爲實。實如法得從步。

〔六〕今有田廣一步半、三分步之一、四分步之一、五分步之一、六分步之一、七分步之一。求田一畝，問從幾何？

荅曰：九十二步、一百二十一分步之六十八。

術曰：下有七分，以一爲四百二十，半爲二百一十，三分之一爲一百四十，四分之一爲一百五，五分之一爲八十四，六分之一爲七十，七分之一爲六十，并之得一千八十九，以爲法。置田二百四十步，亦以一爲四百二十乘之，爲實。實如法得從步。

〔七〕今有田廣一步半、三分步之一、四分步之一、五分步之一、六分步之一、七分步之一、八分步之一。求田一畝，問從幾何？

答曰：八十八步、七百六十一分步之二百三十二。

術曰：下有八分，以一爲八百四十，半爲四百二十，三分之一爲二百八十，四分之一爲二百一十，五分之一爲一百六十八，六分之一爲一百四十，七分之一爲一百二十，八分之一爲一百五，并之得二千二百八十三，以爲法。置田二百四十步，亦以一爲八百四十乘之，爲實。實如法得從步。

〔八〕今有田廣一步半、三分步之一、四分步之一、五分步之一、六分步之一、七分步之一、八分步之一、九分步之一。求田一畝，問從幾何？

答曰：八十四步、七千一百二十九分步之五千九百六十四。

術曰：下有九分，以一爲二千五百二十，半爲一千二百六十，三分之一爲八百四十，四分之一爲六百三十，五分之一爲五百四，六分之一爲四百二十，七分之一爲三百六十，八分之一爲三百一十五，九分之一爲二百八十，并之得七千一百二十九，以爲法。置田二百四十步，亦以一爲二千五百二十乘之，爲實。實如法得從步。

〔九〕今有田廣一步半、三分步之一、四分步之一、五分步之一、六分步之一、七分步之一、八分步之一、九分步之一、十分步之一。求田一畝，問從幾何？

荅曰：八十一步、七千三百八十一分步之六千九百三十九。

術曰：下有一十分，以一爲二千五百二十，半爲一千二百六十，三分之一爲八百四十，四分之一爲六百三十，五分之一爲五百四，六分之一爲四百二十，七分之一爲三百六十，八分之一爲三百一十五，九分之一爲二百八十，十分之一爲二百五十二，并之得七千三百八十一，以爲法。置田二百四十步，亦以一爲二千五百二十乘之，爲實。實如法得從步。

〔一〇〕今有田廣一步半、三分步之一、四分步之一、五分步之一、六分步之一、七分步之一、八分步之一、九分步之一、十分步之一、十一分步之一。求田一畝，問從幾何？

荅曰：七十九步、八萬三千七百一十一分步之三萬九千六百三十一。

術曰：下有一十一分，以一爲二萬七千七百二十，半爲一萬三千八百六十，三分之一爲九千二百四十，四分之一爲六千九百三十，五分之一爲五千五百四十四，六分之一爲四千六百二十，七分之一爲三千九百六十，八分之一爲三千四百六十五，九分之一爲三千八十，一十分之一爲二千七百七十二，一十一分之一爲二千五百二十，并之得八萬三千七百一十一，以爲法。置田二百四十步，亦以一爲二萬七千七百二十乘之，爲實。實如法得從步。

〔一二〕今有田廣一步半、三分步之一、四分步之一、五分步之一、六分步之一、七分步之一、八分步之一、九分步之一、十分步之一、十一分步之一、十二分步之一。求田一畝，問從幾何？

答曰：七十七步、八萬六千二十一分步之二萬九千一百八十三。

術曰：下有一十二分，以一爲八萬三千一百六十，半爲四萬一千五百八十，三分之一爲二萬七千七百二十，四分之一爲二萬七百九十，五分之一爲一萬六千六百三十二，六分之一爲一萬三千八百六十，七分之一爲一萬一千八百八十，八分之一爲一萬三百九十五，九分之一爲九千二百四十，一十分之一爲八千三百一十六，十一分之一爲七千五百六十，十二分之一爲六千九百三十，并之得二十五萬八千六十三，以爲法。

置田二百四十步，亦以一爲八萬三千一百六十乘之，爲實。實如法得從步。臣淳風等謹按：凡爲術之意，約省爲善。宜云下有一十二分，以一爲二萬七千七百二十。半爲一萬三千八百六十，三分之一爲九千二百四十，四分之一爲六千九百三十，五分之一爲五千五百四十四，六分之一爲四千六百二十，七分之一爲三千九百六十，八分之一爲三千四百六十五，九分之一爲三千八十，十分之一爲二千七百七十二，十一分之一爲二千五百二十，十二分之一爲二千三百一十，并之得八萬六千二十一，以爲法。置田二百四十步，亦以一爲二萬七千七百二十乘之，以爲實。實如法得從步。其術亦得，知不繁也。

〔一二〕今有積五萬五千二百二十五步。問爲方幾何？

荅曰：二百三十五步。

〔一三〕又有積二萬五千二百八十一步。問爲方幾何？

荅曰：一百五十九步。

〔一四〕又有積七萬一千八百二十四步。問爲方幾何？

荅曰：二百六十八步。

〔一五〕又有積五十六萬四千七百五十二步、四分步之一。問爲方幾何？

荅曰：七百五十一步半。

〔一六〕又有積三十九億七千二百一十五萬六百二十五步。問爲方幾何？

答曰：六萬三千二十五步。

開方求方冪之一面也。術曰：置積爲實。借一算步之，超一等。言百之面十也，言萬之面百也。議所得，以一乘所借一算爲法，而以除。先得黄甲之面，上下相命，是自乘而除也。除已，倍法爲定法。倍之者，豫張兩面朱冪定袤，以待復除，故曰定法。其復除。折法而下。欲除朱冪者，本當副置所得乘①方。倍之爲定法，以折、議、乘而以除。如是當復步之而止，乃得相命，故使就上折下。復置借算步之如初，以復議一乘之，欲除朱冪之角黄乙之冪，其意如初之所得也。所得副，以加定法，以除。以所得副從定法。再以黄乙之面加定法者，是則張兩青冪之袤。復除折下如前。若開之不盡者爲不可開，當以面命之。術或有以借算加定法而命分者，雖粗相近，不可用也。凡開積爲方，方之自乘當還復其②積分。令不加借算而命分，則常微少。其加借算而命分，則又微多。其數不可得而定。故惟以面命之，爲不失耳。譬猶以三除十，以其餘爲三分之一，而復其數可舉。不以面命之，加定法如前，求其微數。微數無名者以爲分子，其一退以十爲母，其再退以百爲母。退之彌下，其分彌細，則朱冪雖有所棄③之數，不足言之也。若實有分者，通分内子爲定實。乃開之，訖，開其母報除。臣淳風等謹按：分母可開者，竝通之積先合二母。既開之後一母尚存，故開分母求一母爲法，以報除也。若母不可開者，又以母④乘定實，乃開之，訖，令如母而一。臣淳風等謹按：分母不可開者，本一母也。又以母乘之，乃合二母。既開之後，亦一母存焉。故令如母而一，得全面也。又按此術：「開方」者，求方冪之一面也。「借一算」者，假借一算，空有列位之名，而無除積之實。方隅得面，是故借算列之於下也。「步之超一等」⑤者，方十自乘其積有百，方百自乘其積有萬，故超位至百而言十，至萬而言百也。「議所得，以一乘所借一算爲法，而以除」者，先得黄甲之面，以方爲積者兩相乘。故開方除之，還令兩面上下相命，是自乘而除之也。「除已，倍法爲定法」者，實積未盡，當復更除，故豫張兩面朱羃定袤，以待復除，故曰定法⑥也。「其復除，折法而下」者，欲除朱羃，本當副置所得乘方⑦，倍之爲定法，以折、議、乘之而以除，如⑧是當復步之而止，乃得相命，故使就上折之而下也。「復置借算步之如初，以復議一乘之，所得副，以加定法，以除」者，欲除朱羃之角、黄乙之羃。「以所得副從定法」者，再以黄乙之羃加定法，是則張兩青羃之袤，故如前開之，即合所問。

〔一七〕今有積一千五百一十八步、四分步之三。問爲圓周幾何？

荅曰：一百三十五步。於徽術，當周一百三十八步、一十分步之一。臣淳風等謹按：此依密率爲周一百三十八步、五十分步之九。

〔一八〕今有積三百步。問爲圓周幾何？

荅曰：六十步。於徽術，當周六十一步、五十分步之十九。臣淳風等謹按：依密率，爲周六

---

① 「乘」，各本訛作「成」，今以意校改。

② 「其」，大典本作「有」，此從南宋本。

③ 「棄」，各本作「乘」，形近而誤。

④ 各本於「乘」字上衍一「再」字，依李潢校刪去。

⑤ 「步之超一等」係南宋本原文，大典本、殿本「等」改作「位」。

⑥ 「定法」，微波榭本訛作「定除」，南宋本、大典本不誤。

⑦ 「副置所得乘方」，「乘」南宋本、大典本訛作「成」。

⑧ 「如」字下，南宋本衍一「初」字，此依殿本刪去。

十一步、一百分步之四十一。

開圓術曰：置積步數，以十二乘之，以開方除之，卽得周。此術以周三徑一爲率，與舊圓田術相返覆也。於徽術以三百一十四乘積，如二十五而一，所得，開方除之，卽周也。開方除之卽徑①。是爲據見冪以求周，猶失之於微少。其以二百乘積，一百五十七而一，開方除之卽徑，猶失之於微多。臣淳風等謹按：此注於徽術，求周之法，其中不用「開方除之卽徑」六字，今本有者衍賸也。依密率八十八乘之，七而一。按周三徑一之率，假令周六徑二，半周半徑相乘得冪三。周六自乘得三十六，俱以等數除冪，得一周之數十二也。其積本周自乘合以一乘之，十二而一，得積三也。術爲一乘不長，故以十二而一，得此積。今還原置此積三，以十二乘之，復其本周自乘之數。凡物自乘，開方除之，復其本數。故開方除之卽周。

〔一九〕今有積一百八十六萬八百六十七尺。此尺謂立方之尺也。凡物有高深而言積者，曰立方。問爲立方幾何？

荅曰：一百二十三尺。

〔二〇〕今有積一千九百五十三尺、八分尺之一。問爲立方幾何？

荅曰：一十二尺半。

〔二一〕今有積六萬三千四百一尺、五百一十二分尺之四百四十七。問爲立方幾何？

荅曰：三十九尺、八分尺之七。

〔二二〕又有積一百九十三萬七千五百四十一尺、二十七分尺之一十七。問爲立方幾何？

荅曰：一百二十四尺、太半尺。

開立方 立方適等，求其一面也。 術曰：置積爲實。借一算步之，超二等。言千之面十，言百萬之面百。 議所得，以再乘所借一算爲法，而除之②。再乘者亦求爲方冪，以上議命而除之，則立方等也。 除已，三之爲定法。爲當復除，故豫張三面，以定方冪爲定法也。 復除，折而下。復除者，三面方冪以皆自乘之數，須得折、議，定其厚薄爾。開平冪者方百之面十，開立冪者方千之面十。據定法已有成方之冪，故復除當以千爲百，折下一等也。 以三乘所得數置中行。設三廉之定長。 復借一算置下行。欲以爲隅。 方立方等未有定數，且置一算定其位。 步之，中超一，下超二等。③ 上方法，長自乘而一折。中廉法，但有長故降一等。下隅法，無面長故又降一等也。 復置議，以一乘中，爲三廉備冪也。 再乘下，令隅自乘爲方冪也。 皆副以加定法。 以定法除。 三面、三廉、一隅皆已有冪，以上議命之而除去三冪④之厚也。 除已，倍下、并中從定法。 凡再以中，三以下，加定法者，三廉各當以兩面之冪，連於兩方之面，一

---

① 「開方除之卽徑」六字無疑是衍文。唐李淳風等所見抄本已有此六字，並已指出其爲衍賸。

② 「除之」，殿本作「以除」，此從南宋本。

③ 「下超二等」，南宋本、大典本「等」訛作「位」，今改正。

④ 「冪」，各本俱作「袤」，今依李潢校。

隅連於①三廉之端，以待復除也。言不盡意，解此要當以棊，乃得明耳。復除，折下如前。開之不盡者，亦爲不可開。術亦有以定法命分者，不如故冪開方，以微數爲分也。若積有分者，通分內子爲定實。定實乃開之，訖，開其母以報除。臣淳風等按：分母可開者，竝通之積先合三母。既開之後一母尙存，故開分母，求一母爲法，以報除也。若母不可開者，又以母再乘定實，乃開之。訖，令如母而一。臣淳風等謹按：分母不可開者，本一母也。又以母再乘之，令合三母②。既開之後，一母猶存，故令如③母而一，得全面也。按開立方者，立方適等，求其一面之數也。「借一算步之，超二等」者④，立方求積⑤，方再自乘。就積開之，故超二位，言千之面十，言百萬之面百也。「議所得，以再乘所借一算爲法，而以除」者，⑥求爲方冪，以議命之而除，則立方等也。「除已，三之爲定法」者，爲積未盡，當復更除故。豫張三面已定方冪爲定法也。「復除，折而下」者⑦，三面方冪皆已有自乘之數，須得折、議，定其厚薄。據開平方百之面十，其開立方卽千之面十。而定法已有成方之冪，故復除之當以千爲百，折下一等也。「以三乘所得數置中行」者，設三廉之定長也。「復借一算置下行」者，欲以爲隅。方立方等未有數，且置一算定其位也。「步之，中超一，下超二」者，上方法長自乘而一折，中廉法但有長故降一等，下隅法無面長故又降一等也。「復置議以一乘中」者，爲三廉備⑧冪也。「再乘下」者，當令隅自乘爲方冪也。「皆副以加定法，以定法除」者，三面三廉一隅皆已有冪，以上議命之而除去三冪⑨之厚也。「除已，倍下、併中，從定法」者，三廉各當以兩面之冪連於兩方之面，一隅連於三廉之端，以待復除也。其開之不盡者，折下如前，開方卽合所問。有分者，通分內子開之。訖，開其母以報除。可開者，以通分之積⑩先合三母，既開之後，一母尙存。故開分母者求一母爲法以報除。若母不可開者，又以母再乘定實，乃開之。訖，令如母而一。分母不可開者本一母，又以母再乘，令合三母。既開之後，亦一母尙存。故令如母而一，得全面也。

〔二三〕今有積四千五百尺。亦謂立方之尺也。問爲立圓徑幾何？

答曰：二十尺。依密率，立圓徑二十⑪尺，計積四千一百九十尺、二十一分寸之一十。

〔二四〕又有積一萬六千四百四十八億六千六百四十三萬七千五百尺。問爲立圓徑幾何？

答曰：一萬四千三百尺。依密率爲徑一萬四千六百四十三尺、四分尺之三。

開立圓術曰：置積尺數，以十六乘之，九而一，所得開立方除之，即丸徑。立圓，即丸也。爲術者，蓋依周三徑一之率。令圓冪居方冪四分之三，圓囷居立方亦四分之三。更令圓囷爲方率十二，爲

---

① 南宋本、大典本俱缺「兩方之面一隅連於」八字，今從戴震所校殿本補。

② 「令合三母」，殿本、孔刻本「令」譌作「今」，南宋本不誤。

③ 「如」，南宋本譌作「一」，此從殿本。

④ 「超二等者」，南宋本、殿本「等」俱作「位」，孔刻本依戴震校正，今從之。

⑤ 「立方求積」，南宋本於「立」字前衍一「但」字，今依殿本刪去。

⑥ 「議所得，以再乘所借一算爲法而以除者」，南宋本「得」譌作「以」，「一」字缺，「者」譌作「知」，今從殿本校改。

⑦ 「復除折而下者」，南宋本作「復折除而下知」，此從殿本。

⑧ 「備」，各本俱譌作「借」，依李潢校正。

⑨ 「冪」，各本俱譌作「衺」，依李潢校正。

⑩ 「以通分之積」，各本俱缺「分」字。殿本「以」字又譌作「並」，今以意校正。

⑪ 「二十」下殿本、孔刻本俱衍「八」字。

丸率九，丸居圓囷又四分之三也。置四分自乘得十六分，三自乘得九①，故丸居立方十六分之九也。故以十六乘積，九而一，得立方之積。丸徑與立方等，故開立方而除，得徑也。然此意非也。何以驗之？取立方棊八枚，皆令立方一寸，積之爲立方二寸。規之爲圓囷，徑二寸，高二寸。又復橫規②之，則其形有似牟合方蓋矣。八棊皆似陽馬，圓然也。按合蓋者，方率也。丸居其中，即圓率也。推此言之，謂夫圓囷爲方率，豈不闕哉？以周三徑一爲圓率，則圓羃傷少。令圓囷爲方率，則丸積傷多。互相通補，是以九③與十六之率偶與實相近，而丸猶傷多耳。觀立方之內，合蓋之外，雖衰殺有漸，而多少不掩。判合總結，方圓相纏，濃纖詭互，不可等正。欲陋形措意，懼失正理。敢不闕疑，以俟能言者。黄金方寸，重十六兩。金丸徑寸，重九兩。率生於此，未曾驗也。周官考工記：「栗氏爲量，改煎金錫則不耗。不耗然後權之，權之然後準之，準之然後量之。」言鍊金使極精，而後分之，則可以爲率也。令丸徑自乘，三而一，開方除之，即丸中之立方也。假令丸中立方五尺，五尺爲句，句自乘羃二十五尺，倍之得五十尺，以爲弦④羃，謂平面方五尺之弦也。以此弦⑤爲股，亦以五尺爲句，并句股羃得七十五尺，是爲大弦羃。開方除之，則大弦可知也。大弦則中立方之長邪，邪即丸徑也。故中立方自乘之羃於丸徑自乘之羃，三分之一也。令大弦還乘其羃，即丸外立方之積也。大弦羃開之不盡，令其⑥羃七十五再自乘之爲面，命得外立方積四十二萬一千八百七十五尺之面。又令中立方五尺自乘，又以方乘之，得積一百二十五尺。一百二十五尺自乘爲面，命⑦得積一萬五千六百二十五尺之面。皆以六百二十五約之，外立方積六百七十五尺之面，中立方積二十五尺之面也。張衡算又謂立方爲質，立圓爲渾。衡言質之與中外之渾：六百七十五尺之面開方除之，不足一，謂外渾⑧積二十六也。內渾二十五之面，謂積五尺也。今徽令質言中渾，渾又言質，則二質相與之率，猶衡二渾相與之率也。衡蓋亦先二質之率推以言渾之率也。衡又言質六十四之面，渾二十五之面。質復言渾，謂居質八分之五也。又云，方八之面，圓五⑨之面。圓渾相推，知其復以圓囷爲方率，渾爲圓率也，失之遠矣。衡說之自然，欲協其陰陽奇耦之說而不顧疎密矣。雖有文辭，斯亂道破義，病也。置外質積二十六，以九乘之，十六而一，得積一十四尺、八分之五，即質中之渾也。以分母乘全內子得一百一十七。又置內質積五，以分母乘之得四十，是爲質居渾一百一十七分之四十，而渾率猶爲傷多也。假令方二尺，方四面并得八尺也，謂之方周。其中令圓徑與方等，亦二尺也。圓半徑⑩以乘圓周之半，卽圓冪也。半方以乘方周之半，卽方冪也。然則方周知方冪之率也；圓周知圓冪之率也。按如衡術，方周率八之面，圓周率五之面也。令方周六十四尺之面，卽圓周四十尺之面也。又令徑一尺方周四尺，自乘得十六尺之面⑪，是爲圓周率一十⑫之面，而徑率一之面也。衡亦以周三徑一之率爲非是，故更著此法。然增周太多，過其實矣。臣淳風等謹按：祖暅之謂劉徽、張衡二人皆以圓囷爲方率，丸爲圓率，乃設新法。祖暅之開立圓術曰：以二乘積，開立方除之，卽立圓徑。⑬其意何也？取立方棊一枚，令立樞於左後之下隅，從規去其右上之廉。又合而橫規之，去其前上之廉。⑭於是立方之棊，分而爲四。規內棊一，謂之內

---

① 「置四分自乘得十六分，三自乘得九」，「分三」二字各本俱訛倒爲「三分」，今以意校正。

② 「規」，南宋本、大典本俱訛作「因」，今依戴震校。

③ 「九」，南宋本、大典本俱訛作「丸」，今依戴校。

④ 「弦」，各本俱訛作「股」，以意校正。

⑤ 「弦」，字下各本俱衍一「冪」字，今刪去。

⑥ 「其」，南宋本、大典本俱訛作「困」，依戴校。

⑦ 「命」，南宋本、大典本俱訛作「句」，今依戴校。

⑧ 「外渾」，各本俱訛作「外質」。李潢以爲「外質」二字衍文，汪萊以爲「質渾之誤」，今從汪校。

⑨ 「五」，各本俱訛作「六」。李潢、汪萊皆以爲是「五」字。

⑩ 「圓半徑」，各本俱訛作「丸半徑」，此依李潢校正。

⑪ 「又令徑一尺，方周四尺，自乘得十六尺之面」，各本訛作「又令徑二尺自乘得徑四尺之面」。此依戴震校改。

⑫ 「一十」，各本訛作「十二」，依李潢校正。

⑬ 「以二乘積開立方除之卽立圓徑」，南宋本、大典本原文如此，蓋依徑一周三計算，外切立方體積爲球體積之二倍也。戴震改爲「以二十一乘積，十一而一，開立方除之，卽立圓徑」，殊屬多事。

⑭ 戴校本於「前上之廉」之下添「右前之廉」四字，毫無意義。

棊。規外棊三，謂之外棊。更合四棊①，復橫斷之。以句股言之，令餘高爲句，內棊斷上方爲股，本方之數，其弦也。句股之法，以句冪減弦冪，則餘爲股冪，若令餘高自乘，減本方之冪，餘卽內棊②斷上方之冪也。本方之冪，卽內外③四棊之斷上冪。然則餘高自乘，卽外三棊之斷上冪矣。不問高卑，勢皆然也。然固有所歸同而塗殊者爾。而乃控遠以演類，借況以析微。按陽馬方高數參等者，倒④而立之，橫截去上，則高自乘與斷上冪數，亦等焉。夫疊棊成立積，⑤緣冪勢既同，則積不容異。由此觀之，規之外三棊旁蹙爲一，卽一陽馬也。三分立方，則陽馬居一，內棊居二可知矣。合八小方成一大方，合八內棊成一合蓋。內棊居小方三分之二，則合蓋居立方亦三分之二，較然驗矣。置三分之二以圓冪率三乘之，如方冪率四而一，約而定之，以爲丸率。故曰丸居立方二⑥分之一也。等數既密，心亦昭晰。張衡放舊，貽哂於後。劉徽循故，未暇校新。夫豈難哉，抑未之思也。依密率，此立圓積⑦本以圓徑再自乘，十一乘之，二十一而一。約此積今欲求其本積故以二十一乘之，十一而一。凡物再自乘，開立方除之復其本數。故立方除之，卽丸徑也。

---

① 南宋本、大典本俱於「更合四棊」之前衍一「規」字，依李潢校刪去。

② 「內棊」，南宋本作「內減棊」衍一「減」字，大典本「棊」又訛作「其」，今依李潢校正。

③ 「內外」，各本脫落「內」字，今補正。

④ 「倒」，各本俱訛作「列」，依李潢校改。

⑤ 「夫疊棊成立積」，各本皆同，原無可疑。李潢謂「棊當作冪」，似非綴術作者的本意。

⑥ 「二」，各本俱訛作「三」，汪萊謂「三，二之誤」，今依汪校改正。

⑦ 「此立圓積」，各本俱訛作「立此圓積」，今以意校正。

九章算術卷第五

商功 以御功程積實

〔一〕今有穿地積一萬尺。問爲堅、壤各幾何？

荅曰：

爲堅七千五百尺。

爲壤一萬二千五百尺。

術曰：穿地四，爲壤五，壤謂息土。爲堅三，堅爲築土。爲墟四。墟謂穿坑。此皆其常率。以穿地求壤，五之；求堅，三之，皆四而一。今有術也。以壤求穿，四之；求堅，三之，皆五而一。以堅求穿，四之；求壤，五之，皆三而一。臣淳風等謹按：此術竝今有之義也。重張穿地積一萬尺爲所有數，堅率三、壤率五各爲所求率，墟率四爲所有率，而今有之，卽得。

城、垣、隄、溝、壍、渠，皆同術。

術曰：并上下廣而半之，損廣補狹。以高若深乘之，又以袤乘之，即積尺。按此術并上下廣而半之者，以盈補虛，得中平之廣。以高若深乘之，①得一頭之立冪。又以袤乘之者，得立實之積，故爲積尺。

〔二〕今有城下廣四丈，上廣二丈，高五丈，袤一百二十六丈五尺。問積幾何？

答曰：一百八十九萬七千五百尺。

〔三〕今有垣下廣三尺，上廣二尺，高一丈二尺，袤二十二丈五尺八寸。問積幾何？

答曰：六千七百七十四尺。

〔四〕今有隄下廣二丈，上廣八尺，高四尺，袤一十二丈七尺。問積幾何？

答曰：七千一百一十二尺。

冬程人功四百四十四尺。問用徒幾何？

答曰：一十六人、一百一十一分人之二。

術曰：以積尺爲實，程功尺數爲法，實如法而一，即用徒人數。

〔五〕今有溝上廣一丈五尺，下廣一丈，深五尺，袤七丈。問積幾何？

答曰：四千三百七十五尺。

春程人功七百六十六尺，并出土功五分之一②，定功六百一十二尺、五分尺之四。問用徒幾何？

荅曰：七人、三千六十四分人之四百二十七。

術曰：置本人功，去其五分之一，餘爲法。去其五分之一者，謂以四乘五除也。以溝積尺爲實。實如法而一，得用徒人數。按此術：「置本人功③去其五分之一」者，謂以四乘之，五而一，除去出土之功，取其定功，乃通分內子以爲法。以分母乘溝積尺爲實者，法裏有分，實裏通之，實如法而一，即用徒人數。此以一人之積尺，除其衆尺，得用徒人數④。不盡者，等數約之而命分也。

〔六〕今有壍上廣一丈六尺三寸，下廣一丈，深六尺三寸，袤一十三丈二尺一寸。問積幾何？

荅曰：一萬九百四十三尺八寸。八寸者，謂穿地方尺深八寸。此積餘有方寸中二分四釐五毫，棄⑤之，貴欲從易⑥，非其常定也。

---

① 四庫館臣戴震校云：「按此下原本衍『堅率三、壤率五，爲所求率，壚率四爲所有率而今有之』凡二十二字，係上注重見於此，今刪正。」

② 「并出土功五分之一」，各本「一」訛作「四」，今依李潢校正。

③ 「置本人功」，南宋本訛作「本置人功」，今依殿本校正。

④ 「得用徒人數」，各本「得」訛作「故」，依李潢校正。

⑤ 「棄」，南宋本訛作「乘」，今從殿本校正。

⑥ 「貴欲從易」，殿本作「文欲從易」。此從南宋本。

夏程人功八百七十一尺。并出土功五分之一，沙礫水石之功作太半，定功二百三十二尺、一十五分尺之四。問用徒幾何？

荅曰：四十七人、三千四百八十四分人之四百九。

術曰：置本人功，去其出土功五分之一，又去沙礫水石之功太半，餘爲法。以壍積尺爲實。實如法而一，即用徒人數。按此術置本人功去其出土功五分之一者，謂以四乘五除。又去沙礫水石作太半者，一乘，三除，存其少半。取其定功，乃通分内子以爲法。以分母乘壍積尺爲實。法裏有分，實裏通之。實如法而一，即用徒人數。不盡者等數約之，而命分也。

〔七〕今有穿渠上廣一丈八尺，下廣三尺六寸，深一丈八尺，袤五萬一千八百二十四尺。問積幾何？

荅曰：一千七萬四千五百八十五尺六寸。

秋程人功三百尺，問用徒幾何？

荅曰：三萬三千五百八十二人功。内少一十四尺四寸。

一千人先到，問當受袤幾何？

荅曰：一百五十四丈三尺二寸、八十一分寸之八。

術曰：以一人功尺數，乘先到人數爲實。以一千人一日功爲實。① 幷渠上下廣而半之，以深乘之爲法。以渠廣深之立冪爲法。② 實如法得袤尺。

〔八〕今有方垛壔 垛者，垛城也。壔，音丁老切，又音纛，謂以土擁木也。 方一丈六尺，高一丈五尺。問積幾何？

荅曰：三千八百四十尺。

術曰：方自乘，以高乘之，卽積尺。

〔九〕今有圓垛壔，周四丈八尺，高一丈一尺。問積幾何？

荅曰：二千一百一十二尺。於徽術，當積二千一十七尺、一百五十七分尺之一百三十一。臣淳風等謹按：依密率，積二千一十六尺。

術曰：周自相乘，以高乘之，十二而一。此章諸術亦以周三徑一爲率，皆非也。於徽術，當以周自乘，以高乘之，又以二十五乘之，三百一十四而一。此之圓冪，亦如圓田之冪也。求冪亦如圓田，而以高乘冪也。臣淳風等謹按：依密率以七乘之，八十八而一。

---

① 此下南宋本、大典本俱有「立實爲功」四字，戴震謂當是衍文，今刪去。

② 「立冪爲法」，南宋本訛作「立實爲法」，大典本作「立實爲功」，今依戴震校正。

〔一〇〕今有方亭，下方五丈，上方四丈，高五丈。問積幾何？

答曰：一十萬一千六百六十六尺、太半尺。

術曰：上下方相乘，又各自乘，并之，以高乘之，三而一。此章有塹堵、陽馬，皆合而成立方。蓋說算者乃立棊三品，以效高深之積。假令方亭，上方一尺，下方三尺，高一尺，其用棊也，中央立方一，四面塹堵四，四角陽馬四。上下方相乘爲三尺，以高乘之，約積三尺，是爲得中央立方一，四面塹堵各一。①下方自乘爲九，以高乘之，得積九尺，是爲中央立方一，四面塹堵各二，四角陽馬各三也。上方自乘，以高乘之，得積一尺，又爲中央立方一。凡三品棊，皆一而爲三。故三而一得積尺。用棊之數，立方三，塹堵陽馬各十二，凡二十七棊。十二與三②更差次之，而成方亭者三，驗矣。爲術又可令方差自乘，以高乘之，三而一，卽四陽馬也。上下方相乘，以高乘之，卽中央立方及四面塹堵也。并之，以爲方亭積數也。

〔一一〕今有圓亭，下周三丈，上周二丈，高一丈。問積幾何？

答曰：五百二十七尺、九分尺之七。於徽術當積五百四尺、四百七十一分尺之一百一十六也。

按密率，爲積五百三尺、三十三分尺之二十六。

術曰：上、下周相乘，又各自乘，并之，以高乘之，三十六而一。此術周三徑一之義，合以三除上下周各爲上下徑，以相乘，又各自乘，并以高乘之，三而一，爲方亭之積。假令三約上下周俱不盡，還通之，卽各爲上下徑。令上下徑③相乘，又各自乘，并以高乘之，爲三方亭之積分④。此合分母三相乘得九⑤爲法除之，又三而一，得方亭之積。從方亭求圓亭之積⑥，亦猶方冪中求圓冪。乃令圓率三乘之，方率四而一，得圓亭之積。前求方亭之積，乃以三而一，今求圓亭之積，亦合⑦三乘之，二母既同，故相準折。惟以方冪四乘分母九，得三十六，而連除之。於徽術當上下周相乘，又各自乘，并以高乘之，又二十五乘之，九百四十二而一。此圓亭⑧四角圓殺，比於方亭二百分之一百五十七。爲術之意，先作方亭，三而一，則此據上下徑爲之者，當又以一百五十七乘之，六百而一也。今據周爲之，若於圓垜壔又以二十五乘之，三百一十四而一，則先得三圓亭矣。故以三百一十四爲九百四十二而一，并除之。臣淳風等謹按：依密率，以七乘之，二百六十四而一。

〔一三〕今有方錐下方二丈七尺，高二丈九尺。問積幾何？

荅曰：七千四十七尺。

術曰：下方自乘，以高乘之，三而一。按此術假令方錐下方二尺，高一尺，即四陽馬。如術爲之，用十二陽馬，成三方錐，故三而一，得方錐⑨也。

---

① 南宋本、楊輝本、大典本，於此下原有「上方自乘亦得中央立方一」十一字，四庫館與李潢圖說俱以爲是衍文，今删去。

② 「十二與三」，南宋本、楊輝本、大典本俱作「十三」，無「二與」二字，今從戴震校補。

③ 此下原有「分母」二字，四庫館按謂係衍文，今删去。

④ 「三方亭之積分」是南宋本、大典本之原文，戴校本删去「分」字，是不應該的。

⑤ 孔刻本此下添「分母各自乘亦得九」八字，殊非必要。

⑥ 「從方亭求圓亭之積」八字原缺，此依戴震校補。

⑦ 「合」，原本訛作「各」，今依殿本。

⑧ 「圓亭」，各本訛作「方亭」，今依李潢校正。

⑨ 「方錐」，南宋本訛作「陽馬」，今依殿本校正。

〔一三〕今有圓錐下周三丈五尺，高五丈一尺。問積幾何？

荅曰：一千七百三十五尺、一十二分尺之五。於徽術，當積一千六百五十八尺、三百一十四分尺之十三。依密率，爲積一千六百五十六尺、八十八分尺之四十七。

術曰：下周自乘，以高乘之，三十六而一。按此術圓錐下周以爲方錐下方。方錐下方令自乘，以高乘之，合三而一得大方錐之積。大方錐①之積合十二圓矣。今求一圓，復合十二除之，故令三乘十二得三十六而連除。於徽術，當下周自乘，以高乘之，又以二十五乘之，九百四十二而一。圓錐比於方錐，亦二百分之一百五十七。令徑自乘者，亦當以一百五十七乘之，六百而一。其說如圓亭也。臣淳風等謹按：依密率，以七乘之，二百六十四而一。

〔一四〕今有塹堵下廣二丈，袤一十八丈六尺，高二丈五尺。問積幾何？

荅曰：四萬六千五百尺。

術曰：廣袤相乘，以高乘之，二而一。邪解立方得兩塹堵。雖復橢②方，亦爲塹堵，故二而一。此則合所規棊③推其物體，蓋爲塹上疊也。其形如城，而無上廣，與所規棊形異而同實。未聞所以名之爲塹堵之說也。

〔一五〕今有陽馬，廣五尺，袤七尺，高八尺。問積幾何？

荅曰：九十三尺、少半尺。

術曰：廣袤相乘，以高乘之，三而一。按此術：陽馬之形，方錐一隅也。今謂四柱屋隅爲陽馬。假令廣袤各一尺，高一尺，相乘之，得立方積一尺。邪解立方得兩塹堵。邪解塹堵，其一爲陽馬，一爲鼈臑，陽馬居二，鼈臑居一，不易之率也。合兩鼈臑成一陽馬，合三陽馬而成一立方，故三而一。驗之以棊，其形露矣。悉割陽馬，凡爲六鼈臑。觀其割分，則體勢互通，蓋易了也。其棊或脩短，或廣狹，立方不等者，亦割分以爲六鼈臑。其形不悉相似，然見數同，積實均也。鼈臑殊形，陽馬異體。然陽馬異體，則不可純合。不純合，則難爲之矣。④何則？按邪解方棊以爲塹堵者，必當以半爲分，邪解塹堵以爲陽馬者，亦必當以半爲分，一從一横耳。設陽馬爲分内棊，⑤鼈臑爲分外棊，雖或隨脩短廣狹猶有此分常率，知⑥殊形異體亦同也者，以此而已。其使鼈臑廣、袤、高各⑦二尺，用塹堵、鼈臑之棊各二，皆用赤棊。又使陽馬之廣、袤、高各二尺，用立方之棊一，塹堵、陽馬之棊各二，皆用黑棊。棊之赤黑，接爲塹堵，廣、袤、高各二尺。於是中效其廣，又中分其高，令赤、黑塹堵各自適當一方，高二尺方二尺，每二分鼈臑則一陽馬也。其餘兩棊⑧各積本體，合成一方焉。是爲別種而方者率居三，通其體而

---

① 兩「大方錐」，南宋本訛作「大錐方」，今依殿本校正。
② 「橢」，南宋本、楊輝本訛作「隨」，此依殿本。
③ 「棊」，各本俱訛作「冪」，今校正。
④ 「鼈臑殊形，陽馬異體。然陽馬異體則不可純合，不純合則難爲之矣」。南宋本脫落第二個「不」字。殿本脫落「然陽馬異體」五字。
⑤ 各本脫落「棊」字，依李潢校補。
⑥ 「知」，戴校本改爲「如」字，似非必要。
⑦ 「高各」，各本俱訛作「各高」，依戴震改正。
⑧ 「兩棊」，各本俱作「兩端」，依殿本校改。

方者率居一。雖方隨綦改，而固有常然之勢也。按餘數具而可知者有一、二分之別，即一、二之爲率定矣。其於理也豈虚矣。若爲數而窮之，置餘廣袤高之數各半之，則四分之三又可知也。半之彌少，其餘彌細。至細曰微，微則無形。由是言之，安取餘哉。①數而求窮之者，謂以情②推，不用籌算。鼈臑之物，不同器用。陽馬之形，或隨脩短廣狹。然不有鼈臑，無以審陽馬之數，不有陽馬，無以知錐亭之類③，功實之主也。

〔一六〕今有鼈臑下廣五尺，無袤，上袤四尺，無廣，高七尺。問積幾何？

荅曰：二十三尺、少半尺。

術曰：廣袤相乘，以高乘之，六而一。按此術：臑者，臂骨也。或曰，半陽馬其形有似鼈肘，故以名云。中破陽馬得兩鼈臑，鼈臑④之見數即陽馬之半數。數同而實據半，故云六而一，即得。

〔一七〕今有羨除，下廣六尺，上廣一丈，深三尺，末廣八尺，無深，袤七尺。問積幾何？

荅曰：八十四尺。

術曰：并三廣，以深乘之，又以袤乘之，六而一。按此術：羨除，實隧道也。其所穿地，上平下邪似兩鼈臑夾一壍堵，即羨除之形。假令用此綦：上廣三尺，深一尺，下廣一尺；末廣一尺，無深。袤一尺。下廣、末廣⑤皆壍堵之廣。上廣⑥者，兩鼈臑與一壍堵相連之廣也。以深、袤乘，得積五尺。鼈臑居二，壍堵居三，其於本綦皆一而爲六⑦。故六而一。合四陽馬以爲方錐。邪畫⑧方錐之底，亦令爲中方。就中方削而上合，全爲⑨方錐之半。於是陽馬之綦悉中解矣。中錐離而爲四鼈臑焉。故外錐之半亦爲四鼈臑。雖背正異形，與常所謂鼈臑參不相似，實則同也。所云夾壍堵者，中錐之鼈臑也。凡壍堵上袤短者，連⑩陽馬也。下袤短者，與鼈臑連也。下兩袤相等者⑪，亦與鼈臑連也。并三廣，以高、袤乘，六而一，皆其積也。今此羨除之廣，即壍堵之袤也。按此本是三廣不等，即與鼈臑連者。別而言之：中央塹堵廣六尺，高三尺，袤七尺。末廣之兩旁，各一小鼈臑，皆與塹堵等。令小鼈臑居裏，大鼈臑居表，則大鼈臑出橢⑫皆方錐，下廣三尺，袤六尺，高七尺。分取其半，則爲袤三尺，以高廣乘之，三而一，即半錐之積也。邪解半錐得此兩大鼈臑，求其積亦當六而一。合於常率矣。按陽馬之棊兩邪棊底方，當其方也，不問旁角而割之，相半可知也。推此上連無成不方，故方錐與陽馬同實。角而割之者，相半之勢。此大小鼈臑可知更相表裏，但體有背正也。

〔一八〕今有芻甍，下廣三丈，袤四丈，上袤二丈，無廣，高一丈。問積幾何？

答曰：五千尺。

術曰：倍下袤，上袤從之，以廣乘之，又以高乘之，六而一。推明義理者：舊說云，凡積芻⑬有上下廣曰童，甍謂其屋蓋之茨也。是故甍之下廣袤與童之上廣袤等。正斬方亭兩邊，合之即芻甍之形也。假令下廣二尺，袤三尺，上袤一尺，無廣，高一尺，其用棊也，中央塹堵二，兩端陽馬各二。倍下袤，上袤從之爲七

---

① 李潢說：「按餘數具而可知者」至「安取餘哉」，疑文有錯誤，不敢强爲之說。今悉仍舊貫，未予校勘。

② 「情」，南宋本作「精」，此從殿本。

③ 「類」，殿本作「數」。

④ 南宋本脫落此「鼈臑」二字，此從殿本校補。

⑤ 各本脫落「末廣」二字，今依李潢校補。

⑥ 南宋本無此「上廣」二字，此從殿本。

⑦ 「一而爲六」南宋本脫「而」字，殿本本作「以爲六」，今據芻甍術、芻童術劉注校正。

⑧ 「畫」，南宋本作「盡」，此從殿本。

⑨ 「爲」字下各本俱有一「中」字，依李潢校刪去。

⑩ 南宋本無此「連」字，今從殿本。

⑪ 「者」，南宋本作「知」，此從殿本。

⑫ 「橢」，南宋本作「隨」，此從殿本。

⑬ 各本於「芻」字下衍一「甍」字，今刪。

尺，以廣①乘之得冪十四尺，陽馬之冪各居二②，壍堵之冪各居三。以高乘之，得積十四尺。其於本棊也，皆一而爲六，故六而一，卽得。亦可令上下袤差乘廣，以高乘之，三而一，卽四陽馬也；下廣乘上袤而半之，高乘之，卽二壍堵，并之，以爲甍積也。

芻童、曲池、盤池、冥谷，皆同術。

術曰：倍上袤，下袤從之，亦倍下袤，上袤從之，各以其廣乘之，并，以高若深乘之，皆六而一。按此術：假令芻童上廣一尺，袤二尺，下廣三尺，袤四尺，高一尺，其用棊也，中央立方二，四面壍堵六，四角陽馬四。倍下袤爲八，上袤從之爲十，以高廣乘之，③得積三十尺，是爲得中央立方各三，兩邊壍堵各四，兩旁壍堵各六，四角陽馬亦各六。復倍上袤，下袤從之，爲八，以高廣乘之，得積八尺，是爲得中央立方亦各三，兩端壍堵各二。并兩旁三品棊，皆一而爲六，故六而一，卽得。爲術又可令上下廣袤差相乘，以高乘之，三而一，亦四陽馬。上下廣袤互相乘，并而半之，以高乘之，卽四面六壍堵。與二立方并之爲芻童積。又可令上下廣袤互相乘而半之，上下廣袤又各自乘，并以高乘之，三而一，卽得也。其曲池者，并上中、外周而半之，以爲上袤；亦并下中、外周而半之，以爲下袤。此池環而不通匝，形如盤蛐而曲之。亦云周者，謂如委穀依垣之周耳。引而伸之，周爲袤，求袤之意，環田也。

〔一九〕今有芻童，下廣二丈，袤三丈，上廣三丈，袤四丈，高三丈。問積幾何？

荅曰：二萬六千五百尺。

〔二〇〕今有曲池，上中周二丈，外周四丈，廣一丈，下中周一丈四尺，外周二丈四尺，廣五尺，深一丈。問積幾何？

答曰：一千八百八十三尺三寸、少半寸。

〔三二〕今有盤池，上廣六丈，袤八丈，下廣四丈，袤六丈，深二丈。問積幾何？

答曰：七萬六百六十六尺、太半尺。

負土往來七十步，其二十步上下棚除。棚除二當平道五，踟躕之間十加一，載輸之間三十步，定一返一百四十步。土籠積一尺六寸，秋程人功行五十九里半。問人到、積尺、④用徒各幾何？

答曰：

人到二百四尺。

用徒三百四十六人、一百五十三分人之六十二。

術曰：以一籠積尺乘程行步數爲實。往來上下，棚除二當平道五。棚閣除邪道有上

---

① 各本於「廣」字上衍一「高」字，依李潢校刪。

② 「各居二」，各本俱訛作「各居一」，依李潢校改。

③ 「以高廣乘之」，南宋本脫落「高」字，孔刻本「高」誤作「下」，今依殿本校正。

④ 「尺」，南宋本無此「尺」字，此從殿本。

下之難，故使二當五也。置定往來步數，十加一，及載輸之間三十步以爲法。除之，所得卽一人所到尺。按此術棚閣除邪道有上下之難，故使二當五。置定往來步數十加一，及載輸之間三十步，是爲往來①一返，凡用一百四十步。於今有術爲所有行率，籠積一尺六寸爲所求到土率，程行五十九里半爲所有數，而今有之，卽人到尺數。以所到約②積尺卽用徒人數者，此一人之積除其衆積尺，故得用徒人數。爲術又可令往來一返所用之步，約程行爲返數，乘籠積爲一人所到。以此術與今有術相反覆，則乘除之或先後，意各有所在而同歸耳。以所到約積尺，卽用徒人數。

〔三〕今有冥谷上廣二丈，袤七丈，下廣八尺，袤四丈，深六丈五尺。問積幾何？載土往來二百步，載輸之間一里，程行五十八里，六人共車，車載三十四尺七寸。問人到積尺及用徒各幾何？

荅曰：五萬二千尺。

荅曰：

人到二百一尺、五十分尺之十三。

用徒二百五十八人、一萬六十三分人之三千七百四十六。

術曰：以一車積尺乘程行步數爲實。置今往來步數，加載輸之間一里，以車六人乘之，爲法。除之，所得卽一人所到尺。按此術今有之義。以載輸及往來并得五百步爲所有行率，車載三十四尺七寸爲所求到土率，程行五十八里通之爲步，爲所有數，而今有之。所得則一車所到。欲得人到者，當以六人除之，卽得。術有分，故亦更令乘法而并除者，亦用以車③尺數以爲一人到土率，六人乘五百步爲行率也。又可以五百步爲行率，令六人約車④積尺數爲一人到土率，以負⑤土術入之。入之者，亦可求返數也。要取其會通而已。術恐有分，故令乘法而并除。以所到約積尺，卽用徒人數者，以一人所積尺，除其衆積，故得用徒人數也。以所到約積尺，卽用徒人數。

〔二三〕今有委粟平地，下周一十二丈，高二丈。問積及爲粟幾何？

答曰：

積八千尺。於徽術當積七千六百四十三尺、一百五十七分尺之四十九。臣淳風等謹按：依密率，爲積七千六百三十六尺、十一分尺之四。

爲粟二千九百六十二斛、二十七分斛之二十六。於徽術當粟二千八百三十斛、一千四百一十二分斛之一千二百一十。臣淳風等謹按：依密率爲粟二千八百二十八斛、九十九分斛之二十八。

---

① 「往來」，南宋本訛作「往求」，孔刻本作「往來求」，今依李潢删去「求」字。

② 南宋本無此「約」字，今從殿本校補。

③④ 「車」字各本俱訛作「半」字，依李潢校改。

⑤ 「負」，各本俱訛作「載」，依李潢校改。

〔二四〕今有委菽依垣，下周三丈，高七尺。問積及爲菽各幾何？

荅曰：

積三百五十尺。依徽術當積三百三十四尺、四百七十一分尺之一百八十六也。臣淳風等謹按：依密率，爲積三百三十四尺、十一分尺之一。

爲菽一百四十四斛、二百四十三分斛之八。依徽術當菽一百三十七斛、一萬二千七百一十七分斛之七千七百七十一。臣淳風等謹按：依密率，爲菽一百三十七斛、八百九十一分斛之四百三十三。

〔二五〕今有委米依垣內角，下周八尺，高五尺。問積及爲米幾何？

荅曰：

積三十五尺、九分尺之五。於徽術當積三十二尺、四百七十一分尺之四百五十七。臣淳風等謹按：依密率，當積三十三尺、三十三分尺之三十一。

爲米二十一斛、七百二十九分斛之六百九十一。於徽術當米二十斛、三萬八千一百五十一分斛之三萬六千九百八十。臣淳風等謹按：依密率，爲米二十斛、二千六百七十三分斛之二千五百四十。

委粟術曰：下周自乘，以高乘之，三十六而一。此猶圓錐也。於徽術，亦當下周自乘，以高乘之，又以二十五乘之，九百四十二而一也。其依垣者，居圓錐之半也。十八而一。於徽術，當令此下周自乘以高乘之，又以二十五乘之，四百七十一而一。依垣之周，半於全周。其自乘之冪，居全周自乘之冪四分之一。故半全周之法，以爲法也。其依垣內角者，角隅也，居圓錐四分之一也。九而一。於徽術，當令此下周自乘而倍之，以高乘之，又以二十五乘之，四百七十一而一。依隅之周半於依垣。其自乘之冪，居依垣自乘之冪四分之一。當半依垣之法以爲法，法不可半，故倍其實。又此術亦用周三徑一之率。假令以三除周得徑。若不盡，通分內子，卽爲徑之積分。令自乘，以高乘之，爲三方錐之積分。母自相乘得九爲法。又當三而一，約方錐之積。從方錐中求圓錐之積，亦猶方冪求圓冪，乃當三乘之，四而一，得圓錐之積①。前求方錐②積乃合三而一，今求圓錐之積，復合三乘之。二母既同，故相準折。惟以四乘分母九，得三十六而連除，得③圓錐之積。其圓錐之積與平地聚粟同，故三十六而一。臣淳風等謹依密率，以七乘之，其平地者二百六十四而一，依垣者一百三十二而一，依隅者六十六而一也。

程粟一斛，積二尺七寸。二尺七寸者，謂方一尺深二尺七寸，凡積二千七百寸。其米一斛，積一尺六寸、五分寸之一。謂積一千六百二十寸。其菽、荅、麻、麥一斛，皆二尺四寸、十分寸之三。謂積二千四百三十寸。此爲以精粗爲率，而不等其槩也。粟率五，米率三，故米一斛於粟一斛五分之

① 「得圓錐之積」，南宋本、大典本訛作「方錐得圓冪之積」，此依戴震校改。
② 「方」，下各本俱脫一「錐」字，今補正。
③ 「除」字下各本俱脫落「得」字，依李潢校補。

三①，菽、荅、麻、麥亦如本率云。故謂此三量器爲槩而皆不合於今斛。當今大司農斛圓徑一尺三寸五分五釐，正深一尺。於徽術，爲積一千四百四十一寸，排成餘分，又有十分寸之三。王莽銅斛於今尺爲深九寸五分五釐，徑一尺三寸六分八釐七毫②，以徽術計之，於今斛爲容九斗七升四合有奇。周官考工記：「㮚氏爲量，深一尺，內方一尺，而圓其外③，實一鬴。」於徽術，此圓積一千五百七十④寸。左氏傳曰：「齊舊四量，豆、區、釜、鍾。四升曰豆，各自其四，以登於釜。釜十則鍾。」鍾六斛四斗，釜六斗四升，方一尺，深一尺，其積一千寸。若此方積容六斗四升，則通外圓積成量⑤容十斗四合一龠、五分龠之三也。以數相乘之，則斛之制方一尺而圓其外，庣旁一釐七毫，冪一百五十六寸、四分寸之一，深一尺，積一千五百六十二寸半，容十斗。王莽銅斛與漢書律曆志所論斛同。

〔二六〕今有穿地，袤一丈六尺，深一丈，上廣六尺，爲垣積五百七十六尺。問穿地下廣幾何？

荅曰：三尺、五分尺之三。

術曰：置垣積尺，四之爲實。穿⑥地四爲堅三。垣，堅也。以堅求穿地，當四之三而一也。以深、袤相乘，爲深袤之立冪⑦也。又三之⑧，爲法。以深袤乘之立冪⑨除垣積，則阬廣。又三之者，與堅率并除之。所得倍之，阬有兩廣。先并而半之，即爲廣狹之中平。今先得其中平，故又倍之，知兩廣全也。減上廣，餘即下廣。按此術，穿地四爲堅三，垣即堅也。今以堅求穿地，當四乘之，三而一。深袤相乘者，爲深袤立冪，以深袤立冪除積即阬廣。又三之爲法，與堅率并除。所得倍之者，爲阬有兩廣，先并而半之，爲中平之廣。今此得中平之廣，故倍之還爲兩廣并。故減上廣，餘即下廣也。

〔二七〕今有倉廣三丈，袤四丈五尺，容粟一萬斛。問高幾何？

答曰：二丈。

術曰：置粟一萬斛積尺爲實。廣袤相乘爲法。實如法而一，得高尺。以廣袤之冪除積，故得高。按此術本以廣袤相乘，以高乘之得此積。今還原，置此廣袤相乘爲法除之，故得高也。

〔二八〕今有圓囷，圓囷，廩也，亦云圓囤也。高一丈三尺三寸、少半寸，容米二千斛。問周幾何？

答曰：五丈四尺。於徽術當周五丈五尺二寸、二十分寸之九。臣淳風等謹依密率，爲周五丈五尺、一百分尺之二十七。

---

① 「米一斛於粟一斛五分之三」，南宋本不誤。戴校本於「分」字下衍一「斛」字，李潢據戴本又改爲「米一斛於粟，一斛、三分斛之二」，承謬踵誤，不可理解。

② 「七毫」，南宋本、大典本俱訛作「二毫」。按王莽銅斛方尺而圓其外，庣旁一分九氂有奇，圓徑合一尺四寸三分三氂二毫。一尺合魏尺九尺五分五氂，故得圓徑於魏尺爲一尺三寸六分八氂七毫。李籍九章算術音義方田章引正作「七毫」，不誤。

③ 「其外」，各本俱訛作「外其」，今據考工記校正。

④ 「七十」下各本俱衍一「六」字，依李潢校刪。

⑤ 「量」，各本俱作「旁」，依李潢校改。

⑥ 「穿」字前，南宋本衍一「實」字，李潢校改爲「術」字，今依殿本刪去。

⑦⑨ 「立冪」，各本俱訛作「立實」，依李潢校改。

⑧ 「又三之」，南宋本於「又」字下衍一「以」字，今依殿本刪去。

術曰：置米積尺，此積①猶圓垛壔之積。以十二乘之，令高而一，所得，開方除之，即周。於徽術當置米積尺，以三百一十四乘之爲實。二十五乘囷高爲法。所得，開方除之，即周也。此亦據見羃以求周，失之於微少也。晉武庫中有漢時王莽所作銅斛，其篆書字題斛旁云：「律嘉量斛方一尺而圓其外，庣旁九釐五毫，羃一百六十二寸，深一尺，積一千六百二十寸，容十斗。」及斛底云：「律嘉量斗，方尺而圜其外，庣旁九釐五毫，羃一尺六寸二分，深一寸，積一百六十二寸，容一斗。」合、龠皆有文字。升居斛旁，合、龠在斛耳上。後有讚文，與今律曆志同，亦魏、晉所常用。今粗②疏王莽銅斛文字尺寸分數，然不盡得升合勺之文字。按此術本周自相乘，以高乘之，十二而一，得此積。今還元，置此積，以十二乘之，令高而一，即復本周自乘之數。凡物自乘，開方除之，復其本③數。故開方除之，即得也。臣淳風等謹依密率，以八十八乘之爲實，七乘囷高爲法，實如法而一，開方除之，即周也。

① 「積」，孔刻本訛作「即」。
② 「粗」，南宋本訛作「租」，孔刻本訛作「祖」，楊輝本、大典本俱不誤。
③ 「復其本數」，「本」字下各本俱衍「周自乘之」四字，依李潢校刪。

九章算術卷第六

均輸 以御遠近勞費

〔一〕今有均輸粟：甲縣一萬戶，行道八日；乙縣九千五百戶，行道十日；丙縣一萬二千三百五十戶，行道十三日；丁縣一萬二千二百戶，行道二十日，各到輸所。凡四縣賦，當輸二十五萬斛，用車一萬乘。欲以道里遠近，戶數多少，衰出之。問粟、車各幾何？

答曰：

甲縣粟八萬三千一百斛，車三千三百二十四乘。

乙縣粟六萬三千一百七十五斛，車二千五百二十七乘。

丙縣粟六萬三千一百七十五斛，車二千五百二十七乘。

丁縣粟四萬五百五十斛，車一千六百二十二乘。

均輸 按此均輸，猶均運也。令戶率出車，以行道日數爲均，發粟爲輸。術曰：令縣戶數，各如其本行道日數而一，以爲衰。據甲行道八日，因使八戶共出一車；乙行道十日，因使十戶共出一車。計其在道則皆戶一日出一車①，故可爲均平之率也。甲衰一百二十五，乙、丙衰各九十五，丁衰六十一，副并爲法。以賦粟、車數乘未并者，各自爲實。衰分科率。實如法得一車②。各置所當出車，以其行道日數乘之，如戶數而一，得率，戶用車二日③、四十七分日之三十一，故謂之均。求此率以戶，當各計車之衰分也。④　臣淳風等謹按：縣戶有多少之差，行道有遠近之異。欲其均等，故各令行道⑤日數約戶爲衰。行道多者少其戶，行道少者多其戶。故各令約戶爲衰。以八日約除甲縣，得一百二十五。乙丙各九十五。丁六十一。於今有術，副并爲所有率，未并者各爲所求率，以賦粟車數爲所有數，而今有之，各得車數。一旬除乙，十三除丙，各得九十五。二旬除丁，得六十一也。有分者，上下輩之。輩，配也。車、牛、人之數，不可分裂。推少就多，均賦之宜。今按甲分既少，宜從於乙，滿法除之。有餘從丙。丁分又少，亦宜就丙，除之適盡。加乙丙各一，上下輩益，以少從多也。以二十五斛乘車數，即粟數。

〔三〕今有均輸卒：甲縣一千二百人，薄塞；乙縣一千五百五十人，行道一日；丙縣一千二百八十人，行道二日；丁縣九百九十人，行道三日；戊縣一千七百五十人，行道五日。凡五縣，賦輸卒一月一千二百人。欲以遠近、戶率，多少衰出之。問縣各幾何？

答曰：

甲縣二百二十九人。

乙縣二百八十六人。

丙縣二百二十八人。

丁縣一百七十一人。

戊縣二百八十六人。

術曰：令縣卒，各如其居所及行道日數而一，以爲衰。按此亦以日數爲均，發卒⑥爲輸。甲無行道日，但以居所三十日爲率。言欲爲均平之率者，當使甲三十人而出一人，乙三十一人而出一人⑦。出一人者，計役則皆一人一日，是以可爲均平之率。甲衰四，乙衰五，丙衰四，丁衰三，戊衰五，副并爲法。以人數乘未并者各自爲實。實如法而一。各置所當出人數，以其居所及行道日數乘之，如縣人數而一，得戶率，人役五日、七分日之五。臣淳風等謹按：爲衰⑧，於今有術，副并爲所有率，未并者各爲所

---

① 「出一車」，大典本原缺「一」字，此依戴震校。

② 「實如法得一車」，原本不誤，殿本誤刪「車」字。

③ 「二日」，孔刻本訛作「二百」，殿本不誤。

④ 「求此率以戶，當各計車之衰分也」，大典本「率」訛作「戶」，「戶」訛作「率」，「衰」訛作「錢」，依戴震校改。

⑤ 大典本脱落「道」字，依戴震校補。

⑥ 「發卒」，楊輝本及孔刻本訛作「居所」，殿本不誤。

⑦ 「乙三十一人而出一人」，殿本無此八字，此依楊輝本校補。

⑧ 戴震說：「爲衰」二字上有脱文。當云「各令居所及行道日數約縣卒爲衰」。

求率，以賦卒人數爲所有數。此術似①別，考則意同，以廣異聞，故存之也。有分者，上下輩之。輩，配也。今按丁分最少，宜就戊除。不從乙者，丁近戊故也。滿法除之，有餘從乙。丙分又少，亦就乙除。有餘從甲，除之適盡。從甲、丙二分，其數正等。二者於乙遠近皆同，不以甲從乙者，方以下從上也。

〔三〕今有均賦粟：甲縣二萬五百二十戶，粟一斛二十錢，自輸其縣；乙縣一萬二千三百一十二戶，粟一斛一十錢，至輸所二百里；丙縣七千一百八十二戶，粟一斛一十二錢，至輸所一百五十里；丁縣一萬三千三百三十八戶，粟一斛一十七錢，至輸所二百五十里；戊縣五千一百三十戶，粟一斛一十三錢，至輸所一百五十里。凡五縣賦，輸粟一萬斛。一車載二十五斛，與僦一里一錢。欲以縣戶輸②粟，令費勞等。問縣各粟幾何？

荅曰：

甲縣三千五百七十一斛、二千八百七十三分斛之五百一十七。

乙縣二千三百八十斛、二千八百七十三分斛之二千二百六十。

丙縣一千三百八十八斛、二千八百七十三分斛之二千二百七十六。

丁縣一千七百一十九斛、二千八百七十三分斛之一千三百一十三。

戊縣九百三十九斛、二千八百七十三分斛之二千二百五十三。

術曰：以一里僦價，乘至輸所里，此以出錢爲均也。問者曰：「一車載二十五斛，與僦一里一錢。」一錢卽一里僦價也。以乘里數者，欲知僦一車到輸所所用錢也。甲自輸其縣，則無取僦價也。**以一車二十五斛除之，**欲知僦一斛所用錢。**加一**③**斛粟價，則致一斛之費。**加一斛之價於一斛僦直，卽凡輸粟④取僦錢也。甲一斛之費二十，乙、丙各十八，丁二十七，戊十九也。**各以約其戶數，爲衰。**言使甲二十戶共出一斛，乙、丙十八戶共出一斛，計其所費，則皆戶一錢，故可爲均賦之率也。**甲衰一千二十六，乙衰六百八十四，丙衰三百九十九，丁衰四百九十四，戊衰二百七十，副幷爲法。所賦粟乘未幷者，各自爲實。實如法得一。**各置所當出粟，以其一斛之費乘之，如戶數而一，得率，戶出三錢、二千八百七十三分錢之一千三百八十一。臣淳風等謹按：此以出錢爲均。問者曰：「一車載二十五斛，與僦一里一錢。」一錢，卽一里僦價也。以乘里數者，欲知僦一車到輸所用錢，甲自輸⑤其縣，則無取僦之價。以一車二十五斛除之者，欲知僦一斛所用錢，加一斛之價於一斛僦直，卽凡輸粟⑥取僦錢。甲一斛之費二十，乙、丙各十八，丁二十七，戊十九，各以約其戶爲衰。甲衰一千二十六，乙衰六百八十四，丙衰三百九十九，丁衰四百九十四，戊衰二百七十，言使甲二十戶共出一斛，乙、丙十八戶共出一斛。計其所費則皆戶一錢，故可爲均賦之率也。於今有術，副幷爲所有率，未幷者各爲所求率，賦粟一萬斛爲所有數，此今有衰分之義也。計經賦之率，既有戶算之率，亦有遠近貴賤之率。此二率者，各自相與通。通則甲二十，乙十二，丙七，丁十三，戊五。一斛之費

---

① 「似」，楊輝本、孔刻本訛作「以」，殿本不誤。

② 「輸」，楊輝本作「賦」，此從殿本。

③ 大典本「一」訛作「以」，依戴震校正。

④ 楊輝本、大典本、「輸粟」訛作「餘粟」，依李潢校正。

⑤ 「自輸其縣」，孔刻本訛作「自出其縣」。

⑥ 「輸粟」，楊輝本、殿本訛作「餘粟」，依李潢校正。

爲之錢率，錢率約戶率者，則錢爲母，戶爲子。子不齊，令母互乘爲齊，卽衰也。若其不然，以一斛之費約戶數取衰，竝有分。當通分內子約之，於算甚繁。此一章皆相與通功共率，略相依似。以上二率下一率亦可放此，從其簡易而已。又以分言之，使甲一戶出二十分斛之一，乙一戶出十八分斛之一，各以戶數乘之，亦可得一縣凡所當輸，俱爲衰也。乘之者，乘其子，母報除之。以此觀之，則以一斛之費約戶數者，其意不異矣。然則可置一斛之費而反衰之，約戶以乘戶率爲衰也。合分注曰：「母除爲率，率乘子爲齊。」反衰注曰：「先同其母，各以分母約其子爲反衰。」以施其率，爲算既約。且不妨上下也。①

〔四〕今有均賦粟，甲縣四萬二千算，粟一斛二十，②自輸其縣；乙縣三萬四千二百七十二算，粟一斛一十八，傭價一日一十錢，到輸所七十里；丙縣一萬九千三百二十八算，粟一斛一十六，傭價一日五錢，到輸所一百四十里；丁縣一萬七千七百算，粟一斛一十四，傭價一日五錢，到輸所一百七十五里；戊縣二萬三千四十算，粟一斛一十二，傭價一日五錢，到輸所二百一十里；己縣一萬九千一百三十六算，粟一斛一十，傭價一日五錢，到輸所二百八十里。凡六縣賦粟六萬斛，皆輸甲縣。六人共車，車載二十五斛，重車日行五十里，空車日行七十里，載輸之間各一日。粟有貴賤，傭各別價，以算出錢，令費勞等。問縣各粟幾何。

答曰：

甲縣一萬八千九百四十七斛、一百三十三分斛之四十九。

乙縣一萬八百二十七斛、一百三十三分斛之九。

丙縣七千二百一十八斛、一百三十三分斛之六。

丁縣六千七百六十六斛、一百三十三分斛之一百二十二。

戊縣九千二十二斛、一百三十三分斛之七十四。

己縣七千二百一十八斛、一百三十三分斛之六。

術曰：以車程行空、重相乘爲法，并空、重以乘道里，各自爲實，實如法得一日。臣淳風等謹按此術：重往空還，一輪再行道也。置空行一里用七十分日之一，重行一里用五十分日之一，齊而同之，空、重行一里之路，往返用一百七十五分日之六。定言之者，一百七十五里之路往返用六日也。故并空、重者，齊其子也。空、重相乘者，同其母也。於今有術，至輪所里爲所有數，六爲所求率，一百七十五爲所有率，而今有之，即各得輸所用日也。加載輸各一日，欲得凡日也③。而以六人乘之，欲知致一車用人也，又以傭價乘之，欲知致車人傭直幾錢。以二十五斛除之，欲知致一斛之傭直也。加一斛粟價，即致一斛之費。加一斛之價於致一斛之傭直，即凡輸一斛餘粟取傭所用錢。各以約其算數爲衰，今按甲衰四十

① 「且不妨上下也」，楊輝本、殿本、孔刻本「上」訛作「處」，此依李潢校正。

② 楊輝本、大典本於「粟一斛二十」下有「傭價一日一錢」六字，孔刻本同。李潢謂甲自輸其縣即不應有傭價。六字爲衍文，應刪。

③ 「欲得凡日也」，楊輝本「欲」訛作「故」，大典本作「故凡日也」，殿本與孔刻本改作「欲得幾日也」。

二，乙衰二十四，丙衰十六，丁衰十五，戊衰二十，己衰十六。於今有術，副并爲所有率。未并者各自爲所求率。所賦粟爲所有數。此今有衰分之義也。副并爲法，以所賦粟乘未并者，各自爲實。實如法得一斛。各置所當出粟，以其一斛之費乘之，如算數而一，得率，算出九錢、一百三十三分錢之三。又載輸之間各一日者，即二日也。

〔五〕今有粟七斗，三人分舂之，一人爲糲米，一人爲粺米，一人爲鑿米，令米數等。問取粟爲米各幾何？

答曰：

糲米取粟二斗、一百二十一分斗之一十。

粺米取粟二斗、一百二十一分斗之三十八。

鑿米取粟二斗、一百二十一分斗之七十三。

爲米各一斗、六百五分斗之一百五十一。

術曰：列置糲米三十，粺米二十七，鑿米二十四，而反衰之，此先約三率，糲爲十，粺爲九，鑿爲八。欲令米等者，其取粟，糲率十分之一，粺率九分之一，鑿率八分之一。當齊其子，故曰反衰也。臣淳風等謹按：米有精粗之異，粟①有多少之差。據率，粺、鑿少而糲多，用粟則粺、鑿多而糲少。米若依本率之分，粟當倍率，故今反衰之，使精取多而粗得少。副并爲法。以七斗乘未并者，各自爲取粟實。實如法得一斗。於今有術，副并爲所有率，未并者各爲所求率，粟七斗爲所有數，而今有之，故各得取粟也。

若求米等者，以本率各乘定所取粟爲實，以粟率五十爲法，實如法得一斗。若徑求爲米等數者，置糲米三，用粟五；粺米二十七，用粟五十；鑿米十二，用粟二十五。齊其粟，同其米，并齊爲法。以七斗乘同爲實。所得卽爲米斗數。

〔六〕今有人當稟粟二斛。倉無粟，欲與米一、菽二，以當所稟粟。問各幾何？

答曰：

米五斗一升、七分升之三。

菽一斛二升、七分升之六。

術曰：置米一、菽二求爲粟之數。并之得三、九分之八，以爲法。亦置米一、菽二，而以粟二斛乘之，各自爲實。實如法得一斛。臣淳風等謹按：置粟率五乘米一，米率三除之，得一、三分之二，卽是米一之粟也。粟率十以乘菽二，菽率九除之，得二、九分之二，卽是菽二之粟也。并全得三，齊子并之，得二十四，同母得二十七，約之得九分之八。故云并之得三、九分之八。米一、菽二當粟三、九分之八，此其粟率也。於今有術，米一、菽二皆爲所求率，當粟三、九分之八爲所有率，粟二斛爲所有數。凡言率者當相與通之，則爲米九、菽十八，當粟三十五也。亦有置米一、菽二求其爲粟之率，以爲列衰。副并爲法。以粟乘列衰爲實。所得卽米一、菽二所求粟也。以米、菽本率而今有之，卽合所問。

---

① 「粟有多少之差」，楊輝本脫落「粟」字，殿本不誤。

〔七〕今有取傭負鹽二斛，行一百里，與錢四十。今負鹽一斛七斗三升、少半升，行八十里。問與錢幾何？

荅曰：二十七錢、十五分錢之十一。

術曰：置鹽二斛升數，以一百里乘之爲法。按此術以負鹽二斛升數，乘所行一百里得二萬里，是爲負鹽一升行二萬里。於今有術爲所有率。① 以四十錢乘今負鹽升數，又以八十里乘之，爲實。實如法得一錢。以今負鹽升數乘所行里，今負鹽一升凡所行里也。於今有術爲所有數②，四十錢爲所求率也。衰分章「貸人千錢」，與此同。

〔八〕今有負籠重一石一十七斤，行七十六步，五十返。今負籠重一石，行百步，問返幾何？

荅曰：四十三返、六十分返之二十三③。

術曰：以今所行步數乘今籠重斤數爲法，此法謂負一斤一返所行之積步也。故籠重斤數乘故步，④ 又以返數乘之，爲實。實如法得一返。按此法，負一斤一返所行之積步。此實者，一斤一日所行之積步。故以一返之課，除終日之程，卽是返數也。臣淳風等謹按此術：所行步多者得返少，所行步少者得返多。然則故⑤所行者，今返率也。今故⑥所得返乘今返之率爲實，而以故返之率爲法，今有術也。按此負籠又有輕重。於是爲術者因令重者得返少，輕者得返多。故又因其率以乘法實者，重今有之義也。然此意非也。按此籠雖輕而行有限，籠過重則人力遺，力有遺而術無窮，人行有限而籠輕重不等。使其有限之力隨彼無窮之變，故知此術率乖理也。若故所行有空行返數設以問者，當因其所負以爲返率，則今返之數可得而知也。假令空行一日六十里，負重一斛行四十里，減重一斗進二里半，負重二⑦斗以下與空行同。今負籠重六斗，往還行一百步，問返幾何。答曰，一百五十返。術曰，置重行率加十里，以里法通之爲實，以一返之步爲法，實如法而一，即得也。

〔九〕今有程傳委輸，空車日行七十里，重車日行五十里。今載太倉粟輸上林，五日三返。問太倉去上林幾何？

答曰：四十八里、十八分里之十一。

術曰：并空、重里數，以三返乘之，爲法。令空、重相乘，又以五日乘之，爲實。實

---

① 楊輝本、大典本「於今有術爲所有率」之前衍「得錢四十」四字，後又衍「升數乘所行里爲法於今有術爲所有數也」十七字，並依李潢校刪。

② 「於今有術爲所有數」，各本「爲」訛作「以」，脱「數」字，今依李潢校正。

③ 答數，「四十三返，六十分返之二十三」，各本俱誤作「五十七返、二千六百三分返之一千六百二十九」，今依沈欽裴校正。

④ 各本術文兩「今」字皆誤作「故」，兩「故」字皆誤作「今」，依沈欽裴校正。

⑤ 「故所行者今返率也」，各本俱脱落「故」字，依沈欽裴校補。

⑥ 「今故」二字各本誤倒，又「今」訛作「令」，此依沈欽裴校正。

⑦ 「負重二斗以下與空行同」，「二斗」各本俱誤作「三斗」。按減重一斗進二里半，減重四斗進十里，減重八斗當進二十里。故負重六斗，日行五十里，負重二斗能日行六十里，與空行同。

如法得一里。此亦如上術，率一百七十五里之路，往返用六日也。於今有術，則五日爲所有數，一百七十五里爲所求率，六日爲所有率，以此所得則三返之路。今求一返，當以三約之，因令乘法而并除也。爲術亦可各置空、重行一里用日之率，以爲列衰。副并爲法，以五日乘列衰爲實，實如法所得，即各空、重行日數也。各以一日所行以乘，爲凡日所行。三返約之，爲上林去太倉之數。臣淳風等謹按此術：重往空還，一輸再還道。置空行一里用①七十分日之一，重行一里用五十分日之一，齊而同之，空重行一里之路，往返用一百七十五分日之六。定言之者，一百七十五里之路，往返用六日。故并空重者，并齊也。空重相乘者，同其母也。於今有術，五日爲所有數，一百七十五爲所求率，六爲所有率，以此所得，則三返之路。今求一返者，當以三約之，故令乘法而并除，亦當約之也。

〔一〇〕今有絡絲一斤爲練絲一十二兩，練絲一斤爲青絲一斤十二銖。今有青絲一斤，問本絡絲幾何？

荅曰：一斤四兩一十六銖、三十三分銖之十六。

術曰：以練絲十二兩乘青絲一斤一十二銖爲法。以青絲一斤銖數乘練絲一斤兩數，又以絡絲一斤乘之，爲實。實如法得一斤。按練絲一斤爲青絲一斤十二銖，此練率三百八十四，青率三百九十六也。又絡絲一斤爲練絲十二兩，此絡率十六，練率十二也。置今有青絲一斤，以練率三百八十四乘之爲實，實如青絲率三百九十六而一，所得青絲一斤練絲之數也。又以絡率十六乘之所得爲實，以練率十二爲法，所得即練絲用絡絲之數也。是謂重今有也。雖各有率，不用中間，故令後實乘前實，後法乘前法而并除也。故以練絲兩數爲實，青絲銖數爲法。一曰，又置絡絲一斤兩數與練絲十二兩，約之，絡得四，練得三，此其相與之率。又置練絲一斤銖數，與青絲一斤十二銖約之，練得三十二，青得三十三，亦其相與之率。齊其青絲、絡絲，同其二練，絡得一百二十八，青得九十九，練得九十六，即三率悉通矣。今有青絲② 一斤爲所有數，絡絲一百二十八爲所求率，青絲九十九爲所有率。爲率之意猶此，但不先約諸率耳。凡率錯互不通者，皆積齊同用之。放此，雖四五轉不異也。言同其二練者，以明三率之相與通耳。於術無以異也。又一術今有青絲一斤銖數，乘練絲一斤兩數爲實，以青絲一斤十二銖爲法，所得即用練絲兩數。以絡絲一斤乘所得爲實，以練絲十二兩爲法，所得即用絡絲斤數也。

〔二一〕今有惡粟二十斗，舂之，得糲米九斗。今欲求粺米十斗，問惡粟幾何？

答曰：二十四斗六升、八十一分升之七十四。

術曰：置糲米九斗，以九乘之，爲法。亦置粺米十斗，以十乘之，又以惡粟二十斗乘之，爲實。實如法得一斗。 按此術置今有求粺米十斗，以糲米率十乘之，如粺米率九而一，則粺化爲糲。又以惡粟二十斗乘之，如糲米九斗而一，③ 即糲亦化爲惡粟矣。此亦重今有之義。爲術之意，猶絡絲也。雖各有率，不問中間，故令後實乘前實，後法乘前法而并除之也。

〔二二〕今有善行者行一百步，不善行者行六十步。今不善行者先行一百步，善行者追之，問幾何步及之？

① 楊輝本、殿本俱無此「用」字，此從孔刻本補。

② 「青絲」，各本訛作「練絲」，依李潢校正。

③ 「如粺米率九而一」，各本「粺米」訛作「糲」。此下又缺「則粺化爲糲。又以惡粟二十斗乘之，如糲米九斗而一」二十一字。今依李潢校補。

荅曰：二百五十步。

術曰：置善行者一百步，減不善行者六十步，餘四十步，以爲法。以善行者之一百步，乘不善行者先行一百步，爲實。實如法得一步。按此術以六十步減一百步，餘四十步，卽不善行者先行率也。善行者行一百步爲①追及率。約之，追及率得五，先行率得二。於今有術，不善行者先行一百步爲所有數，五爲所求率，二爲所有率，而今有之，得追及步也。

〔一三〕今有不善行者先行一十里，善行者追之一百里，先至不善行者二十里。問善行者幾何里及之？

荅曰：三十三里、少半里。

術曰：置不善行者先行一十里，以善行者先至二十里增之，以爲法。以不善行者先行一十里，乘善行者一百里，爲實。實如法得一里。按此術：不善行者既先行十里，後不及二十里，并之得三十里也。謂之先行率。善行者一百里爲追及率。約之，先行率得三，追及率得十。於今有術，不善行者先行十里爲所有數，十爲所求率，②三爲所有率，而今有之，卽得也。其意如上術。

〔一四〕今有兔先走一百步，犬追之二百五十步，不及三十步而止。問犬不止，復行幾何步及之？

荅曰：一百七步、七分步之一。

術曰：置兔先走一百步，以犬走不及三十步減之，餘爲法。以不及三十步乘犬追步數爲實，實如法得一步。按此術以不及三十步減先走一百步，餘七十步爲兔先走率。犬行二百五十步爲追及率。約之，先走率得七，追及率得二十五。於今有術，不及三十步爲所有數，二十五爲所求率，七爲所有率，而今有之，即得也。

〔一五〕今有人持金十二斤出關。關稅之，十分而取一。今關取金二斤，償錢五千。問金一斤值錢幾何？

答曰：六千二百五十。

術曰：以一十乘二斤，以十二斤減之，餘爲法。以一十乘五千爲實。實如法得一錢。按此術，置十二斤以一乘之，十而一，得一斤、五分斤之一，即所當稅者也。減二斤，餘即關取盈金。以盈除所償錢，即金值③也。今術既以十二斤爲所稅，則是以十爲母，故以十乘二斤及所償錢，通其率。於今有術，五千錢爲所有數，十爲所求率，八爲所有率，而今有之，即得也。

〔一六〕今有客馬日行三百里。客去忘持衣，日已三分之一，主人乃覺。持衣追及與之而還，至家視日四分之三。問主人馬不休，日行幾何？

---

① 各本脫落「爲」字，依李潢校補。

② 各本脫落「追及率得十。於今有術，不善行者先行十里爲所有數，十爲所求率」二十六字，依李潢校補。

③ 「值」，楊輝本、大典本訛作「實」，此從戴震校正。

答曰：七百八十里。

術曰：置四分日之三，除三分日之一，按此術，置四分日之三，除三分日之一者，除，即①減也。減之餘，有十二分之五，即是主人追客還用日率也。半其餘以爲法。去其還，存其往。率之者，子不可半，故倍母，二十四分之五，是爲主人與客均行用日之率也。副置法，增三分日之一，法二十四分之五者，主人往追用日之分也。三分之一者，客去主人未覺之前獨行用日之分也。并連此數得二十四分日之十三，則主人追及前用日之分也。是爲客②用日率也。然則主人用日率者，客馬行率也。客用日率者，主人馬行率也。母同則子齊，是爲客馬行率五，主人馬行率十三。於今有術，三百里爲所有數，十三爲所求率，五爲所有率，而今有之，即得也。以三百里乘之，爲實。實如法，得主人馬一日行。欲知主人追客所行里者，以三百里乘主人均行日分子十三，如③母二十四而一，得一百六十二里半。以此乘主人均行日分母二十四，如客馬與主人均行用日分子五而一，亦得主人馬一日行七百八十里也。

〔一七〕今有金箠，長五尺。斬本一尺，重四斤。斬末一尺，重二斤。問次一尺各重幾何？

答曰：末一尺，重二斤。

次一尺，重二斤八兩。

次一尺，重三斤。

次一尺，重三斤八兩。

次一尺，重四斤。

術曰：令末重減本重，餘卽差率也。又置本重，以四間乘之，爲下第一衰。副置，以差率減之，每尺各自爲衰。按此術五尺有四間者，有四差也。令本末相減，餘，卽四差之凡數也。以四約之，卽得每尺之差。以差數減本重，餘卽次尺之重也。爲術所置，如是而已。今此率，以四爲母，故令母乘本爲衰，通其率也。亦可置末重以四間乘之，爲上第一衰。以差率④加之，爲次下衰也。副置下第一衰以爲法，以本重四斤徧乘列衰，各自爲實。實如法得一斤。以下第一衰爲法，以本重乘其分母之數，而又反此率乘本重爲實。一乘一除，勢無損益，故爲本存焉。衆衰相推爲率，則其餘可知也。亦可副置末衰爲法，而以末重二斤乘列衰爲實。此雖迂迴，然是其舊故就新而言之也。

〔一八〕今有五人分五錢，令上二人所得與下三人等。問各得幾何？

荅曰：

甲得一錢、六分錢之二，

乙得一錢、六分錢之一，

丙得一錢，

① 「卽」，楊輝本、大典本訛作「其」，此從殿本。

② 「客」字下，殿本衍「行主人追及」五字，此從孔刻本。

③ 「如」，各本訛作「以」，依李潢校改。

④ 「差率」，大典本作「差重率」，今依楊輝本刪去「重」字。

丁得六分錢之五，

戊得六分錢之四。

術曰：置錢錐行衰，按此術錐行者，謂如立錐，初一、次二、次三、次四、次五，各均爲一列衰也①。并上二人爲九，并下三人爲六。六少於九，三。數不得等，但以五、四、三、二、一爲率也。以三均加焉，副并爲法。以所分錢乘未并者各自爲實。實如法得一錢。此問者，令上二人與下三人等。上、下部差一人，其差三。均加上部，則得二三，均加下部，則得三三。下部猶差一人差得三②，以通於本率，即上下部等也。於今有術，副并爲所有率，未并者各爲所求率，五錢爲所有數，而今有之，即得等耳。假令七人分七錢，欲令上二人與下五人等，則上下部差三人，并上部爲十三，下部爲十五，下多上少，下不足減上，當以上下部列差而後均減，乃合所問耳。此可做下術，令上二人分二錢半爲上率，令下三人③分二錢半爲下率，上、下二率以少減多，餘爲實。置二人三人各半之，減五人，餘爲法。實如法得一錢，即衰相去也。下衰率六分之五者，丁所得錢數也。

〔一九〕今有竹九節，下三節容四升，上四節容三升。問中間二節欲均容各多少？

答曰：

下初，一升、六十六分升之二十九，

次一升、六十六分升之二十二，

次一升、六十六分升之一十五，

次一升、六十六分升之八，

次一升、六十六分升之一，

次六十六分升之六十，

次六十六分升之五十三，

次六十六分升之四十六，

次六十六分升之三十九。

術曰：以下三節分四升爲下率，以上四節分三升爲上率。此二率者，各其平率也。上下率以少減多，餘爲實。按此上下節各分所容爲率者，各其平率。上、下以少減多者，餘爲中間五節半之凡差，故以爲實也。置四節、三節，各半之，以減九節，餘爲法。實如法得一升，即衰相去也。按此術，上下節所容已定之節，中間相去節數也。實者，中間五節半之凡差也。故實如法而一，則每節之差也。下率，一升、少半升者，下第二節容也。一升少半升者，下三節通分四升之平率。平率即爲中分

---

① 「各均爲一列衰也」，楊輝本脱落「衰」字，大典本「衰」訛作「者」。注文謂錐行衰以一、二、三、四、五爲列衰也。

② 「差得三」，各本均訛作「差得一」。李潢云「一疑當作三」。

③ 「三人」，殿本訛作「二人」，楊輝本、孔刻本不誤。

節之容也。

〔二〇〕今有鳧起南海，七日至北海；鴈起北海，九日至南海。今鳧鴈俱起。問何日相逢？

答曰：三日、十六分日之十五。

術曰：并日數爲法，日數相乘爲實，實如法得一日。按此術，置鳧七日一至，鴈九日一至。齊其至，同其日，定六十三日鳧九至，鴈七至。令鳧鴈俱起而問相逢者，是爲共至。并齊以除同，即得相逢日。故并日數爲法者并齊之意，日數相乘爲實者猶以同爲實也。一日，鳧飛日行七分至之一，鴈飛日行九分至之一。① 齊而同之，鳧飛定日行六十三分至之九，鴈飛定日行六十三分至之七。是爲南、北海相去六十三分，鳧日行九分，鴈日行七分也。并鳧鴈一日所行，以除南北相去，而得相逢日也。

〔二一〕今有甲發長安，五日至齊；乙發齊，七日至長安。今乙發已先二日，甲乃發長安。問幾何日相逢？

答曰：二日、十二分日之一。

術曰：并五日、七日以爲法。按此術并五日、七日爲法者，猶并齊爲法。置甲五日一至、乙七日一至，齊而同之，定三十五日甲七至，乙五至。并之爲十二至者，用三十五日也。謂甲乙與發之率耳。然則日化爲至，當除日，故以爲法也。以乙先發二日減七日，減七日者，言甲乙俱發，今以發爲始發之端，於本道里則餘分也。餘，以乘甲日數爲實。七者，長安去齊之率也。五者，後發相去之率也。今問後發，故舍七用五。

以乘甲五日，爲二十五日。言甲七至、乙五至更相去用此二十五日也。實如法得一日。一日甲行五分至之一，乙行七分至之一。齊而同之，甲定日行三十五分至之七，乙定日行三十五分至之五。是爲齊去長安三十五分，甲日行七分，乙日行五分也。今乙先行發二日，已行十分，餘相去二十五分。故減乙二日餘，令相乘，爲二十五分。

〔三二〕今有一人一日爲牡瓦三十八枚，一人一日爲牝瓦七十六枚。②今令一人一日作瓦，牝、牡相半，問成瓦幾何？

荅曰：二十五枚、少半枚。

術曰：并牝、牡爲法，牝牡相乘爲實，實如法得一枚。此意亦與鳧鴈同術③。牝、牡瓦相并，猶如鳧、鴈日飛相并也。臣淳風等謹按：此術，并牝牡爲法者，并齊之意。牝牡相乘爲實者，猶以同爲實也。故實如法卽得也。

〔三三〕今有一人一日矯矢五十，一人一日羽矢三十，一人一日筈矢十五。今令一人一日自

---

① 「一日，鳧飛日行七分至之一，鴈飛日行九分至之一」是楊輝本、大典本之原文。戴校本將「一日」改成「一日」，又將二「日行」字删去，殊失劉注本意。

② 「二人一日爲牡瓦三十八枚，一人一日爲牝瓦七十六枚」是永樂大典本原文。微波榭本上「一日」訛作「三日」，下「一日」訛作「二日」。

③ 「此意亦與鳧鴈同術」是大典本原文。微波榭本改作「此術亦與鳧鴈術同」，似非必要。

矯、羽、筈，問成矢幾何？

荅曰：八矢、少半矢。

術曰：矯矢五十，用徒一人。羽矢五十，用徒一人、太半人。筈矢五十，用徒三人、少半人。并之，得六人，以爲法。以五十矢爲實。實如法得一矢。按此術言成矢五十，用徒六人一日工也。此同工共作，猶鳧鴈共至之類，亦以同爲實，并齊爲法。可令矢互乘一人爲齊，矢相乘爲同。今先令同於五十矢，矢同則徒齊，其歸一也。以此術爲鳧鴈者，當鴈飛九日而一至，鳧飛九日而一至、七分至之二，并之得二至、七分至之二，以爲法。以九日爲實。實如法而一，得鳧鴈相逢日數也。①

〔三四〕今有假田，初假之歲三畝一錢，明年四畝一錢，後年五畝一錢。凡三歲得一百，問田幾何？

荅曰：一頃二十七畝、四十七分畝之三十一。

術曰：置畝數及錢數，令畝數互乘錢數，并以爲法。畝數相乘，又以百錢乘之，爲實。實如法得一畝。按此術令畝互乘錢者，齊其錢。畝數相乘者，同其畝。同於六十，則初假之歲得錢二十，明年得錢十五，後年得錢十二也。凡三歲得錢一百爲所有數，同畝爲所求率，四十七錢爲所有率，今有之，即得也。齊其錢，同其畝，亦如鳧鴈術。於今有術，百錢爲所有數，同畝爲所求率，并齊爲所有率。臣淳風等謹按：假田六十畝，初歲得錢二十，明年得錢十五，後年得錢十二，并之得錢四十七，是爲得田六十畝三歲所假②。於今有術，百錢爲所有數，六十畝爲所求率，四十七爲所有率，而今有之，即合問也。

〔二五〕今有程耕，一人一日發七畝，一人一日耕三畝，一人一日耰種五畝。今令一人一日自發、耕、耰種之，問治田幾何？

答曰：一畝一百一十四步、七十一分步之六十六。

術曰：置發、耕、耰畝數，令互乘人數，并以爲法。畝數相乘爲實。實如法得一畝。此猶凫鴈術也。臣淳風等謹按：此術以③發、耕、耰種畝數互乘人者齊其人，畝數相乘者同其畝。故并齊爲法，以同爲實。計田一百五畝，發用十五人，耕用三十五人，種用二十一人。并之得七十一工。治得一百五畝，故以爲實。而一人一日所治，故以人數爲法除之，即得也。

〔二六〕今有池，五渠注之。其一渠開之，少半日一滿；次，一日一滿；次，二日半一滿；次，三日一滿；次，五日一滿。今皆決之，問幾何日滿池？

答曰：七十四分日之十五。

術曰：各置渠一日滿池之數，并以爲法。按此術其一渠少半日滿者，是一日三滿也。次，一

---

① 「得凫鴈相逢日數也」，楊輝本、大典本均訛作「得一人日矯矢之數也」。劉注原意謂應用此術亦可解答凫鴈問題。

② 「假」，各本作「治」，涉下題而誤，今校正。

③ 「以」，各本訛作「亦」，今校正。

日一滿。次，二日半滿者，是一日五分滿之二也。次，三日滿者，是一日三分滿之一也。次，五日滿者，是一日五分滿之一也。并之，得四滿、十五分滿之十四也。以一日爲實。實如法得一日。此猶矯矢之術也。先令同於一日，日同則滿齊。自鳧鴈至此，其爲同齊有二術焉，可隨率宜也。其一術，列置日數及滿數，其一渠少半日滿者，是一日三滿也。次一日一滿。次二日半滿者，是五日二滿。次三日一滿。次五日一滿。此謂之列置日數及滿數也。今日互相乘滿，并以爲法，日數相乘爲實，實如法得一日。亦如鳧鴈術也。臣淳風等謹按：此術①其一渠少半日滿池者，是一日三滿池也。次，一日一滿。次，二日半滿者，是五日再滿。次，三日一滿。次，五日一滿。此謂列置日數於右行，及滿數於左行。以日互乘滿者，齊其滿。日數相乘者，同其日。滿齊而日同，故并齊以除同，即得也。

〔三七〕今有人持米出三關，外關三而取一，中關五而取一，內關七而取一，餘米五斗。問本持米幾何？

荅曰：十斗九升、八分升之三。

術曰：置米五斗。以所稅者三之，五之，七之，爲實。以餘不稅者二、四、六相乘②爲法。實如法得一斗。此亦重今有術也。所稅者謂今所當稅之本③。三、五、七皆爲所求率，二、四、六皆爲所有率。置今有餘米五斗，以七乘之，六而一，即內關未稅之本米也。又以五乘之，四而一，即中關未稅之本米也。又以三乘之，二而一，④即外關未稅之本米也。今從末求本，不問中間，故令中率轉相乘而同之。亦如絡絲術。

又一術：外關三而取一，則其餘本米三分之二也。求外關所稅之餘，則當置本持米，二乘之，三而一。⑤欲知中關，以四乘之，五而一。欲知內關，以六乘之，七而一。凡餘分者，乘其母子⑥。以三、五、七相乘得一百五，爲分母；二、四、六相乘得四十八，爲分子。約而言之，則是餘米於本所持三十五分之十六也。於今有術，餘米五斗爲所有數，分母三十五爲所求率，分子十六爲所有率也。

〔二八〕今有人持金出五關，前關二而稅一，次關三而稅一，次關四而稅一，次關五而稅一，次關六而稅一。并五關所稅，適重一斤。問本持金幾何？

荅曰：一斤三兩四銖、五分銖之四。

術曰：置一斤，通所稅者以乘之爲實。亦通其不稅者以減所通，餘爲法。實如法

---

① 「術」字各本皆缺，依李潢校補。

② 「相乘」，楊輝本、大典本俱作「相互乘」，衍「互」字。戴校本改作「互相乘」。李潢說「凡母互乘子則曰互，母相乘、子相乘皆不曰互」。

③ 「本」，各本訛作「定」，依李潢校改。

④ 楊輝本、孔刻本脫落「又以五乘之，四而一，即中關未稅之本米也。」十七字，殿本脫「即中關未稅之本米也。又以三乘之，二而一，」十七字，今依宋景昌校補。

⑤ 「則當置本持米，二乘之，三而一」，各本俱作「則當置三分乘之，二而一」，今依宋景昌校改。

⑥ 「子」，各本訛作「而」。

得一斤。此意猶上術也。置一斤。通所税者，謂令二、三、四、五、六相乘爲分母七百二十也。通其所不税者，謂令所税之餘一、二、三、四、五相乘爲分子一百二十也。約而言之，是爲餘金於本所持六分之一也。以子減母，凡五關所税六分之五也。於今有術，所税一斤爲所有數，分母六爲所求率，分子五爲所有率。此亦重今有之義。又雖各有率，不問中間，故令中率轉相乘而連除之，卽得也。置一以爲持金之本率，以税率乘之除之，則其率亦成積分也。

九章算術卷第七

盈不足 以御隱雜互見

〔一〕今有共買物，人出八，盈三；人出七，不足四。問人數、物價各幾何？

荅曰：七人，

物價五十三。

〔二〕今有共買雞，人出九，盈十一；人出六，不足十六。問人數、雞價各幾何？

荅曰：九人，

雞價七十。

〔三〕今有共買璡，人出半，盈四；人出少半，不足三。問人數、璡價各幾何？

荅曰：四十二人，

璡價十七。

〔四〕今有共買牛，七家共出一百九十，不足三百三十；九家共出二百七十，盈三十。問家數、牛價各幾何？

荅曰：一百二十六家，

牛價三千七百五十。

按此術并盈不足者，爲衆家之差，故以爲實。置所出率各以家數除之，各得一家所出率，以少減多者得一家之差。以除即家數。以所出率乘之，減盈、增不足①，故得牛價也。

盈不足 按盈者，謂之朓；不足者，謂之朒。所出率謂之假令。盈朒維乘兩設者欲爲齊同之意。術曰：② 置所出率，盈、不足各居其下。令維乘所出率，并以爲實。并盈、不足爲法。實如法而一③。據「共買物，人出八，盈三；人出七，不足四」，齊其假令，同其盈朒，盈朒俱十二。通計齊則不盈不朒之正數，故可并以爲實。并盈不足爲法。齊之三十二者，是四假令，有盈十二。齊之二十一者，是三假令，亦朒十二。并七假令合爲一實，故并三、四爲法。有分者，通之。若兩設有分者，齊其子，同其母。此問兩設俱見零分，故齊其子，同其母。盈不足相與同其買物者④，置所出率，以少減多，餘，以約法、實。實爲物價，法爲人數。令下維乘上訖，以同約之。不可約，故以同乘之。所出率以少減多者，餘謂之設差。以爲少設，則并盈朒是爲定實。故以少設約法則爲人數，約實則爲物價。⑤ 盈朒當與少設相通。不可徧約，亦當分母乘設差爲約法實。

其一術曰：并盈不足爲實。以所出率以少減多，餘爲法。實如法得一人。以所出率乘之，減盈、增不足卽物價。此術意謂盈不足爲衆人之差，以所出率以少減多，餘爲一人之差。以一人之差約衆人之差，故得人數也。

〔五〕今有共買金，人出四百，盈三千四百；人出三百，盈一百。問人數、金價各幾何？

答曰：三十三人，

金價九千八百。

〔六〕今有共買羊，人出五，不足四十五；人出七，不足三。問人數、羊價各幾何？

答曰：二十一人，

---

① 「以所出率乘之，減盈、增不足」，各本脫落「所」字及「增不足」三字，今依李潢校補。

② 戴震校本將下文「盈不足相與同其買物者」十字移到此「術曰」之下，並將「其」字改成「共」字，實非必要。

③ 「并盈不足爲法」下，原有「實如法而一」五字。戴震謂「考此術法實，皆以設差約之，實爲物價，法爲人數」，「此五字後人所加」，應刪去。按此係本章術文，不專爲共買物問題而設。「實如法而一」，所得卽爲劉注所謂「不盈不朒之正數」。此五字不應刪去。

④ 「盈不足相與同其買物者」十字是楊輝本、大典本原文。戴震將此十字移至「術曰」之下，並在「置所出率」之前添一「副」字，殊非必要。

⑤ 「故以少設約法則爲人數，約實則爲物價」，大典本訛作「故以少設約定實，則法爲人數，適足之實故爲物價」，今依戴震校改。

羊價一百五十。

兩盈、兩不足術曰：置所出率，盈、不足各居其下。令維乘所出率，以少減多，餘爲實。兩盈、兩不足以少減多，餘爲法。實如法而一。有分者通之。兩盈、兩不足相與同其買物者，置所出率，以少減多，餘，以約法實，實爲物價，法爲人數。① 按此術，兩不足者，兩設皆不足於正數。其所以變化，猶兩盈，② 而或有勢同而情違者。當其爲實，俱令不足維乘相減③，則遺其所不足焉。故其餘所以爲實者，無朒數以損焉。蓋出而有餘兩盈，兩設皆逾於正數。假令與共買物，人出八盈三，人出九盈十，齊其假令，同其兩盈，兩盈俱三十。舉齊兼去則④其餘所以爲實者無盈數。兩盈以少減多，餘爲法。齊之八十者，是十假令而凡盈三十者，是三以十齊之。齊之二十七者，是三假令，而凡盈三十者，是十以三齊之。⑤ 今假令兩盈十、三，以二十七減八十，餘五十三爲實。⑥ 故令以三減十，餘七爲法。所出率以少減多，餘，謂之設差。因設差爲少設，則兩盈之差是爲定實。故以少設約法則爲人數，約實則得物價。⑦

其一術曰：置所出率，以少減多，餘爲法。兩盈、兩不足，以少減多，餘爲實。實如法而一得人數。以所出率乘之，減盈、增不足，即物價。置所出率，以少減多得一人之差。兩盈、兩不足相減，餘⑧爲衆人之差。故以一人之差除之，得人數。以所出率乘之，減盈、增不足，即物價。

〔七〕今有共買豕，人出一百，盈一百；人出九十，適足。問人數、豕價各幾何？

荅曰：一十人，

豕價九百。

〔八〕今有共買犬，人出五，不足九十；人出五十，適足。問人數、犬價各幾何？

荅曰：二人，

犬價一百。

盈、適足，不足、適足術曰：以盈及不足之數爲實。置所出率，以少減多，餘爲法。實如法得一人。其求物價者，以適足乘人數得物價。盈不足數爲實者，數單見卽衆人差，故以爲實。所出率以少減多者，餘，卽一人差，故以爲法。以除衆人差，得人數。以適足乘人數，卽得物價也。此術意謂

---

① 此條文字，大典本所載原本不誤。戴校本刪去「實如法而一」五字，將「兩盈兩不足相與同其買物者」十二字移至「術曰」之下，並改「其」爲「共」，又在第二個「置所出率」之前添一「副」字，皆非確當。

② 「此術兩不足者，兩設皆不足於正數。其所以變化猶兩盈」，大典本於「此術」之下衍「兩盈」二字，今刪去。戴校本增字過多，蓋不足取。

③ 「維乘相減」，大典本訛作「其相乘減」。

④ 「則」字，大典本訛在「兼去」之前，今改正。

⑤ 「是三以十齊之」，大典本訛作「是齊十，以十，三之」；「是十以三齊之」，大典本訛作「是三以十之」。並依戴震校改。

⑥ 「今假令兩盈十、三，以二十七減八十，餘五十三爲實」，大典本訛作「今假令兩盈共十三，以三減十，餘七爲一實」。

⑦ 「故以少設約法則爲人數，約實則得物價」，大典本訛作「故以設法人數，約實卽得全數」。今依戴震校改。

⑧ 「餘」字爲大典本所缺，依戴震校補。

所出率以少減多者，餘是一人不足之差。不足數爲衆人之差。以一人差約之，故得人之數也。

〔九〕今有米在十斗桶中，不知其數。滿中添粟而舂之，得米七斗。問故米幾何？

答曰：二斗五升。

術曰：以盈不足術求之，假令故米二斗，不足二升。令之三斗，有餘二升。按桶受一斛。若使故米二斗，須添粟八斗以滿之。八斗得糲米四斗八升。課於七斗是爲不足二升。若使故米三斗，添粟七斗以滿之。七斗得糲米四斗二升。課於七斗是爲有餘二升。以盈不足維乘假令之數者，欲爲齊同之意。實如法，卽得故米斗數，乃不盈不朒之正數也。

〔一〇〕今有垣高九尺。瓜生其上，蔓日長七寸。瓠生其下，蔓日長一尺。問幾何日相逢？瓜、瓠各長幾何？

答曰：五日、十七分日之五。

瓜長三尺七寸、十七分寸之一，

瓠長五尺二寸、十七分寸之十六。

術曰：假令五日，不足五寸。令之六日，有餘一尺二寸。按假令五日不足五寸者，瓜生五日，下垂蔓三尺五寸，瓠生五日，上延蔓五尺。課於九尺之垣，是爲不足五寸。令之六日，有餘一尺二寸者，若使瓜生六日，下垂蔓四尺二寸，瓠生六日，上延蔓六尺。課於九尺之垣，是爲有餘一尺二寸。以盈不足維乘假令之數者，欲爲齊同之意。實如法而一，卽設差不盈不朒之正數，卽得日數。以瓜、瓠一日之長乘之，故各得其長之數也。

〔一二〕今有蒲生一日，長三尺。莞生一日，長一尺。蒲生日自半。莞生日自倍。問幾何日而長等？

荅曰：二日、十三分日之六。

各長四尺八寸、十三分寸之六。

術曰：假令二日，不足一尺五寸。令之三日，有餘一尺七寸半。按：假令二日，不足一尺五寸者，蒲生二日，長四尺五寸，莞生二日，長三尺，是爲未相及一尺五寸，故曰不足。令之三日，有餘一尺七寸半者，蒲增前七寸半，莞增前四尺，是爲過一尺七寸半，故曰有餘。以盈、不足乘除之，又以後一日所長，各乘日分子，如日分母而一者，各得日分子之長也。故各增二日定長①卽得其數。

〔一三〕今有垣厚五尺，兩鼠對穿。大鼠日一尺，小鼠亦日一尺。大鼠日自倍，小鼠日自半。問幾何日相逢？各穿幾何？

荅曰：二日、十七分日之二。

大鼠穿三尺四寸、十七分寸之十二，

---

① 「二日定長」，楊輝本、大典本脫落「日定」二字，今依李潢校補。

小鼠穿一尺五寸、十七分寸之五。

術曰：假令二日，不足五寸。令之三日，有餘三尺七寸半①。大鼠日倍，二日合穿三尺；小鼠日自半，合穿一尺五寸。并大、小鼠②所穿，合四尺五寸③，課於垣厚五尺，是爲不足五寸。令之三日，大鼠穿得七尺，小鼠穿得一尺七寸半，并之，以減垣厚五尺，有餘三尺七寸半。以盈不足術求之即得。以後一日所穿乘日分子，如日分母而一，即各得日分子之中所穿。故各增二日定穿，即合所問也。

〔一三〕今有醇酒一斗，直錢五十；行酒一斗，直錢一十。今將錢三十，得酒二斗。問醇、行酒各得幾何？

荅曰：醇酒二升半，

行酒一斗七升半。

術曰：假令醇酒五升，行酒一斗五升，有餘一十。令之醇酒二升，行酒一斗八升，不足二。據醇酒五升，直錢二十五，行酒一斗五升，直錢一十五。課於三十，是爲有餘十。據醇酒二升，直錢一十，行酒一斗八升，直錢一十八。課於三十，是爲不足二。以盈不足術求之。此問已有重設④及其齊同之意也。

〔一四〕今有大器五、小器一容三斛；大器一、小器五容二斛。問大、小器各容幾何？

荅曰：大器容二十四分斛之十三，

小器容二十四分斛之七。

術曰：假令大器五斗，小器亦五斗，盈一十斗。令之大器五斗五升，小器二斗五升，不足二斗。按大器容五斗，大器五，容二斛五斗。以減三斛，餘五斗，即小器一所容。故曰小器亦五斗。小器五，容二斛五斗，大器一容五斗⑤，合爲三斛。課於兩斛，乃多十斗。令之大器五斗五升，大器五，合容二斛七斗五升。以減三斛，餘二斗五升，即小器一所容。故曰小器二斗五升。大器一容五斗五升，小器五合容一斛二斗五升，合爲一斛八斗。課於二斛，少二斗。故曰不足二斗。以盈不足維乘之爲實。并盈不足爲法，除之。⑥

〔一五〕今有漆三得油四，油四和漆五。今有漆三斗，欲令分以易油，還自和餘漆。問出漆、得油、和漆各幾何？

荅曰：出漆一斗一升、四分升之一，

得油一斗五升，

---

① 術文到此終止。「大鼠日倍」以下係劉徽注，微波榭本訛作正文。

② 「鼠」字上各本脱落「小」字，今補。

③ 「合四尺五寸」，孔刻本脱落「四」字，殿本不脱。

④ 「設」，楊輝本、大典本俱作「說」，今依李潢校改。

⑤ 「容五斗」三字各本所缺，依李潢校補。

⑥ 「以盈不足維乘之爲實。并盈不足爲法，除之」，楊輝本、大典本俱有缺文，僅存「以盈不足維乘除之」八字，今依戴震校補。但戴校本於「爲實」之前有「各并」二字，今删去。下面第十五題劉徽注正作「以盈不足維乘之爲實」，無「各并」字。

和漆一斗八升，四分升之三。

術曰：假令出漆九升，不足六升。令之出漆一斗二升，有餘二升。按此術三斗之漆，出九升，得油一斗二升，可和漆一斗五升。餘有二斗一升，則六升無油可和。故曰不足六升。令之出漆一斗二升，則易得油一斗六升，可和漆二斗。於三斗之中已出一斗二升，餘有一斗八升。見在油合和得漆二斗，則是有餘二升。以盈不足維乘之爲實，并盈不足爲法，實如法而一，得出漆升數。求油及和漆者，①四、五各爲所求率，三、四各爲所有率，而今有之，卽得也。

〔一六〕今有玉方一寸，重七兩；石方一寸，重六兩。今有石立方三寸，中有玉，并重十一斤。問玉、石重各幾何？

荅曰：玉一十四寸，重六斤二兩。

石一十三寸，重四斤十四兩。

術曰：假令皆玉，多十三兩。令之皆石，不足十四兩。不足爲玉，多爲石。各以一寸之重乘之，得玉石之積重。立方三寸是一面之方，計積二十七寸。玉方一寸重七兩，石方一寸重六兩，是爲玉石重差一兩。假令皆玉，合有一百八十九兩。課於一十一斤，有餘一十三兩。玉重②而石輕，故有此多。卽二十七寸之中有十三寸，寸損一兩則以爲石重，故言多爲石。言多之數出於石以爲玉。假令皆石，合有一百六十二兩。課於十一斤，少十四兩。故曰不足。此不足卽以重爲輕，故令減少數於石重。卽二十七寸之中有十四寸，寸增一兩也③。

〔一七〕今有善田一畝，價三百；惡田七畝，價五百。今并買一頃，價錢一萬。問善、惡田各幾何？

荅曰：善田一十二畝半，

惡田八十七畝半。

術曰：假令善田二十畝，惡田八十畝，多一千七百一十四錢、七分錢之二。令之善田一十畝，惡田九十畝，不足五百七十一錢、七分錢之三。按善田二十畝，直錢六千，惡田八十畝，直錢五千七百一十四、七分錢之二。課於一萬，是多一千七百一十四、七分錢之二。令之善田十畝，直錢三千，惡田九十畝，直錢六千四百二十八、七分錢之四。課於一萬，是爲不足五百七十一、七分錢之三。以盈不足術求之也。

〔一八〕今有黄金九枚，白銀一十一枚，稱之重適等。交易其一，金輕十三兩。問金、銀一枚各重幾何？

荅曰：金重二斤三兩一十八銖，

---

① 「求油及和漆者」六字爲楊輝本、大典本所缺，依戴震校補。

② 「玉重」之前，楊輝本、大典本俱有「故謂」二字，今據戴震校刪。

③ 「寸增一兩也」是楊輝本、大典本原文。戴校本改作「寸增一兩則以爲玉重也」，增加五字實非必要。

銀重一斤十三兩六銖。

術曰：假令黃金三斤，白銀二斤、一十一分斤之五，不足四十九，於右行。令之黃金二斤，白銀一斤、一十一分斤之七，多一十五於左行。以分母各乘其行内之數，以盈不足維乘所出率，并以爲實。并盈不足爲法。實如法，得黃金重。分母乘法以除，得銀重。約之得分也。按此術假令黃金九，白銀十一，俱重二十七斤。金，九約之得三斤。銀，十一約之得二斤、十一分斤之五。各爲金銀一枚重數。就金重二十七斤之中減一金之重以益銀，銀重二十七斤之中減一銀之重以益金，則金重二十六斤、十一分斤之五，銀重二十七斤、十一分斤之六。以少減多，則金輕十七兩、十一分兩之五。課於十三兩，多四兩、十一分兩之五。通分内子言之，是爲不足四十九。又令之黃金九，一枚重二斤，九枚重十八斤，白銀十一亦合重十八斤也。乃以十一除之，得①一斤、十一分斤之七，爲銀一枚之重數。今就金重十八斤之中減一枚金以益銀，復減一枚銀以益金，則金重十七斤、十一分斤之七，銀重十八斤、十一分斤之四。以少減多，即金輕十一分斤之八，課於十三兩，少一兩、十一分兩之四。通分内子言之，是爲多十五。以盈不足術求之，實如法，得金重。②分母乘法以除者，謂銀兩分母同，③須通法而後乃除，得銀重。餘皆約之者，術省故也。

〔一九〕今有良馬與駑馬發長安至齊。齊去長安三千里。良馬初日行一百九十三里，日增十三里。駑馬初日行九十七里，日減半里。良馬先至齊，復還迎駑馬。問幾何日相逢及各行幾何？

答曰：一十五日、一百九十一分日之一百三十五而相逢。

良馬行四千五百三十四里、一百九十一分里之四十六。

駑馬行一千四百六十五里、一百九十一分里之一百四十五。

術曰：假令十五日，不足三百三十七里半。令之十六日，多一百四十里。以盈、不足維乘假令之數，并而爲實。并盈不足爲法。實如法而一，得日數。不盡者，以等數除之而命分。 求良馬行者：十四乘益疾里數而半之，加良馬初日之行里數，以乘十五日，得十五日之凡行。又以十五日乘益疾里數，加良馬初日之行，④以乘日分子，如日分母而一，所得加前良馬凡行里數，即得。定行里數及其不盡而命分，⑤求駑馬行者：以十四乘半里，又半之，以減駑馬初日之行里數。⑥乘十五日得駑馬十五日之凡行。⑦又以十五日乘半里，以減駑馬初日之行，餘，以乘日分子，如日分母而一，所得加前里，即駑馬定行

① 「得」字下，各本衍「一枚」二字，依李潢校删。

② 「以盈不足術求之，實如法，得金重」，楊輝本、大典本俱作「以盈不足爲之，如法得金重」，今依戴震校改。

③ 「分母乘法以除者，謂銀兩分母同」，楊輝本、大典本俱訛作「以除者爲銀兩分母故同之」，今依戴震校改。

④ 「以乘十五日，得十五日之凡行。又以十五日乘益疾里數，加良馬初日之行」二十九字，楊輝本、大典本俱缺，今依戴震校補。

⑤ 「所得加前良馬凡行里數，即得定行里數及其不盡而命分」，楊輝本、大典本脱落「加」字與「定行里數」四字，今補。

⑥ 「以十四乘半里，又半之，以減駑馬初日之行里數」，係楊輝本、大典本之原文，本無誤奪。戴校本作「以十四乘半里，以減駑馬初日之行里數。餘，以并初日之行，又半之」。增字改易，失去原意。

⑦ 「乘十五日得駑馬十五日之凡行」，楊輝本、大典本，訛作「以乘十五日之凡行」，今依戴震校改。

里數。其奇半里者爲半法。以半法增殘分，卽得其不盡者而命分。按令十五日，不足三百三十七里半者，據良馬十五日凡行四千二百六十里，除先去齊三千里，定還迎駑馬一千二百六十里。駑馬十五日，凡行一千四百二里半。并良駑二馬所行得二千六百六十二里半。課於三千里，少三百三十七里半，故曰不足。令之十六日，多一百四十里者；據良馬十六日凡行四千六百四十八里，先除去齊三千里，定還迎駑馬一千六百四十八里。駑馬十六日凡行一千四百九十二里，并良駑二馬所行，得三千一百四十里。課於三千里，餘有一百四十里，故謂之多也。以盈不足維乘假令之數，并而爲實，并盈不足爲法，①實如法而一，得日數者，卽設差不盈不朒之正數。以二馬初日所行里乘十五日，爲十五日平行數。求初末益疾減遲之數者，并一與十四，以十四乘而半之，爲中平之積②。又令益疾減遲里數乘之，各爲減益之中平里，故各減益平行數，得十五日定行里。若求後一日，以十六日之定行里數，乘日分子，如日分母而一，各得日分子之定行里數。故各并十五日定行里，卽得。其駑馬奇半里者，法爲全里之分，故破半里爲半法，以增殘分，卽合所問也。

〔三〇〕今有人持錢之蜀，賈利十三。初返歸一萬四千，次返歸一萬三千，次返歸一萬二千，次返歸一萬一千，後返歸一萬。凡五返歸錢，本利俱盡。問本持錢及利各幾何？

答曰：本三萬四百六十八錢、三十七萬一千二百九十三分錢之八萬四千八百七十六。

利二萬九千五百三十一錢、三十七萬一千二百九十三分錢之二十八萬六千四百一十七。

術曰：假令本錢三萬，不足一千七百三十八錢半。令之四萬，多三萬五千三百九十錢八分。 按假令本錢三萬，并利爲三萬九千，除初返歸留，餘，加利爲三萬一千五百。除二返歸留，餘，又加利爲二萬五千三百五十。除第三返歸留，餘，又加利爲一萬七千三百五十五。除第四返歸留，餘，又加利爲八千二百六十一錢半。除第五返歸留，合一萬錢，不足一千七百三十八錢半。若使本錢四萬，并利爲五萬二千。除初返歸留，餘，加利爲四萬九千四百。除第二返歸留，餘，又加利爲四萬七千三百二十。除第三返歸留，餘，又加利爲四萬五千九百一十六。除第四返歸留，餘，又加利爲四萬五千三百九十錢八分。除第五返歸留，合一萬，餘三萬五千三百九十錢八分，故曰多。 又術置後返歸一萬，以十乘之，十三而一，卽後所持之本。加一萬一千，又以十乘之，十三而一，卽第四返之本。加一萬二千，又以十乘之，十三而一，卽第三返之本。加一萬三千，又以十乘之，十三而一，卽第二返之本。加一萬四千，又以十乘之，十三而一，卽初持之本。并五返之錢以減之，卽利也。

① 「以盈不足維乘假令之數，并而爲實，并盈不足爲法」，楊輝本、大典本脱落十五字，僅存「以盈不足之」五字，今依戴震校補。

② 「中平之積」下，楊輝本、大典本俱衍「減益疾之數」五字，今依戴震校刪。

九章算術卷第八

方程 以御錯糅正負

〔一〕今有上禾三秉，中禾二秉，下禾一秉，實三十九斗；上禾二秉，中禾三秉，下禾一秉，實三十四斗；上禾一秉，中禾二秉，下禾三秉，實二十六斗。問上、中、下禾實一秉各幾何？

答曰：

上禾一秉，九斗、四分斗之一，

中禾一秉，四斗、四分斗之一，

下禾一秉，二斗、四分斗之三。

方程 程，課程也。羣物總雜，各列有數，總言其實。令每行爲率，二物者再程，三物者三程，皆如物數程之，並列爲行，故謂之方程。行之左右無所同存，且爲有所據而言耳。此都術也，以空言難曉，故特繫之禾以決之。又列中、左①行如右行也。術曰，置上禾三秉，中禾二秉，下禾一秉，實三十九斗，於右方。中、左禾列如右方。以右②行上禾徧乘中行而以直除。爲術之意，令少行減多行，反覆相減，則頭位必先盡。上無一位則此行亦闕一物矣。然而舉率以相減，不害餘數之課也。若消去頭位則下去一物之實。如是直③令左右行相減，審其正負，則可得而知。先令右行上禾乘中行，爲齊同之意。爲齊同者謂中行直減右行也④。從簡易雖不言齊同，以齊同之意觀之，其義然矣。又乘其次，亦以直除。復去左行首。然以中行中禾不盡者徧乘左行⑤而以直除。亦令兩行相⑥去行之中禾也。左方下禾不盡者，上爲法，下爲實。實卽下禾之實。上、中禾皆去，故餘數是下禾實，非但一秉。欲約衆秉之實，當以禾秉數爲法。列此，以下禾之秉數乘兩行⑦，以直除，則下禾之位自去⑧矣。各以其餘一位之秉除其下實，卽斗數矣。用算繁而不省，所以別爲法，約也。然猶不如自用其舊，廣異法也。求中禾，以法乘中行下實，而除下禾之實。此謂中下兩禾實。下禾一秉實數先見，將於中行求中禾，先列實以減下實。⑨而左方下禾一秉之實以法爲母，於率不通。⑩故先以法乘中行⑪而同之，俱令法爲母，而除下禾實。以下禾先見之實令乘下禾秉數，卽得下禾一位之列實。減於下實，則其數是中禾之實也。餘如中禾秉數而一，卽中禾之實。餘中禾一位之實也。故以一位乘數約之，乃得一秉之實也。求上禾亦以法乘右行下實，而除下禾、中禾之實。此右行三禾共實。⑫今⑬中下禾之實，其數並見，令乘右行之禾秉以減之⑭，故亦如前，各求列實以減下實也。餘如上禾秉數而一，卽上禾之實。實皆如法，各得一斗。三實同用。不滿法者，以法命之。母、實皆當約⑮之。

〔三〕今有上禾七秉，損實一斗，益之下禾二秉，而實一十斗。下禾八秉，益實一斗與上禾二

① 各本脱落「左」字，今補。　② 「右」，各本訛作「左」，今依劉徽注校正。

③ 「直」，大典本訛作「叠」，此依楊輝本校正。

④ 「謂中行直減右行也」，楊輝本、大典本皆同，原本不誤。戴震校本改作「謂中行上禾亦乘右行也」，違反原術直除的意義。

⑤ 「偏乘左行」四字，孔刻本誤作雙行夾注，此依殿本。　⑥ 「相」字下，殿本衍一「乘」字，此依楊輝本校刪。

⑦ 「以下禾之秉數乘兩行」，各本「數」訛作「實」，戴校本又不合刪去「以」字，今校正。

⑧ 「去」，各本訛作「決」，今校正。

⑨ 「將於中行求中禾，先列實以減下實」，各本脱落「於」字，「行」訛作「秉」，「先」訛作「其」，今以意校改。

⑩ 「而左方下禾一秉之實，以法爲母，於率不通」，楊輝本、大典本於「禾」字下衍「雖去」二字，「秉」字下又脱落「之實」二字，舛誤不可通。戴校本改作「而左方下禾不唯一秉，下禾實既以法爲母，則中行下實不以法爲母，於率不通」，未免增字過多。

⑪ 「中行」，楊輝本、大典本訛作「其通」。戴校本改作「其實」，亦不甚合理。今爲校正。

⑫ 「此右行三禾共實」之前，楊輝本、大典本俱衍「此右行三禾共實令三位之實故以一位乘數約之乃得一秉之實」二十六字，今刪去。

⑬ 「今」，各本訛作「合」，以意校正

⑭ 「令乘右行之禾秉以減之」，楊輝本、大典本並脱「令乘」二字，今補。戴震校改爲「令乘右行中下禾秉數以減之」，似非必要。

⑮ 「約」，各本訛作「除」。

秉，而實一十斗。問上、下禾實一秉各幾何？

答曰：

上禾一秉實一斗、五十二分斗之一十八，

下禾一秉實五十二分斗之四十一。

術曰：如方程。損之曰益，益之曰損。問者之辭雖以損益爲説①，今按實云上禾七秉、下禾二秉、實一十一斗，上禾二秉，下禾八秉，實九斗也。「損之曰益」，言損一斗餘當一十斗。今欲全其實，當加所損也。「益之曰損」，言益實一斗乃滿一十斗，今欲知②本實，當減所加卽得也。損實一斗者，其實過一十斗也。益實一斗者，其實不滿一十斗也。重論損益數者，各以損益之數損益之也。

〔三〕今有上禾二秉，中禾三秉，下禾四秉，實皆不滿斗。上取中，中取下，下取上各一秉而實滿斗。問上、中、下禾實一秉各幾何？

答曰：

上禾一秉實二十五分斗之九，

中禾一秉實二十五分斗之七，

下禾一秉實二十五分斗之四。

術曰：如方程，各置所取，置上禾二秉爲右行之上，中禾三秉爲中行之中，下禾四秉爲左行之下，所取一秉及實一斗各從其位。諸行相借取之物，皆依此例。**以正負術入之。**

正負術曰：今兩算得失相反，要令正負以名之。正算赤，負算黑。否則以邪正爲異。方程自有赤黑相取，左右數相推求之術。而其并減之勢不得廣通③，故使赤黑相消奪之。於算或減或益，同行異位，殊爲二品，各有并減之差，見於下焉。著此二條，特繫之禾以成此二條之意。故赤黑相雜足以定上下之程，減益雖殊足以通左右之數，差實雖分足以應同異之率。然則其正無入負之，負無入正之，④其率不妄也。**同名相除，**此爲以赤除赤，以黑除黑，行求相減者，爲去⑤頭位也。然則頭位同名者當用此條，頭位異名者當用下條。**異名相益，**以⑥行減行當各以其類矣。其異名者，非其類也。非其類者，猶無對也，非所得減也。故赤用黑對則餘黑，黑用赤對則餘赤。⑦赤黑并於本數，此爲相益⑧，皆所以爲消奪。消奪之與減益成一實也。術本取要必除行首，至於他位

---

① 「雖以損益爲說」，大典本脱落「以損益爲說」五字，依戴震校補。

② 「知」，孔刻本訛作「加」，殿本不誤。

③ 「不得廣通」係楊輝本、大典本原文，不誤。戴校本改「廣」作「交」，是錯誤的。

④ 「正無入負之，負無入正之」，兩「入」字各本訛作「人」字，今依戴校本。楊輝於買賣牛、羊、豕問題下，解釋「無入」爲鄰位無算可入，並說「古本誤刻無人者非」。又殿本原作「正無入以負之」，無「負無入正之」句，此依戴震校改。

⑤ 「去」，楊輝本、大典本並訛作「法」，依李潢校改。　⑥ 「以」，孔刻本訛作「益」，殿本不誤。

⑦ 「故赤用黑對則餘黑，黑用赤對則餘赤」，大典本作「故赤用黑對則除黑，無對則除赤」，舛誤不可通，殿本將「赤用黑對」改成「黑用黑對」，亦難理解。注原意謂負數減去正數，餘數爲負，正數減去負數，餘數爲正也。

⑧ 「益」，字下各本衍一「之」字，今刪。

不嫌多少，故或令相減，或令相并，理無同異，一也。正無入負之，負無入正之。無入，爲無對也。無所得減，則使消奪者居位也。其當以列實①減下實，而行中正負雜者亦用此條。此條者同名減實、異名益實，正無入負之、負無入正之也。其異名相除，同名相益，正無入正之，負無入負之。此條異名相除爲例，故亦與上條互取。凡正負所以記其同異，使二品互相取而已矣。言負者未必負於少，言正者未必正於多，故每一行之中雖復赤黑異算無傷。然則可得使頭位常相與異名。此條之實兼通矣。遂以二條反覆一率，觀其每與上下互相取位，則隨算而言耳，猶一術也。又本設諸行欲因減數②以相去耳。故其多少無限，令上下相命而已。若以正負相減如數，有舊增法者每行可均之，不但數物左右之也。

〔四〕今有上禾五秉，損實一斗一升，當下禾七秉。上禾七秉，損實二斗五升，當下禾五秉。問上、下禾實一秉各幾何？

荅曰：

上禾一秉五升，

下禾一秉二升。

術曰：如方程，置上禾五秉正，下禾七秉負，損實一斗一升正。言上禾五秉之實多，減其一斗一升，餘，是與下禾七秉相當數也。故互其算，令相折除，以一斗一升爲差。爲差者上禾之餘實也。次置上禾七秉正，下禾五秉負，損實二斗五升正。以正負術入之。按正負之術，本設列行物程之數不限多少，必令與實上、下相次，而以每行各自爲率③。然而或減或益，同行異位殊爲二品，各自并減之差④見於下也。

〔五〕今有上禾六秉，損實一斗八升，當下禾一十秉。下禾十五秉，損實五升，當上禾五秉。問上、下禾實一秉各幾何？

答曰：

上禾一秉實八升，

下禾一秉實三升。

術曰：如方程，置上禾六秉正，下禾一十秉負，損實一斗八升正。次置上禾五秉負，下禾一十五秉正，損實五升正。以正負術入之。言上禾六秉之實多，減損其一斗八升，餘是與下禾十秉相當之數。故亦互其算而以一斗八升爲差實。差實者上⑤禾之餘實。

〔六〕今有上禾三秉，益實六斗，當下禾十秉。下禾五秉，益實一斗，當上禾二秉。問上、下

① 「實」字下，各本衍二「或」字，今刪。

② 「減數」，楊輝本、大典本俱訛作「成數」，此依戴震校改。

③ 「率」字下，楊輝本、大典本均衍「多少」二字，依戴震校刪。

④ 「各自并減之差」，楊輝本、大典本均同。戴校本刪去「各自」二字，失却原意。

⑤ 「上」，各本訛作「下」，依李潢校正。

禾實一秉各幾何？

答曰：

上禾一秉實八斗，

下禾一秉實三斗。

術曰：如方程，置上禾三秉正，下禾一十秉負，益實六斗負①。次置上禾二秉負，下禾五秉正，益實一斗負②。以正負術入之。言上禾三秉之實少，益其六斗，然後與③下禾十秉相當也。故亦互其算，而以六斗爲差實。差實者，下禾之餘實。

〔七〕今有牛五、羊二，直金十兩。牛二、羊五直金八兩。問牛羊各直金幾何？

答曰：

牛一，直金一兩、二十一分兩之一十三，

羊一，直金二十一分兩之二十。

術曰：如方程。假令爲同齊，頭位爲牛，當相乘左右行定④。更置右行⑤牛十、羊四、直金二十兩；左行，牛十、羊二十五、直金四十兩。牛數等同，金多二十兩者，羊差二十一使之然也。以少行減多行，則牛數盡，惟羊與直金之數見，可得而知也。以小推大，雖四、五行不異也。

〔八〕今有賣牛二、羊五，以買十三豕，有餘錢一千。賣牛三、豕三，以買九羊，錢適足。賣羊

六、豕八，以買五牛，錢不足六百。問牛、羊、豕價各幾何？

荅曰：

牛價一千二百，

羊價五百，

豕價三百。

術曰：如方程，置牛二、羊五正，豕一十三負，餘錢數正；次牛三正，羊九負，豕三正；次牛五負，羊六正，豕八正，不足錢負。以正負術入之。此中行買賣相折，錢適足，但互買賣算而已，故下無錢直也。設欲以此行如方程法，先令牛二徧乘中⑥行，而以右行直除之，是終於下實虛缺矣。故注曰正無實負，負無實正，方爲類也。方將以別實加適足⑦之數，與實物作實。盈不足章黃金白銀與此相

---

①② 兩「負」字，孔刻本皆訛作「正」，殿本不誤。

③ 「與」，各本訛作「於」，殿本不誤。

④ 「當相乘左右行定」，楊輝本、大典本均脫落「左」字，依宋景昌校補。戴校本改作「左右行相乘定」，似非必要。

⑤ 「更置」下各本脫「右行」二字，依李潢校補。

⑥ 「中」，孔刻本訛作「左」，殿本不誤。

⑦ 「適足」，孔刻本訛作「不足」，殿本不誤。

當。假令黄金九、白銀十一,稱之重適等。交易其一,金輕十三兩。問金、銀一枚各重幾何。與此同。

〔九〕今有五雀、六燕,集稱之衡,雀俱重,燕俱輕。一雀一燕交而處,衡適平。并燕、雀重一斤。問燕、雀一枚各重幾何?

荅曰:

雀重一兩、一十九分兩之十三,

燕重一兩、一十九分兩之五。

術曰:如方程,交易質之,各重八兩。此四雀一燕與一雀五燕衡適平。并重一斤,故各八兩。列兩行程數。左行頭位其數有一者,令右行徧除,亦可令於左行而取其法實於右。①左行數多,以右行取其數。左頭位減盡,中下行算當燕與實,右行不動。左上空,②中法下實即每枚當重,宜可知也。按此四雀一燕與一雀五燕其重等,是三雀四燕重相當,雀率重四,燕率重三也。諸再程之率皆可異術求之,即其數也。

〔一〇〕今有甲乙二人持錢不知其數。甲得乙半而錢五十,乙得甲太半而亦錢五十。問甲、乙持錢各幾何?

荅曰:

甲持三十七錢半,

乙持二十五錢。

術曰：如方程，損益之。此問者言一甲、半乙而五十，太半甲、一乙亦五十也。各以分母乘其全內子，行定：二甲一乙而錢一百，二甲三乙而錢一百五十，於是乃如方程。諸物有分者倣此。

〔一二〕今有二馬、一牛價過一萬，如半馬之價。一馬、二牛價不滿一萬，如半牛之價。問牛、馬價各幾何？

答曰：

馬價五千四百五十四錢、一十一分錢之六；

牛價一千八百一十八錢、一十一分錢之二。

術曰：如方程，損益之。此一馬半與一牛價直一萬也，二牛半與一馬亦直一萬也。一馬半與一牛直錢一萬③，通分內子，右行爲三馬二牛直錢二萬。二牛半與一馬直錢一萬④，通分內子，左行爲二馬五牛直錢二萬也。

---

① 「左行頭位其數有一者，令右行偏除，亦可令於左行，而取其法實於右」，最後的「右」字，大典本訛作「左」，現在以意校正。戴校本改作「左行頭位其數是一，可省乘。令右行偏乘左行而取其法實於左」，違反了劉注原意。

② 「中下行算當燕與實，右行不動。左上空」，大典本有此十五字，戴校本删去之，是不可理解的。

③ 各本脫落「直錢一萬」四字，今補。

④ 「二牛半與一馬直錢一萬」是大典本原文。微波榭本「與」訛作「於」，且脫落「直錢一萬」四字。

〔一二〕今有武馬一匹，中馬二匹，下馬三匹，皆載四十石至阪，皆不能上。武馬借中馬一匹，中馬借下馬一匹，下馬借武馬一匹，乃皆上。問武、中、下馬一匹各力引幾何？

荅曰：

武馬一匹力引二十二石、七分石之六，

中馬一匹力引十七石、七分石之一，

下馬一匹力引五石、七分石之五。

術曰：如方程各置所借，以正負術入之。

〔一三〕今有五家共井，甲二綆不足，如乙一綆；乙三綆不足，如①丙一綆；丙四綆不足，如丁一綆；丁五綆不足，如戊一綆；戊六綆不足，如甲一綆。如②各得所不足一綆，皆逮。問井深、綆長各幾何。

荅曰：井深七丈二尺一寸。

甲綆長二丈六尺五寸，

乙綆長一丈九尺一寸，

丙綆長一丈四尺八寸，

丁綆長一丈二尺九寸，

戊綆長七尺六寸。

術曰：如方程，以正負術入之。此率初如方程爲之，名各一逮井。其後，法得七百二十一，實七十六，是爲七百二十一綆而七十六逮井。③而戊一綆逮井④之數定，逮七百二十一分之七十六。是故七百二十一爲井深，七十六爲戊綆之長，舉率以言之。

〔一四〕今有白禾二步、青禾三步、黄禾四步、黑禾五步，實各不滿斗。白取青、黄，青取黄、黑，黄取黑、白，黑取白、青，各一步，而實滿斗。問白、青、黄、黑禾實一步各幾何？

荅曰：

白禾一步實一百一十一分斗之三十三，

青禾一步實一百一十一分斗之二十八，

黄禾一步實一百一十一分斗之一十七，

---

① 「如丙一綆」，楊輝本、大典本「如」作「以」，依戴震校改。下文「如丁」、「如戊」、「如甲」皆依戴校。

② 楊輝本、大典本於「各」字上原有「如」字，爲戴校本删去，今補。

③ 楊輝本、大典本於「逮井」下均有「用逮之數以法除實者」九字，戴震認爲是衍文，删去。

④ 殿本、孔刻本脱落「井」字，今依楊輝本補。

黑禾一步實一百一十一分斗之一十。

術曰：如方程，各置所取，以正負術入之。

〔一五〕今有甲禾二秉、乙禾三秉、丙禾四秉，重皆過於石。甲二重如乙一，乙三重如丙一，丙四重如甲一。問甲、乙、丙禾一秉各重幾何？

荅曰：

甲禾一秉重二十三分石之十七，

乙禾一秉重二十三分石之十一，

丙禾一秉重二十三分石之十。

術曰：如方程，置重過於石之物爲負。此問者言甲禾二秉之重過於一石也。其過者幾何①，如乙一秉重矣。互其算②，令相折除，而一以石爲之差實③。差實者，如甲禾餘實，故置算相與同也。以正負術入之。此入頭位異名相除者，正無入正之，負無入負之也。

〔一六〕今有令一人、吏五人、從者一十人，食雞一十；令一十人、吏一人、從者五人，食雞八；令五人、吏一十人、從者一人，食雞六。問令、吏、從者食雞各幾何？

荅曰：

令一人食一百二十二分雞之四十五，

吏一人食一百二十二分雞之四十一，

從者一人食一百二十二分雞之九十七。

術曰：如方程，以正負術入之。

〔一七〕今有五羊、四犬、三雞、二兔，直錢一千四百九十六；四羊、二犬、六雞、三兔直錢一千一百七十五；三羊、一犬、七雞、五兔，直錢九百五十八；二羊、三犬、五雞、一兔，直錢八百六十一。問羊、犬、雞、兔價各幾何？

答曰：

羊價一百七十七，

犬價一百二十一，

雞價二十三，

---

① 「幾何」，楊輝本、大典本訛作「何云」，依戴震校改。

② 「互其算」，楊輝本、大典本均作「互言其算」，今依戴震校，删去「言」字。

③ 「而一以石爲之差實」是楊輝本、大典本之原文。謂二甲減一乙，三乙減一丙，四丙減一甲，差實同是一石也。戴震將「而一」二字連在「令相折除」之下，遂以爲是衍文而删去之，是不確當的。

兎價二十九。

術曰：如方程，以正負術入之。

〔一八〕今有麻九斗、麥七斗、菽三斗、荅二斗、黍五斗，直錢一百四十；麻七斗、麥六斗、菽四斗、荅五斗、黍三斗，直錢一百二十八；麻三斗、麥五斗、菽七斗、荅六斗、黍四斗，直錢一百一十六；麻二斗、麥五斗、菽三斗、荅九斗、黍四斗，直錢一百一十二；麻一斗、麥三斗、菽二斗、荅八斗、黍五斗，直錢九十五。問一斗直幾何？

荅曰：

麻一斗七錢，

麥一斗四錢，

菽一斗三錢，

荅一斗五錢，

黍一斗六錢。

術曰：如方程，以正負術入之。此「麻麥」與均輸、少廣章之重衰、積分，皆爲大事。其拙於精理徒按本術者，或用算而布氊，方好煩而喜誤，曾不知其非，反欲以多爲貴。故其算也，莫不闇①於設通而專於一端。至於此類，苟務其成，然或失之，不可謂要約。更有異術者，庖丁解牛，游刃理間，故能歷久其刃如新。夫數猶刃也，易簡用之則動中庖丁之理。故能和神愛刃，速而寡尤。凡九章爲大事，按法皆不盡一百算也。雖布算不多，然足以算多。世人多以方程爲難，或盡布算之象在綴正負而已。未暇以論其設動無方，斯膠柱調瑟之類。聊復恢演爲作新術，著之於此，將亦啓導疑意，網羅道精，豈傳之空言，記其施用之例，著策之數，每舉一隅焉。

方程新術曰：以正負術入之。令左右相減，先去下實，又轉去物位，求其②一行二物正負相借者，易其相當之率。又令二物與他行互相去取，轉其二物相借之數，卽皆相當之率也。各據二物相當之率，對易其數，卽各當之率也。更置減行③及其下實，各以其物本率今有之，求其所同，幷以爲法。其當相幷而行中正負雜者，同名相從，異名相消，餘以爲法。以下實④爲實。實如法，卽合所問也。一物各以本率今有之，卽皆合所問也。率不通者齊之。其一術曰：置羣物通率爲列衰，更置減行⑤羣物之數，各以其率⑥乘之，幷以爲法。其當相幷而行中正負雜者，同名相從，異名相消，餘爲法。以減行⑦下實乘列衰，各自爲實。實如法而一，卽得。以舊術爲之，凡應置五行。今欲要約。先置第四行，以減第三行。反減第四行，去其頭位。次置第二行，以第三行減第二行，去

---

① 「闇」，楊輝本、大典本作「同」，此依戴震校本。

② 「求其」，楊輝本、大典本作「則其求」，依戴震校改。

③⑤⑦ 「減行」，楊輝本、大典本均訛作「成行」，今依戴震校正。

④ 「下實」，楊輝本、大典本訛作「下置」，今依戴震校改。

⑥ 「率」，楊輝本、大典本原作「數」，依戴震校改。

其頭位。次置右行及左行，去其頭位。次以第二行減右行頭位。次以右行去左行及第二行頭位。又去第四行頭位，餘，可半。次以第四行減左行頭位。次以左行去第四行及第二行頭位。次以第二行去第四行頭位。餘，約之爲法、實。如法而一得六，卽黍價。以法減第二行得荅價，左行得菽價，右行得麥價，第三行得麻價。①如此凡用七十七算。以新術爲此：先以第四行減第三行。次以第三行去右行及第二行、第四行下位。又以減左②行下位，不足減乃止。次以左行減第三行下位。次以第三行去左行下位。訖，廢去第三行。次以第四行去左行下位。又以減右行下位③。次以右行去第二行及第四行下位。次以第二行減第四行及左行頭位。次以第四行減左④行菽位，不足減乃止。次以左行減第二行頭位，餘可再半。次以第四行去左⑤行及第二行頭位。次以第二行去左⑥行頭位。餘約之。上得五，下得三，是菽五當荅三。次以左行去第二⑦行菽位。又以減第四行及右行菽位，不足減，乃止。次以右行減第二行頭位，不足減，乃止。次以第二⑧行去右⑨行頭位。次以左行去右行頭位。餘，上得六，下得五，是爲荅六當黍五。次以左⑩行去右⑪行荅位，餘，約之。上爲二，下爲一⑫。次以右⑬行去第二行下位。以第二行去第四行下位。又以減左行下位。次左⑭行去第二行下位。餘，上得三，下得四，是爲麥三當菽四。次以第二行減第四行下位。次以第四行去第二行下位。餘上得四，下得七，是爲麻四當麥七。是爲相當之率擧矣。據麻四當麥七卽爲麻價率七而麥價率四⑮。又麥三當菽四，卽爲麥價率四而菽價率三。又菽五當荅三，卽爲菽價率三而荅價率五。⑯又荅六當黍五，卽爲荅價率五而黍價率六。而率通矣。更置第三行，以第四行減之，餘有麻一斗、菽四斗正，荅三斗負，下實四正。⑰求其同爲麻之數，以菽率三、荅率五、各乘菽荅斗數，⑱如麻率七而一，菽得一斗、七分斗之五正，荅⑲得二斗、七分斗之一負。則菽、荅化爲麻以并之，令同名相從，異名相消，餘爲定麻七分斗之四，以爲法。置下實⑳四爲實。以㉑分母乘之，實

得二十八，而分子化爲法矣。以法除得七，即麻㉒一斗之價。置麥率四、菽率三、荅率五、黍率六，皆以其斗

---

① 從「先置第四行」到「第三行得麻價」爲劉徽依舊術演算細草。楊輝本、大典本作「先置第三行，以減第四行。及減第三行，次置第二行，以第二行減第三行，去其頭位。次置右行，去其頭位。次以第四行減左行頭位。次以左行去第四行及第二行頭位。次以第五行減第二行頭位，餘可半。次以第二行去第四行頭位，餘約之爲法。實如法而一，得二，即有黍價。以法減第二行得荅價，左行得麥價，第三行麻價，右行得菽價。」誤文脫字甚多。今依戴敦元校正。凡改八字，添二十六字，移二十九字。

②④⑤ 三「左」字大典本訛作「右」，今依李銳校正。

③ 「又以減右行」，大典本訛作「右行當左行」，今依李銳校正。

⑥⑩⑭ 三「左」字大典本訛作「右」，今依李銳校正。

⑦⑧ 兩「二」字大典本訛作「三」，今依李銳校正。

⑨⑪⑬ 三「右」字大典本訛作「左」，今依李銳校正。

⑫ 「一」，大典本訛作「三」，今依李銳校正。

⑮ 「即爲麻價率七而麥價率四」，楊輝本、大典本脫落「爲」字與「七而麥價率四」，依戴震校補。

⑯ 「又菽五當荅三，即爲菽價率三而荅價率五」，楊輝本、大典本均脫落「又菽五」至「價率三」十二字，依宋景昌校補。

⑰ 「菽四斗正」，各本脫落「正」字，「下實四正」訛作「黍四斗正」，並依戴震校正。

⑱ 「荅率五」，楊輝本、大典本訛作「黍率四」，又脫落「各乘菽荅斗數」六字，今依戴震校補。

⑲ 楊輝本、大典本均脫「菽得一斗七分斗之五正荅」十一字，依戴震校補。

⑳ 楊輝本、大典本脫落「下實」二字，今依戴震校補。

㉑ 「以」，楊輝本、大典本訛作「而」，今依戴震校。

㉒ 「麻」，楊輝本、大典本訛作「麥」，今依戴震校。

數①乘之，各自爲實。以麻率七爲法。所得卽同爲麻之數。②亦可使置本行實與物同通之，各以本率今有之，求其本率。所得并以爲法，如此則無正負之異矣，擇異同而已。又可以一術爲之。置五行通率，爲麻七、麥四、菽三、荅五、黍六，以爲列衰。減行麻一斗、菽四斗正、荅三斗負③，各以其率乘之，訖。令同名相從，異名相消，餘爲法。又置下實，④乘列衰，所得各爲實。此可以實約法，則不復乘列衰，各以列衰如所約知其價。⑤如此則凡用一百二十四算也。

---

①「其斗數」三字楊輝本、大典本訛作「麻」，依戴震校改。

②「以麻率七爲法，所得卽同爲麻之數」，楊輝本、大典本，並作「以實率七爲法，所得卽各爲實」，依戴震校改。

③「荅三斗負」，殿本訛作「異同斗負」，孔刻本巳校正。

④「餘爲法又置下實」，楊輝本、大典本訛作「餘爲減或置餘」，依戴震校正。

⑤「此可以實約法，則不復乘列衰，各以列衰如所約知其價」，楊輝本、大典本作「此可以置約法，則不復乘列衰，各以列衰爲實」，今依戴震校正。

九章算術卷九

句股　以御高深廣遠

〔一〕今有句三尺，股四尺，問爲弦幾何？

荅曰：五尺。

〔二〕今有弦五尺，句三尺，問爲股幾何？

荅曰：四尺。

〔三〕今有股四尺，弦五尺，問爲句幾何？

荅曰：三尺。

句股　短面曰句，長面曰股，相與結角曰弦。句短其股，股短其弦。將以施於諸率，故先具此術以見其源也。

術曰：句股各自乘，并，而開方除之，卽弦。句自乘爲朱方，股自乘爲青方，令出入相補，各從其類，因就其餘不移動也。合成弦方之羃，開方除之，卽弦也。

又股自乘，以減弦自乘，其餘開方除之，即句。臣淳風等謹按：此術以句、股冪合成弦冪。句方於內，則句短於股。令股自乘以減弦自乘，餘者即句冪也。故開方除之，即句也。

又句自乘，以減弦自乘，其餘開方除之，即股。句、股冪合以成弦冪。令去其一，則餘在者皆可得而知之。

〔四〕今有圓材徑二尺五寸，欲爲方版，令厚七寸。問廣幾何？

荅曰：二尺四寸①。

術曰：令徑二尺五寸自乘，以七寸自乘減之，其餘開方除之，即廣。此以圓徑二尺五寸爲弦，版厚七寸爲句，所求廣爲股也。

〔五〕今有木長二丈，圍之三尺。葛生其下，纏木七周，上與木齊。問葛長幾何？

荅曰：二丈九尺。

術曰：以七周乘三尺②爲股，木長爲句，爲之求弦。弦者，葛之長。據圍廣、木長求葛之長③，其形葛卷裏④袤。以筆管青線宛轉有似葛之纏木，解而觀之，則每周之間，自有相間成句股弦。則其間木長爲股，圍之爲句，葛長爲弦。七周乘三圍是并合衆句以爲一句，則句長而股短。故術以木長謂之句，圍之謂之股，言之倒互。⑤句與股求弦，亦如前圖。句三自乘爲朱冪，股四自乘爲青冪，合朱、青，二十五，爲弦五自乘冪，出上第一圖。⑥句股冪合爲弦冪，明矣。然二冪之數謂倒在於弦冪之中而可更相表裏⑦。居裏者成方冪⑧，其居表者則成矩冪。二冪表裏形詭而數均⑨。又按此圖句冪之矩，朱卷居表⑩，是其冪以股弦差爲廣，股弦幷爲袤，而股冪方其裏。股冪之矩青卷居⑪表，是其冪以句弦差爲廣，句弦幷爲袤，而句冪方其裏。是故差之與幷用除之，短長互相乘也。

〔六〕今有池方一丈，葭生其中央，出水一尺。引葭赴岸，適與岸齊。問水深、葭長各幾何？

答曰：

水深一丈二尺；

---

① 「寸」字下微波榭本衍「五分」二字。
② 「三尺」，楊輝本、孔刻本作「三圍」，此從殿本。
③ 「據圍廣木長求葛之長」，大典本作「據圍廣求從爲木長者」。此依戴震校改。
④ 「裹」，微波榭本訛作「裏」，聚珍本不誤。
⑤ 從「則其間」到「言之倒互」數句，大典本作「則其間葛青七弦周乘三圍幷合衆句以爲一句木長而股短術云木長謂之股言之倒」，訛舛不可通，此依戴震校改。
⑥ 從「句與股求弦」到「第一圖」，大典本作「句五與股求弦亦無圖二十五青弦之自乘冪出上第一圖」，不可解釋，今依戴震校。
⑦ 「而可更相表裏」，大典本「而」字下衍「已」字，「相」字下脱「表」字。
⑧ 「居裹者成方冪」，大典本作「者則成方冪」，依李潢校改。
⑨ 「二冪表裏形詭而數均」，大典本「二」下脱「冪」字，「詭」字誤作「訛」字。
⑩ 「朱卷居表」，大典本訛作「青卷白表」，今依李潢校改。
⑪ 「居」，大典本訛作「白」，今依李潢校改。

葭長一丈三尺。

術曰：半池方自乘，此以池方半之，得五尺爲句，水深爲股，葭長爲弦。以句及股弦差求股、弦。①故令句自乘，先見矩冪也。以出水一尺自乘，減之，出水者，股弦差。減此差冪於矩冪則除之。②餘，倍出水除之，卽得水深。差爲矩冪之廣，水深是股。③令此冪得倍出水二尺爲廣，故爲矩而得水深也。④加出水數，得葭長。臣淳風等謹按：此葭本出水一尺，既見水深，故加出水尺數而得葭長也。

〔七〕今有立木，繫索其末，委地三尺。引索卻行，去本八尺而索盡。問索長幾何？

荅曰：一丈二尺、六⑤分尺之一。

術曰：以去本自乘，此以去本八尺爲句，所求索者弦也。引而索盡與「開門去閫」者句及股弦差求股弦同一術。⑥去本自乘者，先張矩冪。令如委數而一，委地者，股弦差也。以除矩冪，卽是股弦并也。所得，加委地數而半之，卽索長。子不可半者，倍其母。加差於并則成兩索長，故又半之。其減差於并而半之，得木長也。⑦

〔八〕今有垣高一丈。倚木於垣，上與垣齊。引木卻行一尺，其木至地。問木幾何？

荅曰：五丈五寸⑧。

術曰：以垣高十尺自乘，如卻行尺數而一，所得，以加卻行尺數而半之，卽木長數。此以垣高一丈爲句，所求倚木者爲弦，引卻行一尺爲股弦差。其爲術之意，與「繫索」問同也。

〔九〕今有圓材，埋在壁中，不知大小。以鋸鋸之，深一寸，鋸道長一尺。問徑幾何？

答曰：材徑二尺六寸。

術曰：半鋸道自乘，此術以鋸道一尺爲句，材徑爲弦，鋸深一寸爲股弦差之一半，故鋸長亦半之

---

① 「以句及股弦差求股、弦」，楊輝本、大典本作「以句弦見股」，此從戴震校改。

② 「減此差冪於矩冪則除之」係楊輝本、大典本原文，未誤。戴震校本將「則除之」三字改成「餘爲倍股弦差乘股長之矩冪」十二字，似非必要。

③ 「差爲矩冪之廣，水深是股」係楊輝本、大典本原文，未誤。句自乘所得的矩冪以股弦差爲廣，股弦幷爲袤。戴震校本於「差」字上添一「倍」字，是難以理解的。

④ 「令此冪得倍出水二尺爲廣，故爲矩而得水深也」，楊輝本、大典本此句訛作「令此冪出水一尺爲長故爲矩而得葭長也」。今以意校改。「此冪」係股弦差冪與句自乘冪之差，如以倍股弦差爲廣，則袤爲股，就是水深。又此句之前戴校本增「欲先見葭長者出水一尺自乘，以加於半池方自乘，倍出水除之，即得」二十七字非楊輝本、大典本原文。劉注求水深不應有求葭長之法，顯係蛇足。

⑤ 「六分尺之一」的「六」，微波榭本誤作「二十一」，楊輝本、大典本不誤。

⑥ 楊輝本、大典本無「與」字與「求股弦」三字，依戴震校補。

⑦ 此兩句楊輝本、大典本訛作「加差者，幷則成長，故又半之。其減差者幷而半之也」。今依戴震校改。

⑧ 「寸」，微波榭本誤作「尺」。

也①。臣淳風等謹按：下鐮深得一寸爲半股弦差，注云爲股弦差者鐮道也。②如深寸而一，以深寸增之，卽材徑。亦以半增之。如上術去本當半之，今此皆同半，差不復半也。

〔一〇〕今有開門去閫一尺，不合二寸。問門廣幾何？

荅曰：一丈一寸。

術曰：以去閫一尺自乘，所得，以不合二寸半之而一，所得，增不合之半，卽得門廣。此去閫一尺爲句，半門廣爲弦③，不合二寸，以半之得一寸爲股弦差，求弦。故當半之。今卽④以兩弦爲廣數，故不復半之也。

〔一一〕今有戶高多於廣六尺八寸，兩隅相去適一丈。問戶高、廣各幾何？

荅曰：

廣二尺八寸；

高九尺六寸。

術曰：令一丈自乘爲實。半相多，令自乘，倍之，減實，半其餘。以開方除之，所得，減相多之半，卽戶廣。加相多之半，卽戶高。令戶廣爲句，高爲股，兩隅相去一丈爲弦，高多於廣六尺八寸爲句股差。按圖爲位，弦羃適滿萬寸。倍之，減句股差羃。開方除之，其所得卽高廣并數。以差減并而半之卽戶廣，加相多之數卽戶高也。今此術先求其半。一丈自乘爲朱羃四，黄羃一。半差自乘，又倍之，爲黄冪四分之二。減實，⑤半其餘，有朱冪二，黃冪四分之一⑥。其於大方得四分之一⑦。故開方除之，得高廣幷數之半⑧。減半差⑨得廣，加得戶高。又按此圖冪，句股幷自乘，加差冪，爲兩弦冪。半之，開方得弦。今倍弦冪減差冪，求句股幷，蓋先見其弦，然後知其句與股也。句股適等者，幷而自乘，卽爲兩弦冪。皆各爲方，先見其弦然後知其句與股者，倍弦冪卽爲句股適等者幷而自乘之冪。半相多自乘倍之，又半句股幷自乘亦倍之，合爲弦冪。其無差數者，句股各自乘，幷之爲實，與句股相乘倍之爲實，皆開方得弦。弦冪半之爲實，開方卽得句、股⑩。及股長句短，同源而分流焉。假令句股各五，弦冪五十。開方除之得七尺，有餘一不盡。假令弦十，其冪有百，半之爲句、股二冪⑪，各得五十，當亦不可開。故曰，圓三徑一，方五斜七，雖不正得盡理，亦可言相近耳。其句股合而自

①「故鐻長亦半之也」，大典本訛作「鐻長是半也」，依戴震校改。

②李淳風注文字必有錯誤。因不知原意所在，無可校改。

③「半門廣爲弦」，楊輝本、大典本、微波榭本訛作「門廣爲股」，依李潢校改。

④「卽」，楊輝本、大典本訛作「次」，依戴震校改。

⑤「爲黃冪四分之二。減實」，大典本訛作「爲朱冪」，依戴震校改。

⑥「四分之一」，楊輝本、大典本訛作「四分一丈」，此從戴震校。

⑦「得四分之一」，大典本「得」訛作「棄」。戴震校本改爲「棄四分之三，適得四分之一」，似無必要。

⑧「之半」，大典本訛作「半幷數」，依戴震校改。　⑨「半差」，各本誤作「差半」。

⑩「又按此圖冪」至「開方卽得句股」，大典本誤作「又按此圓冪，句股相幷而加其差冪，亦減弦冪爲積，蓋先見其弦，然後知其句與股，今適等自乘，亦各爲方，先見其弦，然後知其句與股，適等者令自乘，亦令爲弦冪，令半相多而自乘，倍之，亦爲弦冪，而差數復先此各自乘之，而與相乘數各爲門實」，舛訛不可通。今依戴震校。

⑪「句股二冪」，楊輝本、大典本訛作「句股弦三冪」，此從戴震校改。

乘之冪，令弦自乘倍之爲兩弦冪以減之。其餘，開方除之，爲句股差。加差於合而半之爲股，減差於合而半之爲句。①句股弦卽高廣袤。②其出此圖也，其倍弦爲廣袤③合，句自乘爲冪④，得廣卽股弦⑤差。其矩句之冪，倍股⑥爲從法，開之亦股弦差。⑦以句股差冪減弦冪⑧，半其餘，差爲從法，開方除之卽句也。

〔一二〕今有戶不知高廣，竿不知長短。橫之不出四尺，從之不出二尺，邪之適出。問戶高、廣、袤⑨各幾何？

答曰：

廣六尺，

高八尺，

袤一丈。

術曰：從、橫不出相乘，倍，而開方除之。所得加從不出卽戶廣，此以戶廣爲句，戶高爲股，戶袤爲弦。凡句股冪之在弦冪⑩，或矩於表，或方於裏。連之者舉表矩而連⑪之。又從句⑫方裏令爲青矩之表，未滿黃方。滿此方則兩端之矩⑬重於隅中，各以股弦差爲廣，句弦差⑭爲袤。故兩⑮差相乘，又倍之，則成黃方之冪。開方除之，得黃方之面。其外之青矩⑯亦以股弦差爲廣，故以股弦差加之，則爲句也。加橫不出卽戶高，兩不出加之，得戶袤。

〔一三〕今有竹高一丈，末折抵地，去本三尺。問折者高幾何？

荅曰：四尺、二十分尺之十一。

術曰：以去本自乘，此去本三尺爲句，折之餘高爲股，末折抵地爲弦。以句及股弦并求股，故先令

①「其句股合」至「半之爲句」，大典本作「其句股合而自相乘之羃者，令弦自乘爲四羃以減之，開方除之，其餘，爲句股差，加於合而半爲股，減差於合而半之爲句」，舛訛不可通。今依戴震校改。

②「句股弦卽高廣袤」，大典本作「股弦卽高廣袤」。

③「袤」，大典本訛作「衺」。

④「句自乘爲羃」，大典本作「矩句卽爲羃」。

⑤⑦「股弦差」，各本誤作「句股差」。

⑥各本脫落「股」字，今補。

⑧「以句股差羃減弦羃」，各本誤作「其餘以句股羃減」。

⑨各本「高廣衺」及下「戶衺」之「袤」皆訛作「衺」。李潢說「戶衺之衺皆當作衺」。

⑩「凡句股羃之在弦羃」，大典本訛作「凡句之在股」。戴校本作「凡并句股之羃卽爲弦羃」，與下文「或矩於表，或方於裏」語氣不連。

⑪「連」，大典本訛作「端」。戴校改爲「方」，亦很難理解。

⑫「句」，大典本訛作「矩」，依戴震校改。

⑬「矩」，大典本訛作「邪」，戴震校改作「廉」，非是。

⑭「差」，大典本訛作「并」，依戴震校改。

⑮「兩」字下各本衍一「端」字，今刪。

⑯「矩」，大典本訛作「知」，依李潢校改。

句自乘見矩羃。①令如高而一，竹高一丈爲股弦并②，以除此羃得差。所得，以減竹高而半其餘，卽折者之高也。此術與繫索者之類，更相反覆也。亦可如上術，令高③自乘爲股弦并羃，去本自乘爲矩羃，減之，餘爲實，倍高爲法，則得折之高數也。

〔一四〕今有二人同所立。甲行率七，乙行率三。乙東行。甲南行十步而邪東北與乙會。問甲乙行各幾何？

荅曰：

乙東行一十步半；

甲邪行一十四步半及之。

術曰：令七自乘，三亦自乘，并而半之，以爲甲邪行率。邪行率減於七自乘，餘爲南行率。以三乘七爲乙東行率。此以南行爲句，東行爲股，邪行爲弦。股率三，句弦并率七，欲知弦率者，④當以股自乘⑤爲羃，如并而一，所得爲句弦差。加差於并而半之爲弦，以弦減差，餘爲句。⑥如是或有分，當通而約之乃定。術以句弦并率爲分母，⑦故令句弦并自乘爲朱黄相連之方。股自乘爲青羃之矩，令其矩引之直，加損同之，以句弦并爲袤，差爲廣。⑧其圖大體，以兩弦爲袤，句弦并爲廣⑨。引横⑩斷其半爲弦率，七自乘者句弦并之率，故弦減之餘爲句率。同立處，是中停也。列用率皆句弦并爲袤，弦與句各爲之廣，故亦以股率同其袤也⑪。置南行十步，以甲邪行率乘之，副置十步，以乙東行率乘之，各自爲實。實如南行率而一，各得行數。南行十步者，所有見句求弦股，以弦、股率乘，如句率而一。⑫

〔一五〕今有句五步，股十二步。問句中容方幾何？

荅曰：方三步、十七分步之九。

術曰：并句、股爲法，句股相乘爲實，實如法而一，得方一步。句股相乘爲朱、青、黃羃

---

① 「此去本三尺」至「見矩羃」，大典本只存「此去三尺爲句，折之餘高爲股，以先令自乘之羃」十九字，此依戴震校。

② 「竹高一丈爲股弦并」，大典本訛「凡爲高一丈爲股弦并之」，依戴震校。

③ 大典本脱落「高」字，依戴震校補。

④ 「股率三，句弦并率七，欲知弦率者」，大典本訛作「并句率七欲引者」。戴校本作「句弦并七，欲知弦者」，亦不盡是。

⑤ 大典本脱落「股自乘」三字，依戴震校補。

⑥ 「加差於并而半之爲弦，以弦減差，餘爲句」，大典本作「加并之半爲率，以率減餘爲句率」，依戴震校改。

⑦ 「術以句弦并率爲分母」，大典本訛作「術以可使爲分母」。戴校作「術以句弦并爲分母，差爲分子」，非是。

⑧ 「令其矩引之直，加損同之，以句弦并爲袤，差爲廣」，大典本前十字在後九字之後，依微波榭本改正。

⑨ 「句弦并爲廣」，楊輝本、大典本訛作「句股爲廣」，此從戴震校改。

⑩ 「横」，孔刻本訛作「黄」，依李潢校正。

⑪ 「列用率皆句弦并爲袤，弦與句各爲之廣，故亦以股率同其袤也」，大典本訛作「皆句弦并爲率，故亦以句率同其袤也」，此依戴震校改。

⑫ 大典本「求」字下衍「見」字，「股」字下衍「故」字，今删去。又「以弦、股率乘」脱落「乘」字，依李潢校補。

各二。令黄冪連於下隅，朱、青各以類合，共成脩冪。①中方黄爲廣②，并句股爲袤。故并句股爲法。冪圖方在句中，則方之兩廉各自成小句股③，而其相與之勢不失本率也。股面之小句股、并爲股。④令股爲中方率，并句股爲率⑤，據見句五步而今有之，得中方也。復令句爲中方率，以并句股爲率⑥，據股十二步而今有之，則中方又可知。此則雖不效，而法實有⑦由生矣。下容圓術以今有衰分言之⑧，可以見之也。

〔一六〕今有句八步，股十五步。問句中容圓，徑幾何？

答曰：六步。

術曰：八步爲句，十五步爲股，爲之求弦。三位并之爲法，以句乘股，倍之爲實。實如法得徑一步。句股相乘爲圖之本體，朱青黄冪各二，倍之則爲各四⑨。可用畫於小紙，分裁邪正之會，令顛倒相補，各以類合，成脩冪。圓徑爲廣，并句股弦爲袤。故并句股弦以爲法。又以圓之大體言之，股中青必令立規於横廣句股又邪三徑均，而復連規從横量度句股必合而成小方矣。⑩又畫中弦以觀其會⑪，則句股之面中央各有小句股弦⑫。句面之小股、股面之小句⑬皆小方之面，皆圓徑之半。其數故可衰。以句股弦爲列衰，副并爲法。以⑭句乘未并者各自爲實。實如法而一，則⑮句面之小股可知也。以股乘列衰爲實，則⑯股面之小句可知。言雖異矣，及其所以成法⑰實則同歸矣。又可以股弦差減句爲圓徑⑱。句弦差減股爲圓徑。又弦減句股并，餘爲圓徑。以句弦差乘股弦差而倍之，開方除之，亦圓徑也。

---

① 「令黄冪連於下隅，朱、青各以類合，共成脩冪」，大典本作「令黄冪袤於隅中，朱青各以其類令從其兩徑共成脩之冪」，今依微波榭本校。

② 「中方黄爲廣」，大典本作「方中黄」，依戴震校改。

③「各自成小句股」，大典本作「各自成小股袤」，依戴震校改。

④「股面之小句股，幷爲股」，大典本訛作「句中之小股股面之幷爲中率」。戴震校作「句面之小股，股面之小句，從橫相連合而成中方」，沒有說明股爲中方率的理由，與劉注原意不合。

⑤「率」字上，戴校本衍一「廣」字。

⑥「以幷句股爲率」，大典本脫落「幷」字，戴校本「率」字上增一「袤」字，無必要。

⑦「有」字下，各本衍一「法」字，依李潢校刪。

⑧「下容圓術以今有衰分言之」，大典本「下」訛作「不」，「以」訛作「而似」，依戴震校正。又「術」訛作「率」，戴未校改。

⑨「倍之則爲各四」，大典本訛作「之則田爲各四」，戴校本改作「則倍之爲各四」。

⑩「又以圓之大體言之」至「而成小方矣」四十二字殘缺錯誤，意義難通，戴震、李潢未加校訂。今悉仍其舊。

⑪「觀其會」，大典本訛作「規除會」，依戴震校正。

⑫「則句股之面中央各有小句股弦」，大典本脫落「各有」二字，今補。戴震校作「則句股之中成小句股弦者四」，意義難通。

⑬「句面之小股，股面之小句」，大典本訛作「句之小股面面小句」，依戴震校正。

⑭「句」字上，大典本衍一「小」字，依李潢校刪。

⑮「則」，大典本訛作「得」。

⑯「則」字下，大典本衍一「得」字。

⑰「法」字下，各本衍一「之」字，依李潢校刪。

⑱「又可以股弦差減句爲圓徑」，大典本訛作「則圓徑又可以句乘之差幷」，依戴震校正。

〔一七〕今有邑方二百步，各中開門。出東門十五步有木。問出南門幾何步而見木？

荅曰：六百六十六步、太半步。

術曰：出東門步數爲法，以句率爲法也。半邑方自乘爲實，實如法得一步。此以出東門十五步爲句率，東門南至隅一百步爲股率，南門東至隅一百步爲見句步。欲以見句求股，以爲出南門數。正合半邑方自乘者，股率當乘見句，此二者數同也。

〔一八〕今有邑，東西七里，南北九里，各中開門。出東門十五里有木。問出南門幾何步而見木？

荅曰：三百一十五步。

術曰：東門南至隅步數，以乘南門東至隅步數爲實。以木去門步數爲法。實如法而一。此以東門南至隅四里半爲句率，出東門十五里爲股率，南門東至隅三里半爲見股。所問出南門卽見股之句。爲術之意，與上同也。

〔一九〕今有邑方不知大小，各中開門。出北門三十步有木，出西門七百五十步見木。問邑方幾何？

荅曰：一里。

術曰：令兩出門步數相乘，因而四之，爲實。開方除之，即得邑方。按前術：半邑方自乘，出東門步數除之，即出南門步數。①今兩出門相乘爲半邑方自乘②，居一隅之積分。因而四之，即得四隅之積分。故以爲實。開方除之，即邑方也。

〔二〇〕今有邑方不知大小，各中開門。出北門二十步有木。出南門十四步，折而西行一千七百七十五步見木。問邑方幾何？

荅曰：二百五十步。

術曰：以出北門步數乘西行步數，倍之，爲實。此以折而西行爲股，自木至邑南③十四步爲句。以出北門二十步爲句④率，北門至西隅爲股率，⑤即半廣數。故以出北門句率乘西行股，得半廣股率乘句之

---

① 「按前術：半邑方自乘，出東門步數除之，即出南門步數」，大典本作「按半邑方令半方自乘，出門除之，即步」，今依戴震校改。

② 「今兩出門相乘爲半邑方自乘」，大典本作「令之出相乘，故爲半方邑自乘」，今依戴震校改。

③ 大典本脱去「南」字，依戴震校補。

④ 「句」，大典本訛作「弦」，依戴震校正。

⑤ 「股率」，大典本訛作「單望」，依戴震校改。

冪。① 然此冪居西半。故又倍之合東半以盡之也。② 并出南門步數爲從法，開方除之，即邑方。此術之冪，東西廣如邑方，南北自木盡邑南十四步爲袤。合南北步數爲廣袤差，故并兩步數爲從法。以爲隅外之冪也。③

〔二一〕今有邑方十里，各中開門。甲乙俱從邑中央而出。乙東出；甲南出，出門不知步數，邪向東北④磨邑，適與乙會。率甲行五，乙行三。問甲、乙行各幾何？

荅曰：

甲出南門八百步，邪東北行四千八百八十七步半，及乙。

乙東行四千三百一十二步半。

術曰：令五自乘，三亦自乘，并而半之，爲邪行率。邪行率減於五自乘者，餘，爲南行率。以三乘五，爲乙東行率。求三率之意與上甲乙同。置邑方半之，以南行率乘之，如東行率而一，即得出南門步數。邑半方，自南門至東隅五里以爲小股。求出南門步數爲小股之句。⑤故置邑方半之，以南行句率乘之，如股率而一。以增邑方半，即南行。半邑者，謂從邑心中停也。置南行步求弦者，以邪行率乘之，求東者以東行率乘之，各自爲實。實如南行率得一步。此術與上甲乙同。

〔二二〕有木去人不知遠近。立四表，相去各一丈，令左兩表與所望參相直。從後右表望之，入前右表三寸。問木去人幾何？

荅曰：三十三丈三尺三寸、少半寸。

術曰：令一丈自乘爲實，以三寸爲法，實如法而一。此以入前右表三寸爲句率，右兩表相去一丈爲股率，左右兩表相去一丈爲見句，所問木去人者見句之股⑥。股率當乘見句，此二率俱一丈，故曰自乘。以三寸爲法，實如法得一寸。

---

① 「故以出北門句率乘西行股，得半廣股率乘句之冪」，大典本作「故以出北門乘至南行股以半率乘句之冪」，今依戴震校改。

② 「然此冪居西半。故又倍之合東半以盡之也」，大典本訛作「然北冪居半以西行，故又倍之合東盡之也」。戴校本作「然此冪居半以西，故又倍之合半以東也」。

③ 從「此術之冪」到「隅外之冪也」，大典本原作「此術之冪，東西南北邑自木盡邑南四十步之冪，合南北步爲廣，邑方爲袤，故連兩廣爲法從并，以爲隅外之冪也」，今依戴震校改。

④ 「東北」，各本作「東門」，楊輝引作「東北」。

⑤ 「邑半方，自南門至東隅五里以爲小股，求出南門步數爲小股之句」，大典本原作「令半方南門東隅五里半邑者謂爲小股也。求以爲出南門步數」。今依戴震校改；戴校本「小股之句」下還有「以東行爲股率，南行爲句率」十一字，今刪。

⑥ 「股」字下，大典本衍「於右行」三字，依戴震校刪。

〔三三〕有山居木西，不知其高。山去木五十三里，木高九丈五尺①。人立木東三里，望木末適與山峯斜平。人目高七尺。問山高幾何？

答曰：一百六十四丈九尺六寸、太半寸。

術曰：置木高減人目高七尺，餘，以乘五十三里爲實。以人去木三里爲法。實如法而一，所得，加木高卽山高。此術句股之義：以木高減人目高七尺，餘有八丈八尺爲句率，人去木②三里爲股率，山去木五十三里爲見股。以句率乘見股，如股率而一，得句，加木之高，③故爲山高也。

〔三四〕今有井徑五尺，不知其深。立五尺木於井上，從木末望水岸，入徑四寸。問井深幾何？

答曰：五丈七尺五寸。

術曰：置井徑五尺，以入徑四寸減之，餘，以乘立木五尺爲實。以入徑四寸爲法。實如法得一寸。此以入徑四寸爲句率，立木五尺爲股率，井徑四尺六寸爲見句。問井深者，見句之股也。

① 「九丈五尺」，大典本譌作「九尺五寸」，楊輝引不誤。
② 「人去木」，孔刻本作「去人目」，失却原意。
③ 「以句率乘見股，如股率而一，得句，加木之高」，大典本譌作「以木高爲見股，求句，加人目之高」，今依戴震校正。

海島算經

海島算經提要

海島算經一卷原爲劉徽九章算術注十卷的最後一卷。劉徽撰重差一章附於九章算術之後，他於自序中說：「輒造重差，幷爲注解，以究古人之意，綴於句股之下。」西漢時期主張蓋天說的天文學家撰周髀二卷，上卷有依據兩個測望數據推算太陽「高、遠」的方法。這種測量方法在地面爲平面的假設下，理論上是正確的。可是地面不是平面，周髀所謂「日去地」的「高」和「日下」離測望地點的「遠」是脫離實際的。但在地面上幾里路以內，用上述方法測量目的物的高和遠還是準確的。因爲推算高遠的公式中用着兩個差數，從而這種測量方法有重差術的名稱。劉徽在漢人重差術的基礎上，把它的應用加以推廣。自序說：「凡望極高、測絕深而兼知其遠者必用重差，句股則必以重差爲率，故曰重差也。」又說，「度高者重表，測深者累矩，孤離者三望，離而又旁求者四望。觸類而長之，則雖幽遐詭伏，靡所不入。」這是劉徽於他的傑作九章算術注外的又一個輝煌成就。

到了唐朝初年選定十部算經時，重差一卷和九章算術分離，另本單行。因它第一題是一個測望海島山峯而推算它的高、遠的問題，從而被稱爲海島算經。

宋刻本海島算經早經失傳。現在的傳本是由戴震從永樂大典中輯錄出來的九個問題訂成的。題目的個數和次序是否和原書相同，現在無法考查了。劉徽自序有「輒造重差，并爲注解」的話，而大典本海島算經只有唐李淳風等的注釋，他的自注究於何時失傳，亦難以稽考。又隋書經籍志著錄有劉徽九章重差圖一卷，亦早經失傳。

就傳本海島算經的九個例題而論：第一題測量海島用「重表」法，第三題測量方邑用「連索」法，第四題測量深谷用「累矩」法，是重差術的三個基本方法。增添測望的數據可以推算出更多的結果。九個例題中有「三望」題四個，「四望」題二個，都是在用基本方法所得的結果上轉求其他目的的問題。海島算經九個問題的解法，除第七題的「又術」外，都是正確的。這些正確的解法無疑是通過問題的具體分析，依據幾何論證，和代數運算而整理出來的。不幸的是傳本海島算經缺乏劉徽的自注和重差圖，我們很難體會作者的思想過程。李淳風等的注釋僅僅在每一條術文之下寫出了用問題中的已知數據計算所求答案的演算步驟，沒有將作者設題造術的理由注釋出來。清李潢（一八一二年卒）撰海島算經細草圖說一卷，於他死後八年有刻本傳世，卷後注明「淮陰駱騰鳳校訂、吳縣沈欽裴補草」。沈欽裴又自撰重差圖說一卷。這兩種書都利用相似形的相當邊成比例說明原有術文的正確性。但「圖」中添線過多，恐不能符合劉徽造術的原意。浙江臨海人李鏐於一八七九年撰海島算經緯筆一卷，用天元術解答海島算經的問題，沒有原術的注解。關於劉徽重差術的理論根據和他的思想過程，應有進一步探討的必要。

版本與校勘

海島算經一卷於宋代有北宋秘書省刻本和南宋鮑澣之刻本。這兩種版本到淸初俱已失傳。戴震任四庫館員時於永樂大典中輯錄出九個問題訂成一卷。此後有武英殿聚珍版本，孔繼涵微波榭算經十書本，屈曾發九章算術附刊本等。

微波榭本海島算經附錄戴震的「海島算經正譌」二條。他指出了第一題術李注中有錯誤文字，但不能校正它。李潢用微波榭本爲底本校正了六處錯誤文字。我現在又補校三處。但第一題術李淳風注中有文理欠通，不能句讀的五十九字，無法校訂，只可缺疑。第七題的「又術」顯然是錯誤的。蘇州龔淪（一七三九——一七九九）說：「海島九問惟此有又術，當是後人竄入，非劉徽本文。李淳風依數推衍，蓋未嘗深思其故也。」又第三題術文中有「景差」這個名詞。李鏐認爲「景差」卽影差，當是「前去表」、「後去表」步數的差。求「邑方」術中「爲景差」三字應移至「以前去表減之不盡」之後。求邑去表術中，在「景差減之」之前應有「前去表加」四字。李鏐對「景差」的解釋和他的校勘是可以理解的。爲了適當保持唐以前手抄本的本來面目，我們暫且不予校改。

海島算經

〔一〕今有望海島，立兩表齊高三丈，前後相去千步，令後表與前表參相直。從前表卻行一百二十三步，人目著地取望島峰，與表末參合。從後表卻行一百二十七步，人目著地取望島峰，亦與表末參合。問島高及去表各幾何？

荅曰：島高四里五十五步。

去表一百二里一百五十步。

術曰：以表高乘表間爲實。相多爲法，除之。所得加表高，卽得島高。臣淳風等謹按此術意，宜云，島謂山之頂上。兩表謂立表木之端直以人目與木末望島參平。人去表一百二十三步爲前表之始後立表末至人目於木末相望去表一百二十七步。①二去表相減爲相多②，以爲法。前後表相去千步爲表間。以表高乘之爲實。以法除之，加表高，卽是島高積步，得一千二百五十五步。以里法三百步除之，得四里，餘五十五

① 李注從「島謂山之頂上」至「去表一百二十七步」五十九字，文理欠通，不能句讀，傳刻本定有誤文奪字。但無法校正，亦難標點，只可缺疑。

② 「二去表相減爲相多」，各本訛作「二表相去爲相多」，今依李潢校正。

步。是島高之步數也。求前表去島遠近者，以前表卻行乘表間爲實。相多爲法，除之，得島去表里數。臣淳風等謹按此術意，宜云，前去表乘表間，得十二萬三千步。以相多四步爲法，除之，得三萬七百五十步。又以里法三百步除之，得一百二里一百五十步，是島去表里數。

〔三〕今有望松生山上，不知高下。立兩表，齊高二丈，前後相去五十步，令後表與前表參相直。從前表卻行七步四尺，薄地遙望松末，與表端參合。又望松本，入表二尺八寸。復從後表卻行八步五尺，薄地遙望松末，亦與表端參合。問松高及山去表各幾何？

荅曰：松高十二丈二尺八寸。

山去表一里二十八步、七分步之四。

術曰：以入表乘表間爲實，相多爲法，除之。加入表，卽得松高。臣淳風等謹按此術意，宜云，前後去表相減，餘七尺是相多，以爲法。表間步通之爲尺，以入表乘之，退位一等以爲實。以法除之，更加入表，得一百二十二尺八寸，以爲松高。退位一等，得十二丈二尺八寸也。求表去山遠近者，置表間，以前表卻行乘之爲實。相多爲法，除之，得山去表。臣淳風等謹按此術意，宜云，表間以步尺法通之得三百尺。以前去表四十六尺乘之爲實。以相多七尺爲法。實如法而一得一千九百七十一尺、七分尺之三。以里尺法除之，得一里。不盡以步法①除之，得二十八步。不盡三還以七因之得數，內子三，得二十四。復置步尺法，以分母七乘六，得四十二爲步法。俱半之，副置平約等數。卽是於山去前表一里二十八步、七分步之四也。

〔三〕今有南望方邑，不知大小。立兩表，東、西去六丈，齊人目，以索連之。令東表與邑東南隅及東北隅參相直。當東表之北卻行五步，遥望邑西北隅，入索東端二丈二尺六寸半。又卻北行去表十三步二尺，遥望邑西北隅，適與西表相參合。問邑方及邑去表各幾何？

荅曰：邑方三里四十三步、四分步之三。

邑去表四里四十五步。

術曰：以入索乘後去表，以兩表相去除之，所得爲景差。以前去表減之不盡，以爲法。置後去表，以前去表減之，餘以乘入索爲實。實如法而一，得邑方。臣淳風等謹按：此術置入索乘後去表得一千八百一十二尺。以兩表相去除之，得三丈二寸爲景差。以前去表減之，餘二寸以爲法。前、後去表相減之餘②以乘入索，得一萬一千三百二十五寸爲實。以法除之，得五千六百六十二尺，不盡二分尺之一。以里法除之，得三里。不盡尺以步法除之，得四十三步。不盡四以分母乘之，內子一，得九。以分母乘六得十二。以三約母得四，約子得三。卽得邑方三里四十三步、四分步之三也。求去表遠近者，置後去表，以景差減之，餘以乘前去表爲實。實如法而一，得邑去表。臣淳風等謹按：此術置後去表，以景差尺數減之，餘尺以乘前去表，得一千四百九十四尺爲實。以法除之，得七千四百七十尺。以步里

---

① 「步法」，各本訛作「步尺」，今校正。

② 「前、後去表相減之餘」，原本訛作「前後相去表減之餘」，今校正。

法除之，得四里。不盡二百七十尺。以步法除之，得四十五步。卽是邑去前表四里四十五步也。

〔四〕今有望深谷，偃矩岸上，令句高六尺。從句端望谷底入下股九尺一寸。又設重矩於上，其矩間相去三丈。更從句端望谷底，入上股八尺五寸。問谷深幾何？

荅曰：四十一丈九尺。

術曰：置矩間，以上股乘之，爲實。上、下股相減，餘爲法，除之。所得以句高減之，卽得谷深。臣淳風等謹按：此術置矩間，上股乘之爲實。又置上、下股尺寸，相減餘六寸，以爲法。除實得數，退位一等，以句高減之，餘四十一丈九尺，卽是谷深。又一法，置矩間，以下股乘之，爲實。置上、下股尺數，相減餘六寸以爲法。除之，得四百五十五尺。以句高幷矩間得三十六尺，減之，餘退位一等，卽是谷深也。

〔五〕今有登山望樓，樓在平地。偃矩山上，令句高六尺，從句端斜望樓足，入下股一丈二尺。又設重矩於上，令其間相去三丈。更從句端斜望樓足，入上股一丈一尺四寸。又立小表於入股之會，復從句端斜望樓岑端，入小表八寸。問樓高幾何①？

荅曰：高八丈。

術曰：上、下股相減，餘爲法。置矩間，以下股乘之，如句高而一。所得，以入小表乘之，爲實。實如法而一，卽是樓高。臣淳風等謹按：此術置下股，以上股相減，餘六寸以爲法。又置矩間，以下股乘之，得三萬六千寸。以句高六尺除之，得六百寸。以入小表乘之，得四千八百寸。以法除之，得八百寸。退位二等②，即是樓高八丈也。

〔六〕今有東南望波口，立兩表南、北相去九丈，以索薄地連之。當北表之西卻行去表六丈，薄地遙望波口南岸，入索北端四丈二寸。以望北岸，入前所望表裏一丈二尺。又卻後行去表十三丈五尺，薄地遙望波口南岸，與南表參合。問波口廣幾何？

答曰：一里二百步。

術曰：以後去表乘入索，如表相去而一③。所得，以前去表減之，餘以爲法。復以前去表減後去表，餘以乘入所望表裏爲實。實如法而一，得波口廣。臣淳風等謹按：此術置後去表，以乘入索四百二寸，得五十四萬二千七百寸。以兩表相去除之，得六百三寸。又以前去表六百寸減之，餘有三寸爲法。又置前後卻行去表寸數，相減餘，以乘入望表裏一百二十寸，得九萬寸。以法除之，得三萬寸爲實。以步里法除之，得一里。餘以步法除之，得二百步。即是波口廣一里二百步也。

〔七〕今有望淸淵，淵下有白石。偃矩岸上，令句高三尺，斜望水岸，入下股四尺五寸。望白石，入下股二尺四寸。又設重矩於上，其間相去四尺。更從句端斜望水岸，入上股四尺。

---

① 「問樓高幾何」，各本脫落「高」字。依李潢校補。
② 「二等」，各本訛作「一等」，今校正。
③ 「如表相去而一」，各本「如」作「以」。今依李潢校改。

以望白石，入上股二尺二寸。問水深幾何？

荅曰：一丈二尺。

術曰：置望水上、下股，相減，餘以乘望石上股爲上率。又以望石上、下股相減，餘以乘望水上股爲下率。兩率相減，餘以乘矩間爲實。以二差相乘爲法。實如法而一，得水深。臣淳風等謹按：此術以望水上、下股相減，餘五寸，以乘望石上股二十二寸，得一百一十寸，即是上率。又置望石上股減望石下股，餘有二寸，以乘望水上股四十寸，得八十寸，即是下率。二率相減，餘有三十寸，以乘矩間四十寸，得一千二百寸爲實。又以二差二、五相乘，得十爲法。除實，退位二等，即是水深一丈二尺也。

又術：列望水上、下股及望石上、下股，相減餘，并爲法。以望石下股減望水下股，餘以乘矩間爲實。實如法而一，得水深。又術置望水下①股，以望水上②股減之，餘有五寸。置望石下股，以望石上股減之，餘有二寸。并之，得七寸，以爲法。又置③望石下股，以望水下股減之，餘有二十一寸。以乘矩間四十寸，得八百四十寸，以爲實。以七寸爲法除之，得一百二十寸。退之，得一丈二尺，即是水深也。

〔八〕今有登山望津，津在山南。偃矩山上，令句高一丈二尺。從句端斜望津南岸，入下股二丈三尺一寸。又望津北岸，入前望股裏一丈八寸。更登高巖，北卻行二十二步，上登五十一步，偃矩山上。更從句端斜望津南岸，入上股二丈二尺。問津廣幾何？

荅曰：二里一百二步。

術曰：以句高乘下股，如上股而一。所得，以句高減之，餘爲法。置北行，以句高乘之，如上股而一。所得，以減上登。餘以乘入股裏爲實。實如法而一，即得津廣。

臣淳風等謹按：此術置句高乘下股，得二百七十七尺二寸。以上股除之，得一丈二尺六寸。以句高一丈二尺減之，餘有六寸，以爲法。又置北行步展爲一百三十二尺，以句高乘之，得一千五百八十四尺。以上股除之，得七十二尺。又置上登五十一步，以每步六尺通之，得三百六尺。以前數減之，餘二百三十四尺。以乘入股裏尺數，得二千五百二十七尺二寸，爲實。實如法而一，得四千二百一十二尺。以步里法除之，得二里，餘一百二步，即是津廣也。

〔九〕今有登山臨邑，邑在山南。偃矩山上，令句高三尺五寸。令句端與邑東南隅及東北隅參相直。從句端遙望東北隅，入下股一丈二尺。又施橫句於入股之會，從立句端望西北隅，入橫句五尺。望東南隅，入下股一丈八尺。又設重矩於上，令矩間相去四丈。更從立句端望東南隅，入上股一丈七尺五寸。問邑廣、長各幾何？

---

① 「下」，原訛作「上」，依李潢校正。

② 「上」，原訛作「下」，依李潢校正。

③ 「又置」，原本訛作「又以」，依李潢校正。

荅曰：南北長一里一百步。

東西廣一里三十三步、少半步。

術曰：以句高乘東南隅入下股，如上股而一。所得，減句高，餘爲法。以東北隅下股減東南隅下股，餘以乘矩間爲實。實如法而一，得邑南北長也。求邑廣，以入横句乘矩間爲實。實如法而一，卽得邑東西廣。臣淳風等謹按：此術以句高乘東南隅下股，得六千三百寸。又以東南隅上股一百七十五寸除之，得三十六寸，以句高減之，餘有一寸，以爲法。又置東北隅下股以減東南隅下股，餘有六十寸。以乘矩間得二萬四千寸爲實。實如法而一，卽不盈不縮。以寸里法除之，得一里。不盡以寸步法除之，得一百步。卽是邑南北長一里一百步也。求東西廣步者，置入横句之數，以乘矩間，得二萬寸爲實。實如法而一，卽得不盈不縮。以里法除之，得一里。餘以步法除之，得三十三步。不盡二十，與法俱退半之，卽是三分步之一也。

孫子算經

孫子算經提要

孫子算經三卷，不詳作者名字和編纂年代。清初朱彝尊孫子算經跋疑它出於戰國初期寫孫子兵法的孫武，阮元疇人傳列孫子於周代。四庫全書提要則謂算經中有涉及長安與洛陽相去里數和佛書二十九章等問題，決非孫武原著。我們依據書中有歷史意義的點滴資料，認爲孫子算經的原著時代是在公元四〇〇年前後。但傳本孫子算經卷上記錄度、量單位名目和唐朝田曹、倉曹的制度相同，而和隋書律曆志所引孫子算經「十忽爲秒，十秒爲毫」和「十圭爲抄，十抄爲撮，十撮爲勺」不合。又，大數名稱在傳本孫子算經「大數之法」節裏從億到載都從萬萬進，而在「量之所起」節裏從億到載都從十進，顯然是時代不同的兩種大數進法。於此可見傳本孫子算經有經後人改竄和附加之處。

我國古代用竹籌來作四則運算。算字從竹、從具，它的本義是計算用的竹籌。戰國初期的人已將「算」字作計算用，可證春秋時期人民已經掌握了用竹籌作四則運算的方法。九章算術不是一部算術的啓蒙讀本，對於數字計算的細則沒有明確的指示。孫子算經卷上首先敍述竹籌記數的縱橫相間制和乘、除法則，卷中說明分數算法和開平方法，這些不僅在當時達到了普及數學教育的目的，對我們考證古代的算術也提供了寶貴的資料。

孫子算經卷中和卷下所選的應用問題大都切於民生日用，解題方法亦淺近易曉。但也有不結合實際的解題方法，例如卷下第十三題求九年共耗倉米，第二十二題求鶉、鷂數。又如卷下最後一題推孕婦所生男女，尤屬荒謬絕倫。

卷下又選取了幾個比較難解的算術問題，目的在增加讀者的興趣，例如第十七題「今有婦人河上蕩杯」，第二十六題「今有物不知其數」，第三十一題「今有雉兎同籠」等等，這些問題又經後來數學書轉輾援引，獲得廣泛的流傳。對于「物不知數」一題孫子提示了一個巧妙的解題方法。如果將它推廣到一般聯立一次同餘式組的解法，就和德國偉大數學家高斯於一八〇一年所發表的賸餘定理相同。因此，在西文數學史裏，這個定理被稱爲中國賸餘定理。

傳本孫子算經每卷的第一頁上都標明「李淳風等奉敕注釋」，但書中沒有他們的注釋。

版本與校勘

孫子算經三卷在宋代有北宋祕書省刻本和南宋鮑澣之刻本。明代除永樂大典內輯錄外，宋刻本幾乎失傳。清初太倉王杰家藏有南宋刻本一册。後來這個孤本先後爲常熟毛晉、陽城張敦仁所得，今存上海圖書館。毛晉子毛扆又有一個影宋抄本，後來轉入清宫，今有影印的天祿琳琅叢書本。

一七七三年戴震任四庫全書館纂修時，從永樂大典所載裒集編次，並且略加校訂，得孫子算經三卷。四庫全書本、武英殿聚珍版本、孔氏微波榭算經十書本、鮑廷博知不足齋叢書本、劉鐸古今算學叢書本等都以戴震校本爲藍本。

戴震對孫子算經的校勘工作做得很差。如果用毛氏的影宋抄本作參考，大部分他手校的文字是多餘的。爲此我們重加校訂，寫下了校勘記三十條，其中一半以上是依照天祿琳琅叢書本駁正戴震的誤校的。

孫子算經序

孫子曰：夫算者，天地之經緯，羣生之元首①，五常之本末，陰陽之父母，星辰之建號，三光之表裏，五行之準平，四時之終始，萬物之祖宗，六藝之綱紀。稽羣倫之聚散，考二氣之降升，推寒暑之迭運，步遠近之殊同。觀天道精微之兆基，察地理從橫之長短。采神祇之所在，極成敗之符驗。窮道德之理，究性命之情。立規矩，準方圓，謹法度，約尺丈，立權衡，平重輕，剖毫釐，析黍絫，歷億載而不朽，施八極而無疆。散之不可勝究，斂之不盈掌握。嚮之者富有餘，背之者貧且窶。心開者幼沖而即悟，意閉者皓首而難精。夫欲學之者必務量能揆己，志在所專。如是則焉有不成者哉。

① 「羣生之元首」是南宋本、大典本原文。孔刻本「元首」改作「元用」，似非必要。

孫子算經卷上

度之所起，起於忽。欲知其忽，蠶吐絲爲忽。十忽爲一絲，十絲爲一毫①，十毫爲一釐②，十釐爲一分，十分爲一寸，十寸爲一尺，十尺爲一丈，十丈爲一引。五十尺爲一端，四十尺爲一疋。六尺爲一步。二百四十步爲一畝。三百步爲一里。

稱之所起，起於黍。十黍爲一絫，十絫爲一銖，二十四銖爲一兩，十六兩爲一斤，三十斤爲一鈞，四鈞爲一石。

量之所起，起於粟。六粟爲一圭，十圭爲一撮，十撮爲一抄，十抄爲一勺，十勺爲一合，十合爲一升，十升爲一㪷，十㪷爲一斛。斛得六千萬粟。所以得知者，六粟爲一圭，十圭六十粟爲一撮，十撮六百粟爲一抄，十抄六千粟爲一勺，十勺六萬粟爲一合，十合六十萬粟爲一升，十升六百萬粟爲一斗，十斗六千萬粟爲一斛。十斛六億粟，百斛六兆粟，千斛六京

---

① 「毫」，南宋本、大典本原作「毫」，孔刻本改作「豪」。

② 「釐」，南宋本、大典本原作「釐」，孔刻本改作「氂」。

粟，萬斛六陔粟，十萬斛六秭粟，百萬斛六壤粟，千萬斛六溝粟，萬萬斛爲一億斛，六澗粟，十億斛六正粟，百億斛六載粟。

凡大數之法：萬萬曰億，萬萬億曰兆，萬萬兆曰京，萬萬京曰陔，萬萬陔曰秭，萬萬秭曰壤，萬萬壤曰溝，萬萬溝曰澗，萬萬澗曰正，萬萬正曰載。周三徑一。方五邪七。見邪求方，五之，七而一。見方求邪，七之，五而一。

黄金方寸重一斤。　白金方寸重一十四兩。　玉方寸重一十二兩。

銅方寸重七兩半。　鉛方寸重九兩半。　鐵方寸重六兩。

石方寸重三兩。

凡算之法，先識其位。一從十横，百立千僵，千十相望，萬百相當①。

凡乘之法，重置其位。上下相觀，上位②有十步至十，有百步至百，有千步至千。以上命下，所得之數列於中位。言十卽過，不滿自如。上位乘訖者先去之。下位乘訖者則俱退之。六不積，五不隻。上下相乘，至盡則已③。

凡除之法，與乘正異。乘得在中央，除得在上方。假令六爲法，百爲實。以六除百，當進之二等，令在正百下，以六除一，則法多而實少，不可除，故當退就十位。以法除實，言一六而折百爲四十④，故可除。若實多法少，自當百之，不當復退。故或步法十者置於十位，百者置於百位。上位⑤有空絶者，法退二位。⑥餘法皆如乘時。實有餘者，以法命之，以法爲母，實餘爲子。

以粟求糲米，三之，五而一。

以糲米求粟，五之，三而一。

以糲米求飯，五之，二而一。

以粟米求糲飯，六之，四而一。

以糲飯求糲米，二之，五而一。

以糳米求飯，八之，四而一。

---

①「萬百相當」，南宋本、大典本訛作「百萬相當」，戴震據夏侯陽算經改正。

②「上位」，殿本作「頭位」，此依南宋本。

③「至盡則已」係南宋本、大典本原文，孔刻本「則」改作「而」。

④「折百爲四十」係南宋本、大典本原文，謂一百除去六十，餘四十也。孔刻本改作「折百爲十十」，大可不必。

⑤「上位」係南宋本原文，殿本作「頭位」。

⑥「法退二位」，南宋本「位」訛作「法」，此從戴震校改。

十分減一者，以二乘，二十除。減二者，以四乘，二十除。減三者，以六乘，二十除。減四者，以八乘，二十除。減五者，以十乘，二十除。減六者，以十二乘，二十除。減七者，以十四乘，二十除。減八者，以十六乘，二十除。減九者，以十八乘，二十除。

九分減一者，以二乘，十八除。

八分減一者，以二乘，十六除。

七分減一者，以二乘，十四除。

六分減一者，以二乘，十二除。

五分減一者，以二乘，十除。

九九八十一自相乘，得幾何？

答曰：六千五百六十一。

術曰：重置其位，以上八呼下八，八八六十四，卽下六千四百於中位。以上八呼下一，一八如八，卽於中位下八十。退下位一等，收上位①八十。以上②一呼下八，一八如八，卽於中位下八十。以上一呼下一，一一如一，卽於中位下一。上下位俱收，中位卽得六千五百六十一。

六千五百六十一，九人分之，問人得幾何？

答曰：七百二十九。

術曰：先置六千五百六十一於中位，爲實。下列九人爲法。上位置七百，以上七呼下九，七九六十三，卽除中位六千三百。退下位一等，卽上位置二十，以上二呼下九，二九十八，卽除中位一百八十。又更退下位一等，卽上位更置九，卽以上九呼下九，九九八十一，卽除中位八十一。中位並盡，收下位。上位所得卽人之所得。自八八六十四至一一如一，並準此。

八九七十二，自相乘得五千一百八十四。

八人分之，人得六百四十八。

七九六十三，自相乘得三千九百六十九。

七人分之，人得五百六十七。

六九五十四，自相乘得二千九百一十六。

---

① 「上位」係南宋本原文，不誤。大典本作「頭位」，戴震又校改爲「上頭位」，俱非必要。

② 「上」字下各本俱衍一「位」字，今删。

六人分之，人得四百八十六。

五九四十五，自相乘得二千二十五。

五人分之，人得四百五。

四九三十六，自相乘得一千二百九十六。

四人分之，人得三百二十四。

三九二十七，自相乘得七百二十九。

三人分之，人得二百四十三。

二九一十八，自相乘得三百二十四。

二人分之，人得一百六十二。

一九如九，自相乘得八十一。

一人得八十一。

右九九一條得四百五，自相乘得一十六萬四千二十五。

九人分之，人得一萬八千二百二十五。

八八六十四，自相乘得四千九十六。

八人分之，人得五百十二。

七八五十六，自相乘得三千一百三十六。

七人分之，人得四百四十八。

六八四十八，自相乘得二千三百四。

六人分之，人得三百八十四。

五八四十，自相乘得一千六百。

五人分之，人得三百二十。

四八三十二，自相乘得一千二十四。

四人分之，人得二百五十六。

三八二十四，自相乘得五百七十六。

三人分之，人得一百九十二。

二八十六，自相乘得二百五十六。

二人分之，人得一百二十八。

一八如八，自相乘得六十四。

一人得六十四。

右八八一條得二百八十八，自相乘得八萬二千九百四十四。

八人分之，人得一萬三百六十八。

七七四十九，自相乘得二千四百一。

七人分之，人得三百四十三。

六七四十二，自相乘得一千七百六十四。

六人分之，人得二百九十四。

五七三十五，自相乘得一千二百二十五。

五人分之，人得二百四十五。

四七二十八，自相乘得七百八十四。

四人分之，人得一百九十六。

三七二十一，自相乘得四百四十一。

三人分之，人得一百四十七。

二七十四，自相乘得一百九十六。

二人分之，人得九十八。

一七如七，自相乘得四十九。

一人得四十九。

右七七一條得一百九十六，自相乘得三萬八千四百一十六。

七人分之，人得五千四百八十八。

六六三十六，自相乘得一千二百九十六。

六人分之，人得二百一十六。

五六三十，自相乘得九百。

五人分之，人得一百八十。

四六二十四，自相乘得五百七十六。

四人分之，人得一百四十四。

三六一十八，自相乘得三百二十四。

三人分之，人得一百八。

二六一十二，自相乘得一百四十四。

二人分之，人得七十二。

一六如六，自相乘得三十六。

一人得三十六。

右六六一條得一百二十六，自相乘得一萬五千八百七十六。

六人分之，人得二千六百四十六。

五五二十五，自相乘得六百二十五。

五人分之，人得一百二十五。

四五二十，自相乘得四百。

四人分之，人得一百。

三五一十五，自相乘得二百二十五。

三人分之，人得七十五。

二五一十，自相乘得一百。

二人分之，得五十。

一五如五，自相乘得二十五。

一人得二十五。

右五五一條得七十五，自相乘得五千六百二十五。

五人分之，人得一千一百二十五。

四四一十六，自相乘得二百五十六。

四人分之，人得六十四。

三四一十二，自相乘得一百四十四。

三人分之，人得四十八。

二四如八，自相乘得六十四。

二人分之，人得三十二。

一四如四，自相乘得一十六。

一人得一十六。

右四四一條得四十，自相乘得一千六百。

四人分之，人得四百。

三三如九，自相乘得八十一。

三人分之，人得二十七。

三三如六，自相乘得三十六。

二人分之，人得一十八。

一三如三，自相乘得九。

一人得九。

右三三一條得一十八，自相乘得三百二十四。

三人分之，人得一百八。

二二如四，自相乘得一十六。

二人分之，人得八。

一二如二，自相乘得四。

一人得四。

右二二一條得六，自相乘得三十六。

二人分之，人得十八。

一一如一，自相乘得一，一乘不長。

右從九九至一一，總成一千一百五十五。自相乘得一百三十三萬四千二十五。

九人分之，人得一十四萬八千二百二十五。

以九乘一十二，得一百八。

六人分之，人得一十八。

以二十七乘三十六，得九百七十二。

一十八人分之，人得五十四。

以八十一乘一百八，得八千七百四十八。

五十四人分之，人得一百六十二。

以二百四十三乘三百二十四，得七萬八千七百三十二。

一百六十二人分之，人得四百八十六。

以七百二十九乘九百七十二，得七十萬八千五百八十八。

四百八十六人分之，人得一千四百五十八。

以二千一百八十七乘二千九百一十六，得六百三十七萬七千二百九十二。

一千四百五十八人分之，人得四千三百七十四。

以六千五百六十一乘八千七百四十八，得五千七百三十九萬五千六百二十八。

四千三百七十四人分之，人得一萬三千一百二十二。

以一萬九千六百八十三乘二萬六千二百四十四，得五億一千六百五十六萬六百五十二。

一萬三千一百二十二人分之，人得三萬九千三百六十六。

以五萬九千四十九乘七萬八千七百三十二，得四十六億四千九百四萬五千八百六十八。

三萬九千三百六十六人分之，人得一十一萬八千九十八。

以一十七萬七千一百四十七乘二十三萬六千一百九十六，得四百一十八億四千一百四十一萬二千八百一十二。

一十一萬八千九十八人分之，人得三十五萬四千二百九十四。

以五十三萬一千四百四十一乘七十萬八千五百八十八，得三千七百六十五億七千二百七十一萬五千三百八。

三十五萬四千二百九十四人分之，人得一百六萬二千八百八十二。

孫子算經卷中

〔一〕今有一十八分之一十二。問約之得幾何？

荅曰：三分之二。

術曰：置十八分在下，一十二分在上。副置二位，以少減多，等數得六。爲法約之，即得。

〔二〕今有三分之一，五分之二。問合之①得幾何？

荅曰：一十五分之一十一。

術曰：置三分、五分在右方，之一、之二在左方。母互乘子，五分之二得六，三分之一得五。并之，得一十一爲實。右方二母相乘得一十五，爲法。不滿法，以法命之，即得。

〔三〕今有九分之八，減其五分之一。問餘幾何？

① 「合之」下各本衍一「二」字，今删。

荅曰：四十五分之三十一。

術曰：置九分、五分在右方，之八、之一在左方。母互乘子，五分之一得九，九分之八得四十。以少減多，餘三十一爲實。母相乘得四十五爲法。不滿法，以法命之，卽得。

〔四〕今有三分之一、三分之二、四分之三。問減多益少，幾何而平？

荅曰：減四分之三者二，三分之二者一，幷以益三分之一，而各平於一十二分之七。

術曰：置三分、三分、四分在右方，之一、之二、之三在左方。母互乘子，副幷得六十三，置右爲平實。母相乘得三十六爲法。以列數三乘未幷者及法，等數得九，約訖。減四分之三者二，減三分之二者一，幷以益三分之一，各平於一十二分之七。

〔五〕今有粟一斗。問爲糲米幾何？

荅曰：六升。

術曰：置粟一斗，十升。以糲米率三十乘之，得三百升爲實。以粟率五十爲法。除之卽得。

〔六〕今有粟二斗一升。問爲粺米幾何？

答曰：一斗一升、五十分升之一十七。

術曰：置粟二十一升。以粺米率二十七乘之，得五百六十七升爲實。以粟率五十爲法，除之。不盡，以法而命分。

〔七〕今有粟四斗五升。問爲糳米幾何？

答曰：二斗一升、五分升之三。

術曰：置粟四十五升。以二約糳米率二十四得一十二，乘之，得五百四十升爲實。以二約粟率五十得二十五，爲法，除之。不盡，以等數約之而命分。

〔八〕今有粟七斗九升。問爲御米幾何？

答曰：三斗三升一合八勺。

術曰：置七斗九升。以御米率二十一乘之，得一千六百五十九升爲實。以粟率五十除之，卽得。

〔九〕今有屋基南北三丈，東西六丈，欲以甎砌之。凡積二尺，用甎五枚。問計幾何？

答曰：四千五百枚。

術曰：置東西六丈，以南北三丈乘之，得一千八百尺。以五乘之，得九千尺。以二除之，即得。

〔一〇〕今有圓窖下周二百八十六尺，深三丈六尺。問受粟幾何？

荅曰：一十五萬一千四百七十四斛七升、二十七分升之一十一。

術曰：置周二百八十六尺，自相乘得八萬一千七百九十六尺。以深三丈六尺乘之，得二百九十四萬四千六百五十六。以一十二除之，得二十四萬五千三百八十八尺。以斛法一尺六寸二分除之，即得。

〔一一〕今有方窖廣四丈六尺，長五丈四尺，深三丈五尺。問受粟幾何？

荅曰：五萬三千六百六十六斛六斗六升、三分升之二①。

術曰：置廣四丈六尺，長五丈四尺，相乘得二千四百八十四尺。以深三丈五尺乘之，得八萬六千九百四十尺。以斛法一尺六寸二分除之，即得。

〔一二〕今有圓窖周五丈四尺，深一丈八尺。問受粟幾何？

荅曰：二千七百斛。

術曰：先置周五丈四尺，自相乘②得二千九百一十六尺。以深一丈八尺乘之，得五萬二千四百八十八尺。以一十二除之，得四千三百七十四尺。以斛法一尺六寸二分除之，即得。

〔一三〕今有圓田周三百步，徑一百步。問得田幾何？

荅曰：三十一畝，奇六十步。

術曰：先置周三百步，半之，得一百五十步。又置徑一百步，半之，得五十步。相乘得七千五百步。以畝法二百四十步除之，即得。

又術：周自相乘得九萬步，以一十二除之，得七千五百步。以畝法除之，得畝數。

又術：徑自乘得一萬。以三乘之，得三萬步。四除之，得七千五百步。以畝法除之，得畝數。

〔一四〕今有方田，桑生中央，從角至桑一百四十七步。問爲田幾何？

荅曰：一頃八十三畝，奇一百八十步。

術曰：置角至桑一百四十七步，倍之，得二百九十四步。以五乘之，得一千四百

---

① 「三分升之二」，各本「二」俱訛作「一」，今改正。

② 「自相乘」，各本俱脫落「自」字，今補。

七十步。以七除之，得二百一十步。自相乘得四萬四千一百步。以二百四十步除之，即得。

〔一五〕今有木方三尺。欲方五寸作枕一枚。問得幾何？

答曰：二百一十六枚。

術曰：置方三尺，自相乘得九尺。以高三尺乘之，得二十七尺。以一尺木八枕乘之，即得。

〔一六〕今有索長五千七百九十四步。欲使作方，問幾何？

答曰：一千四百四十八步三尺。

術曰：置索長五千七百九十四步。以四除之，得一千四百四十八步，餘二步。以六因之，得一丈二尺，以四除之，得三尺。通計即得。

〔一七〕今有隄，下廣五丈，上廣三丈，高二丈，長六十尺。欲以一千尺作一方。問計幾何？

答曰：四十八方。

法曰：置隄上廣三丈，下廣五丈，并之，得八丈，半之，得四丈。以高二丈乘之，得八百尺。以長六十尺乘之，得四萬八千。以一千尺除之，即得。

〔一八〕今有溝，廣十丈，深五丈，長二十丈。欲以千尺作一方。問得幾何？。

荅曰：一千方。

術曰：置廣一十丈，以深五丈乘之，得五千尺。又以長二十丈乘之，得一百萬尺。以一千除之，即得。

〔一九〕今有積二十三萬四千五百六十七步。問爲方幾何。

荅曰：四百八十四步、九百六十八分步之三百一十一。

術曰：置積二十三萬四千五百六十七步爲實。次借一算爲下法，步之，超一位，至百而止。商置①四百於實之上。副置四萬於實之下，下法之上，名爲方法。命上商四百除實。除訖，倍方法。方法一退②，下法再退。復置上商八十，以次前商。副置八百於方法之下，下法之上，名爲廉法。方、廉各命上商八十，以除實。除訖，③倍廉法上從方法。方法一退④，下法再退。復置上商四，以次前。副置四於方法之下，下法

---

①「商置」二字前，南宋本、大典本均無「上」字，不誤。戴校本添一「上」字，原非必要。

②「倍方法。方法一退」，南宋本、大典本俱作「倍方法，一退」，亦通。今依戴震校本，添「方法」二字。

③「以除實。除訖」，南宋本、大典本均作「以除，訖」，文字過簡。今依戴震校補。

④「方法一退」，南宋本作「一退方法」，此依武英殿本。

之上，名曰隅法。方、廉、隅各命上商四以①除實。除訖，倍隅法從方法②。上商得四百八十四，下法得九百六十八，不盡三百一十一。是爲方四百八十四步、九百六十八分步之三百一十一。

〔三〇〕今有積三萬五千步。問爲圓幾何？

荅曰：六百四十八步、一千二百九十六分步之九十六。

術曰：置積三萬五千步，以一十二乘之，得四十二萬，爲實。次借一算爲下法。步之，超一位，至百而止。上商置六百③於實之上。副置六萬於實之下，下法之上，名爲方法。命上商六百除實。除訖，倍方法。方法一退，下法再退。復置上商四十，以次前商。副置四百於方法之下，下法之上，名爲廉法。方、廉各命上商四十④以除實。除訖，倍廉法從方法。方法一退，下法再退。復置上商八，次前商。副置八於方法之下，下法之上，名爲隅法。方、廉、隅各命上商八，以除實。除訖，倍隅法從方法。上商得⑤六百四十八，下法得一千二百九十六⑥，不盡九十六。是爲方六百四十八步、一千二百九十六⑦分步之九十六。

〔三一〕今有丘田周六百三十九步，徑三百八十步。問爲田幾何？

荅曰：二頃五十二畝二百二十五步。

術曰：半周得三百一十九步五分，半徑得一百九十步，二位相乘，六萬七百五步。以畝法除之，卽得。

〔三二〕今有築城，上廣二丈，下廣五丈四尺，高三丈八尺，長五千五百五十尺。秋程人功三百尺。問須功幾何？

荅曰：二萬六千一十一功。

術曰：并上、下廣得七十四尺，半之，得三十七尺。以高乘之，得一千四百六尺。又以長乘之，得積七百八十萬三千三百尺。以秋程人功三百尺除之，卽得。

〔三三〕今有穿渠，長二十九里一百四步，上廣一丈二尺六寸，下廣八尺，深一丈八尺。秋程

---

① 「以」，南宋本無此「以」字，今依殿本校補。
② 「倍隅法從方法」，南宋本、大典本均無此六字，戴震據術校補，今從之。
③ 「六百」下，南宋本衍一「餘」字，今從殿本刪去。
④ 南宋本無此「四十」二字，今從殿本校補。
⑤ 南宋本、大典本均無「得」字，今依戴震校補。
⑥⑦ 「一千二百九十六」，南宋本、大典本均作「一千二百九十七」，今依戴震校改。

人功三百尺。問須功幾何？

答曰：三萬二千六百四十五人，不盡六十九尺六寸。

術曰：置里數，以三百步乘之，内零步，六之，得五萬二千八百二十四尺。并上、下廣得二丈六寸，半之，以深乘之，得一百八十五尺四寸。以長乘，得九百七十九萬三千五百六十九尺六寸。以人功三百尺除之，即得。

〔三四〕今有錢六千九百三十。欲令二百一十六人作九分分之，八十一人人與二分，七十二人人與三分，六十三人人與四分。問三種各得幾何？

答曰：二分，人得錢二十二。

三分，人得錢三十三。

四分，人得錢四十四。

術曰：先置八十一人於上，七十二人次之，六十三人在下。上位以二乘之，得一百六十二。次位以三乘之，得二百一十六。下位以四乘之，得二百五十二。副并三位，得六百三十，爲法。又置錢六千九百三十爲三位。上位以一百六十二乘之，得一百一十二萬二千六百六十；又以二百十六乘中位得一百四十九萬六千八百八十；又以二百五十二乘下位得一百七十四萬六千三百六十，各爲實。以法六百三十各除之，上位得一千七百八十二，中位得二千三百七十六，下位得二千七百七十二。各以人數除之，即得。

〔三五〕今有五等諸侯，共分橘子六十顆。人別加三顆，問五人各得幾何？

荅曰：

公一十八顆，　侯一十五顆，

伯一十二顆，　子九顆，

男六顆。

術曰：先置人數別加三顆於下，次六顆，次九顆，次一十二顆，上十五顆，副并之得四十五。以減六十顆，餘，人數除之，人得三顆。各加不并者，上得一十八爲公分，次得一十五爲侯分，次得十二爲伯分，次得九爲子分，下得六爲男分。

〔三六〕今有甲、乙、丙三人持錢。甲語乙、丙，各將公等所持錢半以益我錢，成九十；乙復語甲、丙，各將公等所持錢半以益我錢，成七十；丙復語甲、乙，各將公等所持錢半以益我錢，成五十六。問三人元持錢各幾何？

答曰：

甲七十二，　乙三十二，

丙四。

術曰：先置三人所語爲位，以三乘之，各爲積。甲得二百七十，乙得二百一十，丙得二百六十八。各半之，甲得一百三十五，乙得一百五，丙得八十四。又置甲九十，乙七十，丙五十六，各半之。以甲、乙減丙，以甲、丙減乙，以乙、丙減甲，卽各得元數。

〔三七〕今有女子善織，日自倍。五日織通五尺。問日織幾何？

答曰：

初日織一寸、三十一分寸之一十九。

次日織三寸、三十一分寸之七。

次日織六寸、三十一分寸之一十四。

次日織一尺二寸、三十一分寸之二十八。

次日織二尺五寸、三十一分寸之二十五。

術曰：各置①列衰，副幷得三十一爲法。以五尺乘未幷者，各自爲實。如法而一，即得。

〔三八〕今有人盜庫絹，不知所失幾何。但聞草中分絹，人得六匹，盈六匹；人得七匹，不足七匹。問人、絹各②幾何？

荅曰：賊一十三人，絹八十四匹。

術曰：先置人得六匹於右上，盈六匹於右下；後置人得七匹於左上，不足七匹於左下。維乘之，所得，并之爲絹。并下盈、不足爲人。

---

① 南宋本脱落「置」字，今依殿本補。

② 「各」，南宋本訛作「得」，今依殿本。

孫子算經卷下

〔一〕今有甲、乙、丙、丁、戊、己、庚、辛、壬九家共輸租。甲出三十五斛，乙出四十六①斛，丙出五十七斛，丁出六十八斛，戊出七十九斛，己出八十斛，庚出一百斛，辛出二百一十斛，壬出三百二十五斛。凡九家，共輸租一千斛。僦運直折二百斛外，問家各幾何？

荅曰：

甲二十八斛，

乙三十六斛八㪷，

丙四十五斛六㪷②，

丁五十四斛四㪷，

戊六十三斛二㪷，

① 「四十六斛」，南宋本脱落「六」字，戴震校本依大典本補。

② 南宋本缺「六㪷」二字，戴震據大典本補。

己六十四斛，

庚八十斛，

辛一百六十八斛，

壬二百六十斛。

術曰：置甲出三十五斛，以四乘之，得一百四十斛。以五除之，得二十八斛。乙出四十六斛，以四乘之，得一百八十四斛。以五除之，得三十六斛八㪷。丙出五十七斛，以四乘之，得二百二十八斛。以五除之，得四十五斛六㪷。丁出六十八斛，以四乘之，得二百七十二斛。以五除之，得五十四斛四㪷。戊出七十九斛，以四乘之，得三百一十六斛。以五除之，得六十三斛二㪷。己出八十斛，以四乘之，得三百二十斛。以五除之，得六十四斛。庚出一百斛，以四乘之，得四百斛。以五除之，得八十斛。辛出二百一十斛，以四乘之，得八百四十斛。以五除之，得一百六十八斛。壬出三百二十五斛，以四乘之，得一千三百斛。以五除之，得二百六十斛。

〔三〕今有丁一千五百萬，出兵四十萬。問幾丁科一兵？

答曰：三十七丁五分。

術曰：置丁一千五百萬爲實，以兵四十萬爲法。實如法卽得。

〔三〕今有平地聚粟，下周三丈六尺，高四尺五寸。問粟幾何？

答曰：一百斛。

術曰：置周三丈六尺，自相乘得一千二百九十六尺。以高四尺五寸乘之，得五千八百三十二尺。以三十六除之，得一百六十二尺。以斛法一尺六寸二分除之，卽得。

〔四〕今有佛書凡二十九章，章六十三字。問字幾何？

答曰：一千八百二十七。

術曰：置二十九章，以六十三字乘之，卽得。

〔五〕今有棊局方一十九道。問用棊幾何？

答曰：三百六十一。

術曰：置一十九道，自相乘之，卽得。

〔六〕今有租九萬八千七百六十二斛，欲以一車載五十斛。問用車幾何？

答曰：一千九百七十五乘，奇一十二斛。

術曰：置租九萬八千七百六十二①斛爲實，以一車所載五十斛爲法。實如法即得。

〔七〕今有丁九萬八千七百六十六，凡二十五丁出一兵。問兵幾何？

荅曰：三千九百五十人，奇一十六丁。

術曰：置丁九萬八千七百六十六爲實，以二十五爲法。實如法，即得。

〔八〕今有絹七萬八千七百三十二匹，令一百六十二人分之。問人得幾何？

荅曰：四百八十六匹。

術曰：置絹七萬八千七百三十二匹爲實，以一百六十二人爲法。實如法，即得。

〔九〕今有三萬六千四百五十四戶，戶輸綿二斤八兩。問計幾何？

荅曰：九萬一千一百三十五斤。

術曰：置三萬六千四百五十四戶，上十之，得三十六萬四千五百四十。以四乘之，得一百四十五萬八千一百六十兩。以十六除之，即得。

〔一〇〕今有綿九萬一千一百三十五斤，給與三萬六千四百五十四戶。問戶得幾何？

荅曰：二斤八兩。

術曰：置九萬一千一百三十五斤爲實。以三萬六千四百五十四戶爲法，除之，得二斤。不盡一萬八千二百二十七斤，以一十六乘之，得二十九萬一千六百三十二兩。以戶除之，卽得。

〔一一〕今有粟三千九百九十九斛九斗六升，凡粟九斗易豆一斛。問計豆幾何？

答曰：四千四百四十四斛四㪷。

術曰：置粟三千九百九十九斛九斗六升爲實，以九斗爲法。實如法，卽得。

〔一二〕今有粟二千三百七十四斛，斛加三升。問共粟幾何？

答曰：二千四百四十五斛二斗二升。

術曰：置粟二千三百七十四斛，以一斛三升乘之，卽得。

〔一三〕今有粟三十六萬九千九百八十斛七斗，在倉九年，年斛耗三升。問一年、九年各耗幾何？

答曰：

一年耗一萬一千九十九斛四斗二升一合，九年耗九萬九千八百九十四斛七

---

① 南宋本脱落「二」字，大典本不誤。

斗八升九合。

術曰：置三十六萬九千九百八十斛七斗，以三升乘之，得一年之耗。又以九乘之，即九年之耗。

〔一四〕今有貸與人絲五十七斤，限歲出息一十六斤。問斤息幾何？

答曰：四兩、五十七分兩之三十八。

術曰：列限息絲一十六斤，以一十六兩乘之，得二百五十六兩。以貸絲五十七斤除之。不盡，約之，即得。

〔一五〕今有三人共車，二車空；二人共車，九人步。問人與車各幾何？

答曰：

一十五車，　三十九人。

術曰：置二車①，以三乘之，得六，加步者九人，得車一十五。欲知人者，以二乘車，加九人即得。

〔一六〕今有粟一十二萬八千九百四十斛九斗三合，出與人買絹，一匹直粟三斛五斗七升。問絹幾何？

荅曰：三萬六千一百一十七匹三丈六尺②。

術曰：置粟一十二萬八千九百四十斛九斗三合爲實。以三斛五斗七升爲法，除之，得匹。餘四十之，所得，又以法除之，卽得。

〔一七〕今有婦人河上蕩桮。津吏問曰：「桮何以多？」婦人曰：「家有客。」津吏曰：「客幾何？」婦人曰：「二人共飯，三人共羹，四人共肉，凡用桮六十五，不知客幾何？」

荅曰：六十人。

術曰：置六十五桮，以一十二乘之，得七百八十，以十三除之，卽得。

〔一八〕今有木，不知長短。引繩度之，餘繩四尺五寸。屈繩量之，不足一尺。問木長幾何？

荅曰：六尺五寸。

術曰：置餘繩四尺五寸，加不足一尺，共五尺五寸。倍之，得一丈一尺。減餘四尺五寸，卽得。

〔一九〕今有器中米，不知其數。前人取半，中人三分取一，後人四分取一，餘米一斗五升。

---

① 「置二車」，各本俱訛作「置二人」，今依算術校正。「置二車」猶言置車數二也。

② 案「六尺」之下應有餘分，三百五十七分尺之一百八，約計三寸。但各本俱不計餘分，不知是否脫誤。

問本米幾何？

荅曰：六斗。

術曰：置餘米一斗五升，以六乘之得九斗，以二除之得四斗五升。以四乘之得一斛八斗，以三除之，即得。

〔二〇〕今有黄金一斤，直錢一十萬。問兩直幾何？

荅曰：六千二百五十錢。

術曰：置錢一十萬，以一十六兩除之，即得。

〔二一〕今有錦一疋，直錢一萬八千。問丈、尺、寸各直幾何？

荅曰：

丈，四千五百錢。　尺，四百五十錢。

寸，四十五錢。

術曰：置錢一萬八千，以四除之，得一丈之直。一退、再退，得尺、寸之直。

〔二二〕今有地長一千步，廣五百步。尺有鵶，寸有鷂，問鵶、鷂各幾何？

荅曰：鵶一千八百萬，鷂一億八千萬。

術曰：置長一千步，以廣五百步乘之，得五十萬步。以三十六乘之，得一千八百萬尺，卽得鶵數。上十之，卽得鷄數。

〔三三〕今有六萬口，上口三萬人，日食九升；中口二萬人，日食七升；下口一萬人，日食五升。問上、中、下口共食幾何？

答曰：四千六百斛。

術曰：各置口數，以日食之數乘之，所得并之，卽得。

〔三四〕今有方物一束，外周一匝有三十二枚。問積幾何？

答曰：八十一枚。

術曰：重置二位。上位減八，餘加下位。至盡虛加一，卽得。

〔三五〕今有竿不知長短，度其影得一丈五尺。別立一表，長一尺五寸，影得五寸。問竿長幾何？

答曰：四丈五尺。

術曰：置竿影一丈五尺，以表長一尺五寸乘之，上十之，得二十二丈五尺。以表影五寸除之，卽得。

〔二六〕今有物，不知其數。三、三數之，賸二；五、五數之，賸三；七、七數之，賸二。問物幾何？

答曰：二十三。

術曰：三、三數之賸二，置一百四十；五、五數之賸三，置六十三；七、七數之賸二，置三十。并之，得二百三十三。以二百一十減之，卽得。凡三、三數之賸一，則置七十；五、五數之賸一，則置二十一；七、七數之賸一，則置十五。一百六以上，以一百五減之，卽得。

〔二七〕今有獸六首四足，禽四首二足。上有七十六首，下有四十六足。問禽、獸各幾何？

答曰：八獸，七禽。

術曰：倍足以減首，餘，半之，卽獸。以四乘獸，減足，餘，半之，卽禽。

〔二八〕今有甲乙二人持錢，各不知數。甲得乙中半，可滿四十八。乙得甲大半，亦滿四十八。問甲、乙二人元持錢各幾何？

答曰：

甲持錢三十六，　乙持錢二十四。

術曰：如方程求之。置二甲、一乙、錢九十六於右方。置二甲、三乙、錢一百四十四於左方。以右方二乘左方，上得四甲①，中得六乙，下得二百八十八錢。②以右行再減左行，左上空，中餘四乙爲法，下餘九十六錢爲實。上法下實得二十四錢爲乙錢。以減右下九十六，餘七十二爲實，以右上二甲爲法。上法下實得三十六爲甲錢也。

〔二九〕今有百鹿入城，家取一鹿不盡，又三家共一鹿適盡。問城中家幾何？

答曰：七十五家，

術曰：以盈不足取之。假令七十二家，鹿盈四③。令之九十家，鹿不足二十。置七十二於右上，盈四於右下。置九十於左上，不足二十於左下。維乘之，所得，并爲實。并盈、不足爲法，除之，卽得。

〔三〇〕今有三雞共啄粟一千一粒。雛啄一，母啄二，翁啄四。主責本粟，三雞主各償幾何？

答曰：

① 「上得四甲」，南宋本脱落「甲」字，今依戴震校補。

② 孔刻本依戴震校，於「錢」字之下添「以左方二乘右方，上得四甲，中得二乙，下得一百九十二錢」二十三字。按孫子算經原術用九章算術方程章之直除法。下云「以右行再減左行」，謂在右行內兩度除去左行也。戴震據互乘相消法而添補二十三字，顯然不是孫子原術。

③ 「鹿盈四」，南宋本「盈」訛作「盡」，此從殿本。

雞雛主一百四十三，

雞母主二百八十六，

雞翁主五百七十二。

術曰：置粟一千一粒爲實。副并三雞所啄粟七粒爲法，除之，得一百四十三粒，爲雞雛主所償之數。遞倍之，卽得母、翁主所償之數。

〔三二〕今有雉兔同籠，上有三十五頭，下有九十四足。問雉、兔各幾何？

荅曰：

雉二十三，　兔一十二。

術曰：上置三十五頭，下置九十四足。半其足得四十七。以少減多，再命之，上三除下四，上五除下七。下有一除上三，下有二除上五，①卽得。

又術曰：上置頭，下置足。半其足，以頭除足，以足除頭，卽得。

〔三三〕今有九里渠，三寸魚，頭頭相次。問魚得幾何？

荅曰：五萬四千。

術曰：置九里，以三百步乘之，得二千七百步。又以六尺乘之，得一萬六千二百尺。上十之，得一十六萬二千寸。以魚三寸除之，卽得。

〔三三〕今有長安、洛陽相去九百里。車輪一匝一丈八尺。欲自洛陽至長安，問輪匝幾何？

荅曰：九萬匝。

術曰：置九百里，以三百步乘之，得二十七萬步。又以六尺乘之，得一百六十二萬尺。以車輪一丈八尺爲法，除之，卽得。

〔三四〕今有出門望見九隄，隄有九木，木有九枝，枝有九巢，巢有九禽，禽有九鶵，鶵有九毛，毛有九色。問各幾何？

荅曰：

木八十一。

枝七百二十九。

巢六千五百六十一。

禽五萬九千四十九。

---

①「上三除下四，上五除下七。下有一除上三，下有二除上五」，四句之末一數字各本俱誤作與前一數字相同，如「四」譌作「三」，「七」譌作「五」，「三」譌作「一」，「五」譌作「二」，今均據算術校正。術文蓋謂以上三十五減下四十七餘一十二，以下一十二減上三十五餘二十三，卽雉數也。

雛五十三萬一千四百四十一。

毛四百七十八萬二千九百六十九。

色四千三百四萬六千七百二十一。

術曰：置九隄，以九乘之，得木之數。又以九乘之，得枝之數。又以九乘之，得巢之數。又以九乘之，得禽之數。又以九乘之，得雛之數。又以九乘之，得毛之數。又以九乘之，得色之數。

〔三五〕今有三女，長女五日一歸，中女四日一歸，少女三日一歸。問三女幾何日相會？

荅曰：六十日。

術曰：置長女五日、中女四日、少女三日於右方。各列一算於左方。維乘之，各得所到數。長女十二到，中女十五到，少女二十到。又各以歸日乘到數，卽得。

〔三六〕今有孕婦行年二十九，難九月。未知所生？

荅曰：生男。

術曰：置四十九，加難月，減行年。所餘，以天除一，地除二，人除三，四時除四，五行除五，六律除六，七星除七，八風除八，九州除九。其不盡者，奇則爲男，耦則爲女。

張邱建算經

張邱建算經提要

張邱建算經三卷，自序最後題「清河張邱建謹序」，不詳著書年代。清河是張姓郡望，未必是作者的籍貫。算經卷中第十三題，「今有率戶出絹三匹，依貧富欲以九等出之，令戶各差除二丈」，這和魏書食貨志所載的，顯文帝天安元年（公元四六六年）「因民貧富爲租輸三等九品之制」相合。食貨志又說，孝文帝太和九年（四八五年）頒行均田法，三等九品的戶調法就廢棄不用。因此，我們斷定張邱建算經的編寫年代是在公元四六六年到四八五年之間。阮元疇人傳列張邱建於晉代是缺少事實依據的。

張邱建算經繼承了九章算術的數學遺產，並且提供了很多推陳出新的創見，主要的有下列幾點：一、卷上第十題、第十一題是最大公約數和最小公倍數的應用問題。二、卷上第二十二題、第二十三題、第三十二題、卷中第一題和卷下第三十六題是等差級數問題。三、有些算術問題比較難解，在九章算術裏用盈不足術來解答。張邱建對這些問題一一加以具體分析，從而可以分別獲得直接解答的方法。四、卷中第二十二題和卷下第九題都須要開帶從平方（求二次方程的正根）來解決。在九章算術句股章裏有一個開帶從平方的問題，張邱建算經又添上兩個，推廣開帶從平方的應用。五、卷下最後一題是有名的百鷄問題。這是中國數學史上最早出現的不定方程問題。

傳本張邱建算經各卷的第一頁上均有「漢中郡守、前司隸、臣甄鸞注經；唐朝議大夫、行太史令、上輕車都尉、臣李淳風等奉敕注釋；唐算學博士臣劉孝孫撰細草」，三行。四庫全書提要說：「其中稱『術曰』者乃鸞所註，『草曰』者孝孫所增，其細字夾註稱『臣淳風等謹案』者不過十數處，蓋有疑則釋，非節節爲之註也。」案古代數學書於問題、答案之後都有解題的術，術文是經文的主要部分，決不能是後人所加。四庫全書提要說「稱『術曰』者乃鸞所註」，這種說法是立脚不住的。隋書經籍志記錄張邱建算經不說有甄鸞的註。舊唐書經籍志說「張邱建算經一卷，甄鸞撰」，顯然不對。新唐書藝文志將舊唐書的「撰」字改爲「註」字，亦毫無根據。

張邱建沒有叙述分數四則、開平方法、開立方法、聯立一次方程組解法等數字計算方法。依據劉孝孫的細草，我們可以知道一些南北朝時期通行的算法。劉孝孫，廣平人，初仕北齊，後仕隋，是一個第六世紀中的天文學家，事蹟具見隋書律曆志。公元五九〇年前後他「留直太史，累年不調」，可能有算學博士的名義，寫出了張邱建算經細草。唐朝初年另有一個荆州人劉孝孫，他是秦王府十八學士之一，貞觀六年任著作佐郎，決不是撰算經細草的算學博士。

張邱建算經解題術文有過於簡略之處，李淳風等依據九章算術爲它補立術文。卷上第十九題已知圓徑二尺一寸，求内接正方形的邊長，張邱建用「方五斜七」計算，得方邊長一尺五寸。李淳風等以爲方邊應是一尺四寸、二十五分寸之二十一，這個答案是比較準確的。第二十題術，徑一寸的彈丸體積爲十六分寸之九，李淳風等認爲應是二十一分寸之十一，補立「依密率術」和「依密率草」於劉孝孫細草之後。但卷下第三十、三十一題球體積的計算不加校正。有關圓面積的問題，張邱建用「徑一周三」計算，李淳風等亦不加批判。

張邱建算經的最後一題——百鷄問題，原術只有「雞翁每增四，雞母每減三，雞雛每益三」十五字，又缺少劉孝孫的細草，讀者很難體會這一問題的正規解法。宋元豐七年祕書省刻書時，「將算學教授謝察微擬立術草冣新添入」。謝察微的解題方法顯然是不合理的。

版本與校勘

張邱建算經三卷在清初有太倉王杰家藏的南宋刻本。這一個孤本後來爲常熟毛晉所得，現在保存在上海圖書館。康熙元年毛扆有一影宋抄本，後來轉入清宫作爲天祿琳琅閣藏書，一九三二年故宫博物院把它影印爲天祿琳琅叢書的一種。四庫全書中的張邱建算經和孔氏算經十書本都以毛氏影宋抄本爲底本。此後有知不足齋叢書本、古今算學叢書本、商務印書館萬有文庫本，都是微波榭本的翻刻本。

南宋刻本張邱建算經傳到清代的一册有缺頁。卷中缺少最後的幾頁，失傳的算術問題不知多少。卷下缺少最前二頁，約計少了二、三個問題。流傳到現在的有九十二個問題。

現在常見的各種版本既同出於南宋刻本，各本的文字大致相同。清代一般專靠版本校勘的人認爲這裏沒有用武之地，從而書中偶有錯誤文字就很少被人注意。實際上，南宋本張邱建算經和周髀、九章算術等書一樣，譌文奪字是在所難免的。今就管見所及，試爲校訂，得校勘記八十三條，改正四十三個錯字，删去衍文二十七字，補足脱文五十四字。

張邱建算經序

夫學算者不患乘除之爲難，而患通分之爲難。是以序列諸分之本元，宣明約通之要法。上實有餘爲分子，下法從而爲分母，可約者約以命之，不可約者因以名之。凡約法，高者下之，耦者半之，奇者商之。副置其子及其母，以少減多，求等數而用之。乃若其通分之法，先以其母乘其全，然後內子。母不同者母互乘子，母亦相乘爲一母，諸子共之約之。通分而母入者，出之則定。其夏侯陽之「方倉」，孫子之「蕩杯」，此等之術皆未得其妙。故更造新術，推盡其理，附之於此。余爲後生好學有無由以至者，故舉其大槩而爲之。法不復煩重，庶其易曉云耳。清河張邱建謹序。

張邱建算經卷上

〔一〕以九乘二十一、五分之三。問得幾何？

答曰：一百九十四、五分之二。

草曰：置二十一，以分母五乘之，內子三，得一百八。然以九乘之，得九百七十二。卻以分母五而一。得合所問。

〔二〕以二十一、七分之三乘三十七、九分之五。問得幾何？

答曰：八百四、二十一分之十六。

草曰：置二十一，以分母七乘之，內子三，得一百五十。又置三十七，以分母九乘之，內子五，得三百三十八。二位相乘得五萬七百爲實。以二分母七、九相乘得六十三而一，得八百四，餘六十三分之四十八。各以三約之，得二十一分之一十六。合前問。

〔三〕以三十七、三分之二乘四十九、五分之三、七分之四。問得幾何？

荅曰：一千八百八十九、一百五分之八十三。

草曰：置三十七，以分母三乘之，內子二，得一百一十三。又置四十九於上①，別置五分於下右，之三在左。又於五分之下別置七分，之三②之下置四。維乘之，以右上五乘左下四得二十，以右下七乘左上三得二十一，併之得四十一。以分母相乘得三十五。以三十五除四十一，得一，餘六。以一加上四十九得五十。又以分母三十五乘之，內子六，得一千七百五十六。以乘上位一百一十三，得一十九萬八千四百二十八爲實。又以三分母③相乘得一百五爲法。除實得一千八百八十九，餘一百五分之八十三。合所問。

臣淳風等按：以前三條，雖有設問而無成術可憑。宜云，分母乘全內子，令相乘爲實。分母相乘爲法。若兩有分，母各乘其全內子，令相乘爲實。分母相乘爲法④。實如法而得一。

〔四〕以十二除二百五十六、九分之八。問得幾何？

荅曰：二十一、二十七分之十一。

草曰：置二百五十六，以分母九乘之，內子八，得二千三百一十二爲實。又置除數十二，以九乘之，得一百八爲法。除實得二十一。法與餘俱半之，得二十七分之十一。合所問。

〔五〕以二十七、五分之三除一千七百六十八、七分之四。問得幾何？

答曰：六十四、四百八十三分之三十八。

草曰：置一千七百六十八，以分母七乘之，内子四，得一萬二千三百八十。又以除分母五乘之，得六萬一千九百爲實。又置除數二十七，以分母五乘之，内子三，得一百三十八。又以分母七乘之，得九百六十六爲法。除之，得六十四。法與餘各折半，得四百八十三分之三十八。得合前問。

〔六〕以五十八、二分之一除六千五百八十七、三分之二、四分之三。問得幾何？

答曰：一百一十二、七百二分之四百三十七。

術曰：置六千五百八十七於上。又別置三分於下右，之二於左。又置四分於三

①「上」，各本俱訛作「下」，今校正。

②「之三」，各本俱訛作「三分」，今校正。

③「三分母」，各本作「分母三母」，今以意校改。

④「分母相乘爲法」，各本脱落「相乘」二字，今校補。

下，之三於左。維乘之，分母得十二，子得一十七。以分母除子得一，餘五。加一上位，得六千五百八十八。以分母十二乘之，内子五，得七萬九千六十一。又以除數分母二因之，得一十五萬八千一百二十二。又置除數五十八於下。以二因之，内子一，得一百一十七。又以乘數分母十二乘之，得一千四百四爲法。以除實得一百一十二。法與餘俱半之，得七百二分之四百三十七。

臣淳風等謹按：此術以前三條亦有問而無術。宜云，置所有之數通分内子爲實。置所除之數以分母①乘之爲法。實如法得一。若法實俱有分，及重有分者，同而通之。

〔七〕今有官獵得鹿，賜圍兵。初圍三人中賜鹿五頭。次圍五人中賜鹿七頭。次圍七人中賜鹿九頭。併三圍賜鹿一十五萬二千三百三十三頭、少半頭。問圍兵幾何？

答曰：三萬五千人。

術曰：以三賜人數互乘三賜鹿數，併以爲法。三賜人數相乘并賜鹿數爲實。實如法而得一。

草曰：置三人於右上，五鹿於左上；五人於右中，七鹿於左中；七人於右下，九鹿於左下。以右中乘左上五得二十五，又以右下七②乘左上二十五得一百七十五。

又以右上三乘左中七得二十一，又以右下七乘左中二十一得一百四十七。又以右上三乘左下九得二十七，又以右中五乘左下二十七得一百三十五。將左三位併之，得四百五十七爲法。以右三位相乘得一百五。別置一十五萬二千三百三十三頭、少半頭位於上，先以三乘之，內子一，得四十五萬七千。以一百五乘之，得四千七百九十八萬五千。置除法四百五十七，以三因之，得一千三百七十一爲法，除之，得三萬五千人。合問。

〔八〕今有獵圍，周四百五十二里一百八十步，布圍兵十步一人。今欲縮令通身得地四尺。問圍內縮幾何？

答曰：三十里五十二步。

術曰：置圍里步數，一退，以四因之爲尺。以步法除之，即得縮數。

草曰：置四百五十二里，以里法三百步乘之，內子一百八十，得一十三萬五千七百八十步。退一等，得一萬三千五百七十八人③。四因之，得五萬四千三百一十二

① 「分母」，各本訛作「三分」，今校正。
② 「七」，南宋本訛作「十」。
③ 「人」，各本訛作「尺」，今校正。

尺，以六尺除之爲步，得九千五十二步。以里法三百除之，得三十里五十二步。合問。

〔九〕今有圍兵二萬三千四百人以布圍周，各相去五步。今圍內縮除一十九里一百五十步而止。問兵相去幾何？

答曰：四步、四分步之三。

術曰：置人數，以五乘之，又以十九里一百五十步減之，餘，以人數除之。不盡，平約之。

草曰：置圍兵二萬三千四百人，以五乘之，得一十一萬七千步。置一十九里，以三百通之，內子一百五十步，得五千八百五十步。以減上位，得一十一萬一千一百五十步。以圍兵二萬三千四百除之，得四步。餘以圍兵數再折除，餘得三，除法得四。

〔一〇〕今有封山周棧三百二十五里。甲、乙、丙三人同遶周棧行，甲日行一百五十里，乙日行一百二十里，丙日行九十里。問周行幾何日會？

答曰：十日、六分日之五。

術曰：置甲、乙、丙行里數，求等數爲法。以周棧里數爲實。實如法而得一。

草曰：置甲、乙、丙行里數，甲行一百五十，乙行一百二十，丙行九十，各求等數，得三十，爲法。除周棧數得十日，法三十①，餘二十五，各以五除之，法得六，餘得五。各以三十約②甲、乙、丙行數，乃甲得五周，乙得四周，丙得三周。合前問。

〔二〕今有内營周七百二十步，中營周九百六十步，外營周一千二百步。甲、乙、丙三人直夜，甲行内營，乙行中營，丙行外營，俱發南門。甲行九，乙行七，丙行五。問各行幾何周，俱到南門？

荅曰：

甲行十二周，

乙行七周，

丙行四周。

術曰：以内、中、外周步數互乘甲、乙、丙行率。求等數，約之，各得行周。

草曰：置内營七百二十步於左上，中營九百六十步於中，外營一千二百步於下。

---

① 「法三十」，各本脱落「三十」二字，今校補。

② 「約」字下，各本衍一「之」字，今删去。

又各以二百四十約之，內營得三，中營得四，外營得五①。別置甲行九於右上，乙行七於右中，丙行五於右下。以求整數，以右位再倍，上得三十六，中得二十八，下得二十。以左上三除右上三十六得十二周。以左中四除右中二十八得七周。以左下五除右下二十得四周。是甲、乙、丙行周數②。合前問。

〔一二〕今有津不知其廣。東岸高一丈。坐岸東去岸五十步，遙望岸上，及津西畔，適與人目參合。人目去地二尺四寸。問津廣幾何？

荅曰：二百八步、三分步之一。

術曰：以岸高乘人去岸爲實。以人目去地爲法。實如法而一。

草曰：置岸高一丈。又別置五十步於上，以六乘之，得三百尺。又以十尺乘之，得三千尺爲實。以人眼去地二尺四寸爲法。除三千尺得一千二百五十尺。又以六尺爲步除之，得二百八。步法六餘二，各折半，得三分之一。合前問。

〔一三〕今有葭生於池中，出水三尺，去岸一丈。引葭趨岸，不及一尺。問葭長及水深各幾何？

荅曰：

葭長一丈五尺。

水深一丈二尺。

術曰：置葭去岸尺數，以不及尺數減之，餘，自相乘。以出水尺數而一。所得加出水而半之，得葭長。減出水尺數，卽得水深。

草曰：置去岸一丈，減不及一尺，餘有九尺。自乘之，得八十一尺。以出水三尺除之，得二丈七尺。加出水三尺共得三丈，半之，得葭長一丈五尺。減出水三尺，餘水深一丈二尺。合問。

〔一四〕今有木，不知遠近、高下。立一表高七尺，人去表九步立，望表頭適與木邪平。人目去地七尺二寸。又去表三十步，薄地遙望表頭，亦與木端邪平。問木去表及高幾何？

荅曰：

去表三百一十五步。

木高八丈五寸。

---

① 「內營得三，中營得四，外營得五」，各本訛作「內營得四，外營得三，中營得五」，今校正。

② 「甲、乙、丙行周數」，各本脫落「周」字，今補。

術曰：以表高乘人立去表爲實。以表高減人目去地爲法而一，得木去表。以表高乘木去表爲實。以人目薄地去表爲法。實如法而一，所得加表高，即木高。

草曰：置表高七尺，以去表九步乘之，得六十三爲實。以表高七尺減人目去地七尺二寸，餘有二寸爲法。除實得去表三百一十五步。又以表高七尺乘去表三百一十五步，得二千二百五，以去表三十步除之，得七丈三尺五寸。加入表高七尺，得木高八丈五寸。合問。

〔一五〕今有城，不知大小，去人遠近。於城西北隅而立四表，相去各六丈，令左兩表與城西北隅南北望參相直。從右後表望城西北隅，入右前表一尺二寸。又望西南隅，亦入右前表四寸。又望東北隅，亦入左後表二丈四尺。問城去左後表及大、小各幾何？

答曰：

城去左後表一里二百步。

東西四里四十步，

南北三里一百步。

術曰：置表相去自乘，以望城西北隅入數而一，得城去表。又以望城西南隅入數而一，所得減城去表，餘爲城之南北。以望城東北隅入左後表數，減城去表，餘以乘表相去，又以入左後表數而一，卽得城之東西。

草曰：置表相去六丈，自乘之，得三千六百尺。以西北隅入表一尺二寸除之，得三千尺。以六尺除之，得五百步。又以里法三百步除之，得一里，餘二百步，爲城去表步數。又別置三千六百尺，以望城西南隅入表四寸除之，得九千尺，以減城去表三千尺，餘有六千尺。以六除之得一千步。里法而一，得三里，餘有一百步，爲城南北步數。又置望城東北隅入左後表二丈四尺，以減城去表三千尺，餘有二千九百七十六尺。以表相去六丈乘之，得一十七萬八千五百六十尺。以入左後表二丈四尺除之，得七千四百四十尺。以六尺除之，得一千二百四十步。里法而一，得四里，餘四十步，爲城東西步。合問。

〔一六〕今有甲日行疾於乙日行二十五里，而甲發洛陽七日至鄴，乙發鄴九日至洛陽。問鄴、洛陽相去幾何？

答曰：七百八十七里半。

術曰：以甲、乙所至日數相乘，又以甲日行疾里數乘之，爲實。以甲至日減乙至日數，餘爲法。實如法而一。

草曰：置甲乙所至七日、九日相乘，得六十三。又以甲疾行二十五里乘之，得一千五百七十五爲實。以甲至七日減乙至九日，餘有二日爲法。除實得七百八十七里半。合問。

〔一七〕今有官出庫金五十九斤一兩，賜王九人，公十二人，侯十五人，子十八人，男二十一人。王得金各多公五兩，公得金各多侯四兩，侯得金各多子三兩，子得金各多男二兩。問王、公、侯、子、男各得金幾何？

荅曰：

王一斤六兩，

公一斤一兩，

侯十三兩，

子十兩，

男八兩。

術曰：置王、公、侯、子、男數。王位十四之，公位九之，侯位五之，子位二之。併之，以減出金兩數。餘，以凡人數而一，所得各以本差之數加之，得王、公、侯、子、男各所得金之數。不加即男之得金。

草曰：置王九人，公十二人，侯十五人，子十八人。以王位十四之，得一百二十六。公位九之，得一百八。侯位五之，得七十五。子位二之，得三十六①。併之，得三百四十五。以減出金五十九斤一兩，餘六百爲實。併五等人數得七十五爲法。除實得八兩。乃加十四得二十二②兩爲王，加九得十七兩爲公，加五得十三兩爲侯，加二得十兩爲子。男不加，如數。如滿斤法而一，不滿者命爲兩。合問。

〔一八〕今有十等人③甲等十人，官賜金依等次差降之。上三人先入，得金四斤，持出。下四人後入，得金三斤，持出。中央三人未到者，亦依等次更給。問各得金幾何，及未到三人復應得金幾何？

荅曰：

甲一斤、七十八分斤之三十三，

---

①「子位二之」下各本脫落「得三十六」四字，今補。 ②「乃加十四」下各本脫落「得二十二」四字，今補。

③「今有十等人」下各本衍「大官」二字，今刪。

乙一斤、七十八分斤之二十六，

丙一斤、七十八分斤之十九，

丁一斤、七十八分斤之十二，

戊一斤、七十八分斤之五，

己七十八分斤之七十六，

庚七十八分斤之六十九，

辛七十八分斤之六十二，

壬七十八分斤之五十五，

癸七十八分斤之四十八。

未到三人共得三斤、七十八分斤之十五。

術曰：以先入人數分所持金數爲上率。以後入人數分所持金數爲下率。二率相減，餘爲差實。併先後入人數而半之，以減凡人數，餘爲差法。實如法而一，得差數。併一、二、三，以差數乘之，以減後入人所持金數，餘，以後入人數而一。又置十人減一，餘，乘差數，併之卽第一人所得金數。以次每減差數，各得之矣。并中央未到三人，得應持金數。

草曰：置先入人數於左上，置得金數於右上。又置後入人數於左下，置後得金數於右下。以後入人數乘先得金數得十六；以先入人數乘後得金數得九。以九直減十六得七爲差實。又併先後入人數七，半之得三半，以減十人數，餘六半。又以先後人數率分母三與分母四相乘得十二，以乘六半得七十八爲差法。七十八是一斤也。置後入所得金數三，以乘差法得二百三十四。又置一、二、三併之得六①，以七因之，得四十二。直減二百三十四，餘有一百九十二。以後入四人數除之，人得四十八，乃是癸得之數。累加差七，乃合前問。

〔一九〕今有圓材徑頭二尺一寸，欲以爲方。問各幾何？

荅曰：一尺五寸。淳風等謹按：開方除之爲一尺四寸、二十五分寸之二十一。

術曰：置徑尺寸數，以五乘之，爲實。以七爲法。實如法而一。

草曰：置二尺一寸，以五乘之，得一百五寸。以七除之，得一尺五寸。合前問。

〔二〇〕今有泥方一尺，欲爲彈丸，令徑一寸。問得幾何？

① 「併之得六」，各本訛作「得差」。

荅曰：一千七百七十七枚、九分枚之七。

術曰：置泥方寸數，再自乘，以十六乘之，爲實。以九爲法。實如法得一。

草曰：置一尺爲十寸，再自乘得一千。以十六乘之，得一萬六千爲實。以九爲法。除實得一千七百七十七、九分之七。合前問。臣淳風等謹按密率，爲丸①一千九百九枚、十一分枚之一。

依密率術曰：令泥方寸，再自乘，以二十一乘之，爲實。以十一爲法。實如法而一，卽得。

又依密率草曰：置泥方十寸，再自乘得一千寸。以二十一乘之，得二十一萬爲實。以十一爲法，除之，得一千九百九枚，十一分枚之一。合問。

〔三一〕今有客不知其數。兩人共盤，少兩盤；三人共盤，長三盤。問客及盤各幾何？

荅曰：

客三十人，

十三盤。

術曰：以二乘少盤，三乘長盤，併之爲盤數。倍之，又以二乘少盤數增之，得人數。

草曰：置二人於右上，少兩盤於右下。置三人於左上，置剩三盤於左下。各以人乘盤，右下得四，左下得九，併之得一十三盤數。別置少盤二，以剩盤三乘之，得六，更併少剩盤乘之，得三十人。合前問。

〔二二〕今有女善織，日益功疾。初日織五尺，今一月，日織九疋三丈。問日益幾何？

荅曰：五寸、二十九分寸之十五。

術曰：置今織尺數，以一月日而一，所得，倍之。又倍初日尺數，減之，餘爲實。以一月日數初一日減之，餘爲法。實如法得一。

草曰：置九疋，以疋法乘之，內三丈，得三百九十尺。以一月三十日除之，每日得一丈三尺。倍之得二丈六尺。又倍初日尺數得一丈，減之，餘一丈六尺爲實。又置一月三十日減一日，得二十九日爲法，除之，得五寸、二十九分寸之十五。合前問。

〔二三〕今有女子不善織，日減功遲。初日織五尺，末日織一尺，今三十日織訖。問織幾何？

荅曰：二疋一丈。

①「爲丸」，南宋本「丸」譌作「九」，戴校本無「丸」字，今以意校正。

術曰：倂初、末日織尺數，半之，餘以乘織訖日數，卽得。

草曰：置初日五尺，訖日一尺，倂之得六，半之得三。以三十日乘之，得九十尺。

合前問。

〔三四〕今有絹一疋買紫草三十斤，染絹二丈五尺。今有絹七疋，欲減買紫草，還自染餘絹。問減絹、買紫草各幾何？

答曰：

減絹四疋一丈二尺、十三分尺之四。買草一百二十九斤三兩、一十三分兩之九。

術曰：置今有絹疋數，以本絹一疋尺數乘之，爲減絹實。以紫草三十斤乘之爲買紫草實。以本絹尺數并染尺爲法。實如法得一。其一術，盈不足術爲之，亦得。

草曰：置絹七疋，以疋法乘之，得二百八十尺。又以買草絹一疋四十尺乘之，得一萬一千二百尺爲減絹實。以本絹尺數六十五尺爲法。除實得一百七十二尺，法與餘皆倍之，得一十三分尺之四。又置二百八十尺，以紫草三十斤乘之，得八千四百斤爲買草實。亦以六十五尺爲法除之，得一百二十九斤。餘不盡者，十六乘之，得二百四十，又以法除之，得三兩。餘與法皆倍之，得一十三分兩之九。合前問。

〔三五〕今有生絲一斤，練之折五兩。練絲一斤，染之出三兩。今有生絲五十六斤八兩、七分兩之四。問染得幾何？

荅曰：四十六斤二兩，四百四十八分兩之二百二十三。

術曰：置一斤兩數，以折兩數減之，餘乘今有絲斤兩之數。又以出兩數倂一斤兩數乘之爲實。一斤兩數自乘爲法。實如法得一兩數。

草曰：置五十六斤，以兩法十六乘之，內子八兩，得九百四兩。又以分母七乘之，內子四，得六千三百三十二兩爲實。又以練率十一、染率十九相乘得二百九，以乘其實，得一百三十二萬三千三百八十八爲積。以十六自乘①得二百五十六，又以分母七乘之，得一千七百九十二爲法。除積得七百三十八兩。餘與法皆再折，得四百②四十八分兩之二百二十三。若求練絲，折法置積兩，以十六乘，以十一除得絲數。

〔三六〕今有鐵十斤，一經入爐得七斤。今有鐵三經入爐，得七十九斤一十一兩。問未入爐本鐵幾何？

---

①「自乘」，各本訛作「相乘」，今校正。

②各本俱脫落「四百」二字，今補。

答曰：二百三十二斤五兩四銖、三百四十三分銖之二百八十四。

術曰：置鐵三經入爐得斤兩數。以十斤再自乘，乃乘上爲實。以七斤再自乘爲法，實如法而得一。

草曰：置三經入爐得七十九斤，以十六乘之，内一十一兩，得一千二百七十五兩。以十斤再自乘得一千，以乘之，得一百二十七萬五千爲實。以七斤再自乘①得三百四十三爲法。以除實得三千七百一十七兩，餘六十九。以二十四乘之，得一千六百五十六。又以法除之，得四銖、三百四十三分銖之二百八十四。又以十六除所得兩數，得二百三十二斤五兩。併前銖零，合前問。

〔二七〕今有絲一斤八兩直絹一疋。今持絲一斤，裨錢五十，得絹三丈。今有錢一千。問得絹幾何？

答曰：一疋二丈六尺六寸、太半寸。

術曰：置絲一斤兩數，以一疋尺數乘之，以絲一斤八兩數而一，所得，以減得絹尺數，餘，以一千錢乘之爲實。以五十錢爲法。實如法得一。

草曰：置絲一十六兩，以四十尺乘之，得六百四十。以一斤八兩通爲二十四兩爲法，除之，得二丈六尺六寸太半斗，爲絲所得之絹。以減三丈，餘三尺三寸、少半寸，爲錢之所直。以三尺三寸，三因之，內子一，得十尺。以乘一千錢，得一萬尺。又以裨錢五十，以三因之，得一百五十爲法。除實得六丈六尺六寸太半寸。合前問。

〔三八〕今有甲貸乙絹三疋。約限至不還，疋日息三尺。今過限七日，取絹二疋，償錢三百。問一疋直錢幾何？

答曰：七百五錢、十七分錢之十五。

術曰：以過限日息尺數，減取絹疋尺數，餘爲法。以償錢乘一疋尺數爲實。實如法而一。

草曰：置七日。三疋絹日息三尺，共九尺。以乘七日，得六十三尺。以減八十尺，餘一十七尺爲法。又置償錢三百，以四十尺乘之，得一萬二千錢。以一十七爲法除之，得七百五文，餘十七分錢之十五。合前問。

〔三九〕今有金方七，銀方九，秤之適相當。交易其一，金輕七兩。問金、銀各重幾何？

答曰：

---

① 「再自乘」下各本衍「七兩」二字，今刪去。

金方重十五兩十八銖，

銀方重十二兩六銖。

術曰：金、銀方數相乘，各以半輕數乘之爲實。以超方數乘金、銀方數，各自爲法。實如法而一。

草曰：置金方七，銀方九。相乘得六十三。以半輕數三兩半乘得二百二十兩半。又以金銀超方數二，以乘金方數得一十四，爲法。除實得一十五兩。餘不盡者以二十四乘之，得二百五十二銖。再以前法除之，得一十八銖。若求銀方，又置前二百二十兩半，以銀方九二因得一十八爲法。除之，得一十二兩。餘二十四乘之，得一百八。以法除之，得六銖，爲銀方。合前問。

〔三〇〕今有器容九斗，中有米，不知其數。滿中粟，舂之，得米五斗八升。問滿粟幾何？

答曰：八斗。

術曰：置器容九斗，以米數減之。餘，以五之，二而一，得滿粟斗數。

草曰：置九斗，以米五斗八升減之，得三斗二升。以米數五因之，得一石六斗，以糲率二斗除之，得八斗，爲粟。合前問。

〔三一〕今有七百人造浮橋，九日成。今增五百人。問日幾何？

荅曰：五日、四分日之一。

術曰：置本人數，以日數乘之，爲實。以本人數，今增人數併之爲法。實如法而一。

草曰：置七百人，以九日①因之，得六千三百。又以增五百人加七百人，得一千二百人爲法，除之。得五日，餘四分日之一。合前問。

〔三二〕今有與人錢，初一人與三錢，次一人與四錢，次一人與五錢，以次與之，轉多一錢。與訖還斂聚與均分之，人得一百錢。問人幾何？

荅曰：一百九十五人。

術曰：置人得錢數，以減初人錢數，餘，倍之。以轉多錢數加之，得人數。

草曰：置人得錢一百，減初人錢三文，得九十七。倍之，加轉多一錢②得一百九十五。合前問。

---

① 「九日」，南宋本與其他各本俱譌作「九百」，今以意校正。

② 「轉多一錢」，各本譌作「初人」，今依術校正。

張邱建算經卷中

〔一〕今有戶出銀一斤八兩一十二銖。今以家有貧富不等，令戶別作差品，通融出之。最下戶出銀八兩，以次戶差各多三兩。問戶幾何？

答曰：一十二戶。

術曰：置一戶出銀斤兩銖數，以最下戶出銀兩銖數減之。餘，倍之，以差多兩銖數加之，爲實。以差兩銖數爲法。實如法而一。

草曰：置二十四兩，以二十四乘之，內一十二銖，得五百八十八銖。減最下戶八兩數一百九十二銖，餘三百九十六。倍之得七百九十二。又加差多三兩數七十二銖，共得八百六十四爲實。以差多兩數七十二爲法，除實得一十二戶。合前問。

〔二〕今有人盜馬乘去，已行三十七里，馬主乃覺。追之一百四十五里，不及二十三里而還。今不還追之，問幾何里及之？

答曰：二百三十八里、一十四分里之三。

術曰：置不及里數，以馬主追里數乘之爲實。以不及里數減已行里數，餘爲法。實如法而一。

草曰：置馬不及里數二十三里。以馬主追去一百四十五里乘之，得三千三百三十五爲實。以不及二十三里減已行三十七里，餘一十四爲法。除實，得二百三十八里、一十四分里之三。合前問。

〔三〕今有馬行轉遲，次日減半疾，七日行七百里。問日行幾何？

答曰：

初日行三百五十二里、一百二十七分里之九十六。

次日行一百七十六里、一百二十七分里之四十八。

次日行八十八里、一百二十七分里之二十四。

次日行四十四里、一百二十七分里之一十二。

次日行二十二里、一百二十七分里之六。

次日行一十一里、一百二十七分里之三。

次日行五里、一百二十七分里之六十五。

術曰：置六十四、三十二、一十六、八、四、二、一爲差，副併爲法。以行里數乘未併者，各自爲實。實如法而一。

草曰：置七日爲七位，以次倍之爲一、二、四、八、十六、三十二、六十四爲差。以副併之，得一百二十七爲法。以七日行七百里乘未併者，初日得四百四十八里，次得二百二十四里，次得一百一十二里，次得五十六里，次得二十八里，次得十四里，次得七里，各自爲實。實如法而一。各合問。

〔四〕今有駑馬日初發家，良馬日以七分之一發家。日乃五分之二，行四十五里，及駑馬。問良駑馬一日不止，各行幾何？

荅曰：

良馬日行一百七十五里。

駑馬日行一百一十二里、一百五十步。

術曰：置五分之二、七分之一，相減，餘爲良馬行率。增七分日之一，爲駑馬行率。各以爲法。以及里數乘二母爲實。實如法而一。

草曰：置七分於右上，一於左上；五分於右下，二於左下。以右上乘左下得十四，以右下乘左上得五，減十四得九，爲良馬率法。以五加九得十四，爲駑馬率法。以七分、五分相乘得三十五，以乘追及四十五里，得一千五百七十五里爲實。以良馬九法除之，得一百七十五里爲良馬行。又以十四除實，得一百一十二里。餘七里，以里法三百通之，得二千一百步，再以十四除之，得一百五十步。合前問。

〔五〕今有遲行者五十步，疾行者七十步。遲行者以先發，疾行者以後發，行八十七里一百五十步乃及之。問遲行者先發行幾何里？

答曰：二十五里。

術曰：以遲行步數減疾行步數，餘，以乘及步數爲實。以疾行步數爲法。實如法而一。

草曰：置疾行七十步，以遲行五十步減之，餘二十步。以乘及八十七里半，得一千七百五十里爲實①。以疾行七十步爲法。除實，得二十五里。合前問。

〔六〕今有甲日行七十里，乙日行九十里。甲日以五分之一乃發，乙日以三分之二乃發。問乙行幾何里及甲？

答曰：一百四十七里。

術曰：以五分日之一減三分日之二，餘，以甲日行里數乘之，又以乙日行里數乘之爲實。以甲、乙行里數相減，餘以乘二分母爲法。實如法而一。

草曰：置五分於右上，置之一於左上。又置三分於右下，之二於左下。以右上五乘左下二得一十，以右下三乘左上一得三，以減十餘七。以甲行七十里乘之，得四百九十，又以乙行九十里乘之，得四萬四千一百爲實②。以甲行里數減乙行里數，餘二十里，以二分母乘之，得三百。以除實得一百四十七里。乃合前問。

〔七〕今有築城，上廣一丈，下廣三丈，高四丈。今已築高一丈五尺。問已築上廣幾何？

荅曰：二丈二尺五寸。

術曰：置城下廣，以上廣減之。又置城高，以減築高。餘相乘，以城高而一，所得加城上廣，即得。

草曰：置城下廣三十尺，以上廣減之，餘二十尺。別以城高四十尺，以築高一丈五尺減之，得二丈五尺。以乘二十尺，得五百尺，以城高四十尺爲法除之，得一丈二尺

---

① 各本脫落「爲實」二字，今補。
② 各本脫落「爲實」二字，今補。

五寸。所得加城上廣一丈，得二丈二尺五寸。合前問。

〔八〕今有築牆，上廣二尺，下廣六尺，高二丈。今已築上廣三尺六寸。問已築高幾何？

荅曰：一丈二尺。

術曰：置已築上廣及下廣，各減牆上廣。以築上廣減餘以減下廣減餘，餘乘牆高爲實。以牆上廣減下廣餘爲法。實如法而一。

草曰：置牆下廣六尺，以築高上廣三尺六寸減之，餘二尺四寸。以牆高二十尺乘之，得四十八尺。又以牆上廣二尺減下廣六尺，餘四尺爲法。除之，得一丈二尺。合前問。

〔九〕今有方錐，下方二丈，高三丈。欲斬末爲方亭，令上方六尺。問斬高幾何？

荅曰：九尺。

術曰：令上方尺數乘高尺數爲實。以下方尺數爲法。實如法而一。

臣淳風等謹按：此術下方爲句率，高爲股率，上方爲今有見句數。以見句乘股率，如句率而一，卽得。

草曰：置上方六尺，以乘高三十尺①得一百八十尺。以下方二十尺爲法。除②實得九尺。合前問。

〔一〇〕今有方亭，下方三丈，上方一丈，高二丈五尺。欲接築爲方錐。問接築高幾何？

答曰：一丈二尺五寸。

術曰：置上方尺數，以高乘之，爲實。以上方尺數減下方尺數，餘爲法。實如法而一。

草曰：置上方十尺，以高二十五尺乘之，得二百五十尺。以上方一丈減下方三丈，餘二丈爲法。除實得一丈二尺五寸。乃合前問。

〔一一〕今有垛壔，方四丈，高二丈。欲以塼四面單壘之。塼一枚廣五寸，長一尺一寸，厚二寸。問用塼幾何？

答曰：一萬四千七百二十七塼、一十一分塼之三。

術曰：置垛壔方③寸數，以塼廣增之，而以四乘之，以高乘之爲實。以塼長厚相乘爲法，實如法而一。

---

① 「尺」，各本訛作「又」，今校正。

② 各本脱落「除」字，今補。

③ 「方」字下各本衍一「丈」字，今删去。

草曰：置四百寸加五寸，以四因之，得一千六百二十寸。又以高二百寸乘之，得三十二萬四千寸。以塼長厚相乘得二十二寸爲法，除之。得一萬四千七百二十七枚、一十一分塼之三。合前問。

〔一二〕今有築圓垜壔，周九丈六尺，高一丈三尺。問用壤土幾何？

答曰：一萬六千六百四十尺。

術曰：周自相乘，以高乘之，又以五乘爲實。以三乘十二爲法。實如法而一。

草曰：以周九丈六尺自相乘，得九千二百一十六尺。又以高一丈三尺乘之，得一十一萬九千八百八，又以五乘之，得五十九萬九千四十爲實。以三乘十二得三十六爲法。除實得一萬六千六百四十尺。合前問。

〔一三〕今有率，戶出絹三疋，依貧富欲以九等出之，令戶各差除二丈。今有上上三十九戶，上中二十四戶，上下五十七戶，中上三十一戶，中中七十八戶，中下四十三戶，下上二十五戶，下中七十六戶，下下一十三戶。問九等戶，戶各應出絹幾何？

答曰：

上上戶，戶出絹五疋。

上中戶，戶出絹四疋二丈。
上下戶，戶出絹四疋。
中上戶，戶出絹三疋二丈。
中中戶，戶出絹三疋。
中下戶，戶出絹二疋二丈。
下上戶，戶出絹二疋。
下中戶，戶出絹一疋二丈。
下下戶，戶出絹一疋。

術曰：置上八等戶，各求積差，上上戶十六，上中戶十四，上下戶十二，中上戶十，中中戶八，中下戶六，下上戶四，下中戶二。各以其戶數乘，而併之。以出絹疋丈數乘凡戶，所得，以併數減之，餘以凡戶數而一，所得卽下下戶。遞加差各得上八等戶所出絹疋丈數。

草曰：置上上戶三十九，以十六乘之，得六百二十四，列於上。又置上中戶二十四，以十四因之，得三百三十六，併上。又置上下戶五十七，以十二因之，得六百八十四，併上位。又置中上戶三十一，以十因之，得三百一十，併上位。又置中中戶七十八，以八因之，得六百二十四，併上位。又置中下戶四十三，以六因之，得二百五十八，併上位。又置下上戶二十五，以四因之，得一百，併上位。又置下中戶七十六，以二因之，得一百五十二，併上位。都得三千八十八。又併九等戶三百八十六，以十二丈因之，得四千六百三十二丈。以減三千八十八丈，餘一千五百四十四丈，以爲平率。以衆戶數三百八十六①除之，得四丈爲一疋，是最下之戶所出絹。以次各加二丈，至上上戶，出五疋。皆合前問。

〔一四〕今有粟三千斛，六百人食之。其一百人，日食糳米八斛；二百人，日食粺米十四斛；三百人，日食糲米十八斛。問粟得幾何日食之？

答曰：四十一日、四十九分日之一十六。

術曰：置粟數爲實。以三等日食米積數各求爲粟之數，併以爲法。實如法得一。

草曰：置糳米八斛，以五十乘之，以糳米二十四除，得一十六斛，餘一十六。以二十四，八約之得三②，餘得二。又置粺米十四斛，以五十乘之，得七百③斛，以粺米率二十七除，得二十五斛，餘二十七分之二十五。又置糲米十八斛，以五十乘之，三十除之，得三十斛。併三位得七十一斛。又置餘分三於右上，二於左上；二十七於右下，二十五於左下。以右上三乘左下二十五得七十五，以右下二十七乘左上二得五十四，併之得一百二十九。又以分母三乘二十七，得八十一爲法。除得一斛，加上位七十一得七十二。餘四十八，分母八十一，各三約之，得二十七分之一十六。又以二十七分乘七十二斛，內子一十六，得一千九百六十爲法。乃置粟三千斛，以母二十七乘之，得八萬一千爲實。以一千九百六十爲法，除得四十一日。法與餘俱再折，得四十九分日之十六。合前問。

〔一五〕今有三女各刺文一方，長女七日刺訖，中女八日半刺訖，小女九日太半刺訖。今令三女共刺一方。問幾何日刺訖？

荅曰：二日、一千二百五十六分日之九百三十九。

術曰：置日數以互乘方數，併爲法，日數相乘爲實，實如法得一。

---

① 「三百八十六」下各本衍「而一」二字，今删去。

② 「八約之得三」，孔刻本「八」訛作「三」，南宋本不誤。

③ 「七百」，各本訛作「七十」，今校正。

草曰：置大女七日於右上，一於左上。中女八日半，半是二分之一①，以分母通分，內子一得十七於右中，一於左中。小女九日太半，以分母三因之，內子二得二十九於右下，一於左下。乃互乘之。以右中十七乘左上一得十七，又以右下二十九乘之，得四百九十三。又以右上七乘左中一得七，又以右下二十九乘之，又以分母二因之，得四百六。又以右上七乘左下一，又以右中十七乘之，又以分母三因之，得三百五十七。併之得一千二百五十六爲法。又以右上七乘中一十七得一百一十九，又以右下二十九乘之，得三千四百五十一爲實。以法除之，得二日、一千二百五十六分日之九百三十九。合前問。

〔一六〕今有車運麥輸太倉，去三十七里、十六分里之十一。重車日行四十五里。七日五返。問空車日行幾何？

荅曰：日行六十七里。

術曰置麥去太倉里數，以返數乘之。以重車日行里數而一，所得爲重行日數。以減凡日數，餘爲空行日數，以爲法。以返數乘麥去太倉里數爲實。實如法得一。

草曰：置去太倉里數三十七里，以十六乘之，內子一十一，得六百三里。又以返數五乘之，得三千一十五。以重車日行四十五以分母十六乘之，得七百二十爲法。除三千一十五，得四日。不盡，二因，九約，約得十六分日之三。爲重車行日數②。又置七日，以十六乘之，得一百一十二。又置四日，以十六乘之，內子三，得六十七。以減一百一十二，餘四十五爲法。以除③太倉里數三千一十五，得六十七里。合前問。

〔一七〕今有人持錢之洛，賈利五之二④。初返歸一萬六千，第二返歸一萬七千，第三返歸一萬八千，第四返歸一萬九千，第五返歸二萬。凡五返，歸本利俱盡。問本錢幾何？

荅曰：三萬五千三百二十六錢、一萬六千八百七分錢之五千九百一十八。

術曰：置後返歸錢數，以五乘之。以七乘第四返歸錢數加之，以五乘之。以四十九乘第三返歸錢數加之，以五乘之。以三百四十三乘第二返歸錢數加之，以五乘之。以二千四百一乘初返歸錢數加之，以五乘之。以一萬六千八百七而一，得本錢數。一法：盈不足術爲之，亦得。

---

① 「半是二分之一」，各本脫落「半」字，今補。
② 「重車行日數」，各本訛作「重車日行里」，今校正。
③ 「以除」下各本衍一「法」字，今刪。
④ 「五之二」，各本俱脫落「二」字，今補。五之二謂利居本錢五分之二也。

術曰：置最後返錢數，以五乘之，得十萬。又以第四返錢一萬九千，以七乘之，得一十三萬三千，併上位得二十三萬三千。又以五因之，得一百一十六萬五千。又置第三返一萬八千，以四十九乘之，得八十八萬二千，又加上位，得二百四萬七千。又以五乘之，得一千二十三萬五千。又置第二返一萬七千，以三百四十三乘之，得五百八十三萬一千。加上位，得一千六百六萬六千。又以五乘之，得八千三十三萬。又置初返日一萬六千，以二千四百一乘之，得三千八百四十一萬六千。加上位得一億一千八百七十四萬六千。又以五乘之，得五億九千三百七十三萬，爲實。又以一萬六千八百七爲法。除實得三萬五千三百二十六文、一萬六千八百七分錢之五千九百一十八。

〔一八〕今有清酒一㪷直粟十㪷；醑酒一㪷直粟三㪷。今持粟三斛，得酒五㪷。問清、醑酒各幾何？

答曰：

醑酒二㪷八升、七分升之四，

清酒二㪷一升、七分升之三。

術曰：置得酒㪷數，以清酒直數乘之，減去持粟㪷數，餘爲醑酒實。又置得酒㪷數，以醑酒直數乘之，以減持粟㪷數，餘爲清酒實。各以二直相減，餘爲法。實如法而一，卽得。以盈不足爲之，亦得。

草曰：置得五㪷，以清酒十量乘之，得五斛。減持去粟三斛，餘二斛，爲醑酒實。又置酒五㪷，以醑酒三量乘之，得一斛五㪷，以減三斛，餘一斛五㪷，爲清酒實。以三減十餘七爲法。除醑酒實得二㪷八升、七分升之四。又以法除清酒實，得二㪷一升、七分升之三。合前問。

〔一九〕今有田積一十二萬七千四百四十九步。問爲方幾何？

荅曰：三百五十七步。

術曰：以開方除之，卽得。

草曰：置前積步數於上。借一算子於下。常超一位，步至百止。以上商置三百於積步之上。又置三萬於積步之下，下法之上，名曰方法。以方命上商，三三如九，除九萬。又倍方法一退，下法再退。又置五十於上商之下。又置五百於下法之上，名曰隅法。以方、隅二法除實，餘有四千九百四十九。又倍隅法以併方，得七千，退一等，下法再退。又置七於上商五十之下。又置七於下法之上，名曰隅法。以方、隅二法除實，得合前問。

〔二〇〕今有田方一百二十一步，欲以爲圓。問周幾何？

荅曰：四百一十九步、八百三十九①分步之一百三十一。

術曰：方自相乘，又以十二乘之爲實。開方除之，即得。

草曰：以一百二十一步自相乘，得一萬四千六百四十一。又以十二乘之，得一十七萬五千六百九十二。借一算子於下。常超一位，步至百止。上商得四百，下置四萬爲方法，命上商除一十六萬。倍下方法退一位，得八千，下法退二等。又置上商得一十。又置下法之上一百，名曰隅法。以方、隅除實八千一百，又置倍隅法從方法，退一等，得八百二十。又置九於一十之下。又置九於下法之上，名隅法。以方命上商，八九七十二，除七千二百。又以方法二命上商九，除一百八十。又以隅法九命上商九，除八十一，餘一百三十一。即四百一十九步、八百三十九②之一百三十一。合前問。

〔二一〕今有圓田周三百九十六步，欲爲方。問得幾何？

荅曰：一百一十四步、二百二十九分步之七十二。

術曰：周自相乘，十二而一。所得，開方除之，即得方。

草曰：置三百九十六自相乘，得一十五萬六千八百一十六。以十二而一，得一萬三千六十八。以開方法除。借一算子於下。常超一位至百止。上商置一百，下置一萬於下法之上，名曰方法。以方法命上商，除實一萬。退方法，倍之，下法再退。又置一十於上商之下。又置一百於下法上，名曰隅法。以方、隅二法皆命上商除實二千一百。又隅法倍之，以從方法，退一位。下法再退。又置四於上商一十之下。又置四於下法之上，名曰隅法。以方、隅二法皆命上商，除實八百九十六。餘得七十二③。合前問。

〔三〕今有弧田，弦六十八步、五分步之三，爲田二畝三十四步、四十五分步之三十一④。問矢幾何。

答曰：矢一十二步、三分步之二。

術曰：置田積步，倍之爲實。以弦步數爲從。⑤

① 「八百三十九」，各本「三」訛作「二」，今校正。兩倍四百一十九，加借算一得八百三十九。
② 「八百三十九」，各本「三」訛作「二」，今校正。
③ 「餘得七十二」，各本脱落「七十二」三字，今補。④ 各本「一」訛作「二」，今校正。
⑤ 「從」字係中卷第二十一頁之末一個字。此下所缺，不知頁數。

張邱建算經卷下

甲①得一鹿四分鹿之二，

乙得一鹿四分鹿之一，

丙得一鹿，

丁得四分鹿之三，

戊得四分鹿之二。

術曰：列置甲六、乙五、丙四、丁三、戊二，各自爲差。副併爲法。以鹿數乘未併者各自爲實。實如法得一。

草曰：置六、五、四、三、二。并之，得二十②爲法。又以甲六乘五鹿，得三十，復

---

① 「甲」字是原下卷第三頁之第一字。所缺前二頁無法校補。微波榭本於第二頁上有本題題目「今有甲、乙、丙、丁、戊五人，共分五鹿，欲以六、五、四、三、二差之，問各得幾何？」二十七字及另行「荅曰」二字，想係戴震校補，可供參考。上闕幾題亦無從查攷，下題題次姑從〔二〕起。

② 「草曰：置六、五、四、三、二。并之，得二十」十三字爲南宋本所缺，此依微波榭本補足。

以①二十除之，得一鹿。餘一與法俱倍之，得四分鹿之二。以乙五乘五鹿，得二十五。復以二十除，得一鹿、四分之一。又以丙四乘五鹿，得二十爲一鹿。又以丁三乘五鹿，得一十五鹿，乃得四分鹿之三。又以戊二乘五鹿，得一十，乃得四分鹿之二。合前問。

〔二〕今有鹿直西走。馬獵追之，未及三十六步。鹿回直北走，馬俱斜逐之，走五十步，未及一十步。斜直射之，得鹿。若鹿不迴，馬獵追之，問幾何里而及之。

荅曰：三里。

術曰：置斜逐步數，以射步數增之，自相乘。以追之未及步數自相乘減之。餘，以開方除之。所得，以減斜逐步數，餘爲法。以斜逐步數乘未及步數爲實。實如法得一。

草曰：置斜逐步五十，增未及步數十步，共六十步。自乘得三千六百。又置追之未及步數三十六步，自相乘得一千二百九十六，以減斜自乘步，餘②二千三百四步。以開方除之，得四十八步。以減斜逐步數五十，餘二爲法。又置未及三十六，以斜逐步數五十乘之，得一千八百。以法除之，得九百步。乃合前問。

〔三〕今有垣高一丈三尺五寸，材長二丈二尺五寸，倚之於垣，末與垣齊。問引材卻行幾何，材末至地？

荅曰：四尺五寸。

術曰：垣高自乘，以減材長自乘，餘，以開方除之。所得，以減材，餘卽卻行尺數。

草曰：置垣高數自相乘，得一百八十二尺二寸五分。又以材長數自相乘，得五百六尺二寸五分。以垣高自乘減之，餘三百二十四。以開方法除之，得一丈八尺。以減材長二丈二尺五寸，餘四尺五寸。合前問。

〔四〕今有倉，東西袤一丈二尺，南北廣七尺，南壁高九尺，北壁高八尺。問受粟幾何？

荅曰：得四百四十斛、二十七分斛之二十。

術曰：併南、北壁高而半之，以廣、袤乘之，爲實。實如斛法而一，得斛數。

草曰：置南、北壁高併之，得一十七，半之，得八尺五寸。又置長一十二尺，以廣七尺因之，得八十四尺。又以高八尺五寸乘之，得七百一十四尺。以斛法一尺六寸二

① 「以甲六乘五鹿，得三十，復以」十一字爲南宋本所缺，此依微波榭本補足。

② 各本脫落「餘」字，今補。

分除之，得四百四十斛。餘一百二十，① 并法各以六除之，得二十七分之二十。合前問。

〔五〕今有圓圌，上周一丈八尺，下周二丈七尺，高一丈四尺。問受幾何？

答曰：三百六十九斛四㪷、九分㪷之四。

術曰：上下周相乘，又各自乘，併以高乘之，以三十六而一，所得爲實。實如斛法而一，得斛數。

草曰：置上周一丈八尺自相乘，得三百二十四尺。以下周二丈七尺自相乘，得七百二十九尺。又上下周相乘，得四百八十六尺。併三位，得一千五百三十九。又以高一丈四尺乘之，得二萬一千五百四十六尺。以三十六除之，得五百九十八尺五寸，爲實。以斛法除之，得三百六十九斛四㪷。餘與法各折半，皆以九除之，法得九，餘得四。卽合前問。

〔六〕今有窖，上廣四尺，下廣七尺，上袤五尺，下袤八尺，深一丈。問受粟幾何？

答曰：得二百二十五斛三㪷、八十一分㪷之七。

術曰：倍上袤，下袤從之。亦倍下袤，上袤從之。各以其廣乘之，併，以深乘之，六而一。所得爲實。實如斛法而一，得斛數。

草曰：置上長五尺，倍之得十尺，加下長八尺，爲十八尺②。倍下長八尺，得十六尺，加上長五尺，爲二十一尺。以上廣四尺乘上長一十八尺，得七十二尺。又以下廣七乘下長二十一尺，得一百四十七尺。併之得二百一十九尺。又以深十尺乘之，得二千一百九十。以六除之，得三百六十五尺。以斛法除之，得二百二十五斛三㪷。法、餘各半之，得八十一分㪷之七。卽合前問。

〔七〕今有窖，上方五尺，下方八尺，深九尺。問受粟幾何？

荅曰：二百三十八斛、九分斛之八。

術曰：上、下方相乘，又各自相乘，併，以深乘之，三而一，所得爲實。實如斛法而一，得斛數。

草曰：置上方五尺，自相乘得二十五尺。置下方八尺，自相乘得六十四尺。又以上下方相乘得四十尺。併三位得一百二十九。又以深九尺乘之，得一千一百六十一。

① 「得四百四十斛。餘一百二十」，各本俱訛作「得四十四斛。餘一十二」，今校正。

② 各本脱落「爲十八尺」四字，今補。

又以三而一得三百八十七尺。以斛法除得二百三十八斛。餘與法皆半之，九約，得九分斛之八。合前問。

〔八〕今有倉，東西袤一丈四尺，南北廣八尺，南壁高一丈，受粟六百二十二斛、九分斛之二。問北壁高幾何？

荅曰：八尺。

術曰：置粟積尺，以倉廣、袤相乘而一。所得，倍之，減南壁高尺數，餘爲北壁高。

草曰：置六百二十二斛，以九因之，內子二①，得五千六百。又以斛法一尺六寸二分乘之，得九千七十二尺，是粟積數。卻以九除之，得一千八尺。以長、廣相乘得一百一十二尺。以除一千八尺，得九尺。倍之，得一十八尺。減南壁高一丈，餘卽北壁高數。合前問。

〔九〕今有圓圌，上周一丈五尺，高一丈二尺，受粟一百六十八斛五㪷、二十七分㪷之五。問下周幾何？

荅曰：一丈八尺。

術曰：置粟積尺，以三十六乘之，以高而一。所得，以上周自相乘減之，餘，以上周尺數從，而開方除之。所得卽下周。

草曰：置粟一百六十八斛五㪷，以分母二十七乘之，內子五，得四千五百五十。又以斛法乘之，得七千三百七十一。又以三十六乘，得二十六萬五千三百五十六。又以二十七除之，得九千八②百二十八。又以高一丈二尺除之，得八百一十九。又以上周自乘得二百二十五，以減上數，餘五百九十四。又以上周一丈五尺爲從法。開方，合前問。

〔一〇〕今有窖，上方八尺，下方一丈二尺，受粟九百三十八斛、八十一分斛之二十二。問深幾何？

荅曰：一丈五尺。

術曰：置粟積尺，以三乘之爲實。上、下方相乘，③又各自乘，併以爲法。實如法而一。

草曰：置粟九百三十八斛，以分母八十一乘之，內子二十二，得七萬六千。以斛

① 各本俱脫落「內子二」三字，今補。 ② 「八」，各本訛作「三」，今校正。

③ 「乘」字下，各本衍一「併」字，今删去。

法乘之，得一十二萬三千一百二十。又以三因之，得三十六萬九千三百六十。以八十一除之，得四千五百六十，爲實。又以上方自相乘得六十四，以下方自相乘得一百四十四，以上、下方相乘①得九十六，三位併之，得三百四爲法。除實得一丈五尺。合前問。

〔二〕今有窖，上廣五尺，上袤八尺，下廣七尺，深九尺，受粟三百一斛八㪷、八十一分㪷之四十二。問下袤幾何？

荅曰：一丈。

術曰：置粟積尺，以六乘之，深而一，所得。倍上袤以上廣乘之，又以下廣乘上袤，併以減之。餘，以倍下廣，上廣從之，而一，得下袤。

草曰：置三百一斛八㪷，以分母八十一乘之，內子四十二，得二萬四千四百五十。又以斛法乘之，得三萬九千六百九。又以六乘之，得二十三萬七千六百五十四。以分母八十一除之，得二千九百三十四。又以深九尺除之，得三百二十六，爲實。又以倍上袤②得一十六，以上廣五尺乘之，得八十。又以下廣乘上袤得五十六。併之得一百三十六。以減實，餘一百九十。又倍下廣七尺得一十四，又加上廣五尺共一十九。除實得一丈。合前問。

〔二〕今有上錦三疋、中錦二疋、下錦一疋直絹四十五疋。上錦二疋、中錦三疋、下錦一疋直絹四十三疋。上錦一疋、中錦二疋、下錦三疋直絹三十五疋。問上、中、下錦各直絹幾何？

答曰：

上錦一疋直絹九疋，

中錦一疋直絹七疋，

下錦一疋直絹四疋。

術曰：如方程。

臣淳風等謹按：此術宜云，以右行上錦偏乘中行，而以直除之。又乘其左，亦以直除。以中行中錦不盡者偏乘左行，又以直除。左行下錦不盡者，上爲法，下爲實。實如法得下錦直絹。求中錦直絹者，以下錦直絹乘中行下錦，而減下實。餘，如中錦而一，即得中錦直絹。求上錦直絹者，亦以中、下錦③直絹各乘右行錦數，而減下實。餘，如上錦而一，即得上錦之數。列而別之，價直匹數雜而難分。價直匹數者一行之下實。今以右行上錦偏

---

① 「相乘」上各本衍一「自」字，今删去。

② 「倍上袤」下各本衍「除之」二字，今删去。

③ 「錦」各本訛作「絹」，今校正。

乘中行者，欲爲同齊而去中行上錦。同齊者，謂同行首齊諸下，而以直減中行。術從簡易，雖不爲同齊，以同齊之意觀之，其宜然矣。又轉去上錦、中錦，則其求者下錦一位及實存焉。故以上爲法，下爲實，實如法得下錦一匹直絹。其中行兩錦實，今下錦一匹直數先見，乘中行下錦匹數得一位別實，減此別實①於下實，則其餘專中錦一位價直匹數。故以中錦數而一。其右行三錦實，今中、下錦直匹數並見。故亦如前右行求別實，以減下實②。餘如上錦數而一。即得。

草曰：置上錦三疋於右上，中錦二疋於右中，下錦一匹於右下，直絹四十五疋於③下。又置上錦二匹於中上，中錦三疋於中中，下錦一匹於中下，直絹四十三疋於下。又置上錦一匹於左上，中錦二匹於左中，下錦三疋於左下，直絹三十五疋於下。然以右上錦三疋徧乘中行，上得六，中得九，下得三，直絹一百二十九。又以右上錦三遍乘左行，得上三，中六，下九，直絹一百五。乃以右上、中、下并直絹再減中行，一減左行。餘，有中行中五、下一、絹三十九；左行中四、下八、直絹六十。又以中行中五遍乘左行，中得二十，下得四十，直絹三百。以中行四度遍減左行，餘只有下錦三十六，直絹一百四十四。以下錦爲法，除絹一百四十四，得四疋，是下錦一疋之直。求中錦，以下錦絹乘中行下錦一疋，得四，以減下絹三十九，餘三十五。以中錦五疋除之，得七疋，是中錦之直。求上錦，以中錦價乘右行中錦，得一十四，以下錦直乘下錦，得四，共一十八。以減下直四十五，餘二十七。以上錦三除之，得九疋。合前問。

〔一三〕今有孟、仲、季兄弟三人，各持絹不知疋數。大兄謂二弟曰：「我得汝等絹各半，得滿七十九疋。」中弟曰：「我得兄、弟絹各半，得滿六十八疋。」小弟曰：「我得二兄絹各半，得滿五十七疋。」問兄弟本持絹各幾何？

答曰：

孟五十六疋，

仲三十四疋，

季一十二疋。

術曰：大兄二、中弟一、小弟一，合一百五十八疋。大兄一、中弟二、小弟一，合一百三十六疋。大兄一、中弟一、小弟二，合一百一十四疋。如方程而求，即得。

---

① 「實」字下各本衍一「一」字，今删。

② 「以減下實」，各本於「減」字下衍「中」字，「實」字下衍「一」字，今删。

③ 「於」字下各本衍一「右」字，今删去。

草曰：置大兄二於右上，中弟一於右中，小弟一於右下，絹一百五十八疋於下。又置大兄一於中上，中弟二於中中，小弟一於中下，絹一百三十六疋於下。又置大兄一於左上，中弟一於左中，小弟二於左下，絹一百一十四疋於下①。以方程錦法求之。以右行上二遍因左行，孟得二，仲得二，季得四，② 合得二百二十八。以右行③直滅之，仲餘一，季餘三，合餘七十。又以右行上二遍因中行，孟得二，仲得四，季得二，合得二百七十二。以右行直滅之，仲得三，季得一，合餘一百一十四。又以中行仲三遍因左行，仲得三，季得九，合得二百一十。以中行直滅之，季餘得八，合餘得九十六，爲實。以季餘八爲法除之，得季一十二疋。又中行合一百一十四，滅一十二，餘一百二。以仲三除之，得仲三十四疋。又右行合一百五十八，滅季一十二疋，仲三十四疋，外餘一百一十二。以孟二除之，得孟五十六疋。合前問。

〔一四〕今有甲、乙、丙三人，持錢不知多少。甲言：「我得乙太半，得丙少半，可滿一百。」乙言：「我得甲太半，得丙半，可滿一百。」丙言：「我得甲、乙各太半，可滿一百。」問甲、乙、丙持錢各幾何？

答曰：

甲六十，

乙四十五，

丙三十。

術曰：三甲、二乙、一丙，錢三百。四甲、六乙、三丙，錢六百。二甲、二乙、三丙，錢三百。如方程，卽得。

草曰：置三甲於右上，二乙於右中，一丙於右下，錢三百於下。又置四甲於中上，六乙於中中，三丙於中下，錢六百於下。又置二甲於左上，二乙於左中，三丙於左下，錢三百於下。以右行上三遍因左行，甲得六，乙得六，丙得九，錢得九百。以右行再減之，餘乙二，丙七，錢三百。又以右行上三遍因中行，得甲一十二，乙一十八，丙九，錢一貫八百。以右行四遍減之，餘，乙一十，丙五，錢六百。左行進一位，得乙二十，丙七十，錢三貫。以中行再減之，餘得丙六十，錢一貫八百。以六十除之，得丙三十。又中行錢六百減一百五十，餘四百五十，以乙一十除之，得乙四十五。又去右行錢減一百二十，餘一百八十，以甲三除之，得甲六十。合前問。

〔一五〕今有甲、乙懷錢，各不知其數。甲得乙十錢，多乙餘錢五倍。乙得甲十錢，適等。問甲、乙懷錢各幾何？

---

① 各本缺「於下」二字，今補。

② 「仲得二，季得四」，各本脫落「二季得」三字，今補。

③ 「右行」，各本訛作「左行」，今校正。

荅曰：

甲三十八錢，

乙十八錢。

術曰：以四乘十錢，又以七乘之，五而一。所得，半之，以十錢增之，得甲錢數。以十錢減之，得乙錢數。

草曰：置多錢五倍，除十錢，餘，四因之，得四十。又以七乘之，得二百八十。卻以五除之，得五十六。半之得二十八。加得乙十錢，共三十八錢，爲甲懷錢。又以二十八錢減十錢，爲乙懷錢。合問。

〔一六〕今有車五乘，行道三十里，雇錢一百四十五。今有車二十六乘，雇錢三千九百五十四、四十五分錢之十四。問行道幾何？

荅曰：一百五十七里、少半里。

術曰：置今有雇錢數，以行道里數乘之，以本車乘數乘之，爲實。以本雇錢數乘今有車數爲法。實如法得一。

草曰：置今雇錢三千九百五十四、四十五分錢之十四，通分內子得一十七萬七千九百四十四。又以三十里乘之，得五百三十三萬八千三百二十。又以本車五乘之，得二千六百六十九萬一千六百爲實。又以本雇錢一百四十五乘今有車二十六，得三千七百七十。又分母四十五乘之，得一十六萬九千六百五十爲法。除實得一百五十七里，餘五萬六千五百五十。與法各約之，得三分里之一。合問。

〔一七〕今有惡粟一斛五㪷，舂之得糲米七㪷。今有惡粟二㪷，問爲粺米幾何？

荅曰：八㪷四升。

術曰：置糲米之數，求爲粺米所得之數。以乘今有惡粟爲實，以本粟爲法。實如法得一。臣淳風等謹按：此術置糲米七斗，①以粺米率九乘之，以十而一，得六斗、十分斗之三。是爲惡粟十五斗，得作粺米六斗、十分斗之三。此今有術，惡粟二十斗爲所有數，粺米六斗、十分斗之三爲所求率，惡粟十五斗爲所有率。

草曰：置糲米七斗，以九因得六十三，又以一十除，得六斗、一十分斗之三。卻通分內子得六百三十。又以二斛因，得一萬二千六百爲實。又置一斛五斗，以十分因之，得一十五斛爲法。除之，得八斗四升。合問。

---

① 「七斗」，各本訛作「十斗」，今校正。

〔一八〕今有好粟五斗，舂之得糳米二斗五升。今有御米十斗，問爲好粟幾何？

荅曰：二斛二斗八升、七分升之四。

術曰：置糳米數求御米之數爲法①。臣淳風等謹按問意，宜云「置糳米數求御米之數爲法」。其術直云「置糳米數爲法」者，錯也。又置今御米數，以本粟乘之爲實。實如法得一。臣淳風等謹按，此術置糳米二十五升，以御米率七乘之，以糳米率八而一，得二斗、十六分斗之三，爲好粟五斗②得作御米二斗、十六分斗之三。於今有術，御米十斗爲所有數，好粟五斗爲所求率，御米二斗、十六分斗之三爲所有率。

草曰：置糳米二斗五升，以御米率七因之，得一百七十五。八而一，得二斗、十六分之三。又卻通分內子，得三十五爲法。又置一十斗，以十六乘之，得一百六十爲實。以法除之，得二斛二斗八升、七分之四。合問。

〔一九〕今有差丁夫五百人，合共重車一百二十三乘。問各共重幾何？

荅曰：

六十五乘，乘各四人共重。

四十八乘，乘各五人共重。

術曰：置人數爲實，車數爲法而一，得四人共重。又置一於上方命之。實餘返減法訖，以四加上方一③得五人共重。法餘即四人共重車數，實餘即五人共重車數。

草曰：置五百人，以一百一十三乘除之，得四人，餘四十八。以減法，餘六十五，爲四人共一車。以四因六十五人得二百六十，減五百，餘二百四十。以四十八除之，得五人共重一車量。合問。

〔三〇〕今有甲持錢二十，乙持錢五十，丙持錢四十，丁持錢三十，戊持錢六十，凡五人合本治生，得利二萬五千六百三十五。欲以本錢多少分之。問各人得幾何？

荅曰：

甲得二千五百六十三錢、四分錢之二。

乙得六千四百八錢、四分錢之三。

丙得五千一百二十七錢。

丁得三千八百四十五錢、四分錢之一。

---

① 「置糶米數求御米之數爲法」，李淳風等所見抄本缺「求御米之數」五字，宋代刻書時已據李注補足。今依南宋本。

② 「好粟五斗」，各本脱落「斗」字，今補。

③ 「上方一」，各本訛作「十一方一」，今校正。

戊得七千六百九十錢、四分錢之二。

術曰：各列置本持錢數，副併爲法。以利錢乘未併者，各自爲實。實如法得一。

草曰：置甲等五人所持錢，併之，得二百爲法。又以甲持錢二十，乘利錢二萬五千六百三十五，得五十一萬二千七百。以法除之，得二千五百六十三。餘與法皆五除，得法四餘二，是四分錢之二。求乙錢，以乙五十乘利錢，得一百二十八萬一千七百五十。又以法除之，得六千四百八錢。餘與法皆倍之，得四分錢之三。求丙①錢，以四十乘利錢，得一百二萬五千四百。以法除之，得五千一百二十七錢。求丁錢，以三十乘利錢，得七十六萬九千五十。以法除之，得三千八百四十五錢、四分錢之一。求戊錢，以六十乘利錢，得一百五十三萬八千一百。以法除之，得七千六百九十錢、四分錢之二。乃合前問。

〔三〕今有甲、乙、丙三人共出一千八百錢，買車一量。欲與親知乘之，爲親不取。還賣得錢一千五百。各以本錢多少分之，甲得五百八十三錢、三分錢之一，乙得五百錢，丙得四百一十六錢、三分錢之二。問本出錢各幾何？

答曰：

甲出錢七百，

乙出錢六百，

丙出錢五百。

術曰：置甲、乙、丙分得之數，副併爲法。以置車錢數乘未併者，各自爲實。實如法得一。

草曰：置甲得錢五百八十三，以分母三乘之，內子一，得一千七百五十。又以本置車錢一千八百乘之，得三百一十五萬。又置求分錢一千五百，以分母三因之，得四千五百爲法。以除實得七百，是甲錢。求乙，置分得錢數五百，以一千八百乘之，得九十萬。以一千五百爲法，除之，得六百。求丙，置分得錢數四百一十六，以錢分母三因之，內子二，得一千二百五十。又以一②千八百乘之，得二百二十五萬。又置未分錢一千五百，三因之，得四千五百爲法。除實得五百。合前問。

〔三〕今有雀一隻重一兩九銖，燕一隻重一兩五銖。有雀、燕二十五隻，併重二斤一十三銖。問燕、雀各幾何？

① 「丙」下各本衍一「持」字，今刪。　② 「一」，各本訛作「八」，今校正。

答曰：

雀十四隻，

燕十一隻。

術曰：置假令雀一十五隻，燕十隻，盈四銖於右行。又置假令雀十二隻，燕十三隻，不足八銖於左行。以盈不足維乘之，併以爲實。併盈不足爲法。實如法得一。

草曰：置雀一十五隻於右上，置盈四銖於右下。又置雀一十二隻於左上，置不足八銖於左下。維乘之，以右下四乘左上一十二，得四十八。以左下八乘右上一十五，得一百二十。併之，得一百六十八。以盈不足併之，得一十二爲法。除實得一十四雀。求燕，置燕十於右上，四於右下。又置燕十三於左上，置八於左下。以左下八乘右上十，得八十。以右下四乘左上十三，得五十二。併之，得一百三十二。併盈不足爲法。除實得一十一燕。得合前問。

〔三三〕今有七人九日造成弓十二張半。今有十七人造弓十五張，問幾何日訖？

答曰：四日、八十五分日之三十八。

術曰：置今造弓數，以弓日數乘之，又以成弓人數乘之，爲實。以今有人數，乘本有弓數爲法。實如法得一。

草曰：置今造弓十五張，以成弓日數九乘之，得一百三十五。又以成弓人數七乘之，得九百四十五爲實。又置本造弓十二張半，以今造弓十七人乘之，得二百一十二半爲法。除之得四日。法與餘皆退位，四因，得八十五分之三十八。合前問。

〔三四〕今有城周二十里，欲三尺安鹿角一枚，五重安之。問凡用鹿角幾何？

荅曰：六萬一百枚。

城若圓，凡用鹿角六萬六十枚。

術曰：置城周里尺數，三而一，所得，五之。又置五以三乘之，又自相乘，以三自乘而一，所得，四之。併上位，即得凡數。城若圓者，置城周里尺數，三而一，所得，五之。又併一、二、三、四，凡得一十。以六乘之，併之，得凡數。

草曰：置二十里，以三百步乘之，得六千。步法六因之，得三萬六千。以三尺除之，得一萬二千。以重數五乘之，得六萬於上位。又以五乘三得一十五，又自相乘得二百二十五。又以三自乘得九爲法。以除二百二十五得二十五。四因之，得一百。若求圓者置城圍尺數，三而一，得一萬二千。所得，五因之，爲六萬於上位。又以一、

二、三、四併之，得一十，以六因之，得六十。從上位得六萬六十，是圓也。

〔三五〕今有粟二百五十斛，委注平地。下周五丈四尺，問高幾何？

荅曰：五尺。

術曰：置粟積尺，以三十六乘之，爲實。以下周自乘爲法。實如法得一。

草曰：置粟二百五十，以斛法一尺六寸二分乘，又以三十六乘之，得一萬四千五百八十。置下周五丈四尺自相乘，得二千九百一十六爲法。除實得五尺。合前問。

〔三六〕今有客歲作臣淳風等謹按問意，三百五十四日。要與粟一百五十斛。已與之粟，先五十八日歸。問折粟、與粟各幾何？

荅曰：

折粟二十四斛五㪷、五十九分㪷之四十五。

與粟一百二十五斛四㪷、五十九分㪷之十四。

術曰：置歸、作日數，以與粟乘之，各自爲實。以一歲三百五十四日爲法。實如法得一。

草曰：置歸日①五十八日以粟一百五十斛乘之，得八千七百。又以歲三百五十四除，得二十四石五㪷，餘與法皆六除之，得五十九分㪷之四十五。求與粟數，置②作日二百九十六，以一百五十斛乘之，得四萬四千四百。以歲三百五十四除之，得一百二十五斛四斗、五十九分㪷之十四。合前問。

〔三七〕今有廩人人日食米六升。今三十五日，食米七千四百九十二斛八㪷。問人幾何？

答曰：三千五百六十八人。

術曰：置米數爲實。以六升乘三十五日爲法。實如法得一。

草曰：置米七千四百九十二斛八㪷。以六乘三十五日，得二斛一㪷爲法。以除積數，得三千五百六十八人。合前問。

〔三八〕今有五十八人，二十九日食麲九十五斛三㪷一升、少半升。問人食幾何？

答曰：五升、太半升。

術曰：置麲斛斗升數爲實。以人、日食相乘爲法。實如法得一。

草曰：置麲數，以三因之，內子一，得二萬八千五百九十四。置人數五十八，以二

---

①「置歸日」，各本於「歸」字下衍一「作」字，今刪去。

②「置」，各本訛作「以」，今校正。

十九乘之，得一千六百八十二。又以三因之，得五千四十六爲法。除得五升。餘皆三約之，得三分之二，爲太半升。合前問。

〔三九〕今有二人三日錮銅得一斤九兩五銖。今一月日，錮銅得九千八百七十六斤五兩四銖、少半銖。問人功幾何？

荅曰：一千二百五十三人、三百六十三分人之二百六十二。

術曰：置二人三日所得錮銅斤兩銖，通之作銖。以二人、三日相乘，除之，爲一人一日之銖。二十四而一。還以一人一日所得兩銖，通分內子。復以一月三十日①乘一人積分，所得，復以銖分母三通之，爲法。又以今錮銅斤兩通爲銖。以少半銖者，三分之一。以三通分，內子一，②以六乘之爲實。實如法而一，得人數。不盡，約之爲分。

草曰：置二人三日所得銅一斤九兩，以十六通斤，得二十五兩。又以銖數二十四乘之，內③五銖，得六百五。以二人乘三日得六爲法。除得一百銖、六分之五，是一日所得之數。以二十四除之，一人所得四兩四銖、六分銖之五。卻通分內子得六百五。以一月三十日乘之，得一萬八千一百五十。又以通分母三因之，得五萬四千四百五十爲法。置今錮銅，以十六兩乘之，內五兩，得一十五萬八千二十一兩。又以二十四銖乘之，內四銖，得三④百七十九萬二千五百八銖。又以通分母三因之，內子一，得一千一百三十七萬七千五百二十五。又以法分母六因之，得六千八百二⑤十六萬五千一百五十爲實。以法除之，得一千二百五十三人。法與餘皆一百五十約之，法得三百六十三，餘得二百六十二。合前問。

〔三〇〕今有立方九十六尺，欲爲立圓。問徑幾何？

荅曰：一百一十六尺、四萬三百六十九分尺之一萬一千九百六十八。

術曰：立方再自乘，又以十六乘之，九而一。所得，開立方除之，得丸徑⑥。

草曰：置九十六，再自乘得八十八萬四千七百三十六。又以十六乘之，得一千四

---

① 「三十日」，各本脫落「十」字，今補。

② 「以三通分，內子一」，南宋本脫落「分」字、「子」字，微波榭本補「子」字，未補「分」字，今均補正。

③ 「內」，各本作「入」，今改正。

④ 「三」，各本訛作「二」，今校正。

⑤ 「二」，各本訛作「一」，今校正。

⑥ 「得丸徑」，南宋本於「得」字上衍「徑」字，微波榭本「丸」又訛作「九」，今從知不足齋本改正。

百一十五萬五千七百七十六。以九除之，得一百五十七萬三千八百六十四。以立方法除。借一算子於下，常超二位，步至百而止①。商置一百。置一百萬於下法之上②，名曰方法。以方法命上商③一百，除實一百萬。方法三因之，得三百萬。又置一百萬於方法之下，名曰廉法，三因之。方法一退，廉法再退，下法三退。又置一十於上商一百之下。又置一千於下法之上，名曰隅法。以方、廉、隅三法④皆命上商一十，除實畢⑤。又倍廉法，三因⑥隅法，皆從方法。又置一百一十於方法之下，三因之，名曰廉法。方法一退，廉法再退，隅法三退。又置六於上商之下。又置六於下法之上，名曰隅法。乃自乘得三十六。又以六乘廉法得一千九百八十。以⑦方、廉、隅三法，皆命上商六，除之。除實畢，倍廉法，三因隅法，皆從方法⑧。得一百一十六尺、四萬三百六十九分尺之一萬一千九百六十八。合前問。

〔三二〕今有立圓徑一百三十二尺。問爲立方幾何？

答曰：一⑨百八尺、三萬四千九百九十三分尺之三萬四千二十。

術曰：令徑再自乘，九之，十六而一。開立方除之，得立方。

草曰：置徑一百三十二尺，再自乘得二百二十九萬九千九百六十八。又以九因之，得二千六十九萬九千七百一十二。又以十六除之，得一百二十九萬三千七百三十二。以開立方法除之，得合前問。

〔三〕今有立方材三尺，鋸爲方枕一百二十五枚。問一枚爲立方幾何？

答曰：一枚方六寸。

術曰：以材方寸數再自乘，以枚數而一。所得，開立方除之，得枕方。

草曰：以三十寸再自相乘，得二萬七千寸。以枕一百二十五枚除之，得二百一十六。以開立⑩方除之。置上商六於上，借一算子於下。置六於下法之上，以自乘得三

---

①「止」，各本訛作「上」，今改正。
②「置一百萬於下法之上」，各本作「下置一百萬於法之上」，今改正。
③「以方法命上商」，各本訛作「以法命上方」，今改正。
④「以方、廉、隅三法」，各本脱落「隅」字，今校正。
⑤「除實畢」，各本「實」訛作「十」，今校正。
⑥「三因」下各本衍一「之」字，今删去。
⑦「以」，各本訛作「五」，今校正。
⑧「皆從方法」，各本脱落「法」字，今補。
⑨「一」，各本訛作「二」，今改正。
⑩各本脱落「立」字，今補。

十六，名曰方法。以方法命上商除之，得六寸。乃合前問。

〔三三〕今有亭一區，五十人七日築訖。今有三十人。問幾何日築訖？

答曰：十一日、三分日之二。

術曰：以本人數乘築訖日數爲實。以今有人數爲法。實如法得一。

草曰：置七，以五十人乘之，得三百五十。以三十人爲法，除得十一日、三分之二。合問。

〔三四〕今有負他錢，轉利償之。初去轉利得二倍，還錢一百。第二轉利得三倍，還錢二百。第三轉利得四倍，還錢三百。第四轉利得五倍，還錢四百。還畢皆轉利①，倍數皆通本錢。今除初本，有錢五千九百五十。問初本幾何？

答曰：本錢一百五十。

術曰：置初利還錢。以三乘之，併第二還錢。又以四乘之，併第三還錢。又以五乘之，併第四還錢。訖，併餘錢爲實。以四轉得利倍數相乘，得一百二十，減一，餘爲法。實如法得一。

草曰：置初還錢一百，以三乘之，得三百。又併第二還錢得五百。以四乘之，得二千。又併第三還錢，得二千三百。以五乘之，得一萬一千五百。又併第四還錢，并今有錢②五千九百五十，共得一萬七千八百五十。以四轉利二、三、四、五相乘，得一百二十。除一，餘一百一十九，爲法。除實得一百五十本。合前問。

〔三五〕今有三人，四日客作，得麥五斛。今有七人，一月日客作，問得麥幾何？

荅曰：八十七斛五㪷。

術曰：以七人乘一月三十日，又以五斛乘之，爲實。以三人乘四日爲法。實如法而得一。

草曰：以七人乘三十日，得二百一十。又五斛乘之，得一千五十爲實。以三人乘四日得一十二爲法。除實得八十七斛五㪷。卽合前問。

〔三六〕今有人舉取他絹，重作券，要過限一日息絹一尺，二日息二尺，如是息絹日多一尺，今過限一百日。問息絹幾何？

荅曰：一百二十六疋一丈。

---

① 「還畢皆轉利」，各本訛作「得畢凡轉利」，今校正。

② 「錢」字下各本衍一「得」字，今刪去。

術曰：併一百日①、一日息，以乘百日，而半之。即得。

草曰：置一百一尺，以一百日乘之，得一萬一百尺。半之，得五千五十尺。以疋法四十尺除之，得一百二十六疋、一丈。合前問。

〔三七〕今有婦人於河上蕩杯。津吏問曰：「杯何以多？」婦人荅曰：「家中有客，不知其數。但二人共醬，三人共羹，四人共飯，凡用杯六十五。」問人幾何？

荅曰：六十人。

術曰：列置共杯人數於右方，又置共杯數於左方。以人數互乘杯數，併以爲法。令人數相乘，以乘杯數爲實。實如法得一。

草曰：置人數二、三、四，列於右行。置一、一、一，杯數左行。以右中三乘左上一得三，又以右下四乘之，得一十二。又以右上二乘左中一得二，又以右下四乘之得八。以右上二乘左下一得二，又以右中三乘左下二得六。三位併之，得二十六爲法。又以二、三、四相乘得二十四。以乘六十五杯得一千五百六十。以二十六除之，得六十人數。合前問。

〔三八〕今有雞翁一，直錢五；雞母一，直錢三；雞雛三直錢一。凡百錢，買雞百隻。問雞翁、母、雛各幾何？

答曰：

雞翁四，直錢二十；

雞母十八，直錢五十四；

雞雛七十八，直錢二十六。

又答：

雞翁八，直錢四十；

雞母十一，直錢三十三；

雞雛八十一，直錢二十七。

又答：

雞翁十二，直錢六十；

雞母四，直錢十二；

雞雛八十四，直錢二十八。

---

① 「一百日」，各本脱落「日」字，今補。

術曰：雞翁每增四，雞母每減七，雞雛每益三。即得。所以然者，其多少互相通融於同價。則無術可窮盡其理。

此問若依上術推算，難以通曉。然較之諸本並同，疑其從來脫漏闕文。蓋流傳既久，無可考證。自漢、唐以來，雖甄鸞、李淳風注釋，未見詳辨。今將算學教授①謝察微擬立術草，刱新添入。

其術曰：置錢一百在地，以九爲法，除之，以九除之。既雛三直錢一則是每雛直三分錢之一。宜以雞翁、母各三因，併之得九。得雞母之數。不盡者返減下法，爲雞翁之數。別列雞都數一百隻在地，減去雞翁、母數，餘即雞雛。得合前問。若雞翁每增四，雞母每減七，雞雛每益三。或雞翁每減四，雞母每增七，雞雛每損三。即各得又荅之數。

草曰：置錢一百文在地，爲實。又置雞翁一，雞母一，各以雞雛三因之，雞翁得三，雞母得三。并雞雛三併之，共得九，爲法。除實得一十一爲雞母數。不盡一，返減下法九，餘八爲雞翁數。別列雞都數一百隻在地，減去雞翁八，雞母一十一，餘八十一爲雞雛數。置翁八以五因之，得四十，即雞翁直錢。又置雞母一十一，以三因之，得三十三，即雞母直。又置雞雛八十一，以三除之，得二十七，即雞雛直。合前問。

又草曰：置雞翁八增四得一十二，雞母一十一減七得四，雞雛八十一益三得八十四，得百雞之數。如前求之，得百錢之數。亦合前問。

又草曰：置雞翁八減四得四，雞母一十一增七得一十八，雞雛八十一損三得七十八。如前求之，各得百雞百錢之數。亦合前問。

① 「授」字下各本衍一「并」字，今删去。

五曹算經

五曹算經提要

五曹算經是一册爲地方行政職員編寫的應用算術書。全書分爲五卷，用田曹、兵曹、集曹、倉曹、金曹五個項目標題。地方行政業務的分科，據晉書職官志記載有戶曹、法曹、金曹、賊曹、兵曹、吏曹等名目，魏書官氏志又有田曹、集曹等名目。據此可知五曹算經的編寫年代當在元魏初年以後。隋書經籍志著錄有「九章六曹算經一卷」。清錢曾讀書敏求記五曹算經條以爲隋志的「六蓋五字之譌，九章蓋上有九章之書而誤衍爾」。舊唐書經籍志著錄有五曹算經五卷甄鸞撰。新唐書藝文志著錄甄鸞五曹算經五卷，又有韓延五曹算經五卷。甄鸞是西魏、北周時人，搜集了當時與州縣行政有關的算術問題，編成這五卷書是無可懷疑的。韓延是唐代人，他所撰（或所注）的五曹算經早已失傳，無可詳考。四庫全書提要說，「甄韓二家皆注是書者也，其作者則不知爲誰」，這是毫無根據的。傳本五曹算經的內容淺近易曉，無須注解，實際上也沒有注解。各卷的第一頁上都有「唐朝議大夫、行太史令、上輕車都尉，臣李淳風等奉敕注釋」一行，顯然是虛設的。

五曹算經六十七個算術問題的解法都很淺近，所有數字計算都有意避免分數，掌握了整數的加、減、乘、除法就可解答問題。田曹卷除了長方形、三角形、二平行四邊形有正確的面積公式外，其他各式田形的面積公式不是有誤差相當大的近似算法，就是不合理論的錯誤公式。南宋楊輝在他的田畝比類乘除捷法（一二七五年）裏，明白指出五曹算經腰鼓田、鼓田、四不等田的面積算法是錯誤的，並且說這些形式的田面積必須分兩段測量，分別計算。但五曹算經田曹卷的錯誤公式謬種流傳，在明、清二代的有些算術書裏還沒有校正過來。

版本與校勘

五曹算經五卷在宋代有北宋祕書省刻本和南宋鮑澣之刻本。清初太倉王杰家藏有一册南宋刻本。這個孤本後來爲常熟毛扆所得，今存北京大學圖書館。毛扆又有一個影宋抄本，傳入清宮，今存故宮博物院，並影印爲天祿琳琅叢書之一。

戴震爲四庫全書館纂修官時，於永樂大典中輯錄五曹算經，首尾完具仍爲五卷，與宋刻本大致相同，卽爲四庫書的底本。此後有孔繼涵所刻算經十書本、武英殿聚珍版本、知不足齋叢書本和各種翻印本。

五曹算經於諸算經中字數最少，譌文奪字亦屬極少。今加校訂，僅得校勘記六條，其中兩處脫落的字是依戴震校補的。

五曹算經卷第一

田曹

生人之本，上用天道，下分地利。故田曹爲首。

〔一〕今有方田，廣、從各五十六步。問爲田幾何？

答曰：一十三畝，奇十六步。

術曰：列田五十六步，自相乘得三千一百三十六步。以畝法除之，卽得。按畝法二百四十步。

〔二〕今有方田，廣、從各六十八步。問爲田幾何？

答曰：一十九畝，奇六十四步。

術曰：列田六十八步，自相乘得四千六百二十四步。以畝法除之，卽得。

〔三〕今有直田，廣八十步，從一百九十步。問爲田幾何？

答曰：六十三畝，奇八十步。

術曰：列廣八十步，以從一百九十步乘之，得一萬五千二百步。以畝法除之，即得。

〔四〕今有圭田，從三十步，一頭廣二十四步，一頭無步。問爲田幾何？

荅曰：一畝，奇一百二十步。

術曰：列一頭廣二十四步，半之，得一十二步。以從三十步乘之，得三百六十步。以畝法除之，即得。

〔五〕今有腰鼓田，從八十二步，兩頭各廣三十步，中央廣十二步。問爲田幾何？

荅曰：八畝，奇四十八步。

術曰：并三廣得七十二步，以三除之，得二十四步。以從八十二步乘之，得一千九百六十八步。以畝法除之，即得。

〔六〕今有鼓田，兩頭各廣四十步，中央廣五十二步，從八十五步。問爲田幾何？

荅曰：一十五畝，奇一百四十步。

術曰：并三廣，得一百三十二步。以三除之，得四十四步。以從八十五步乘之，得三千七百四十步。以畝法除之，即得。

〔七〕今有弧田，弦八十步，矢五步。問爲田幾何？

荅曰：二百步。

術曰：列弦八十步，半之，得四十步。以矢五步乘之，卽得。

〔八〕今有蛇田，頭廣三十三步，胷廣五十七步，尾廣十八步，從九十二步。問爲田幾何？

荅曰：一十三畝，奇一百九十二步。

術曰：并三廣，得一百八步。以三除之，得三十六步。以從九十二步乘之，得三千三百一十二步。以畝法除之，卽得。

〔九〕今有牆田，方周一千步。問爲田幾何？

荅曰：二頃六十畝，奇一百步。

術曰：列田方周一千步，以四除之，得二百五十步。自相乘得六萬二千五百步。以畝法除之，卽得。

〔一〇〕今有簫田，從四十八步，一頭廣二十五步，一頭廣三十五步。問爲田幾何？

荅曰：六畝。

術曰：并二廣，得六十步。半之，得三十步。以從四十八步乘之，得一千四百四十步。以畝法除之，卽得。

〔一一〕今有田，桑生中央，從隅至桑一百四十七步。問爲田幾何？

答曰：一頃八十三畝，奇一百八十步。

術曰：列一百四十七步，以二乘之，得二百九十四步。以五乘之，得一千四百七十步。以七除之，得二百一十步。自相乘，得四萬四千一百步。以畝法除之，卽得。

〔一二〕今有丘田，周六百四十步，徑三百八十步。問爲田幾何？

答曰：二頃五十三畝，奇八十步。

術曰：列周六百四十步，半之，得三百二十步。又列徑三百八十步，半之，得一百九十步。二位相乘得六萬八百步。以畝法除之，卽得。

〔一三〕今有箕田，一頭廣八十六步，一頭廣四十步，從九十步。問爲田幾何。

答曰：二十三畝，奇一百五十步。

術曰：幷二廣，得一百二十六步，半之，得六十三步。以從九十步乘之，得五千六百七十步。以畝法除之，卽得。

〔一四〕今有四不等田，東三十五步，西四十五步，南二十五步，北一十五步。問爲田幾何？

荅曰：三畝，奇八十步。

術曰：幷東西得八十步，半之，得四十步。又幷南北得四十步，半之，得二十步。二位相乘得八百步。以畝法除之，卽得。

〔一五〕今有覆月田，從三十步，徑十步。問爲田幾何？

荅曰：一百五十步。

術曰：列徑十步，半之，得五步。以從三十步乘之，卽得。

〔一六〕今有田形如牛角，從五十步，口廣二十步。問爲田幾何？

荅曰：二畝，奇二十步。

術曰：列口廣二十步，半之，得十步。以從五十步乘之，得五百步。以畝法除之，卽得。

〔一七〕今有圓田，周七十八步，徑二十六步。問爲田幾何？

荅曰：二畝，奇二十七步。

術曰：先列周七十八步，半之，得三十九步。又列徑二十六步，半之，得一十三步。二位相乘得五百七步。以畝法除之，卽得。

〔一八〕今有環田，外周三十步，內周一十二步，徑三步。問爲田幾何？

答曰：六十三步。

術曰：并內、外周得四十二步，半之，得二十一步。以徑三步乘之，卽得。

〔一九〕今有田，從一百步，廣四十二步。中有圓池，周三十步，徑一十步。問池占外，爲田幾何？

答曰：一十七畝，奇四十五步。

術曰：列從一百步，以廣四十二步乘之，得四千二百步爲田積。又列池周三十步，半之，得一十五步。列徑一十步，半之，得五步。二位相乘得七十五步，爲池積。以減田積，餘四千一百二十五步。以畝法除之，卽得。

五曹算經卷第二

兵曹 既有田疇，必資人功。故以兵曹次之。

〔一〕今有丁二萬三千六百九十二人，責兵五千九百二十三人。問幾何丁出一兵？

答曰：四丁出一兵。

術曰：列二萬三千六百九十二人，以五千九百二十三除之，即得。

〔二〕今有丁八千九百五十八人，凡三丁出一兵。問出兵幾何？

答曰：二千九百八十六人。

術曰：列八千九百五十八人，以三除之，即得。

〔三〕今有兵九百七十人，人給米七升。問計幾何？

答曰：六十七斛九斗。

術曰：列兵九百七十人，以七升乘之，即得。

〔四〕今有兵三千八百三十七人，人給錢五百五十六文。問計幾何？

答曰：二千一百三十三貫三百七十二文。

術曰：列兵三千八百三十七人，以五百五十六文乘之，卽得。

〔五〕今有兵三千一百四十八人，人給布一丈二尺三寸。問計幾何？

答曰：七百七十四端二丈四寸。

術曰：列兵三千一百四十八人，以布一十二尺三寸乘之，得三萬八千七百二十尺四寸。以五十尺除之，卽得。

〔六〕今有兵一千三百六十二人，人給絹二丈八尺五寸。問計幾何？

答曰：九百七十疋一丈七尺。

術曰：列兵一千三百六十二人，以絹二十八尺五寸乘之，得三萬八千八百一十七尺。以四十尺除之，卽得。

〔七〕今有一萬人：大將十人，裨將二十人，隊將一百人，散兵九千八百七十人。給絹有差，大將人給三丈，裨將人給二丈，隊將人給一丈五尺，散兵人給九尺。問計幾何？

答曰：二千二百七十五匹，奇三丈。

術曰：列大將十人，以三十尺乘之，得三百尺。又列裨將二十人，以二十尺乘之，得四百尺。又列隊將一百人，以一十五尺乘之，得一千五百尺。又列散兵九千八百七十人，以九尺乘之，得八萬八千八百三十尺。并四位，得九萬一千三十尺。以疋法除之，卽得。

〔八〕今有城周四十八里。欲令禦賊，每三步置一兵。問用兵幾何？

答曰：四千八百人。

術曰：列城周四十八里，以三百步乘之，得一萬四千四百步。以三步除之，卽得。

〔九〕今有軍糧米三千二百四十六斛八㪷七升，每斛直錢四百八十二文。問計幾何？

答曰：一千五百六十四貫九百九十一文、三分四釐。

術曰：列米三千二百四十六斛八斗七升，以四百八十二文乘之，卽得。

〔一〇〕今有車二萬三千九百乘，欲作方營，每乘占地三步。問計幾何？

答曰：七萬一千七百步。

術曰：列車二萬三千九百乘，以三步乘之，卽得。

〔一一〕今有馬六千二百四十三匹，匹給粟五升三合。問計幾何？

答曰：三百三十斛八斗七升九合。

術曰：列馬六千二百四十三匹，以粟五升三合乘之，卽得。

〔一三〕今有牛六千五百頭，頭給芻七束。問計幾何？

答曰：四萬五千五百束。

術曰：列牛六千五百頭，以七束乘之，卽得。

五曹算經卷第三

集曹 旣有人衆，必用食飲，故以集曹次之。

〔一〕今有粟七百五十斛，問爲糲米幾何？

答曰：四百五十斛。

術曰：列粟七百五十斛，以三十乘之，得二萬二千五百斛。以五十除之，卽得。

〔二〕今有粟二百九十斛，問爲粺米幾何？

答曰：一百五十六斛六斗。

術曰：列粟二百九十斛，以二十七乘之，得七千八百三十斛。以五十除之，卽得。

〔三〕今有粟五百六十斛，問爲糳米幾何？

答曰：二百六十八斛八斗。

術曰：列粟五百六十斛，以二十四乘之，得一萬三千四百四十斛。以五十除之，即得。

〔四〕今有粟三百六十二斛，問爲御米幾何？

答曰：一百五十二斛四升。

術曰：列粟三百六十二斛，以二十一升乘之，得七千六百二斛。以五十除之，即得。

〔五〕今有粟五百六十斛，凡粟八斗易麥五斗，問得麥幾何？

答曰：三百五十斛。

術曰：列粟五百六十斛，以五十乘之，得二萬八千斛。以八十除之，即得。

〔六〕今有豆八百四十九斛，凡豆九斗易麻七斗，問得麻幾何？

答曰：六百六十斛三斗三升三合，奇三升①。

術曰：列豆八百四十九斛，以七十乘之，得五萬九千四百三十斛。以九十除之，即得。

〔七〕今有錢二十七貫八百三十三文，凡五文買梨三枚，問幾何？

答曰：一萬六千六百九十九枚，奇四文。

術曰：列錢二十七貫八百三十三文，以三乘之，得八萬三千四百九十九。以五除之，卽得。

〔八〕今有米一千五百七十七斛，斛別加八斗三升，問計幾何？

荅曰：二千八百八十五斛九斗一升。

術曰：列米一千五百七十七斛，以加米一斛八斗三升乘之，卽得。

〔九〕今有席一領，坐客一十二人。有席一千五百三十八領，問客幾何？

荅曰：一萬八千四百五十六人。

術曰：列席一千五百三十八領，以一十二人乘之，卽得。

〔一〇〕又有席一領，坐客二十三人。有席一千五百領，問客幾何？

荅曰：三萬四千五百人。

術曰：列席數一千五百領，以二十三人乘之，卽得。

〔一一〕今有席一領，坐客二十三人。有客五十三萬三千六百八十人，問席幾何？

荅曰：二萬三千二百三領，奇十一人。

---

① 「奇三升」謂有殘餘分數九十分升之三，亦卽三分合之一。南宋本正作「奇三升」不誤，孔刻本改作「奇三抄」則誤矣。

術曰：列五十三萬三千六百八十人，以二十三人除之，即得。

〔一二〕又有席一領，坐客一十五人。有客①四萬四千六百二十五人，問席幾何？

答曰：二千九百七十五領。

術曰：列四萬四千六百二十五人，以一十五人除之，即得。

〔一三〕今有凡醬二升飼五人。有醬三百二十斛，問人幾何？

答曰：八萬人。

術曰：列三百二十斛，再②上十之，得三萬二千升。以五人乘之，得一十六萬升。以二升除之，即得。

〔一四〕今有凡錢五文買雉三隻。有錢一萬七千五百二十五文，問得雉幾何？

答曰：一萬五百一十五隻。

術曰：列錢數一萬七千五百二十五文，以雉三隻乘之，得五萬二千五百七十五文。以五文除之，即得。

---

① 南宋本脱落「客」字，此從孔刻本補。

② 「再」，各本訛作「每」，今校正。

五曹算經卷第四

倉曹

衆既會集，必務儲蓄，故倉曹次之。

〔一〕今有二千七百戶，戶責租米一十五斛，問計幾何？

答曰：四萬五百斛。

術曰：列二千七百戶，以一十五斛乘之，即得。

〔二〕今有官田九百畝。凡一步收粟三升二合，問計幾何？

答曰：六千九百一十二斛。

術曰：列田九百畝，以二百四十步乘之，得二十一萬六千步。以三升二合乘之，即得。

〔三〕今有粟七百斛，欲雇車運之，每一斛雇七升，問車主、粟主各幾何？

答曰：

車主四十九斛。

粟主六百五十一斛。

術曰：列粟七百斛，以雇粟七升乘之，得四十九斛爲車粟。以減本粟七百斛，餘爲主粟。

〔四〕今有粟九百斛，斛別加二斗五升，問加幾何？

荅曰：二百二十五斛。

術曰：列九百斛，以二十五升乘之，卽得。

〔五〕今有圓囷，周三丈，高一丈六尺，問受粟幾何？

荅曰：七百四十斛，奇一尺二寸。

術曰：列周三丈，自相乘得九百尺。以高一丈六尺乘之，得一萬四千四百尺。以十二除之，得一千二百尺。以斛法一尺六寸二分除之，卽得。

〔六〕今有方窖，從一丈三尺，廣六尺，深一丈，問受粟幾何？

荅曰：四百八十一斛①，奇七寸八分。

術曰：列從一丈三尺，以廣六尺乘之，得七十八尺，以深一丈乘之，得七百八十尺。以斛法除之，卽得。

〔七〕今有倉從一丈三尺，廣六尺，高一丈。中有從牽二枚，方五寸，從一丈三尺。又橫牽三枚，方四寸，從六尺。又柱一枚，周三尺，高一丈。問受粟幾何？

答曰：四百七十一斛，奇一百寸。

術曰：列從一丈三尺，上十之，得一百三十寸。以廣六十寸乘之，得七千八百寸。又列高一丈，上十之，爲一百寸。以乘之，得七十八萬寸，爲都積。又列從牽二枚，方五寸自相乘得二十五寸。以從一百三十寸乘之，得三千二百五十寸。以從牽二枚乘之，得六千五百寸。又列橫牽三枚，方四寸自相乘得十六寸。以從六十寸乘之，得九百六十寸。以橫牽三枚乘之，得二千八百八十寸。又列柱一枚周三尺，上十之，得三十寸。自相乘得九百寸。以高一百寸乘之，得九萬寸。以十二除之，得七千五百寸。幷從、橫牽及柱等三位，得一萬六千八百八十寸。以減都積，餘七十六萬三千一百二十寸爲實。以斛法一千六百二十寸除之，卽得。

〔八〕又有倉，從一丈九尺，廣一丈五尺，高一丈三尺，問受粟幾何？

---

① 各本於「斛」字下衍「四斗」二字，今刪。

答曰：二千二百八十七斛三升，奇一分一釐四毫。

術曰：列從一丈九尺，以廣一十五尺乘之，得二百八十五尺。又以高一十三尺乘之，得三千七百五尺。以斛法一尺六寸二分除之，即得。

〔九〕今有平地聚粟，下周三丈，高四尺，問粟①幾何？

答曰：六十一斛七斗二升，奇一分三釐六毫。

術曰：列下②周三十尺，自相乘得九百尺。以高四尺乘之，得三千六百尺。以三十六除之，得一百尺。以斛法一尺六寸二分除之，即得。

〔一〇〕今有內角聚粟，下周五十四尺，高五尺，問粟幾何？

答曰：一千斛。

術曰：列下周五十四尺，自相乘得二千九百一十六尺。以高五尺乘之，得一萬四千五百八十尺。以九除之，得一千六百二十尺。以斛法一尺六寸二分除之，即得。

〔一一〕今有半壁聚粟，下周三十六尺，高四尺五寸。問粟幾何？

答曰：二百斛。

術曰：列下周三十六尺，自相乘得一千二百九十六尺。以高四尺五寸乘之，得五千八百三十二尺。以十八除之，得三百二十四尺。以斛法一尺六寸二分除之，即得。

〔一三〕今有外角聚粟，下周四十八尺，高六尺。問粟幾何？

答曰：三百一十六斛，奇八分。

術曰：列下周四十八尺，自相乘得二千三百四尺。以高六尺乘之，得一萬三千八百二十四尺。以二十七除之，得五百一十二尺。以斛法一尺六寸二分除之，即得。

① 「粟」，南宋本作「米」，此從孔刻本。

② 南宋本無「下」字，從孔刻本補。

五曹算經卷第五

金曹

倉廩貨幣交質變易，故金曹次之。

〔一〕今有五百六十五戶，戶責絲一斤十一兩八銖，問計幾何？

答曰：八石五斤三兩八銖。

術曰：列一斤，通作十六兩，内十一兩，得二十七兩。以二十四銖乘之，内八銖，得六百五十六銖。以乘戶五百六十五，得三十七萬六百四十銖。以二十四銖除之，得一萬五千四百四十三兩，奇八銖。又以十六兩除之，得九百六十五斤，奇三兩。以三十斤除之，得三十二鈞，奇五斤。又以四鈞除之，即得。

〔二〕今有五百六十五戶，共責絲八石五斤三兩八銖，問戶出絲幾何？

答曰：一斤十一兩八銖。

術曰：列絲八石五斤三兩八銖。以四乘八石，得三十二鈞。以三十斤乘之，内五斤，得九百六十五斤。以十六兩乘之，內三兩，得一萬五千四百四十三兩。以二十四銖乘之，內八銖，得三十七萬六百四十銖。以五百六十五戶除之，得一戶六百五十六銖。以二十四銖除之，得二十七兩，奇八銖。又以十六除之，卽得。

〔三〕今有七百三十八戶，共請絲二十七斤五兩，問戶得幾何？

荅曰：一十四銖二絫一黍，奇一銖二黍。

術曰：列絲二十七斤，以十六兩乘之，內五兩，得四百三十七兩。又以二十四銖乘之，得一萬四百八十八銖。以七百三十八戶除之，卽得。

〔四〕今有絲一兩，直錢五文。有絲一百八十八斤一十兩，問計直幾何？

荅曰：一十五貫九十文。

術曰：列絲一百八十八斤，以一十六兩乘之，內十兩，得三千一十八兩。以五文乘之，卽得。

〔五〕今有絲九兩，得絹一匹。有絲三百二十四斤，問計得幾何？

荅曰：五百七十六匹。

術曰：列三百二十四斤，以十六兩乘之，得五千一百八十四兩。以九兩除之，卽得。

〔六〕今有生絲一斤爲練絲一十二兩。有練絲一千五百八十七兩，問生絲幾何？

答曰：二千一百一十六兩。

術曰：列練絲一千五百八十七兩，以十六兩乘之，得二萬五千三百九十二兩。以十二兩除之，卽得。

〔七〕今有貴絲一兩直錢五十六文，賤絲一兩直錢四十二文。有錢一百三十一貫八百一十文，問各得幾何？

答曰：各二鈞二十四斤一兩。

術曰：列錢一百三十一貫八百一十文爲實。幷絲貴、賤價得九十八文爲法。以法除實，得絲一千三百四十五兩。以十六兩除之，得八十四斤，餘一兩。次置之，以三十斤除之，卽得。

〔八〕今有錦一匹直錢八貫文。問一丈、一尺、一寸各直幾何？

答曰：一丈，二貫文；一尺，二百文；一寸，二十文。

術曰：列錢八貫，以四十尺除之，卽尺價。進位卽丈價。退位卽寸價。

〔九〕今有金二斤，令九十六人分之，問人得幾何？

答曰：八銖。

術曰：列金二斤，以十六兩乘之，得三十二兩。又以二十四銖乘之，得七百六十八銖。以九十六人除之，即得。

〔一〇〕今有錢二百三十八貫五百七十三文足，欲爲九十二陌，問得幾何？

答曰：二百五十九貫三百一十八文，奇足錢四分四釐。

術曰：列錢二百三十八貫五百七十三文足，以九十二除之，即得。

五經算術

五經算術提要

五經算術二卷，北周甄鸞撰。東漢時期爲儒家經籍作注解的人，如馬融、鄭玄等，都兼通算術。在他們的注解中參雜了爲一般讀經的人難以瞭解的數字知識。甄鸞的五經算術列舉易、詩、書、周禮、儀禮、禮記、以及論語、左傳等儒家經籍的古注中有關數字計算的地方加以詳盡的解釋，對於後世研究經學的人是有所幫助的。但有些解釋不免穿鑿附會，對於經義是否眞有裨益是可以懷疑的。經書中出現了幾個像萬、億、兆、秭等的大數名稱，原來只是表示爲數衆多的意義，注經的人用十進位制或萬進位制來解釋已屬多事，而甄鸞認爲大數進法以「萬萬爲億，萬萬億爲兆」最爲適當，以前的經注都不合適，事實上和尙書、詩經的原意相去更遠了。論語學而篇「道千乘之國」，東漢馬融注，「千乘之國其地千成，居地方三百一十六里有畸」；周禮考工記「輪人爲蓋」節鄭玄注，「二尺爲句，四尺爲弦，求其股。……面三尺幾半」；甄鸞俱用開平方法演算，得出更準確的結果。儀禮、禮記中的鄭玄注，有關算術的部分，甄鸞亦詳述它們的演算過程。尙書堯典有「以閏月定四時成歲」這句話，他用戰國時期的四分曆法来解釋它。左傳中有很多有關曆日的記錄，也用四分曆法中的所謂「周曆」來推算。

本書有唐李淳風等的注釋，只在有些章節之後，仿照其他算經的體例，補立了問題和術文，别無意義。

版本與校勘

五經算術的宋刻本到清代初年已無傳本。戴震任四庫全書館纂修官時，從永樂大典中錄出，輯成二卷，作爲四庫全書中的五經算術。此後有孔氏微波榭算經十書本，武英殿聚珍版叢書本和各種翻印本，都以戴震校定的爲底本。

戴震於永樂大典中錄出五經算術後，曾加以校訂，並撰五經算術考證一卷，對五經算術所引經、史文字與今傳本經籍古注和後漢書律曆志文字有互異之處，皆詳加考證，辨别正訛。五經算術引用的經文和經注有脱誤的地方，查對了原書就可改正。但甄鸞所用的經書是北周以前的古籍，可能有與今傳本互異的字句，理應斟酌情況，或須保留原樣，不加改動。卷下「漢書終於南事算之法」引司馬彪續漢志序比較完整，可據以校正今本後漢書律曆志的誤文奪字。

本書所引司馬彪續漢志京房六十律的「實」數都是五、六位的數字，經過詳細覆算，發覺有些個位數字偶有出入；律管長度的「小分」部分也有誤差，和今傳本後漢書律曆志核對，這些數字也有互異之處。現在依照樂律「上生」、「下生」的規則計算一過，重加校正，並將原本的訛字保留於校勘記中。除此以外，本書文字盡依戴震校定，沒有更多的改動。

五經算術卷上

尚書定閏法：

「帝曰，咨汝羲暨和，朞三百有六旬有六日。以閏月定四時成歲。」孔氏注云：「咨，嗟；暨，與也。帀四時曰朞。一歲十二月，月三十日①，正三百六十日。除小月六爲六日，是爲一歲②。有餘十二日，未盈三歲足得一月，則置閏焉，以定四時之氣節，成一歲之曆象。」

甄鸞按：一歲之閏惟有十日、九百四十分日之八百二十七，而云餘十二日者，理則不然。何者？十九年七閏，今古之通軌。以十九年整得七閏，更無餘分，故以十九年爲一章。今若一年有餘十二日，則十九年二百二十八日。若七月皆小則賸二十五日，若七月皆大猶餘十八日。先推日月合宿以定一年之閏，則十九年七閏可知。

① 「月三十日」，大典本脱「月」字，戴震據書孔傳補。

② 「是爲一歲」，大典本脱「一」字，戴震據書孔傳補。

推日月合宿法：

置周天三百六十五度於上，四分度之一於下。又置月行十三度、十九分度之七，除其日一度，餘十二度。以月分母十九乘十二度，積二百二十八，內子七，得二百三十五爲章月。以度分母四乘章月得九百四十爲日法。又以四分乘度三百六十五，內子一，得一千四百六十一。乃以月行分母十九乘之，得二萬七千七百五十九爲周天分。以日法九百四十除之，得二十九日，不盡四百九十九。卽是一月二十九日、九百四十分日之四百九十九，與日合宿也。

求一年定閏法：

置一年十二月，以二十九日乘之，得三百四十八日。又置十二月，以日分子四百九十九乘之，得五千九百八十八。以日法九百四十除之，得六日，從上三百四十八日，得三百五十四日。餘三百四十八。以三百五十四日減周天三百六十五度，不盡十一日。又以餘分三百四十八減章月二百三十五，而章月少，不足減。上減一日，加下日法九百四十分，得一千一百七十五。以實餘三百四十八乃減下法，餘八百二十七。是爲一歲定閏十日、九百四十分日之八百二十七。

臣淳風等謹按：此五經算一部之中多無設問及術。直據本條，略陳大數而已。今並加正術及問，仍舊數相符。其有汎説事由，不須術者，並依舊不加。據此問，宜云：注「一歲有餘十二日，未盈三歲足得一月，則置閏焉」。按十九年爲一章有七閏，問一年之中定閏幾何？　曰：十日、九百四十分日之八百二十七。　其術宜云：置十二月，以章法十九乘之，納七閏，爲章月。以四乘之，爲蔀月。又置周天分，以十九乘之，爲蔀日。以蔀月除之，得一月之日及分。以十二乘之，所得以減周天分，餘即一年閏數也。

求十九年七閏法：

置一年閏十日，以十九年乘之，得一百九十日。又以八百二十七分，以十九年乘之，得一萬五千七百一十三。以日法九百四十除之，得十六日，餘六百七十三。以十六加上日，得二百六日。以二十九除之，得七月，餘三日。以法九百四十乘之，得二千八百二十。以前分六百七十三加之，得三千四百九十三。以四百九十九命七月分之，適盡。是謂十九年得七閏月，月各二十九日、九百四十分日之四百九十九。

臣淳風等謹按：其問宜云：一年閏十日、九百四十分日之八百二十七。一月二十九日、九百四十分日之四百九十九。問一章十九年，凡閏日及月數各幾何？　曰：閏二百六日、九百四十分日之六百七十三。閏月有七。　其術宜云：置一年閏日，通分内子，以章法十九乘之，爲實。以日法九百四十除之，得閏日數。以一月之分二萬七千七百五十九除之，得閏月之數。

尙書、孝經「兆民」注數越次法：

「天子曰兆民，諸侯曰萬民。」甄鸞按：呂刑云：「一人有慶，兆民賴之。」注云：「億萬曰兆。天子曰兆民，諸侯曰萬民。」又按周官，乃經土地而井，牧其田野。九夫爲井，四井爲邑，四邑爲丘，四丘爲甸，四甸爲縣，四縣爲都，以任地事而令貢賦。凡稅斂之事所以必共井者，存亡更守，入出相同，嫁娶相媒，有無相貸，疾病相憂，緩急相救，以所有易以所無也。兆民者，王畿方千里，自乘得①兆井。王畿者，因井田②立法，故曰兆民，若言兆井之民也。如以九州地方千里者九言之，則是九兆，其數不越於兆也。諸侯曰萬民者，公地方百里，自乘得一萬井。故曰萬民。所以言侯者，諸侯之通稱也。

按注云「億萬曰兆」者，理或未盡。何者？按黄帝爲法，數有十等。及其用也，乃有三焉。十等者，謂億、兆、京、垓、秭、壤、溝、澗、正、載也。三等者，謂上、中、下也。其下數者，十十變之。若言十萬曰億，十億曰兆，十兆曰京也。中數者，萬萬變之。若言萬萬曰億，萬萬億曰兆，萬萬兆曰京也。上數者，數窮則變。若言萬萬曰億，億億曰兆，兆兆曰京也。若以下數言之，則十億曰兆。若以中數言之，則萬萬億曰兆。若以上數言之，則億億曰兆。注乃云「億萬曰兆」者，正是萬億也。若從中數，其次則須有十萬億，次百萬億，次千萬億，次萬萬億曰兆。三數並違，有所未詳。按尚書無此注，故從孝經注釋之。

詩伐檀毛、鄭注不同法：

「不稼不穡，胡取禾三百億兮。不狩不獵，胡瞻爾庭，有縣特兮。」注云：「萬萬曰億。獸三歲曰特。」箋云：「十萬曰億。三百億，禾秉之數也。」

甄鸞按：黄帝爲法，數有十等。及其用也，乃有三焉。十等者，謂億、兆、京、垓、秭、壤、溝、澗、正、載。三等者，謂上、中、下也。其下數者，十十變之。若言十萬曰億，十億曰兆，十兆曰京也。中數者，萬萬變之。若言萬萬曰億，萬萬億曰兆，萬萬兆曰京也。上數者，數窮則變。若言萬萬曰億，億億曰兆，兆兆曰京也。據此而言，鄭用下數，毛用中數矣。

---

① 「得」字下，大典本衍一「之」字，此依戴震校删。

② 「井田」下，大典本衍一「之」字，此依戴震校删。

詩豐年毛注數越次法：

「豐年多黍多稌，亦有高廩，萬億及秭。」毛注云：「豐，大。稌，稻。廩所以藏齍盛之穗。數萬至萬曰億，數億至億曰秭。」箋云：「豐年，大有之年。萬億及秭，以言穀數多也。」

甄鸞按：毛注云，數萬至萬曰億者，此即是中數，萬萬曰億也。又云數億至億曰秭者，或有可疑。何者？按黃帝數術云，中數者，萬萬曰億，萬萬億曰兆，萬萬兆曰京，萬萬京曰垓，萬萬垓曰秭，此應云數億至垓曰秭，而言數億至億曰秭者，有所未詳。

周易策數法：

「天地之數五十有五，此所以成變化而行鬼神也。乾之策二百一十有六，坤之策百四十有四，凡三百有六十，當朞之日。二篇之策，萬有一千五百二十，當萬物之數也。是故四營而成易，十有八變而成卦，八卦而小成。引而伸之，觸類而長之，天下之能事畢矣。」

甄鸞按：天以一生水，地以二生火，天以三生木，地以四生金，天以五生土。天數奇，二十五。地數耦，三十。并天地之數，合五十五，謂之大衍之數。揲蓍得乾者，三十六策然後得九一爻。爻有三十六策，合二百一十六。揲蓍得坤者，二十四策然後得六一爻。爻有二十四策，合一百四十四。并乾、坤之策，三百六十，當一朞之日者，舉全數也。上、下經有六十四卦，卦有六爻，合三百八十四爻。陰陽各半。陽爻稱九，陰爻稱六。九、六①各百九十二也。陽爻以三十六策乘之，得六千九百一十二。陰爻以二十四策乘之，得四千六百八。并陰陽之策，合得一萬一千五百二十也。四營者，仰象天，俯法地，近取諸身，遠取諸物也。十八變者，三變而成爻，十八變而六爻也。八卦而小成者，言雖成易，猶未備也。

論語「千乘之國」法：

「子曰，道千乘之國。」注云：「司馬法：六尺爲步，步百爲畝，畝百爲夫，夫三爲屋，屋三爲井，井十爲通，通十爲成。成出革車一乘。然則千乘之賦，其地千成也。」今有千乘之國，其地千成，計積九十億步。問爲方幾何？

答曰：三百一十六里六十八步、一十八萬九千七百三十七分步之六萬二千五百七十六。

---

①「九、六」，大典本訛作「九百」，此從殿本校改。

術曰：置積步爲實。開方除之，卽得。

按千乘之國，其地千成。方十里，置一成地十里，以三百步乘之，得三千步。重張相乘，得九百萬步。又以千成乘之，得積九十億步。以開方除之，卽得方數也。

開方法曰：借一算爲下法。步之，常超一位，至萬而止。置上商九萬於實之上。又置九億於實之下，下法之上，名曰方法。命上商九萬，以除實畢。倍方法九億得十八億。乃折之，方法一折，下法再折。又置上商四千於上，以次前商之後。又置四百萬於方法之下，下法之上，名曰隅法。方、隅皆命上商四千以除實畢。倍隅法得八百萬，上從方法，得一億八千八百萬。乃折之，方法一折，下法再折。又置上商八百於上，以次前商之後。又置八萬於方法之下，下法之上，名曰隅法。方、隅皆命上商八百以除實畢。倍隅法得十六萬，上從方法，得一千八百九十六萬。乃折之，方法一折，下法再折。又置上商六十於上，以次前商之後。又置六百於方法之下，下法之上，名曰隅法。方、隅皆命上商六十，以除實畢。倍隅法得一千二百，上從方法，得一百八十九萬七千二百。乃折之，方法一折，下法再折。又置上商八於上，以次前商之後。又置八於方法之下，下法之上，名曰隅法。方、隅皆命上商八，以除實畢。倍隅法得一十六，上從方法。下法一亦從之，得一十八萬九千七百三十七分步之六萬二千五百七十六。以里法三百步除之，得三百一十六里，不盡六十八步。即得方三百一十六里六十八步、一十八萬九千七百三十七分步之六萬二千五百七十六也。

周官車蓋法：

「參分弓長，以其一爲之尊。」注云：「尊，高也。六尺之弓上近部平者二尺①。爪末下於部二尺。二尺爲句②，四尺爲弦，求其股。股十二③，開方除之，面三尺幾半。」

甄鸞按：句股之法，横者爲句，直者爲股，邪者爲弦。若句三，則股四而弦五，此自然之率也。今此車蓋，句二、弦四則股三，此亦自然之率矣。求之法，句、股各自乘，并而開方除之，卽弦也。股自乘，以減弦自乘，其餘開方除之，卽句也。句自乘，以減弦自乘，其餘開方除之，卽股也。假令句三自乘得九，股四自乘得十六，倂之得二十五，開方除之得五，弦也。股四自乘得十六，弦五自乘得二十五，以十六減之，餘九，開方除之，得三，句也。句三

① 「上近部平者二尺」係鄭玄周禮注原文，大典本脫落此七字。此從殿本校補。
② 「二尺爲句」，大典本作「爲句也」。殿本據周禮注校改。
③ 「求其股。股十二」，大典本作「其股十二」，殿本據周禮注補正。按以句冪四減弦冪得股冪十二。考工記注「股十二」，疑於「股」字下脫落「冪」字。

自乘得九，弦五自乘得二十五，以九減之，餘十六，開方除之，得四，股也。今車蓋崇二尺，弓四尺。以崇下二尺爲句，弓四尺爲弦，爲之求股。求股之法，句二尺自乘得四，弦四尺自乘得十六，以四減十六，餘十二。開方除之，得三，卽股三尺也。餘三。倍方法三得六，又以下法一從之，得七。卽股三尺、七分尺之三。故曰幾半也。

臣淳風等謹按：其問宜云：車蓋之弓，長六尺。近上二尺連部①而平爲高。四尺邪下宇曲爲弦。爪末下於部二尺爲句。欲求其股。問股幾何？　曰：三尺、七分尺之三。　術曰：句自乘以減弦自乘，其餘，開方除之，卽得股也。

儀禮喪服經帶法：

「苴絰大搹，左本②在下。去五分一以爲帶。齊衰之絰，斬衰之帶也，去五分一以爲帶。大功之絰，齊衰之帶也，去五分一以爲帶。小功之絰，大功之帶也，去五分一以爲帶。緦麻之絰，小功之帶也，去五分一以爲帶。」注云：「盈手曰搹；搹，扼也。中人之扼，圍九寸。以五分一爲殺者，象五服之數。」今有五服衰絰，迭相差減五分之一。其斬衰之絰九寸。問齊衰、大功、小功、緦麻、絰各幾何？

答曰：齊衰七寸、五分寸之一，大功五寸、二十五分寸之十九，小功四寸、一百二十五分寸之七十六，緦麻三寸、六百二十五分寸之四百二十九。

甄鸞按：五分減一者，以四乘之，以五除之。置斬衰之經九寸，以四乘之得三十六爲經實，以五除之得齊衰之經，七寸、五分寸之一。以母五乘經七寸，得三十五，內子一，得三十六。以四乘之，得一百四十四爲實。以五乘下母五，得二十五爲法，除之，得大功經五寸、二十五分寸之十九。以母二十五乘經五寸，得一百二十五，內子十九，得一百四十四。以四乘之，得五百七十六，爲實。以五乘下母二十五，得一百二十五爲法。以除之，得小功經四寸、一百二十五分寸之七十六。以母一百二十五乘經四寸，得五百，內子七十六，得五百七十六。又以四乘之，得二千三百四爲實。以五乘下母一百二十五，得六百二十五爲法。以除之，得緦麻之經三寸、六百二十五分寸之四百二十九。

臣淳風等謹按：其術宜云：置斬衰之經九寸，以四乘之，五而一，得齊衰之經。其求大功已下者，準此。有分者同而通之。即合所問。

喪服制食米溢數法：

① 「部」，大典本訛作「步」，此依殿本。

② 「本」，大典本訛作「平」，殿本據儀禮改正。

「朝一溢米，夕一溢米。」注云：「二十兩曰溢，一溢爲米一升、二十四分升之一。」

甄鸞按：一溢米一升、二十四分升之一法：置一斛米，重一百二十斤，以十六乘之，爲積一千九百二十兩。以溢法二十兩除之，得九十六溢爲法。以米一斛爲百升爲實。實如法，得一升。不盡四升，與法俱再半之，名曰二十四分升之一。稱法，三十斤曰鈞，四鈞曰石，石有一百二十斤也。所以名斛爲石者，以其一斛米重一百二十斤故也。

臣淳風等謹按：其問宜云：喪服朝一溢米，夕一溢米，鄭注云，二十兩曰溢，爲米一升、二十四分升之一。欲求其指如何。術曰：置一斛升數爲實。又置一斛米重斤數，以斤法十六兩乘之，所得，以溢法二十除之，爲法。實如法得一升。不盡者與法俱再半之，即得分也。

禮記王制國及地法：

凡四海之內有九州，大界方三千里。三三而九，計方一千里者有九也。今爲里田之法，方一千里爲廣一里，則長一百萬里也。分方一千里爲畿內，餘爲八州，州各得方一千里，各以方里自乘爲積里。諸國皆倣方一百里國三十，一國萬里，方百里自相乘。三十國合三十萬里。方七十里國六十，一國四千九百里，六十國合二十九萬四千里。方五十里國一百二十，一國二千五百里，一百二十國合三十萬里。上法一州有二百一十國，合地八十九萬四千里。以減一州之地大數一百萬里，餘一十萬六千里爲閑田。此據一州而言。若八州則地七百一十五萬二千里，以減八州八百萬里，餘八十四萬八千里，爲閑田。

臣淳風等謹按：其問宜云：今有州方千里，其中封百里之國三十，七十里之國六十，五十里之國百二十。問三等國別及當色總數并都合積里，餘爲閑田，得地幾何？　曰：百里之國，一國得積萬里，總積三十萬里。七十里之國，一國得積四千九百里，總積二十九萬四千里。五十里之國，一國得積二千五百里，總積三十萬里。都合得積八十九萬四千里。閑田積十萬六千里。　術宜云：置方里，各自乘爲一國之積里。各以本方國數乘之，得當方總數。并之卽都合積里。以減一州方里自乘大數，餘卽閑田也。

畿內方百里國九，一國萬里，九國合九萬里。方七十里國二十一，一國四千九百里，二十一國合十萬二千九百里。方五十里國六十三，一國二千五百里，六十三國合十五萬七千五百里。上法，畿內有九十三國，計地三十五萬四百里。以減一百萬里，餘六十四萬九千六百里爲閑田。以八州之地七百一十五萬二千里并畿內三十五萬四百里，九州之國合地七百五十萬二千四百里。以減九州之地大數九百萬里，餘一百四十九萬七千六百里，爲閑田。此商制也。

臣淳風等謹按：其問宜云：今有畿內方千里。其中封百里之國九，七十里之國二十一，五十里之國六十三。問三等國別及當色總數并畿內都合積里，餘爲閑田，各幾何？　曰：百里之國，一國得積萬里，總九萬里。七十里之國，一國積四千九百里，總十萬二千九百里。五十里之國，一國積二千五百里，總十五萬七千五百里。都合積三十五萬四百里。閒田積六十四萬九千六百里。其術宜云：方里各自乘爲一國之積里。各以本方國數乘之，得當方總數。幷之，即都合積里。以減畿內方里自乘大數，餘即閒田也。

鄭注云：「周公制禮，九州大界方七千里。七七四十九，即四千九百萬里。計方一千里者，四十九也。」分方千里爲畿內，餘爲八州，州各得一千里者六；一州合地六百萬里。方五百里國四，一國二十五萬里，四國合一百萬里。方四百里國六；一國十六萬里，六國合九十六萬里。方三百里國十一，一國九萬里，十一國合九十九萬里。方二百里國二十五，一國四萬里，二十五國合一百萬里。方一百里國一百六十四，一國一萬里，一百六十四國合一百六十四萬里。上法，一州二百一十國，計地五百五十九萬里。以減一州之地大數六百萬里，餘四十一萬里，爲附庸閒田。

按周禮據千里爲法，則公國四，侯國六，伯國十一，子國二十五，男國一百六十四，合二百一十國者，非周之數矣。據地方一千里爲地一百萬里，五國合爲地五百萬里。方百里者五十九，方百里爲地一萬里，五十九國合爲地五十九萬里。上二法，計得地五百五十九萬里，容前二百一十國。餘方百里者四十一。方百里爲地一萬里，百里之國四十一，爲地四十一萬里。上據地以下三法合地六百萬里，一州之大數。

臣淳風等謹按：其問宜云：今有一州方千里者六，其中封方五百里之國四，四百里之國六，三百里之國十一，二百里之國二十五，一百里之國一百六十四。問五等國別及當色總數并都合積里，餘爲附庸閑田，各幾何？

曰：五百里之國四，一國得積二十五萬里，總積一百萬里。四百里之國六，一國十六萬里，總九十六萬里。三百里之國十一，一國九萬里，總九十九萬里。二百里之國二十五，一國四萬里，總一百萬里。一百里之國一百六十四，一國一萬里，總一百六十四萬里。都合二百一十國，總積五百五十九萬里。附庸閑田積四十一萬里。

術宜云：置五等方里，各自乘得一國之積里。各以本方國數乘之，得當方總數。并之，得都合積里。以減一州方里自乘積一百萬里，餘四十一萬里，卽附庸閑田。

「古者以周尺八尺爲步，今以周尺六尺四寸爲步。古者百畝當今東田百四十六畝三十步。古者百里當今百二十一里六十步四尺二寸二分。」注云：「周尺之數，未之詳聞。按禮制，周猶以十寸爲尺。蓋六國時多變亂法度。或言周尺八寸，則步更爲八八六十四寸。以此計之，古者百畝當今百五十六畝二十五步。古者百里當今百二十五里也。」

甄鸞按：「古者以周尺八尺爲步，今以周尺六尺四寸爲步，古者一百畝當今東田一百四十六畝三十步」，計之法：置古步八尺，以八寸乘之爲六十四寸，自相乘得四千九十六寸，爲古步法。又置今步六尺，以八寸乘之，內四寸，得五十二寸。自相乘得二千七百四寸，爲今步法。置田一百畝，以百步乘之，得一萬步。以古步法乘之，得四千九十六萬寸爲實。以今步法二千七百四寸除之，得一萬五千一百四十七步。不盡二千五百一十二寸，約之，得一百六十九分步之一百五十七。以畝法一百步除積步，得一百五十一畝，餘四十七步及分。以經中東田一百四十六畝三十步減之，計賸五畝一十七步及分。此卽經自不合。

臣淳風等謹按：其問宜云：古者以周尺八尺爲步，今以周尺六尺四寸爲步。周制八寸爲尺，問古者百畝當今幾畝？又與經中當今畝數，所較幾何？曰：一百五十一畝四十七步、一百六十九分步之一百五十七。多於經中五畝一十七步、一百六十九分步之一百五十七。術宜云：置古步尺數，以八寸乘之，又自相乘爲古步法。又置今步尺數，亦以八寸乘之，內子，自相乘爲今步法。列田百畝步數，以古步法乘之，今步法除之。所得，以經中當今畝數減之，餘卽所多之數。

求經云「古者百里當今一百二十一里六十步四尺二寸二分」法：

置百里，以三百步乘之，得三萬步。以古一步六十四寸乘之，得一百九十二萬寸。以今步法五十二寸除之，得三萬六千九百二十三步，餘四寸。以里法三百步除積步，得一百二十三里，不盡二十三步四寸。以經中一百二十一里六十步四尺二寸二分減之，計賸一里二百六十二步一尺三寸八分。亦經自不合。

臣淳風等謹按：其問宜云：周制八寸爲尺。古以周尺八尺爲步，今以周尺六尺四寸爲步。問古者百里當今幾里？又與經中當今里數所較幾何？曰：一百二十三里二十三步四寸。多於經中一里二百六十二步一尺三寸八分。術宜云：置百里步數，以古步寸數乘之，以今步寸數除之，以里法三百步除之，卽得。以經中當今里數減之，餘卽所多之數。

求鄭氏注云「古者百畝當今一百五十六畝二十五步」依鄭計之法：

置經中古者八十寸，今六十四寸相約，古步率得五，今步率得四。古步率五自乘得二十五爲古步法，今步率四自乘得十六爲今步法。置田一百畝爲一萬步，以古步法二十五乘之，得二十五萬。以今步法十六除之，得一萬五千六百二十五步。以畝法一百步除之，得一百五十六畝，不盡二十五步。

臣淳風等謹按：其問宜云：鄭注禮王制，「周猶以十寸爲尺。或言周尺八寸，則步更爲八八六十四寸。以此計之，古者百畝當今一百五十六畝二十五步。」欲求其旨趣如何。　術宜云：置古步寸數，與今步寸數相約，所得各自爲率。二率各自乘爲步法。又列田百畝步數，以古步法乘之，今步法除之，即得。

求鄭注云「古者百里當今一百二十五里」法：

置一百里，以三百步乘之，得三萬步。以古步率五乘之，得一十五萬爲實。以今步率四乘里法三百步，得一千二百爲法。實如法而一，得一百二十五里。按經自不合，鄭注又不與經同。未詳所以。

臣淳風等謹按：其問宜云：鄭意以周猶以十寸爲尺。或謂周尺八寸，以此計之，古者百里當今一百二十五里。求其旨趣如何。　術宜云：以今步寸數等約古步寸數，各自爲率。古步率得五，今步率得四。置百里步數，以古步率乘之，以今步率四而一，以里法三百步除之，即得。

五經算術卷下

禮記月令黄鍾律管法：

黄鍾術曰：置一算，以三九徧因之爲法。置一算，以三因之得三，又三因之得九，又三因之得二十七，又三因之得八十一，又三因之得二百四十三，又三因之得七百二十九，又三因之得二千一百八十七，又三因之得六千五百六十一，又三因之得一萬九千六百八十三，爲法。卽是黄鍾一寸之積分。重張其位於上，以三再因之，爲黄鍾之實。以法除之，得黄鍾，十一月，管長九寸。

置黄鍾一寸積分一萬九千六百八十三，以三因之得五萬九千四十九。又置五萬九千四十九，以三因之，得十七萬七千一百四十七，爲黄鍾之實。以寸法一萬九千六百八十三除實，得黄鍾之管長九寸。

律管之法，隔八相生。子午巳東爲上生，子午巳西爲下生。上生者三分益一，下生者三分損一。益者四乘，三除；損者二乘，三除。黄鍾下生林鍾，六月，管長六寸。置黄鍾管長九寸，以二乘之，得十八，以三除之，得林鍾管長六寸。

林鍾上生太蔟，正月，管長八寸。置林鍾管長六寸，以四乘之，得二十四，以三除之，得太蔟管長八寸。

太蔟下生南呂，八月，管長五寸、三分寸之一。置太蔟之管八寸，以二乘之，得十六，以三除之，得南呂之管長五寸、三分寸之一。

南呂上生姑洗，三月，管長七寸、九分寸之一。置南呂管長五寸，以分母三乘之，內子一，得十六。以四乘之，得六十四。以三乘法三，得九爲法。以除之，得姑洗之管長七寸、九分寸之一。

姑洗下生應鍾，十月，管長四寸、二十七分寸之二十。置姑洗管長七寸，以分母九乘之，內子一，得六十四。以二乘之，得一百二十八。以分母九乘法三，得二十七爲法。以除之，得應鍾之管長四寸、二十七分寸之二十。

應鍾上生蕤賓，五月，管長六寸、八十一分寸之二十六。置應鍾管長四寸，以分母二十七乘之，內子二十，得一百二十八。以四乘之，得五百一十二。以分母二十七乘法三得八十一爲法。除之，得蕤賓管長六寸、八十一分寸之二十六。

蕤賓上生大呂，十二月，管長八寸、二百四十三分寸之一百四。置蕤賓管長六寸，以分母八十一乘之，内子二十六，得五百一十二。以四乘之，得二千四十八爲實。以分母八十一乘法三，得二百四十三爲法。除之，得大呂之管長八寸、二百四十三分寸之一百四。

大呂下生夷則，七月，管長五寸、七百二十九分寸之四百五十一。置大呂管長八寸，以分母二百四十三乘之，内子一百四，得二千四十八。以二乘之，得四千九十六爲實。以分母二百四十三乘法三，得七百二十九爲法。除之，得夷則管長五寸、七百二十九分寸之四百五十一。

夷則上生夾鍾，二月，管長七寸、二千一百八十七分寸之一千七十五。置夷則管長五寸，以分母七百二十九乘之，内子四百五十一，得四千九十六。以四乘之，得一萬六千三百八十四爲實。以分母七百二十九乘法三，得二千一百八十七爲法。除之，得夾鍾管長七寸、二千一百八十七分寸之一千七十五。

夾鍾下生無射，九月，管長四寸、六千五百六十一分寸之六千五百二十四。置夾鍾管長七寸，以分母二千一百八十七乘之，内子一千七十五，得一萬六千三百八十四。以二乘之，得三萬二千七百六十八爲實。以分母二千一百八十七乘法三，得六千五百六十一爲法。除之，得無射管長四寸、六千五百六十一分寸之六千五百二十四。

無射上生中吕，四月，管長六寸、一萬九千六百八十三分寸之一萬二千九百七十四。

置無射管長四寸，以分母六千五百六十一乘之，内子六千五百二十四，得三萬二千七百六十八。以四乘之，得十三萬一千七十二爲實。以分母六千五百六十一乘法三，得一萬九千六百八十三爲法。除之，得中吕之管長六寸、一萬九千六百八十三分寸之一萬二千九百七十四。

禮記禮運注「始於黄鍾，終於南吕」法。

「五行之動迭相竭。五行、四時、十二月還相爲本。五聲、六律、十二管還相爲宫。五味、六和、十二食還相爲滑。五色、六章、十二衣還相爲質。」注云：「竭猶負載也。言五行運轉，更相爲始。五聲，宫、商、角、徵、羽。其管陽曰律，陰曰吕。布在十二辰，始於黄鍾九寸。下生者三分去一，上生者三分益一。終於南吕。更相爲宫，凡六十律。」

甄鸞按：五聲、六律、十二管還相爲宫，終於南吕：

黄鍾爲宫，林鍾爲徵，太蔟爲商，南吕爲羽，姑洗爲角。

林鍾爲宮，太蔟爲徵，南呂爲商，姑洗爲羽，應鍾爲角。
太蔟爲宮，南呂爲徵，姑洗爲商，應鍾爲羽，蕤賓爲角。
南呂爲宮，姑洗爲徵，應鍾爲商，蕤賓爲羽，大呂爲角。
姑洗爲宮，應鍾爲徵，蕤賓爲商，大呂爲羽，夷則爲角。
應鍾爲宮，蕤賓爲徵，大呂爲商，夷則爲羽，夾鍾爲角。
蕤賓爲宮，大呂爲徵，夷則爲商，夾鍾爲羽，無射爲角。
大呂爲宮，夷則爲徵，夾鍾爲商，無射爲羽，中呂爲角。
夷則爲宮，夾鍾爲徵，無射爲商，中呂爲羽，黄鍾爲角。
夾鍾爲宮，無射爲徵，中呂爲商，黄鍾爲羽，林鍾爲角。
無射爲宮，中呂爲徵，黄鍾爲商，林鍾爲羽，太蔟爲角。
中呂爲宮，黄鍾爲徵，林鍾爲商，太蔟爲羽，南呂爲角。

甄鸞按：禮記注一本乃有云，「始於黄鍾，終於南事」者，更顯之於後。

禮運一本注「始於黄鍾，終於南事」法：

甄鸞按：司馬彪律曆志，黄鍾下生林鍾，林鍾上生太蔟，太蔟下生南呂，南呂上生姑洗，姑洗下生應鍾，應鍾上生蕤賓，蕤賓上生大呂，大呂下生夷則，夷則上生夾鍾，夾鍾下生無射，無射上生中呂，中呂上生執始，執始下生去滅，去滅上生時息，時息下生結躬，結躬上生變虞，變虞下生遲內，遲內上生盛變，盛變上生分否，分否下生解形，解形上生開時，開時下生閉掩，閉掩上生南中，南中上生丙盛，丙盛下生安度，安度上生屈齊，屈齊下生歸期，歸期上生路時，路時下生未育，未育上生離宮，離宮上生凌陰，凌陰下生去南，去南上生族嘉，族嘉下生鄰齊，鄰齊上生內負，內負上生分動，分動下生歸嘉，歸嘉上生隨期，隨期下生未卯，未卯上生形始，形始下生遲時，遲時上生制時，制時上生少出，少出下生分積，分積上生爭南，爭南下生期保，期保上生物應，物應上生質末，質末下生否與，否與上生形晉，形晉下生夷汗，夷汗上生依行，依行上生色育，色育下生謙待，謙待上生未知，未知下生白呂，白呂上生南授，南授下生分烏，分烏上生南事，南事不生。

漢書「終於南事」算之法。

甄鸞按：司馬彪志序云：「漢興，北平侯張蒼首治律、曆。孝武正樂，置協律之官。至元始中，博徵通知鍾律者，考其意義。劉歆典領條奏。前史班固取以爲志。而元帝時郎中京房知五聲之音，六律之數。上使太子太傅元成，諫議大夫章雜試問房於樂府。房對，受學故小黄令焦延壽。六十律相生之法：以上生下皆三生二，以下生上皆三生四；陽下生陰，陰上生陽，始於黄鍾，終於中呂，而十二律畢矣；中呂上生執始，執始下生去滅，上下相生，終於南事，六十律畢矣。夫十二律之變至於六十，猶八卦之變至於六十四也。宓羲作易，紀陽氣之初。以爲律法建日冬至之聲。以黄鍾爲宫，太蔟爲商，姑洗爲角，林鍾爲徵，南呂爲羽，應鍾爲變宫，蕤賓爲變徵，此聲氣之元，五音之正也。故各統一月，其餘以次運行。當月者各自爲宫，而商、徵以類從焉。禮運篇曰『五聲、六律、十二管還相爲宫』，此之謂也。以六十律分朞之日，黄鍾自冬至始，及冬至而復。陰陽、寒燠、風雨之占生焉。所以檢攝羣音，考其高下，苟非革木之聲，則無不有所合。

「竹聲不可以度調，故作準以定數。準之狀如瑟，長丈而十三弦。隱間九尺，以應黄鍾之律九寸。中央一弦，下有畫分寸以爲六十律清濁之節。」

「律術曰，陽以圓爲形，其性動。陰以方爲節，其性静。動者數三，静者數二。以陽生陰倍之，以陰生陽四之，皆三而一。陽生陰曰下生，陰生陽曰上生。上生不得過黄鍾之濁，下生不得不及黃鍾之清。皆參天兩地、圓蓋方覆、六耦承奇之道也。黃鍾律呂之首，而生十一律①者也。其相生也，皆三分而損益之。是故十二律之得十七萬七千一百四十七，是爲黃鍾之實。」

如前置一算，以三九徧因之，得一萬九千六百八十三爲黃鍾一寸之積分，卽爲一寸之法。卽以三再因之，得一十七萬七千一百四十七爲黃鍾之實。以寸法除之，得黃鍾之管長九寸。又以二乘而三約之，是謂下生林鍾之實。置黃鍾之實一十七萬七千一百四十七，以二因之，得三十五萬四千二百九十四。以三除之，得一十一萬八千九十八爲林鍾之實。以寸法一萬九千六百八十三除之，得林鍾之管長六寸。又以四乘而三約之，是謂上生太蔟之實。置林鍾之實十一萬八千九十八，以四因之，得四十七萬二千三百九十二。以三除之，得十五萬七千四百六十四爲太蔟之實。以寸法一萬九千六百八十三除之，得太蔟之管長八寸。自餘諸管上、下相生，皆倣此。「推此上下以定六十律之實。以九三之，得萬九千六百八十三②爲法」。實如法，「於律爲寸，於準爲尺；於律爲分，於準爲寸。不盈者十之所得爲分，又不盈十之所得爲小分。以其餘正其强弱」。

子黃鍾實十七萬七千一百四十七。律九寸。下生林鍾。

臣淳風等謹按：此六十律上下相生之法，空有都術而無問目。今於此下附一都問。自餘諸律問皆準此。其問宜云：黃鍾實一十七萬七千一百四十七，律長九寸。下生林鍾，實、律各幾何？　曰：實，一十一萬八千九十八。律長六寸。

色育實十七萬六千七百七十七③。律八寸九分。小分八微强。下生謙待。

執始實十七萬四千七百六十二。律八寸八分。小分七太强。下生去滅。

丙盛實十七萬二千四百一十。律八寸七分。小分六微弱。下生安度。

分動實十七萬八十九。律八寸六分。小分四微强。下生歸嘉。

質末實十六萬七千八百。律八寸五分。小分二半强。下生否與。

丑，大呂實十六萬五千八百八十八。律八寸四分。小分三弱。下生夷則。

分否實十六萬三千六百五十五④。律八寸三分。小分一少强⑤。下生解形。

---

① 「生十一律」，各本訛作「生十二律」，今據續漢志校正。

② 「以九三之，得萬九千六百八十三」，謂九度三乘得一萬九千六百八十三。今本續漢志「得」字訛作「數」，當以此所引爲正。殿本反據今本續漢志將「得」字改作「數」字，則難以理解矣。

③ 「七」，各本作「六」，今依算法校正。

④ 「五」，各本作「四」，今依算法校正。

⑤ 「少强」，各本作「强」，今依盧文弨校補「少」字。

淩陰實十六萬一千四百五十二。律八寸二分。小分少弱①。下生去南。

少出實十五萬九千二百八十。律八寸。小分九强②。下生分積。

寅，太蔟實十五萬七千四百六十四。律八寸。下生南呂。

未知實十五萬七千一百三十五③。律七寸九分。小分八强。下生白呂。

時息實十五萬五千三百四十四。律七寸八分。小分九强④。下生結躬。

屈齊實十五萬三千二百五十四⑤。律七寸七分。小分八半强⑥。下生歸期。

隨期實十五萬一千一百九十一⑦。律七寸六分。小分八微强。下生未卯。

形晉實十四萬九千一百五十六。律七寸五分。小分八弱。下生夷汗。

卯，夾鍾實十四萬七千四百五十六。律七寸四分。小分九微强。下生無射。

開時實十四萬五千四百七十一⑧。律七寸三分。小分九微强。下生閉掩。

族嘉實十四萬三千五百一十三。律七寸二分。小分九微强。下生鄰齊。

爭南實十四萬一千五百八十二。律七寸一分。小分九强。下生期保。

辰，姑洗實十三萬九千九百六十八。律七寸一分。小分一微强。下生應鍾。

南授實十三萬九千六百七十六⑨。律七寸。小分九半强⑩。下生分烏。

變虞實十三萬八千八十四。律七寸。小分一半强。下生遲內。

路時實十三萬六千二百二十五。律六寸九分。小分二微强。下生未育。

形始實十三萬四千三百九十二。律六寸八分。小分三弱。下生遲時。

依行實十三萬二千五百八十三⑪。律六寸七分。小分三半强。上生色育。

巳，中呂實十三萬一千七十二。律六寸六分。小分六微弱。上生執始。

南中實十二萬九千三百八。律六寸五分。小分七微弱。上生丙盛。

①「少弱」，各本作「一弱」，今依算法校正。「小分少弱」謂零數小於三分之一分也。

②「强」，原本訛作「少强」，此從續漢志删去「少」字。

③「五」，各本作「四」，今依算法校正。

④「强」，各本訛作「少强」，衍少字。

⑤「四」，各本作「三」，今依算法校正。

⑥「八半强」，各本作「九弱」，今依算法校正。

⑦各本脱落此「一」字，今依算法校補。

⑧各本脱落「一」字，今依算法補正。

⑨「六」，各本作「四」，今依算法校正。

⑩「半强」，各本作「太强」今從盧文弨校正。

⑪「三」，各本作「二」，今依算法校正。

內負實十二萬七千五百六十七。律六寸四分。小分八微强。上生分動。
物應實十二萬五千八百五十。律六寸三分。小分九少强①。上生質末。
午，蕤賓實十二萬四千四百一十六。律六寸三分。小分二微强。上生大呂。
南事實十二萬四千一百五十六②。律六寸三分。小分一弱。不生。
盛變實十二萬二千七百四十一。律六寸二分。小分三半强。上生分否。
離宮實十二萬一千八十九。律六寸一分。小分五微强。上生凌陰。
制時實十一萬九千四百六十。律六寸。小分七微弱。上生少出。
未，林鍾實十一萬八千九十八。律六寸。上生太蔟。
謙待實十一萬七千八百五十一。律五寸九分。小分九弱。上生未知。
去滅實十一萬六千五百八。律五寸九分。小分二③微弱。上生時息。
安度實十一萬四千九百四十。律五寸八分。小分四微弱。上生屈齊。
歸嘉實十一萬三千三百九十三。律五寸七分。小分六微强。上生隨期。
否與實十一萬一千八百六十七。律五寸六分。小分八少强④。上生形晉。
申，夷則實十一萬五百九十二。律五寸六分。小分二弱。上生夾鍾。

解形實十萬九千一百三。律五寸五分。小分四强。上生開時。

去南實十萬七千六百三十五。律五寸四分。小分六太强。上生族嘉。

分積實十萬六千一百八十六⑤。律五寸三分。小分九少强⑥。上生爭南。

酉，南呂實十萬四千九百七十六。律五寸三分。小分三少⑦。上生姑洗。

白呂實十萬四千七百五十七⑧。律五寸三分。小分二强⑨。上生南授。

結躬實十萬三千五百六十三。律五寸二分。小分六微强。上生變虞。

歸期實十萬二千一百六十九。律五寸一分。小分九微强。上生路時。

---

① 「少强」，各本脱落「少」字，此依盧文弨校補。

② 「六」，各本作「四」，今依算法校正。

③ 「二」，訛作「四」，當據續漢志校正。

④ 「少强」，各本脱落「少」字，此依盧文弨校補。

⑤ 「六」，各本作「七」，今依算法校正。

⑥ 「少强」，原本脱落「少」字，今從盧文弨校正。

⑦ 「三少」，各本作「三强」，今依算法校正。

⑧ 「七」，各本作「六」，今依算法校正。

⑨ 「强」，原本作「少强」，衍「少」字，今從續漢志校删。

未卯實十萬七百九十四。律五寸一分。小分二微强。上生形始。

夷汗實九萬九千四百三十七。律五寸。小分五微强。上生依行。

戊，無射實九萬八千三百四。律四寸九分。小分九少强①。上生中呂。

閉掩實九萬六千九百八十一②。律四寸九分。小分三弱。上生南中。

鄰齊實九萬五千六百七十五。律四寸八分。小分六微强。上生內負。

期保實九萬四千三百八十八。律四寸七分。小分九半强。上生物應。

亥，應鍾實九萬三千三百一十二。律四寸七分。小分四微强。上生蕤賓。

分烏實九萬三千一百一十七③。律四寸七分。小分三微强。上生南事。

遲內實九萬二千五十六。律四寸六分小分八弱④。上生盛變。

未育實九萬八百一十七。律四寸六分。小分一少强⑤。上生離宫。

遲時實八萬九千五百九十五。律四寸五分。小分五强⑥。上生制時。

甄鸞按：剛柔殊節，清濁異倫，五音六律，理無相奪。隔八相生，又如合契。按司馬彪志序云：「上生不得過黄鍾之濁，下生不得不及黄鍾之清。」是則上生不得過九寸，下生不得減四寸五分。且依行者，辰上之管也。長六寸七分。上生色育。然則色育者，亥上之管也。長四寸四分，減黃鍾之淸。其名仍就下生之名，其算變取上生之實。乃越亥就子，編於黃鍾之下，律長八寸九分。非直名與實乖，抑亦違例隔凡。志又云：「始於黃鍾，終於南事」，注云「不生」。且南事午上管也。計南事之律次得上生八寸四分之管。便是上生不過黃鍾之濁。乃注云「不生」，此乃苟欲充六十之數。其於義理，未之前聞。

禮記投壺法：

「壺頸脩七寸，腹脩五寸，口徑二寸半，容斗五升。」注云：「脩，長也。腹容斗五升，三分益一，則爲二斗，得圓囷之象，積三百二十四寸。以腹修五寸約之，所得求其圓周。圓周二尺七寸有奇，是爲腹徑九寸有餘。」

---

① 「少强」，各本脫落「少」字，今依盧文弨補。

② 各本脫落「一」字，今依算法補正。

③ 「七」，各本作「六」，今依算法校正。

④ 「小分八弱」，殿本訛作「小分八强」。盧文弨據續漢志校正。按算法應作「小分七太强」。

⑤ 「少强」，原本訛作「强」，此從續漢志補「少」字。

⑥ 「小分五强」，殿本於「强」字上衍一「微」字，今從續漢志删去。

甄鸞按：斛法一尺六寸二分，上十之，得一千六百二十寸爲一斛。積寸下退一等，得一百六十二寸爲一斗。積寸倍之，得三百二十四寸爲二斗。積寸以腹脩五寸約之，得六十四寸八分。乃以十二乘之，得積七百七十七寸六分。又以開方除之，得圓周二十七寸，餘四十八寸六分。倍二十七，得方法五十四①。下法一亦從方法，得五十五。以三除二十七寸得九寸。又以三除不盡四十八寸六分，得一十六寸二分。與法俱上十之，是爲壺腹徑九寸、五百五十分寸之一百六十二。母與子亦可俱半之，爲二百七十五分寸之八十一。

臣淳風等謹按：其問宜云：今有壺腹脩五寸，容斗五升。三分益一則爲二斗，得圓囷之象。問積寸之與周徑各幾何？曰：積三百二十四寸。周二尺七寸、二百七十五分寸之二百四十三。徑九寸、二百七十五分寸之八十一。術宜云：置二斗以斗法乘之，得積寸。以腹脩五寸除之，所得以十二乘之。開方除之，得周數。三約之，卽得徑數。

推春秋魯僖公五年正月辛亥朔法：

經云，僖公「五年春王正月辛亥朔日南至」。南至，冬至也。冬至之日南極至，故謂之日南至也。日中之時景最長，以景度之②，知其南至。周官以土圭度日景，以求地中。夏至之日景尺有五寸。冬至之日立八尺之木以爲表，度而知之。「公既視朔，遂登觀臺以望雲氣，而書，禮也。凡分、至啓閉，必書雲物，爲備故也。」

臣淳風等謹按：此經皆有術無問。今並準其術意而加問焉。其問宜云：從周曆上元丁巳至僖公五年丙寅，積二百七十五萬九千七百六十九算。元法四千五百六十，章歲十九，章月二百三十五，歲中十二，閏餘七，周天分二萬七千七百五十九，日法九百四十。問僖公五年正月朔，閏餘及大、小餘各幾何？并二月復是何朔？　曰：閏餘盡，大餘四十七，小餘二百三十五。正月辛亥朔，二月庚辰朔。　術曰：置周曆上元丁巳至僖公五年歲在丙寅，積二百七十五萬九千七百六十九算。以元法四千五百六十除之，得六百五，棄之。取不盡九百六十九，以章月二百三十五乘之，得二十二萬七千七百一十五，以章歲十九除之，得一萬一千九百八十五，爲積月。不盡爲閏餘。閏餘十二以上，其歲有閏。今閏餘盡，則知五年無閏。

推積日法：

置積月一萬一千九百八十五，以周天分二萬七千七百五十九乘之，得三億三千二百六十九萬一千六百一十五爲朔積分。以日法九百四十除之，得三十五萬三千九百二十七爲積日，不盡二百三十五爲小餘。以六十除積日得五千八百九十八，棄之。取不盡四十七爲大餘，命以甲子算外，即正月辛亥朔。

求次月朔法：

---

① 「得方法五十四」，各本訛作「從方法得五十四」，今校正。

② 「以景度之」，大典本訛作「以是表之」。今依戴震校正。

置正月朔大、小餘，加朔大餘二十九、小餘四百九十九。若小餘滿日法九百四十，除之，從大餘一。滿六十除之，命以甲子算外，即次月朔。如是一加得一月朔。若小餘滿四百四十一以上，其月大，減者小也。

推僖公五年正月辛亥朔旦冬至法：

經云，僖公五年「春王正月辛亥朔日南至」。

臣淳風等謹按術意，其問宜云：一年二十四氣。氣有大餘十五、三十二分之七。從周曆上元至僖公五年，元餘有九百六十九算，度餘五日、四分度之一。欲求此年朔旦冬至及算此氣之法。其術如何？　曰：辛亥朔。術曰：置前推月朔積年九百六十九算，以餘數二十一乘之，得二萬三百四十九爲實。以度分母四除之，得五千八十七爲積日，不盡一爲小餘。以六十除積日，得八十四，棄之。取不盡四十七爲大餘。命以甲子算外，辛亥冬至與正月朔同，故曰朔旦冬至。臣淳風等謹按：術期三百六十五日、四分日之一，今以六十除之，餘五日、四分日之一。通之得二十一，故名餘數。即與四爲度法也。

求次氣法：

加大餘十五，小分二十一。小分滿氣法二十四，從小餘一。小餘滿四，從大餘一。大餘滿六十，去之，命以甲子算外，次氣日。如是一加得一氣。

臣淳風等謹按：一年之中有二十四氣。欲求一氣度者，以二十四氣除周天之分，即得也。然周天分母有四，須以四乘之，二十四氣得九十六爲法，以除之，得一氣十五日、九十六分日之二十一。等數約之，得三十二分之七也。術曰：小分二十一。滿氣法從小餘，小餘滿四從大餘者，乃是不約其分，不出分母雖合其數無所由來。若求次氣者，宜云加大餘十五，小分七。小分滿三十二從大餘一。如是一加得一氣。

推文公元年歲在乙未，閏當在十月下，而失在三月法：

經云，文公元年「於是閏三月，非禮也。先王之正時也，履端於始，舉正於中，歸餘於終。履端於始，序則不愆。舉正於中，民則不惑。歸餘於終，事則不悖」。

臣淳風等謹按術意，其問宜云：從周曆上元丁巳至魯文公元年歲在乙未，積二百七十五萬九千七百九十八算。歲中十二，閏餘七。問其年有閏與不？若有閏，復在何月下？　曰：其年有閏，在十月下。　術曰：置周曆上元丁巳至魯文公元年歲在乙未，積二百七十五萬九千七百九十八算。以元法四千五百六十除之，得六百五，棄之。取不盡九百九十八，以章月二百三十五乘之，得二十三萬四千五百三十。以章歲十九除之，得一萬二千三百四十三爲積月，不盡十三爲閏餘。經云，閏餘十二已上其歲有閏。今有十三，即知文公元年有閏也。

推閏餘十三在何月法：

置章歲十九，以閏餘十三減之，不盡六。以歲中十二乘之，得七十二。以章閏七除之，得十。命從正月起算外，閏十月下而盡。閏三月者，非也。

推文公六年歲在庚子，是歲無閏而置閏法：

經云，文公六年「閏月不告朔，猶朝於廟」。傳曰，「閏月不告朔，非禮也。閏以正時，時以作事，事以厚生。生民之道於是乎在矣。不告閏朔，棄時正也。何以爲民」。

臣淳風等謹按術意，問宜云：從周曆上元至文公元年，元餘九百九十八算。問文公六年合有閏不？曰：無閏。術曰：置文公元年算九百九十八，更加五得一千三算。以章月二百三十五乘之，得二十三萬五千七百五。以章歲十九除之，得一萬二千四百五爲積月。不盡十爲閏餘。經云，閏餘十二已上，其歲有閏。今止有十，卽知六年無閏也。

推襄公二十七年歲在乙卯再失閏法：

襄公二十七年歲在乙卯，九月乙亥朔，是建申之月也。魯史書「十二月乙亥朔，日有食之」。傳曰，冬「十一月乙亥朔，日有食之。於是辰在申，司歷過也。再失閏矣」。言時實以爲十一月也。不察其建，不考之於天也。

臣淳風等謹按術意，問宜云：從文公十一年至襄公二十七年，合七十一年。以何術推求得知再失閏？術曰：置文公十一年歲在乙巳會于承匡之歲，至襄公二十七年歲在乙卯，合七十一年。閏餘七，卽以七乘七十一年得四百九十七。以章歲十九除之，得二十六閏。以長曆校之，正二十四閏。故云再失閏。

推絳縣老人生經四百四十五甲子法：

襄公三十年歲在戊午二月癸未，注：「二月一日丁卯朔。癸未十七日也。」「晉悼夫人食輿人之城杞者。絳縣人年長矣，無子，而往與於食。有與疑年。使之年。曰：『臣小人也。不知紀年。臣生之歲，正月甲子朔，四百有四十五甲子矣。其季於今三之一也。』吏走問諸朝。師曠曰，魯叔仲惠伯會郤成子於承匡之歲也。七十三年矣。』史趙曰：『亥有二首六身，下二如身，是其日數也。』士文伯曰：『然則二萬六千六百有六旬也。』」

甄鸞按：「四百四十五甲子，其季於今三之一」者，計四百四十五甲子有二萬六千七百日。其季三之一者，謂不滿四百四十五甲子。於未滿一甲子六十日之中，三分取一，謂去四十日，止畱二十日也。是以注云，三分六甲之一得甲子、甲戌盡癸未，謂止有四百四十四甲子，奇二十日，合二萬六千六百六十日，以應史趙「亥有二首六身」之數也。

術曰：置積日二萬六千六百六十日，以四乘之，得十萬六千六百四十日爲實。又置周天三百六十五日、四分日之一，以四乘之，內子一，得一千四百六十一爲一歲之日法。以除實，得七十二歲。一千四百四十八，少十三分不滿法。計四分爲一日，更少三日，不終季年。算法，半法以上收成一，爲七十三年。據多而言也。

推文公十一年，歲在乙巳，夏正月甲子朔，絳縣老人生月法：

襄公三十年，絳縣人曰：「臣小人，不知紀年。臣生之歲，正月甲子朔，四百四十五甲子矣。其季於今三之一也。」

臣淳風等謹按術意，問宜云：從周曆上元至絳縣老人生年，元餘有一千八算。正月既甲子朔。問正月以前十二月、十一月大小，又各是何朔，及大餘、小餘之數，當月各有幾何？　曰：夏之十一月小，乙丑朔。大餘一，小餘一百一十三。十二月大，甲午朔。大餘三十，小餘六百一十二。正月小，甲子朔。大餘盡，小餘一百七十一。　術曰，置文公元年九百九十八算，更加十得一千八算。以章月二百三十五乘之，得二十三萬六千八百八十。以章歲十九除之，得一萬二千四百六十七爲積月。不盡七爲閏餘。

推積日法：

置積月一萬二千四百六十七，以周天分二萬七千七百五十九乘之，得三億四千六百七萬一千四百五十三爲朔積分。以日法九百四十除之，得三十六萬八千一百六十一爲積日，不盡一百一十三爲小餘。以六十除積日，不盡一爲大餘。命以甲子算外，乙丑。推次月朔法，如前僖公五年中術。

臣淳風等謹按：此術所推得乙丑朔者，是夏之十一月朔也。欲求十二月朔者，置前月小餘一百一十三，加朔小餘四百九十九。又置前月大餘一，加朔大餘二十九。命以甲子算外，十二月大，甲午朔。次求正月朔者，置前月小餘六百一十二，加朔小餘四百九十九。又置前月大餘三十，加大餘二十九。小餘滿日法從大餘，滿六旬除之，適得盡。命以甲子算外，正月小，甲子朔，是老人所生之歲也。

推昭公十九年閏十二月後而以閏月爲正月，故以正月爲二月法：

臣淳風等謹按術意，問宜云：從周曆上元至昭公十九年歲在戊寅，積二百七十五萬九千九百一算。問此年合有閏與不，并正月復是何朔？　曰：有閏。正月乙丑朔。　術曰：置周曆上元丁巳至昭公十九年歲在戊寅，積二百七十五萬九千九百一算。以元法四千五百六十除之，得六百五，棄之。取不盡一千一百一，以章月二百三十五乘之，得二十五萬八千七百三十五。以章歲十九除之，得一萬三千六百一十七，爲積月。不盡十二爲閏餘。經云：閏餘十二已上，其歲有閏。今閏餘有一十二，則知十九年有閏也。

推積日法：

置積月一萬三千六百一十七，以周天分二萬七千七百五十九乘之，得三億七千七百九十萬四千三百三爲朔積分。以日法九百四十除之，得四十萬二千一百二十一爲積日。不盡，五百六十三爲小餘。以六十除積日，得六千七百二，棄之。不盡，一爲大餘。命以甲子算外，正月乙丑朔。

推昭公十九年，歲在戊寅，閏在十二月下法。

臣淳風等謹按術意，問宜云：昭公十九年閏餘十二，既有閏，當在何月下？　曰：在十二月下。　術曰：置章歲十九，以閏餘十二減之，不盡七。以十二乘之，得八十四。以章閏七除之，得十二。命從正月起算外，即閏在十二月下也。

推昭公十九年歲在戊寅月朔法。

臣淳風等謹按：昭公十九年依前求之，正月大，乙丑朔。大餘一，小餘五百六十三。問其年十二月及閏月大、小餘，月朔甲子，并當月大、小餘各幾何？　曰：正月大，乙丑朔。大餘一，小餘五百六十三。二月小，乙未朔。大餘三十一，小餘一百二十二。三月大，甲子朔。大餘盡，小餘六百二十一。四月小，甲午朔。大餘三十，小餘一百八十。五月大，癸亥朔。大餘五十九，小餘六百七十九。六月小，癸巳朔。大餘二十九，小餘二百三十八。七月大，壬戌朔。大餘五十八，小餘七百三十七。八月小，壬辰朔。大餘二十八，小餘二百九十六。九月大，辛酉朔。大餘五十七，小餘七百九十五。十月小，辛卯朔。大餘二十七，小餘三百五十四。十一月大，庚申朔。大餘五十六，小餘八百五十三。十二月小，庚寅朔。大餘二十六，小餘四百一十二。閏月大，己未朔。大餘五十五，小餘九百一十一。　淳風等推求朔甲乙及月大小，并當月大小餘之法：術曰，置前月大、小餘，各加朔大、小餘。小餘滿日法從大餘一，大餘滿六十去之，餘命起甲子算外，即次月朔。如是一加，得一月朔。若小餘滿四百四十一以上，其月大。不滿者小。　其昭公二十年推月朔法，亦準此。

推昭公二十年，歲在己卯，月朔法：

正月大，己丑朔。大餘二十五，小餘四百七十。二月小，己未朔。大餘五十五，小餘二十九。三月大，戊子朔。大餘二十四，小餘五百二十八。

推昭公二十年歲在己卯，正月己丑朔旦冬至，而失云二月①己丑冬至法。

臣淳風等謹按術意，問宜云：從周曆上元丁巳至昭公二十年己卯，積二百七十五萬九千九百二十算。欲求此正月朔日冬至，及大、小餘各幾何？ 曰：大餘二十五，小餘二。 術曰：置周曆上元丁巳至昭公二十年歲在己卯，積二百七十五萬九千九百二算。以元法四千五百六十除之，得六百五，棄之。取不盡一千一百二，以二十一乘之，得二萬三千一百四十二。以度分母除之，得五千七百八十五，不盡二爲小餘。以六十除積日，得九十六，棄之。不盡二十五爲大餘。命以甲子算外，己丑冬至。與正月朔旦同。

甄鸞按周曆，昭公十九年歲在戊寅，其年閏十二月。其月大，己未朔。二十年歲在己卯；正月大，己丑朔。卽以己丑朔旦爲冬至。而昭公十九年不置閏，乃以閏十二月爲正月，故以爲二月也。

推哀公十二年歲在戊午應置閏而不置，故書十二月有螽法：

經云，哀公十二年「冬十有二月螽」。「季孫問諸仲尼。仲尼曰，丘聞之，火伏而後蟄者畢。今火猶西流，司曆過也。」

臣淳風等謹按術意，問宜云：從周曆上元丁巳至哀公十二年歲在戊午，積二百七十五萬九千九百四十二算。有閏與不？若有閏，復在何月之下？ 曰：有閏。在八月之下。 術曰：置周曆上元丁巳至哀公十二年歲在戊午，積二百七十五萬九千九百四十二算。以元法四千五百六十除之，得六百五，棄之。取不盡一千一百

① 各本於「二月」之前有一「閏」字，今刪。據左傳「春王二月己丑日南至」，「閏」字或是「王」字之誤。

四十二，以章月二百三十五乘之，得二十六萬八千三百七十。以章歲十九除之，得一萬四千一百二十四爲積月。不盡十四爲閏餘。經云，閏餘十二已上有閏。其歲有餘十四，則知十二年有閏也。

求十二年閏月法。

置章歲十九，以閏餘十四減之，不盡五。以歲中十二乘之，得六十。以章閏七除之，得八。命從正月起算外，卽閏在八月下。

甄鸞按，周十二月，夏之十月也。哀公十二年閏在夏八月下。當時實是夏之九月，而失以閏月爲九月，以九月爲十月。故書「冬十有二月螽」也。

缉古算经

緝古算經提要

緝古算經一卷，王孝通撰幷注。王孝通生卒年代不詳。唐書曆志說，他在唐朝初年爲算曆博士，後來升任太史丞。武德六年（六二三年）他和吏部郎中祖孝孫一起，批評當時頒行的傅仁均戊寅元曆的缺點。王孝通在天文學方面的認識是保守的，他認爲頒行的曆書不當用定朔，天文計算中不應有歲差，因而遭到了傅仁均的反駁。武德九年又同大理卿崔善爲一起，對戊寅元曆作了許多校訂工作。他在上緝古算術表中說：「臣長自閭閻，少小學算，鐫磨愚鈍，迄將皓首，鑽尋祕奧，曲盡無遺。代乏知音，終成寡和。伏蒙聖朝收拾，用臣爲太史丞。比年已來，奉敕校勘傅仁均曆，凡駁正術錯三十餘道，卽付太史施行。」可見王孝通上表年代是在武德九年之後，而緝古算術的寫成年代是相當早的。緝古算術於顯慶元年（六五六年）立於學官後，被稱爲緝古算經。

緝古算經只有二十個問題，它的主要內容大致如下：

第一題，已知某年十一月初一日合朔時刻，和夜半時日所在赤道經度，求夜半時月所在赤道經度。王孝通解答這個問題比他所看到的舊法更爲簡捷。月行速，日行緩。從月行速度中減去日行速度，以這個差數乘夜半到合朔的時間，就得到夜半時月在日後的度數。據他的自注說，這和九章算術均輸章的犬追兔問題的解法，理論上是一致的。王孝通把這個十分簡單的算術問題作爲他的傑作，緝古算術的第一題，也許是針對劉焯皇極曆法而提出來的。皇極曆求定朔時刻術中月離加減數和日躔陟降率，單用月行速度作分母，忽略了日行速度就犯了理論上的錯誤。

從第二題到第六題和第八題六個問題是土木工程中的土方體積問題，一方面要依據工程的具體情形計算體積和長、闊、高尺寸，另一方面要從已知的某一部分工程的體積，返求這一部分的長、闊、高尺寸。王孝通於他的上緝古算術表中說：「伏尋商功篇有平地役工受袤之術。至於上寬下狹，前高後卑，正經之內闕而不論。」因此，他「晝思夜想」，得「於平地之餘續狹邪之法」。例如第三題中的築堤問題，東頭堤身低，西頭堤身高，要從東頭起築一定數量的土方，求這一段堤工的長度。這個長度解決了工程上逐段驗收中的一個問題。由已給土方的體積返求一條邊線的長，須要立出一個三次方程，開帶從立方（求這個三次方程的正根）得所求的長度。

第七題和從第九到第十四題是能有一定容量的倉房和地窖問題。這些倉房和地窖的大小也須依照題示數據，用三次方程來解答。

第十五題到第二十題是句股問題。在前四題中所給的二個數據，一個是句股、句弦或股弦的相乘冪，一個是句弦或股弦的差。要解這些句股形須要用着三次方程。後二題所給的數據是股弦相乘冪與句，和句弦相乘冪與股，解句股形要用着四次方程。這二個四次方程都可以先開帶從平方得一正根，再開平方得所求的股或句。

緝古算術的大部分問題用着高次方程來解決，這在當時看來是比較艱深的。在每一條有關高次方程的術文之下，都有他的自注，說明方程的各項係數（實、方、廉、隅）的來歷。我們根據這些自注，可以瞭解王孝通立方程的程序。

清嘉慶年間，古代數學的研究成爲一時的風氣。爲緝古算經作細草的就有張敦仁、李潢、揭廷鏘、陳杰四家。張敦仁於嘉慶八年撰緝古算經細草一卷，卷末題「李銳算校」。李潢死於嘉慶十七年，遺稿有緝古算經考注二卷，二十年後道光十二年始有廣州刻本。揭廷鏘於嘉慶二十四年手抄李氏考注的稿本，并補圖立說，道光十一年有緝古算經圖草一卷刻本。陳杰先撰緝古算經細草一卷，十餘年後又撰圖解三卷，音義一卷，與王孝通原著一卷共爲六卷，有道光三年刻本。因王孝通原著詞旨深奥，不易通曉，傳世刻本頗多誤文奪字。

李潢考注以九章算術解釋緝古算經最爲得體，但亦有誤會作者原意之處。張敦仁以元人的天元術演細草，揭廷鏘、陳杰以明、清之際傳入的西法作解釋，顯然不能符合王孝通的原意。

版本與校勘

緝古算經一卷在宋代有北宋祕書省刻本和南宋鮑澣之刻本。經過元、明二朝，宋刻本漸次散佚。到明代末季只在章邱李開先家中保存一册南宋刻本。這個孤本到清代，先後爲常熟毛扆和曲阜孔繼涵所得，現在不知流落何處。毛扆曾收藏一個影宋抄本，後來傳入四庫館，作爲四庫書的底本。又轉入清宮，今存故宮博物院，並有影印的天祿琳琅叢書本。孔氏微波榭算經十書本基本上依影宋抄本翻刻。此後，李調元函海集本、鮑廷博知不足齋叢書本和各家翻刻的算經十書本都以微波榭本爲藍本。

南宋本緝古算經最後三頁有爛脫的文字，四庫館員未能校補。微波榭本補足了第十五題術文及注文十三字，第十六題題目二字，第十七題術文及一部分注文十三字。一八〇三年張敦仁撰緝古算經細草，根據最後三題殘存的文字，經過細緻的數字計算，補足了題目、答案和術文部分。王孝通自注中脱落的字很多，他就沒有校補。李潢緝古算經考注對於全書文字作了校訂，「刊誤補闕凡七百餘字」（吴蘭修跋）。但有些地方如第一題、第二題王孝通的自注中改字太多，似非原注本意。第十八、十九題原注闕文過多，李潢所補亦未必精確。駱騰鳳藝游錄卷一有「重訂緝古算經仰觀臺求乙高術」一篇，對第二題「求均給積尺受廣袤術」自注的訛文奪字，作了校補，基本能符合作者原意。陳杰對緝古算經中的錯誤文字亦有所校訂，但數量不多且多與李潢所校正的雷同。今又重加校訂，寫出了校勘記九十餘條，其中各本俱訛而以私意校改的有二十餘處。

上緝古算術①表

臣孝通言：臣聞九疇載叙，紀法著於彝倫；六藝成功，數術參於造化。夫爲君上者司牧黔首，有神道而設教，采能事而經綸，盡性窮源莫重於算。

昔周公制禮，有九數之名。竊尋九數即「九章」是也。其理②幽而微，其形秘而約，重句聊用測海，寸木可以量天，非宇宙之至精，其孰能與於此者。漢代張蒼删補殘缺，校其條目，頗與古術不同。魏朝劉徽篤好斯言，博綜纖隱，更爲之注。徽思極毫芒，觸類增長，乃造重差之法，列於終篇。雖即未爲司南，然亦一時獨步。自茲厥後，不繼前蹤。賀循、徐岳之徒，王彪、甄鸞之輩，會通之數無聞焉耳。但舊經殘駮，尙有闕漏。自劉以下更不足言。其祖暅之「綴術」，時人稱之精妙。曾不覺方邑進行之術全錯不通，芻甍方亭之問於理未盡。臣今更作新術，於此附伸。

臣長自閭閻，少小學算，鐫磨愚鈍，迄將皓首，鑽尋祕奥，曲盡無遺。代乏知音，終成寡和。伏蒙聖朝收拾，用臣爲太史丞。比年已來，奉勅校勘傅仁均曆，凡駮正術錯三十餘道，即付太史施行。伏尋九章商功篇有平地役功受袤之術。至於上寬下狹、前高後卑，正經之內闕而不論。致使今代之人不達深理，就平正之間同欹邪之用。斯乃圓孔方枘，如何可安。臣晝思夜想，臨書浩歎，恐一旦瞑目，將來莫覩。遂於平地之餘，續狹斜之法，凡二十術，名曰「緝古」。請訪能算之人考論得失，如有排其一字，臣欲謝以千金。輕用陳聞，伏深戰悚。謹言。

① 「術」，各本作「經」。
② 「理」，各本作「禮」，依南宋刻本校改。

緝古算經

〔二〕假令天正十一月朔、夜半，日在斗十度、七百分度之四百八十。以章歲爲母，朔月行定分九千，朔日定小餘一萬，日法二萬，章歲七百，亦名行分法①。今不取加時日②度。問天正朔夜半之時，月在何處？推朔夜半月度，舊術要須加時日度。自古先儒雖復修撰改制，意見甚衆，並未得算妙，有理不盡，考校尤難。臣每日夜思量，常以此理屈滯，恐後代無人知者。今奉勑造曆，因即改制，爲此新術。舊推日度之術，已得朔夜半日度，仍須更求加時日度，然知月處。臣今作新術，但得朔夜半日度，不須加時日度，即知月處。此新術比於舊術，一年之中十二倍省功，使學者易知。③

答曰：在斗四度、七百分度之五百三十。

術曰：推朔夜半月度新術不須加時日度，有定小餘乃可用之。④以章歲減朔月行定分，餘以

---

① 「法」，南宋本訛作「也」，依李潢校改。
② 南宋本脱去「日」字，依李潢校補。
③ 李潢因此段注文複亂，重加校勘。但恐非作者原意，故悉仍其舊。
④ 「須」，南宋本訛作「復」，「有定小餘」訛作「月蝕」，依李潢校改。

乘朔日定小餘，滿日法而一，爲先行分。不盡者，半法已上收成一，已下①者棄之。若先行分滿日行分而一爲度分，以減朔日夜半日所在度分。若度分不足減，加往宿度。其分不足減者，退一度爲行分而減之。餘，卽朔日夜半月行所在度及分也。

凡入曆當月行定分卽是月一日之行分。但此定分滿章歲而一爲度。凡日一日行一度。然則章歲者卽是日之一日行分也。今按九章均輸篇有犬追兔術，與此術相似。彼問：犬走一百步，兔走七十步。令兔先走七十五步，犬始追之，問幾何步追及？荅曰：二百五十步追及。彼術曰：以兔走減犬走，餘者爲法。又以犬走乘兔先走爲實。實如法而一，卽得追及步數。此術亦然。何者？假令月行定分九千，章歲七百，卽是日行七百分，月行九千分。令日月行數相減，餘八千三百分者，是日先行之數。然月始追之必用一日而相及也。今②定小餘者，亦是日月相及之日分。假令定小餘一萬，卽相及定分，此乃無對爲數。其日法者，亦是相及之分，此又同數，爲有八千三百是先行分也。斯則異矣。但用日法除之，得③四千一百五十，卽先行分。故以夜半之時日在月前，月在日後，以日月相去之數四千一百五十，減日行所在度分，卽月夜半所在度分也。

〔三〕假令太史造仰觀臺，上廣袤少，下廣袤多。上下廣差二丈，上下袤差四丈，上廣袤差三丈，高多上廣一十一丈。甲縣差一千四百一十八人，乙縣差三千二百二十二人，夏程人功常積七十五尺，限五日役臺畢。羨道從臺南面起，上廣多下廣一丈二尺，少袤一百四尺，高多袤四丈。甲縣一十三鄉，乙縣四十三鄉，每鄉別均賦常積六千三百尺，限一日役羨道畢。二縣差到人共造仰觀臺，二縣鄉人共造羨道，皆從先給甲縣，以次與乙縣。臺自下基給高，道自初登給袤。問臺道廣、高、袤，及縣別給高、廣、袤，各幾何？

答曰：

臺高一十八丈，

上廣七丈，

下廣九丈，

上袤一十丈，

下袤一十四丈。

甲縣給高四丈五尺，

上廣八丈五尺，

下廣九丈，

上袤一十三丈，

---

① 「下」，南宋本訛作「上」，依李潢校正。

② 「令」，南宋本訛作「令」，依李潢校改。

③ 「得」，各本作「即」，依李潢校改。

下袤一十四丈。
乙縣給高一十三丈五尺，
上廣七丈，
下廣八丈五尺，
上袤一十丈，
下袤一十三丈。
羨道高一十八丈，
上廣三丈六尺，
下廣二丈四尺，
袤一十四丈。
甲縣鄉人給高九丈，
上廣三丈，
下廣二丈四尺，
袤七丈。①

乙縣鄉人給高九丈，

上廣三丈六尺，

下廣三丈，

袤②七丈。

術曰：以程功尺數乘二縣人，又以限日乘之，爲臺積。又以上下袤差乘上下廣差，三而一爲隅陽冪。以乘截高爲隅陽截積③。又半上下廣差乘斬上袤爲隅頭冪，以乘截高爲隅頭截積。④幷二積以減臺積，餘，爲實。以上下廣差幷上下袤差，半之爲正數。加截上袤，以乘截高，所得，增隅陽冪加隅頭冪，爲方法。又幷截高及截上袤與正數，爲廉法，從。開立方除之，卽得上廣。各加差，得臺下廣及上下袤、高。

求均給積尺受廣袤術曰：以程功尺數乘乙縣人，又以限日乘之，爲乙積。三因之，又以高冪乘之，以上下廣差乘袤差而一，爲實。又以臺高乘上廣，廣差而一，爲上

---

① 「袤七丈」，南宋本譌作「上袤七丈，下袤一十四丈」，此依李潢校正。

② 「袤」字上南宋本衍一「下」字，依李潢校正。

③ 「積」字下各本衍一「冪」字，依李潢校刪。

④ 「積」字下各本衍「所得」二字，依李潢校刪。

廣之高。又以臺高乘上袤，袤差而一，爲上袤之高。又以上廣之高乘上袤之高，三之爲方法。又幷兩高，三之，二而一，爲廉法，從。開立方除之，即乙高。以減本高，餘，即甲高。此是從下給臺甲高。又以廣差乘乙高，如本高而一，①所得，加上廣，即甲上廣。又以袤差乘乙高，如本高而一，所得，加上袤，即甲上袤。其甲上廣、袤即乙下廣、袤。臺上廣、袤即乙上廣、袤。其後求廣、袤，有增損者，皆放此。此應六②因乙積，臺高再乘，上下廣差乘袤差而一。又以臺高乘上廣，廣差而一③，爲上廣之高。又以臺高乘上袤，袤差而一④，爲上袤之高。以上廣之高乘上袤之高⑤爲小羃二。因下袤之高爲中羃一。凡下袤、下廣之高即是截高與上袤、上廣之高相連并數。然此有中羃定有小羃一，又有上廣之高乘截高爲羃⑥一。又下廣之高乘下袤之高爲大羃二。乘上袤之高爲中羃一。其大羃之中又有⑦小羃一，復有上廣、上袤之高⑧各乘截高爲中羃各一，又截高自乘爲羃一。其中羃之內有小羃一，又上袤之高乘截高爲羃一。然則截高自相乘爲羃二，小羃六，又上廣上袤之高各三，以乘截高爲羃六。令皆半之，故以三乘小羃。又上廣上袤之高各三，今但半之，各得一又二分之一，故三之二而一。諸羃乘截高爲積尺。⑨

求羨道廣袤高術曰：以均賦常積乘二縣五十六鄉，又六因爲積。又以道上廣多下廣數加上廣少袤爲下廣少袤。又以高多袤加下廣少袤爲下廣少高。以乘下廣少袤爲隅陽羃。又以下廣少上廣乘之，爲鼈隅積⑩。以減積，餘，三而一，爲實。幷下廣少袤與下廣少高，以下廣少上廣乘之，爲鼈從横廉羃，三而一，加隅羃爲方法。又以三除上廣多下廣，以下廣少袤、下廣少高加之，爲廉法，從。開立方除之，卽下廣。加廣差卽上廣，加袤多上廣於上廣卽袤，加高⑪多袤卽道高。

求羨道均給積尺，甲縣受廣、袤術曰：以均賦常積乘甲縣一十三鄉，又六因爲積。以袤再乘之，以道上下廣差乘臺高爲法而一，爲實。又三因下廣，以袤乘之，如上下廣差而一，爲都廉，從。開立方除之，卽甲袤。以廣差乘甲袤，本袤而一，以下廣加之，卽甲上廣。又以臺高乘甲袤，本袤除之，卽甲高。

---

① 「又以廣差乘乙高，如本高而一」，影宋本「乙」訛作「之」，「如」訛作「以」，此從孔刻本。

② 「六」，各本訛作「三」，今依駱騰鳳校正。

③ 各本脫落「廣差而一」四字，今依駱騰鳳補。

④ 各本脫落「袤差而一」四字，今依駱騰鳳補。

⑤ 「以上廣之高乘上袤之高」十字爲各本所缺，今補。

⑥ 「冪」字下各本衍一「各」字，今依駱騰鳳校刪。

⑦ 各本脫落「有」字，今補。

⑧ 「高」字下各本衍「爲中冪」三字，今依駱騰鳳刪去。

⑨ 「諸冪乘截高爲積尺」，各本脫落「乘」字與「高」字，今依駱騰鳳補。

⑩ 各本脫落「積」字，依李潢校補。

⑪ 「高」，各本訛作「廣」，依李潢校正。

〔三〕假令築隄，西頭上、下廣差六丈八尺二寸，東頭上、下廣差六尺二寸，東頭高少於西頭高三丈一尺，上廣多東頭高四尺九寸，正袤多於東頭高四百七十六尺九寸。甲縣六千七百二十四人，乙縣一万六千六百七十七人，丙縣一萬九千四百四十八人，丁縣一萬二千七百八十一人。四縣每人一日穿土九石九斗二升。每人一日築常積一十一尺四寸、十三分寸之六。穿方一尺得土八斗。古人負土二斗四升八合，平道行一百九十二步，一日六十二到。今隔山渡水取土，其平道只有一十一步，山斜高三十步，水寬一十二步。上山三當四，下山六當五，水行一當二。平道踟躕十加一，載輸一十四步。減計一人作功爲均積，四縣共造，一日役畢。今從東頭與甲，其次與乙、丙、丁。問給斜、正袤，與高，及下廣，并每人一日自穿、運、築程功，及隄上、下高、廣各幾何？

答曰：

一人一日自穿、運、築，程功四尺九寸六①分。

西頭高三丈四尺一寸，

上廣八尺，

下廣七丈六尺二寸。

東頭高三尺一寸，
上廣八尺，
下廣一丈四尺二寸，
正袤四十八丈，
斜袤四十八丈一尺。
甲縣正袤一十九丈二尺，
斜袤一十九丈二尺四寸，
下廣三丈九尺，
高一丈五尺五寸。
乙縣正袤一十四丈四尺，
斜袤一十四丈四尺三寸，
下廣五丈七尺六寸，
高二丈四尺八寸。

① 「六」，各本訛作「二」，依李潢校正。

丙縣正袤九丈六尺，

斜袤九丈六尺二寸，

下廣七丈，

高三丈一尺。

丁縣正袤四丈八尺，

斜袤四丈八尺一寸，

下廣七丈六尺二寸，

高三丈四尺一寸。

求人到程功，運、築積尺術曰：置上山四十步，下山二十五步，渡水二十四步，平道一十一步，踟躕之間十加一，載輸一十四步，一返計一百二十四步。以古人負土二斗四升八合，平道行一百九十二步，以乘一日六十二到爲實。卻以一返步爲法除，得自運土到數也。又以一到負土數乘之，卻以穿方一尺土數除之，得一人一日運功積。又以一人穿土九石九斗二升，以穿方一尺土數除之爲法，除之，得穿用人數。復置運功積，以每人一日常積除之，得築用人數。并之得六人，共成二十九尺七寸六分。以六人除之，即一人程功也。

求隄上、下廣及高、袤術曰：一人一日程功乘總人爲隄積。以高差乘下廣差，六而一，爲鼈羃。又以高差乘①小頭廣差，二而一，爲大臥塹頭羃。又半高差乘上廣多東頭高之數，爲小臥塹頭羃。并三羃爲大小塹鼈率。乘正袤多小高之數，以減隄積，餘爲實。又置半高差，及半小頭廣差與上廣多小頭高之數，并三差，以乘正袤多小頭高之數。以加率爲方法。又并正袤多小高、②上廣多小高及半高差，兼③半小頭廣差加之爲廉法，從。開立方除之，即小高。加差即各得廣、袤、高。又正袤自乘、高差自乘并，而開方除之，即斜袤。

求甲縣高、廣、正、斜袤術曰：以程功乘甲縣人，以六因取積。又乘袤羃，以下廣差乘高差爲④法除之，爲實。又并小頭上、下廣，以乘小高，三因之爲垣頭羃。又乘袤羃，如法而一，爲垣方。又三因小頭下廣，以乘正袤，以廣差除之，爲都廉，從。開立方

① 各本脫落「乘」字，依李潢校補。
② 各本「高」字下衍「并」字，今刪。
③ 各本「兼」字上有「而增之」三字。李潢說「『而增之兼』四字衍文」，今刪去「而增之」三字而保留「兼」字。
④ 「爲」，各本訛作「以」，依李潢校改。

除之，得小頭袤，①卽甲袤。又以下廣差乘之，②以正袤除之，所得，加東頭下廣卽甲廣。又以兩頭高差乘甲袤，以正袤除之，以加東頭高，卽甲高。又以甲袤自乘，以隄東頭高減甲高，餘，自乘，幷二位，以開方除之，卽得斜袤。③若求乙、丙、丁，各以本縣人功積尺。每以前大高、廣爲後小高、廣。凡廉母自乘爲方母，廉母乘方母爲實母。此平隄在上，羨除在下。兩高之差卽除高。其除④兩邊各一鼈腝，中一塹堵。今以袤再乘六因積⑤，廣差乘袤差而一，得截鼈腝袤再自⑥乘爲立方一。又塹堵袤自乘爲冪一⑦，又三因小頭下廣，大袤乘之，廣差而一，與冪爲高，故爲廉法。又幷小頭上、下廣又三之，以乘小頭高爲頭冪⑧，意同六除。然此頭冪，本乘截袤。又袤乘之，差相乘而一。今還依數乘除一頭冪爲從。開立方除之，得截袤。⑨

求隄都積術曰：置西頭高倍之，加東頭高，又幷西頭上、下廣，半而乘之。又置東頭高倍之，加西頭高，又幷東頭上、下廣，半而乘之。幷二位積，以正袤乘之，六而一，得隄積也。

〔四〕假令築龍尾隄，其隄從頭高、上闊以次低狹至尾。上廣多，下廣少。隄頭上、下廣差六尺，下廣少高一丈二尺，少袤四丈八尺。甲縣二千三百七十五人，乙縣二千三百七十八人，丙縣五千二百四十七人。各人程功常積一尺九寸八分。一日役畢。三縣共築，今從隄尾與甲縣，以次與乙、丙。問龍尾隄從頭至尾高、袤、廣，及各縣別給高、袤、廣各多少？

荅曰：

高三丈，

上廣二丈四尺，

下廣一丈八尺，

袤六丈六尺。

甲縣高一丈五尺，

袤三丈三尺，

---

① 「小頭」下各本脫落「袤」字，依李潢校補。

② 「乘之」下各本衍「所得」二字，依李潢校删。

③ 「斜袤」下各本衍「求高廣以本袤及高廣差求之」十二字，依李潢校删。

④ 「除」，南宋本訛作「餘」，李潢校本不誤。

⑤ 「積」字上各本脫落「六因」二字，依李潢校補。

⑥ 各本「乘」字上脫落「自」字，依李潢校補。

⑦ 「一」，各本訛作「三」，今校正。

⑧ 「以乘小頭高爲頭羃」八字爲各本所缺，依李潢校補。

⑨ 「開立方除之，得截袤」，各本訛作「得截袤爲廣」，今校正。

上廣二丈一尺。

乙縣高二丈一尺，

袤一丈三尺二寸，

上廣二丈二尺二寸。

丙縣高三丈，

袤一丈九尺八寸，

上廣二丈四尺。

求龍尾隄廣、袤、高術曰：以程功乘總人爲隄積，又六因之爲虚積。以少高乘少袤爲隅冪，以少上廣乘之爲鼈隅積①。以減虚積，餘，三約之，所得爲實。并少高、袤，以少上廣乘之，爲鼈從横廉冪。三而一，加隅冪爲方法。又三除少上廣，以少袤、少高加之，爲廉法，從。開立方除之，得下廣。加差即高、廣、袤。

求逐縣均給積尺受廣、袤術曰：以程功乘當縣人爲積尺。各六因積尺，又乘袤冪，廣差乘高爲法除之，爲實。又三因末廣，以袤乘之，廣差而一，爲都廉，從。開立方除之，即甲袤。以本高乘之，以本袤除之，即甲高。又以廣差乘甲袤，以本袤除之，所得，加末廣，即甲上廣。其甲上廣即乙末廣，其甲高即垣高。求實與②都廉如前。又幷甲上、下廣，三之，乘甲高，以乘袤冪，以法除之，得垣方，從。開立方除之，即乙袤。餘放此。此龍尾猶羨除也。其塹堵一、鼈臑一，幷而相連。今以袤再乘積，廣差乘高而一，所得，截鼈腝袤再自乘爲立方一③。又塹堵袤自乘爲冪一④，又三因末廣，以袤乘之，廣差而一，與冪爲高，故爲廉法。

〔五〕假令穿河，袤一里二百七十六步，下廣六步一尺二寸；北頭深一丈八尺六寸，上廣十二步二尺四寸；南頭深二百四十一尺八寸，上廣八十六步四尺八寸。運土於河西岸造漘，北頭高二百二十三尺二寸，南頭無高；下廣四百六尺七寸五釐，袤與河同。甲郡二萬二千三百二十人，乙郡六萬八千七十六人，丙郡五萬九千九百八十五人，丁郡三萬七千九百四十四人。自穿、負、築，各人程功常積三尺七寸二分。限九十六日役河漘俱了。四郡分共造漘，其穿⑤河自北頭先給甲郡，以次與乙、丙、丁⑥，合均賦積尺。問逐郡各給斜、正袤，

---

①「積」，各本訛作「冪」，依李潢校正。

②「實與」二字各本誤脱，今補。

③「立方一」下各本衍「又以一鼈腝截袤再自乘爲立方一」十四字，依李潢校刪。

④「爲冪一」，各本「一」訛作「三」，今校正。

⑤各本脱落「穿」字，今補。

⑥各本脱落「丙、丁」二字，今補。

上廣及深，幷瀆上廣各多少？

答曰：

瀆上廣五丈八尺二寸一分。

甲郡正袤一百四十四丈，

斜袤一百四十四丈三尺，

上廣二十六丈四寸，

深一十一丈一尺六寸。

乙郡正袤一百一十五丈二尺，

斜袤一百一十五丈四尺四寸，

上廣四十丈九尺二寸，

深一十八丈六尺。

丙郡正袤五十七丈六尺，

斜袤五十七丈七尺二寸，

上廣四十八丈三尺六寸，

深二十二丈三尺二寸。

丁郡正袤二十八丈八尺①，

斜袤二十八丈八尺六寸，

上廣五十二丈八寸，

深二十四丈一尺八寸。

術曰：如築隄術入之。覆隄爲河，彼注甚明。高深稍殊，程功是同，意可知也。以程功乘甲郡人，又以限日乘之，四之，三而一，爲積。又六因，以乘袤冪，以上廣差乘深差爲法，除之，爲實。又幷小頭上、下廣，以乘小頭深，三之，爲垣頭冪。又乘袤冪，以法除之，爲垣方。三因小頭上廣，以乘正袤，以廣差除之，爲都廉，從。開立方除之，即得小頭袤②，爲甲袤。求深、廣，以本袤及深廣差求之③。以兩頭上廣差乘甲袤，以本袤除之，所得，加小頭上廣，即甲上廣。以小頭深減南頭深，餘，以乘甲袤，以本袤除之，所得，加小頭深，即甲深。又正袤自乘，深差自乘，幷，而開方除之，即斜袤。若求乙、丙、丁，每以

① 「八尺」下影宋本衍「六寸」二字，今依李潢校刪。

② 「小頭」下各本脱「袤」字，依李潢校補。

③ 「之」字下各本衍「爲法」二字，依李潢校刪。

前大深、廣爲後小深、廣，準甲求之，即得。

求漘上廣術曰：以程功乘總人，又以限日乘之爲積。六因之爲實。以正袤除之，又以高除之。所得，以下廣減之，餘，又半之，即漘上廣。

〔六〕假令四郡輸粟，斛法二尺五寸。一人作功爲均，自上給甲，以次與乙、丙、丁①。其甲郡輸粟三萬八千七百四十五石六斗，乙郡輸粟三萬四千九百五石六斗，丙郡輸粟二萬六千二百七十石四斗，丁郡輸粟一萬四千七十八石四斗。四郡共穿窖，上袤多於上廣一丈，少於下袤三丈，多於深六丈，少於下廣一丈。各計粟多少，均出丁夫。自穿、負、築，冬程人功常積一十二尺，一日役畢②。問窖上、下廣、袤、深，郡別出人及窖深、廣，各多少？

答曰：

窖上廣八丈，

上袤九丈，

下廣一十丈，

下袤一十二丈，

深三丈。

甲郡八千七十二人，
深一十二尺，
下袤一十丈二尺，
廣八丈八尺。
乙郡七千二百七十二人，
深九尺，
下袤一十一丈一尺，
廣九丈四尺。
丙郡五千四百七十三人，
深六尺，
下袤一十一丈七尺，
廣九丈八尺。

① 各本脱落「丙、丁」二字，今補。
② 各本脱落「畢」字，今補。

丁郡二千九百三十三人，

深三尺①，

下袤一十二丈，

廣一十丈。

求窖深、廣、袤術曰：以斛法乘總粟爲積尺，爲實②。又廣差乘袤差，三而一，爲隅陽冪。乃置截③上廣，半廣差加之，以乘截上袤，爲隅頭冪。又半袤差乘截上廣，以隅陽冪及隅頭冪加之，爲方法。又置截上袤及截上廣，并之爲大廣。又并廣差及袤差，半之，以加大廣，爲廉法，從。開立方除之，即深。各加差，即合所問。

求均給積尺受廣、袤、深術曰：如築臺④術入之。以斛法乘甲郡輸粟爲積尺。又三因，以深冪乘之，以廣差乘袤差而一，爲實。深乘上廣，廣差而一，爲上廣之高。深乘上袤，袤差而一，爲上袤之高。上廣之高乘上袤之高，三之，爲方法。又并兩高，三之，二而一，爲廉法，從。開立方除之，即甲深。以袤差乘之，以本深除之，所得，加上袤，即甲下袤。以廣差乘之，本深除之，所得，加上廣，即甲下廣。若求乙、丙、丁，每以前下廣、袤爲後上廣、袤。以次，皆準此求之，即得。若求人數，各以程功約當郡積尺。

〔七〕假令亭倉，上小、下大。上下方差六尺，高多上方九尺，容粟一百八十七石二斗。今已運出五十石四斗。問倉上、下方、高及餘粟深、上方各多少？

答曰：

上方三尺，

下方九尺，

高一丈二尺。

餘粟深、上方俱六尺。

求倉方、高術曰：以斛法乘容粟爲積尺。又方差自乘，三而一，爲隅陽冪。以乘截高，以減積，餘爲實。又方差乘截高，加隅陽冪，爲方法。又置方差，加截高，爲廉法，從。開立方除之，即上方。加差，即合所問。

求餘粟高及上方術曰：以斛法乘出粟，三之，以乘高冪，令方差冪而一，爲實。

---

① 「三尺」，微波榭本訛作「三丈」，影宋本不誤。

② 各本脫落「爲實」二字，今補。

③ 「截」，各本訛作「塹」。「截」或作「斬」，因而訛爲「塹」或「壍」。下文諸「截」字都訛作「壍」。

④ 「臺」，各本訛作「堤」，依李潢校正。

此是大、小高各自乘又相乘，各乘取高。凡①大高者，卽是取高與小高幷。高乘上方，方差而一，爲小高。令自乘，三之，爲方法。三因小高爲廉法，從。開立方除之，得取出高。以減本高，餘卽殘粟高。置出粟高，又以方差乘之，以本高除之，所得，加上方，卽餘粟上方。

此本術曰：上下方相乘，又各自乘，幷，以高乘之，三而一。今還元，三之，又高冪乘之，差冪而一，得大小高相乘，又各自乘之數。何者？若高乘下方，方差而一，得大高也。若高乘上方，方差而一，得小高也。然則斯本下方自乘，故須高冪②乘之，差自乘而一，卽得大高自乘之數。小高亦然。凡大高者，卽是取高與③小高幷，相連。今大高自乘爲大方。大方之內卽有取高自乘冪一，隅頭小高自乘冪一，又其兩邊各有④以取高乘小高爲冪二。又大小高相乘爲中方。中方之內卽有小高乘取高冪一，又小高自乘卽是小方之冪又一。則小高乘大高，又各自乘三等冪，皆以乘取高爲立積。故三因小冪爲方，及三小高爲廉也。

〔八〕假令芻甍，上袤三丈，下袤九丈，廣六丈，高一十二丈。有甲縣六百三十二人，乙縣二百四十三人。夏程人功常積三十六尺，限八日役，自穿築。二縣共造，今甲縣先到。問自下給高、廣、袤各多少？

荅曰：

高四丈八尺，

上廣三丈六尺，

袤六丈六尺。

求甲縣均給積尺，受廣、袤術曰：以程功乘乙縣人數，又以限日乘之，爲積尺。以六因之，又高冪乘之，又袤差乘廣而一，所得，又半之爲實。高乘上袤，袤差而一，爲上袤之高。三因上袤之高，半之爲廉法，從。開立方除之，得乙高。以減甍高，餘卽甲高。求廣、袤，依率求之。此乙積本倍下袤，上袤從之，以下廣及高乘之，六而一，爲一甍積。今還元須六因之，以高冪乘之爲實⑤，袤差乘廣而一。得取高自乘以乘三上袤之高，⑥則三小高爲廉法，各以取高爲方。仍有取高爲立方者二⑦。故半之爲立方一，又須半廉法。

〔九〕假令圓囤上小、下大。斛法二尺五寸。以率徑一周三。上下周差一丈二尺，高多上周一丈八尺。容粟七百五斛六斗。今已運出二百六十六石四斗。問殘粟去口上、下周、高，

① 「凡」，各本訛作「是」，依李潢校改。
② 「高」字下各本脫落「冪」字，依李潢校補。
③ 「與」，孔刻本訛作「於」，影宋本不誤。
④ 「有」，各本訛作「一」字，今爲校正。
⑤ 「實」字下各本衍一「乘」字，依李潢校刪。
⑥ 「三上袤之高」，各本作「二上袤之高」，李潢校作「上袤之高者三」。又「高」字下各本衍「幷大廣袤相連之數」八字，依李潢校刪。
⑦ 「爲立方者二」，各本脫落「二」字，依李潢校補。

各多少？

荅曰：

上周一丈八尺，

下周三丈，

高三丈六尺，

去口一丈八尺，

粟周二丈四尺。

求圓囤上、下周及高術曰：以斛法乘容粟，又三十六乘之，三而一，爲方亭之積。又以周差自乘，三而一，爲隅陽冪。以乘截高，以減亭積，餘爲實。又周差乘截高，加隅陽冪，爲方法。又以周差加截高爲廉法，從。開立方除之，得上周。加差而合所問。

求粟去口術曰：以斛法乘出斛，三十六乘之，以乘高冪，如周差冪而一，爲實。高乘上周，周差而一，爲小高。令自乘，三之爲方法。三因小高爲廉法，從。開立方除之，即去口。三十六乘訖即是截方亭，與①前方窖不別。置去口，以周差乘之，以本高除之，所得②，加上周，即粟周。

〔一〇〕假令有粟二萬三千一百二十斛七斗三升。欲作方倉一，圓窖一，盛各滿中而粟適盡。令高深等，使方面少於圓徑九寸，多於高二丈九尺八寸。率徑七、周二十二。問方、徑、深各多少？

答曰：

倉方四丈五尺三寸，容粟一萬二千七百二十二斛九斗五升八合。

窖徑四丈六尺二寸，容粟一萬三百九十七石七斗七升二合。

高與深各一丈五尺五寸。

求方徑高深術曰：十四乘斛法，以乘粟數，二十五而一，爲實。又倍多加少，以乘少數，又十一乘之，二十五而一。多自乘加之，爲方法。又倍少數，十一乘之，二十五而一，又倍多加之，爲廉法，從。開立方除之，即高、深。各加差即方徑。一十四乘斛法以乘粟爲積尺。前一十四除，今還元一十四乘。爲徑自乘者③一十一，方自乘者④一十四，故并之爲二十五。凡此

---

① 「與」，各本訛作「之」，依李潢校正。

② 各本脫落「得」字，依李潢校補。

③④ 兩「者」字下，各本均有「是」字，乃是衍文，今刪去。

方圓二徑長短不同，二徑各自乘爲方，大小各別。然則此截①方二丈九尺八寸截徑三丈七寸皆成方面。②此應截方自乘一十四乘之，塹徑自乘一十一乘之，二十五而一，爲隅冪，卽方法也。但二隅冪③皆以截數爲方面。今此術就省，倍小隅方加差爲矩袤④以差乘之爲矩⑤冪。一十一乘之，二十五而一。又差⑥自乘之數卽是方圓之隅同有此數，若二十五乘之，還須二十五除。直以差⑦自乘加之，故不復乘除。又須倍二廉之差，一十一乘之，二十五而一，倍差加之爲廉法⑧，不復二十五乘除之也。

還元術曰：倉方自乘，以高乘之，爲實。圓徑自乘，以深乘之，一十一乘，一十四而一，爲實。皆以斛法除之，卽得容粟。斛法二尺五寸。

〔二〕假令有粟一萬六千三百四十八石八斗。欲作方倉四，圓窖三，令高深等。方面少於圓徑一丈，多於高五尺。斛法二尺五寸。率徑七、周二十二。問方高、徑各多少？

答曰：

方一丈八尺，

高深一丈三尺，

圓徑二丈八尺。

術曰：以一十四乘斛法，以乘粟數，如八十九而一，爲實。倍多加少，以乘少數，三十三乘之，八十九而一。多自乘加之，爲方法。又倍少數，以三十三乘之，八十九而一，倍多加之，爲廉法，從。開立方除之，卽高、深。各加差卽方、徑。一十四乘斛法，以乘粟，爲徑自乘及方自乘數與前同。今方倉四卽四因十四，圓窖三卽三因十一，幷之爲八十九，而一。此截徑一丈五尺，截方五尺，⑨以高爲立方。自外意同前。

〔一三〕假令有粟三千七十二石。欲作方倉一，圓窖一，令徑與方等，方多於窖深二尺，少於倉高三尺，盛各滿中而粟適盡。問方、徑、高、深各多少？圓率、斛法竝與前同。

答曰：

方徑各一丈六尺，

高一丈九尺，

---

① 「截」，各本訛作「塹」，下文三「截」字亦訛，今均校改。

② 「方面」，各本訛作「立方」，依李潢校改。

③ 「羃」，各本訛作「方」，依李潢校正。

④ 「矩袤」，各本訛作「短」。李潢校謂「短當作矩」，但未補「袤」字。

⑤ 「矩」，各本訛作「短」，依李潢校改。

⑥⑦ 二「差」字，各本訛作「小隅方」，今改。差是方面與高之差。

⑧ 「倍差加之爲廉法」，各本訛作「倍二廉加之，故爲廉法」。李潢校改爲「倍小廉加之爲廉法」，「小廉」之名亦無根據。

⑨ 各本「截徑」訛作「塹徑」，「截方」訛作「塹方」。

深一丈四尺。

術曰：三十五乘粟，二十五而一爲率。多自乘，以幷多少乘之，以乘一十四，如二十五而一，所得，以減率，餘，爲實。幷多少，以乘多，倍之，乘一十四，如二十五而一。多自乘加之，爲方法。又幷多少，以乘一十四，如二十五而一，倍多加之，爲廉法，從。開立方除之，卽窖深。各加差卽方、徑、高。截高五尺，截徑及方二尺，以深爲立方。十四乘斛法，故三十五乘粟。多自乘幷多少乘之爲截高隅積，①卽二廉，方②各二尺，長五尺。自外意旨皆與前同。

〔一三〕假令有粟五千一百四十五石。欲作方窖、圓窖各一，令口小底大，方面與圓徑等，兩深亦同。其深少於下方七尺，多於上方一丈四尺，盛各滿中而粟適盡。圓率、斛法竝與前同。問方、徑、深各多少？

荅曰：

上方徑各七尺，

下方徑各二丈八尺，

深各二丈一尺。

術曰：以四十二乘斛法，以乘粟，七十五而一，爲方亭積。令方差自乘，三而一，爲隅陽冪。以截多乘之，減積，餘，爲實。以多乘差，加冪爲方法。多加差爲廉法，從。開立方除之，即上方。加差即合所問。凡方亭，上、下方相乘，又各③自乘，并以乘高，爲虛。命三而一，爲方亭積。若圓亭上、下徑相乘，又各自乘，并以乘高，爲虛。又十一乘之，四十二而一，爲圓亭積。今方圓二積并在一處，故以四十二復乘之，即得圓虛十一，方虛十四，凡二十五而一，得一虛之積。又三除虛積爲方亭實。乃依方亭④覆問法，見上、下方差及高差與積求上下方高術入之。故三乘，二十五而一。

〔一四〕假令有粟二萬六千三百四十二石四斗。欲作方窖六，圓窖四，令口小、底大，方面與圓徑等，其深亦同。令深少於下方七尺，多於上方一丈四尺。盛各滿中，而粟適盡。圓率斛法並與前同。問上、下方、深數各多少？

荅曰：

方窖上方七尺，

下方二丈八尺，

深二丈一尺，

① 各本「積」字下衍「減率餘」三字，今刪。

② 「廉方」二字各本誤倒，今改正。二廉以二尺平方爲底，共長五尺。

③ 「各」，各本訛作「命」，依李潢校正。

④ 「方亭」，各本訛作「方高」。

圓窖上下徑①與方窖同。

術曰：以四十二乘斛法，以乘粟，三百八十四而一，爲方亭積尺。令方差自乘，三而一，爲隅陽冪。以②多乘之，以減積，餘爲實。以多乘差，加冪爲方法。又以多加差爲廉法，從。開立方除之，卽上方。加差卽合所問。今以四十二乘。圓虛十一者四，方虛十四者六，合一百二十八虛除之，爲一虛之積。得者仍三而一爲方亭實積。乃依方亭見差覆問求之，故三乘一百二十八除之。

〔一五〕假令有句股相乘冪七百六、五十分之一，弦多於句三十六、十分之九。問三事各多少？

荅曰：

句十四、二十分之七，

股四十九、五分之一，

弦五十一、四分之一。

術曰：冪自乘，倍多數而一，爲實。半多數爲③廉法，從。開立方除之，卽句。以弦多數加之④卽弦。以句除冪卽股。句股相乘冪自乘，卽⑤句冪乘股冪之積。故⑥以倍句弦差而一，得一句與半差相連，乘句冪爲方。⑦故半差爲廉法⑧，從，開立方除之。

〔一六〕假令有句股相乘冪四千三十六、五分之一，股⑨少於弦六、五分之一。問弦多少？

答曰：弦一百一十四、十分之七。

術曰：冪自乘，倍少數而一，爲實。半少爲廉法，從。開立方除之，即股。加差即弦。

〔一七〕假令有句弦相乘冪一千三百三十七、二十分之一，弦多於股一、十分之一。問股多少？

答曰：九十二、五分之二。

術曰：冪自乘，倍多而一，爲立冪。又多再自⑩乘，半之，減立冪，餘爲實。又多

---

① 「徑」，各本訛作「方」，依陳杰校正。

② 「以」字下各本衍一「截」字。今刪。

③ 南宋本脫「數爲」二字，依孔刻本補。

④ 南宋本脫「數加之」三字，依孔刻本補。

⑤ 南宋本脫「乘即」二字，依孔刻本補。

⑥ 南宋本脫「之積故」三字，依孔刻本補。

⑦ 「得一句與半差相連，乘句冪爲方」，南宋本脫「相連乘」三字，今補。孔刻本補「再乘得」三字，失去原意。

⑧ 「廉」字下各本脫落「法」字，今補。

⑨ 南宋本缺「一股」二字，微波榭本不缺。

⑩ 南宋本缺「自」字，依孔刻本補。

數自乘，倍之①，爲方法。又置多數，五之，二而一，爲廉法，從。② 開立方除之，即股。

句弦相乘冪自乘，即句③冪乘弦冪之積。故以倍④股弦差而一，得一股與⑤□□□□半差爲方今多再自乘半之爲隅□□□□横虛二立廉□□□□□□□□□倍之爲從隅□□□□□□□□多爲上廉即二多法故五之二而一□□□

〔一八〕假令有股弦相乘冪⑥四千七百三十九、五分之三，句少於弦五十四、五分之二。問股多少？

荅曰：六十八。

術曰：冪自乘，倍少數而一，爲立冪。又少數再自乘，半之，以減立冪，餘爲實。又少數自乘，倍之，爲方法。又置少數，五之，二而一，爲廉法，從。開立方除之，即句。加差即弦。弦除冪即股。

〔一九〕假令有股弦相乘冪⑦七百二十六，句七、十分之七。問股多少？

荅曰：股二十六、五分之二。

術曰：冪自乘爲實。句自乘爲方法，從。開方除之，所得，又開方即股。□□□□□□□□□□□□□數亦是股□□□□□□□□□□爲長以股□□□□□□□□□得股冪又開

……股北分母常……

〔二〇〕假令有股十六、二分⑧之一，句弦相乘冪一百六十四、二十五分之十四。問句多少？

荅曰：句八、五分之四。

術曰：冪自乘爲實。股自乘爲方法，從。開方除之，所得，又開方卽句。

---

① 南宋本缺「倍之」二字，依孔刻本補。

② 南宋本缺「法從」二字，依孔刻本補。

③ 南宋本缺「乘卽句」三字，依孔刻本補。

④ 南宋本缺「積故以倍」四字，依孔刻本補。

⑤ 此術王孝通自注，自此以下缺字很多，頗難補足，只得闕疑。

⑥ 此題題目殘存「假令有股弦相乘冪」「三句少於弦五十」十五字，答案存「荅曰六」三字，術文存「術曰冪自乘」「再自乘半之以」「乘倍之爲方法」「廉法從開立方」「冪卽股」二十六字，今俱依張敦仁校補。

⑦ 此題題目殘存「假令有股弦相乘冪」「七問股多少」十三字，答案存「荅曰股二十」五字，術文存「術曰冪自」「除之所得」八字，此依張敦仁校補。王孝通自注缺文太多，不予補足。

⑧ 此題題目殘存「假令有股十六二分」「十四二十五分」十四字，答案存「荅曰」二字，術文存「術曰冪自乘」「除之所得又開方」十二字，此依張敦仁校補。

數術記遺

數術記遺提要

數術記遺一卷，卷首題「漢徐岳撰，北周漢中郡守、前司隸，臣甄鸞注」。徐岳，後漢末東萊人，曾撰九章算術注二卷，見隋書經籍志，而所撰數術記遺未被著錄。作者自言於太山見劉會稽，轉述劉會稽得數術之傳於天目山中的隱者，足見這份數學遺產是脫離羣衆、脫離現實的。又據後漢書天文志劉昭注引袁山松書，劉洪爲泰山郡蒙陰縣人，曾爲會稽東部都尉，領丹陽太守，卒於官。洪未爲會稽太守，不得稱爲「劉會稽」。書中有「未識刹那之賒促，安知麻姑之桑田」等語，注者不能不引楞伽經和神仙傳來注解，決不是後漢末徐岳的著作。數術記遺全書本文非常簡略，如果沒有後人的注解，作者的原意是很難了解的。因此，我們認爲它是北周甄鸞依托僞造的書，反映了當時的某些數學思想。

大數進法，在先秦時期早有萬、億、兆、經、姟等名目都從十進，漢以後人改從萬進。南北朝時有董泉所撰的「三等數」，大概是討論大數進法的，但書已失傳，無可詳考。數術記遺亦討論了三等數，認爲「下數」爲十進位制，如云十萬曰億，十億曰兆；「中數」爲萬萬進位制，如云萬萬曰億，萬萬億曰兆；「上數，數窮則變」，如云「萬萬曰億，億億曰兆，兆兆曰京」。甄鸞認爲記錄大數用中數法最便，他在五經算術裏就用這種進位法來批評毛萇、鄭玄等的經注。實際上記錄大數取萬進位制是比較便利的。

數術記遺列舉了十四種不同的記數法。第一種「積算」，就是當時人一般用算籌記數的方法。最後一種「計數」是心算，根本用不着記數法。其他十二種是太乙算、兩儀算、三才算、五行算、八卦算、九宮算、運籌算、了知算、成數算、把頭算、龜算、珠算，或用少數着色的珠，由珠的位置表示各位數字，或用少數特製的籌，由籌的方向表示各位數字。當時人們熟悉的算籌記數法要同時應用很多算籌，布置各位數字又有縱橫相間的規則。甄鸞提出各種辦法來簡化記數法，是可以理解的。但這些杜撰的方法不是從實踐中產生，也很難應用到計算工作中去，從而在後世數學的進展中沒有起任何作用。

數術記遺書內容淺陋，原無傳世的價值。唐代舉行明算科考試時，規定以董泉三等數和徐岳數術記遺爲「帖讀」的兩個小册子，用紙條掩蓋書上的三個或四個字，令應試者默讀，須要達到百分之九十的準確。數術記遺是應試明算科的必須熟讀的書，因得流傳於後世。

版本與校勘

南宋鮑澣之刻本數術記遺到現在還有一個孤本，保存在北京大學圖書館裏。鮑澣之於嘉定五年（一二一二）撰序云：「國家文治熠興，經籍道備，徐岳數術記遺猶在崇文總目之數。及至中興，館、閣收拾遺書，乃不復見。民間藏書之家亦無其本。」他在杭州七寶山（今紫陽山的一部分）三茅寧壽觀所藏道書中發見此書，「即就錄之，以補算經之闕」。按鮑氏翻刻諸算經，卷終俱有「元豐七年九月　日校定」等字，而此書獨無，可見數術記遺在北宋時原無刻本，而寧壽觀所藏的只是一個手抄本。

明萬曆中胡震亨刻秘册彙函叢書，數學書有周髀算經和數術記遺兩種，都經趙開美校過。稍後又有常熟毛晉的津逮秘書本。明刻本校正了幾處南宋本的錯誤，但亦增添了很多訛文奪字。

清乾隆中，四庫全書以明刻本爲底本，略加校訂，編入子部天文算法類。同時，孔繼涵刻微波榭本算經十書，以數術記遺爲附錄。此後，學津討原本，槐廬叢書本，古今算學叢書本，及商務印書館萬有文庫本都取津逮秘書本或微波榭本爲底本。

現在參考南宋本、明刻本、和微波榭本重加校訂，寫出校勘記一百條，還有很多無法校改的錯誤文字，只能付之闕疑。

數術記遺

余以天門金虎，呼吸精泉，按星經云，昴者，西方白虎之宿。太白者，金之精也。太白入昴，金虎相薄，主有兵亂①。周宣王時有人採薪於郊，聞歌曰：②「金虎入門，呼長精，吸玄泉。」時人莫能知其義。老君曰：③「太白入昴，兵其亂。」徐氏名岳，東萊人。蓋以漢室版蕩，又譎詭見於天，將訪名山，自求多福也。羽檄星馳，郊多走馬，按漢徵天下兵，必露檄插羽也。老君曰：「天下有道，卻走馬以糞；天下無道，戎馬生于郊也。」遂負帙游山，躡跡志道，躡跡者，兩足共蹋一足跡也。漢文時④河上公躡跡爲士。備歷丘嶽，林壑必過。乃於太山，見劉會稽博識多聞，偏於數術。余因受業，頗染所由。余時問曰：「數有窮乎？」會稽曰：

---

① 「主有兵亂」，「主」各本訛作「法」，據文義校正。

② 「有人採薪於郊，聞歌曰」，係南宋本原文，明刻本訛作「有人採薪於郊間歌曰」。

③ 「時人莫能知其義。老君曰」，南宋本作「時人莫能知之。唯老君曰」，今從明刻本校改。

④ 「漢文時」，係南宋本原文，明刻本訛作「漢文帝」。

「吾曾游天目山中，會稽，官號。漢中人也。按曆①志稱靈帝光和中，穀城門候②太山劉洪造乾象曆。又制月行遲疾陰陽曆，自洪始也。方於太初、四分，轉精密矣。洪後爲會稽太守。劉洪付乾象於東萊徐岳，又授吳中書令闞澤甚重焉，爲注解。今案地記，天目山在吳興之界。見有隱者，世莫知其名，號曰天目先生。余亦以此意問之。先生曰，世人言三不能比兩，乃云捐悶與四維。藝經云，捐悶③者周公作也。先布本位，以十二時相從。④其文曰：「同有文章⑤，虎不如龍。豕者何爲，來入兔宮。王孫出卜⑥，乃造黃鍾。犬就馬廄⑦，非類相從。羊奔蛇穴，牛入雞籠。」徐援稱，捐悶乃是奇兩之術。發首即奇一，後乃奇兩者，即爲疑更詞⑧曰：大豬東行隨⑨虎坑，兔子欲宿入馬廄，羊來入村狗所屯，大牛何知乘龍上，蛇往西方入猴鄉，雞鳥不止夜鼠藏⑩。其言三不能比兩者，孔子所造也。布十干於其方，戊己在西南維。其文曰：「火爲木生甲呼丁，夫婦義重己隨壬，貴遺則統領辛參南丙妻則須守乙後火戊子天癸就庚。」⑪四維，東萊子所造也。布十二時，四維之⑫一。其文曰：「天行星紀，右⑬隨龍淵，風吹羊圈，天門地連，兔居蛇穴，馬到猴邊，雞飛豬鄉，鼠入虎廛。」摯虞亦有⑭四維之戲，與此異焉。數不識三，妄談知十。三者上、中、下也。十數帰一數也。於先之意非止十等之名，將關大衍之旨事一也。猶川人士⑮迷其指歸，乃恨司方之手爽。司方者，指南車也。狐疑論稱：「黃帝將見大隗於具茨之山，至襄城之野，川谷之形⑯率多斜曲。川人曰：『積習生常，乃固已之，非指南車而爲爽。』⑰乃指謂曰：『按司方所指者乃爲我等之西也，⑱然則指南豈其謬也？』乃行數里，川人又曰：『司方所指我等之東也。』衆共論之，爲疑笑於時。容成子怪而問之，川人以其狀白對。容成曰：『在此望之，具茨之山於汝住所復在何方？』川人曰⑲：『在我之東。』容成曰：『汝向言在西，今更在

①「曆」係南宋本、明本原文，四庫本及其他清刻本因避乾隆帝弘曆諱，改作「歷」。

②「穀城門候」，南宋本作「穀城中門候」，明本作「穀城守門候」，今依後漢書律曆志刪去衍文。

③「捐悶」，太平御覽引藝經作「悁悶」。

④「先布本位，以十二時相從」，各本脫落「布」字，據太平御覽所引校補。

⑤「同有文章」，明刻本「同」訛作「周」，南宋本不誤。

⑥「王孫出卜」，太平御覽引作「王孫晝卜」。

⑦「犬就馬廐」，太平御覽引作「犬往就馬」。

⑧「訶」，明刻本作「調」。

⑨「隨」，明刻本作「遁」，南宋本不誤。

⑩「雞鳥不止夜鼠藏」，南宋本、明本俱脫「鼠藏」二字，微波榭本補出「鼠」字，據奇門遁甲例，末一字似是「藏」字。

⑪「貴遺則……癸就庚」二十二字顛倒錯亂，不成文義，各本皆同，無從校正。

⑫「之」，南宋本作「又」，今從明刻本校改。

⑬「右」，各本訛作「石」，今以意校改。

⑭「摯虞」，各本脫落「虞」字，今補。按摯虞於晉惠帝時官衛卿，據李秀四維賦序言虞有四維之戲。

⑮「士」，明刻本訛作「事」，南宋本不誤。

⑯「川谷之形」，明本「形」訛作「山」，南宋本不誤。

⑰「積習生常，乃固巳之，非指南車而爲爽」是南宋本原文。明刻本「習生」作「數之」，「巳」作「以」，「而」作「之」。

⑱「乃指謂曰：按司方所指者乃爲我等之西也」，明本於「曰」字處空白，又「按」字訛作「擢」，今從南宋本。「乃爲」，南宋本作「爲乃」，依明本校改。

⑲「川人曰」係南宋本原文，明本作「川人又曰」。

東，何言不常也！此非山川之移，蓋川曲之斜，人心之惑耳。①』川人乃請於斜曲之中定東西南北之術。容成曰：『當豎一木爲表，以索繫之表，引索繞表畫地爲規。日初出影長則出圓規之外，向中影漸短，入規之中。②候西北隅影初入規之處則記之③。乃過中，影漸長出規之外。④候東北隅影初出規之處又記之⑤。取二記之所，即正東西也。折半以指表，則正南北也。』川人志之，以爲知方之術。」未識刹那之賒促，安知麻姑之桑田。按楞伽經云：「稱量長短者，積刹那數以成日夜。」刹那量者，壯夫一彈指頃過遙六十四刹那⑥。二百四十刹那名一怛刹那⑦，三十怛刹那名一羅婆，⑧三十羅婆名一摩睺羅多，三十摩睺羅多⑨爲一日一夜。其一日一夜有六百四十八萬刹那。神仙傳稱：「麻姑謂王方平曰：『自接侍以來⑩，見東海爲桑田。向到蓬萊，水乃淺於往者略半也。⑪豈復將爲陵陸乎？⑫』方平乃曰：『東海行復揚塵耳。』⑬」不辨積微之爲量，詎曉百億於大千。按楞伽經云：「積微成一阿耨，七阿耨爲一銅上塵，七銅上塵爲一水上塵，七水上塵爲一兔毫上塵⑭，七兔毫上塵爲一羊毛上塵，七羊毛上塵爲一牛毛上塵，七牛毛上塵爲一嚮中由塵，七嚮中由塵成一蟣，七蟣成一蝨，七蝨成一麥横，七麥横成一指節，二十四指節爲一肘，四肘爲一弓，去村五百弓爲阿蘭惹⑮。」據若摩竭國人，一拘盧舍爲五里⑯，八拘盧舍爲一由旬，一由旬計之爲四十里也。及以算校之，正得一十七里。何者？計二尺爲一肘，四肘爲一弓，弓長八尺也。計五百弓，有四千尺也。八拘盧舍則有三萬二千尺。除之，得五千三百三十三步。以里法三百步除之，得一十七里，餘二百三十三步。華嚴經云：「四天下共一日月，爲一世界。有千世界有一小鐵圍山遶之，名曰小千世界。有一千小千世界⑰有中鐵圍山遶之，名曰中千世界。有一千中千世界⑱有大鐵圍山遶之，名曰大千世界。此大千世界之中⑲，有百億須彌山。」乃今校之，世有十億日月，十億須彌山。何者？置小千世界之中有一千日月，以一千乘之，得一百萬，即中千世界中日月數也。置中千世

---

① 「蓋川曲之斜，人心之惑耳」，明本缺「蓋」字，南宋本缺第二「之」字，今補足。

② 「日初出影長則出圓規之外，向中影漸短，入規之中」，南宋本作「日初出影長則員規之外，向中漸短則影入

之」，今從明刻本。

③「候西北隅影初入規之處則記之」，南宋本缺少「候」字、「規」字，今依明本校補。

④「乃過中影漸長出規之外」，南宋本於「影」字下衍一「入」字，今依明本删去。

⑤「候東北隅影初出規之處又記之」，南宋本缺「候」字、「影」字，依明本補。

⑥「壯夫一彈指頃過遙二十四刹那」，南宋本、明本於「彈」字下衍一「日」字，今删去。又「頃過」二字，明本誤倒。

⑦「二百四十刹那名一怛刹那」，明本脱落「十」字。又，「怛」南宋本訛作「怚」，明本作「恒」。據譯音應作「怛」，今校正。下同。

⑧「羅婆」各本訛作「婆羅」，依法苑珠林校改。下同。

⑨各本於「多」字下衍一「子」字，今删去。

⑩「自接侍以來」，明本「侍」訛作「待」，南宋本不誤。

⑪「向到蓬萊，水乃淺於往者略半也」，南宋本缺「向」字及「半也」二字，今依明本補。

⑫「豈復將爲陵陸乎」，南宋本訛作「未宣將復錄乎」，今依明本校正。

⑬「方平乃曰，東海行復揚塵耳」，南宋本作「方平曰聖人乃曰東海揚塵也」，今依明本校正。

⑭「一兔毫上塵」，明本脱落「一」字，南宋本不誤。

⑮「去村五百弓爲阿蘭惹」，各本「村」訛作「肘」。俱舍論云：「五百弓爲一俱盧舍，是從村至阿練若中間道量也。」

⑯「一拘盧舍爲五里」，南宋本脱落「爲」字，依明本校補。

⑰「有一千小千世界」，南宋、明本缺第二個「千」字，據微波榭本補。

⑱「有一千中千世界」，南宋本作「有千中世界」，明本作「有中千世界」，今依微波榭本校正。

⑲「此大千世界之中」，各本於「此」字下衍「三千」二字，今删去。

界①日月之數以一千乘之，得卽大千世界日月之數也。又云：「四天下者，須彌山南曰閻浮提，山北曰鬱丹越，山東曰浮提②，山西曰俱瞿耶尼③。其日月一日一夜照四天下，山南日中，山北夜半，山東日中，山西夜半。」及以成事驗之，則有疑矣。何者？按閻浮提人在須彌山南，及至二月、八月春、秋分晝夜停，以漏刻度之，則晝夜各五十刻也。然則日初出時，東向視日之當我之東，卽漏刻，及其日沒當我之西則五十刻④。其一日一夜之中，遶三天下而來，所以至曉亦得五十刻也。胡以十萬爲億，有百億日月⑤，四天下等事，有所未詳也。

「黃帝爲法，數有十等。及其用也，乃有三焉。十等者，億、兆、京、垓、秭、壤、溝、澗、正、載。三等者，謂上、中、下也。其下數者，十十變之，若言十萬曰億，十億曰兆，十兆曰京也。中數者，萬萬變之，若言萬萬曰億，萬萬億曰兆，萬萬兆曰京也。上數者，數窮則變，若言萬萬曰億，億億曰兆，兆兆曰京也。按詩云「胡取禾三百億兮」，毛注曰「萬萬曰億」，此卽中數也。鄭注云「十萬曰億」，此卽下數也。徐援受記云：「億億曰兆，兆兆曰京也」，此卽上數也。鄭蓋以數爲多，故合而言也。⑥從億至載，終於大衍。按易⑦「大衍之數五十，其用四十有九」。又云，「天一、地二、天三、地四、天五、地六、天七、地八、天九、地十」。「天數五，地數五」。「天數二十有五，地數三十。凡天地之數，五十有五」也。下數淺短，計事則不盡。上數宏廓，世不可用。故其傳業，惟以中數耳。」余時問曰：「先生之言上數者數窮則變，既云終於大衍，大衍有限，此何得無窮？」⑧先生笑曰：「蓋未之思耳。數之爲用，言重則變，以小兼大，又加循環。循環之理，豈有窮乎。」小兼大者，備加董氏三等術數⑨。加更載爲頒，故略焉。

余又問曰：「爲算之體皆以積爲名爲復，更有他法乎？」

先生曰：隸首注術乃有多種。及余遺忘，記憶數事而已。

其一積算⑩，其一太乙，其一兩儀，其一三才，其一五行，其一八卦，其一九宮，其一運籌⑪，其一了知，其一成數，其一把頭，其一龜算，

---

① 「置中千世界」，南宋本於「中」字上衍一「百」字，今依明本删去。

② 「山東曰浮提」，南宋本「浮」訛作「甚」，明本於「浮」字處闕文，今依微波榭本改正。

③ 「山西曰俱瞿耶尼」，南宋本於「尼」字下衍一「山」字，今據微波榭本删去。又按東晉譯華嚴經作「俱耶尼」，唐譯華嚴經作「瞿耶尼」，則「俱」、「瞿」二字必有一衍。

④ 「及其日沒當我之西則五十刻」，明本「沒」訛作「浸」，又脱落「則」字，南宋本不誤。

⑤ 「有百億日月」，各本「億」訛作「倍」，今以意校正。

⑥ 「鄭蓋以數爲多，故合而言也」，係南宋本原文。明本作「鄭注以數爲多，故合而言之」。

⑦ 明本於「易」字下衍一「經」字。

⑧ 「此何得無窮」係南宋本原文，明本脱落「無」字，不合本意。

⑨ 「備加董氏三等術數」，按唐書經籍志著錄董泉三等數，「術」字疑係衍文，「加」字疑係「如」字之訛。

⑩ 「積算」，明本訛作「積等」，南宋本不誤。

⑪ 「運籌」各本訛作「運算」，今據下文校改。

其一珠算，其一計數①。

此等諸法隨須更位。唯有九宮守一不移，位依行色，並應無窮。從積算以來②至珠算，從一至於百、千已上，位更不變改。位依行色者，位依五行之色。北方水色黑，數一。東方木色青，數三。南方火色赤，數二。西方金色白，數四。中央土色黃，數五。言位依行色者③，一位第一用玄珠，十位第二用赤珠，百位第三用青珠，千位第四用白珠，萬位第五用黃珠，十萬位以赤線繫黃珠，百萬位以青縱繫黃珠，④千萬位以白縱繫黃珠，萬萬位曰億，以黃縱繫黃珠。自餘諸位唯兼之，故曰並應無窮也。余慕其術，慮恐遺忘，故與好事後生記之云耳。

積算。今之常算者也。以竹爲之。長四寸，以放四時⑤。方三分，以象三才。言算法是包括天地，以燭人情。數始四時⑥，終於大衍，猶如循環。故曰今之常算是也。

太一算，太一之行，去來九道。刻板橫爲九道，竪以爲柱。柱上一珠，數從下始。故曰去來九道也。

兩儀算，天氣下通，地稟四時。刻板橫爲五道，竪以爲位⑦。一位兩珠，上珠色青，下珠色黃。⑧其青珠自上而下，至上第一刻主五，⑨第二刻主六，第三刻主七，第四刻主八，第五刻主九。其黃珠自下而上，至下第一刻主一⑩，第二刻主二，第三刻主三，第四刻主四，而已。故曰天氣下通，地稟四時也。

三才算，天地和同，隨物變通。刻板橫爲三道，上刻爲天，中刻爲地，下刻爲人，竪爲算位。有三珠，青珠屬天，黃珠屬地，白珠屬人。又其三珠通行三道。若天珠在天爲九，在地主六，在人主三。其地珠在天爲八，在地主五，在人主二。人珠在天主七，在地主四，在人主一。故曰天地和同，隨物變通。亦況三元⑪，上元甲子一、七、四，中元甲子二、八、五，下元甲子三、九、六，⑫隨物變通也。

五行算，以生兼生，生變無窮。 五行之法：水玄生數一，火赤生數二，木青生數三，金白生數四，土黃生數五。 今爲五行算，色別九枚，以五行色數相配，爲算之位。 假令九億八千七百六十五萬四千三百二十一者，則以白算配黃⑬爲九億，以青算配黃爲八千，以赤算配黃爲七百，以玄算配黃算爲六十，以一黃算爲五萬。 以一白算爲四千，以一青算爲三百，以一赤算爲二十，以玄算爲一也。 故曰，以生兼生，生變無窮。

八卦算，針刺八方，位闕從天。 爲算之法⑭，位用一針鋒所指以定算位。 數一從離起，指正南離爲一，西

---

① 「計數」，明本訛作「計算」，南宋本不誤。

② 「從積算以來」，明本脫落「算」字。

③ 「言位依行色者」，係南宋本原文，明本於「者」字處闕文，微波榭本補一「若」字。

④ 明刻本脫落「十萬位以赤線繫黃珠，百萬位以青綖繫黃珠」二句。

⑤ 「以放四時」係南宋本原文。 明本作「以效四時」。

⑥ 「數始四時」，南宋本缺「始」字，此依明本補。

⑦ 「竪以爲位」，明本脫「以」字，南宋本不誤。

⑧ 「上珠色青，下珠色黃」，南宋本脫落「上珠」二字，明本則訛作「色青上珠，色黃下珠」。 今據下文校正。

⑨ 「其青珠自上而下，至上第一刻主五」，南宋本作「其上珠至上第一刻主五」，明本則脫落「至上」二字。

⑩ 「至下第一刻主一」，明本脫落「至下」二字，南宋本不誤。

⑪ 「亦況三元」，南宋本作「亦況三九」，微波榭本作「亦況於三元」。 此從明刻本。

⑫ 「下元甲子三、九、六」，各本「九、六」訛作「六、九」，今校正。

⑬ 「以白算配黃」，南宋本缺「配黃」二字，依明本校補。

⑭ 「爲算之法」，各本俱作「算爲之法」，今爲改正。

南坤爲二，正西兌爲三，西北乾爲四，正北坎爲五，東北艮爲六，正東震爲七，東南巽爲八。至九位闕，卽在中央，竪而指天。故曰，位闕從天也。

九宮算，五行參數，猶如循環。九宮者，卽二、四爲肩，六、八爲足，左三、右七，戴九、履一，五居中央。五行參數者，設位之法依五行，已注於上是也。

運籌算，小往大來，運於指掌。此法，位別須算籌一枚，各長五寸。至一籌上各爲五刻，上頭一刻近一頭刻之①，其下四刻迭相去一寸，令去下頭亦一寸也②。入手取四指三間，間有三節。初食指上節間爲一位，第二節間爲十位，第三節間爲百位。至中指上節間爲千位，中節間爲萬位，下節間爲十萬位。無名指上節間爲百萬位，中爲千萬位，下爲億也。他皆倣此。至算刻近頭者，一刻主五；其遠頭者，一刻之別從下而起，主一，主二，主三，主四也③。若一、二、三、四，頭則向下於掌中。若其至五④，則廻取上頭向掌中，故曰小往大來也。迴游於手掌之間，故曰運於指掌也。

了知算，首唯兼五，腹背兩兼。了算之法，一位爲一了字。其了有三曲，其下股⑤之末，內主一，外主九。下次第一曲，內主二，外主八。其第二曲⑥，內主三，外主七。其第三曲，內主四，外主六。當了字之首獨主五⑦。故曰首唯兼五，腹背兩兼也。

成數算，春夏生養，秋冬收成⑧。算之法，位別須五色算一枚。其一算之象頭，各以黃色爲本，以生數也；餘色爲首，其五行各配土，爲成數也。水玄，生數一，成數六。火赤，生數二，成數七。木青，生數三，成數八。金白，生數四，成數九。若以首向東及南爲生數，向西及北爲成數。假令有九億八千七百六十五萬四千三百二十一者，則以白算首向北爲九億，以青算首向西爲八千，以赤算首向北爲七百，以玄算首向西爲六十，以黃算一枚竪爲五萬，以白算首向東爲四千，以青算首向南爲三百，以赤算首向東爲二十，以玄算首向南爲一也。故首向東向南爲生數，向西向北爲成數。故云春夏生養，秋冬收成也⑨。

把頭算，以身當五，目視四方。把頭之法，位別須算二枚，一漫一齒。⑩齒者一面刻爲一，其一面爲二；一面爲三，其一面爲四也。漫者爲把頭⑪，即當五算。至齒者⑫爲把頭，一目當一算。故曰以身當五，目視四方也。

龜算，春夏秋成，遇冬則停。爲算之法，位別一龜，龜之四面爲十二時。以龜首指寅爲一⑬，指卯爲二，

---

① 「近一頭刻之」，南宋本「一頭」訛作「頭一」，依明本校改。

② 「亦一寸也」係南宋本原文，明本無「也」字。

③ 「主四也」，南宋本有「也」字，明本無。

④ 「若其至五」，南宋本於「若」字上衍一「中」字，今删。明本訛作「中若具五」。

⑤ 「下股」，南宋本訛作「下服」，依明本校正。

⑥ 「其第二曲」，明本「其」作「當」。

⑦ 「當了字之首獨主五」，係南宋本原文。明本改「獨」爲「則」，亦通。

⑧ 「秋冬收成」係南宋本原文，明本作「秋收冬成」。

⑨ 「秋冬收成也」，明本作「秋收冬成也」。

⑩ 「位別須算二枚，一漫一齒」，南宋本脱「齒」字，明本又脱去「位」字，今補足。

⑪ 「漫者爲把頭」，各本「頭」字訛作「爲猶」二字，今以意校改。

⑫ 「至齒者」係南宋本原文，明本作「生齒者」。

⑬ 「以龜首指寅爲一」，南宋本「以」訛作「心」，依明本校改。

指辰爲三，指巳爲四，指午爲五，指未爲六，指申爲七，指酉爲八，指戌爲九。龜頭指亥、子、丑，不以爲數。①故云遇冬則停也。

珠算，控帶四時，經緯三才。刻板爲三分，其上下二分以停游珠，中間一分以定算位。位各五珠，上一珠與下四珠色別。其上別色之珠當五②。其下四珠，珠各當一。至下四珠所領，故云控帶四時。其珠游於三方之中，故云經緯三才也。

計數，既捨數術，宜從心計。言捨數術者，謂不用算籌，宜以意計之③。或問曰：「今有大水不知廣狹，欲不用算法，計而知之④。」假令於水北度之者，在水北置三表，令南北相直，各相去一丈。人在中表之北，平直相望水北岸，令三相直，卽記南表相望相直之處，其中表人目望處亦記之。又從中相望處直望水南岸，三相直，看南表相直之處亦記之。取南表二記之處高下，以等北表點記之。還從中表前望之所北望之，北表下記三相直之北，卽河北岸也。又望上記三相直之處，卽水南岸⑤。中間則水廣狹也。或曰：「今有長竿一枚，不知高下，既不用籌算，云何計而知之？」荅曰：取竿之影任其長短，畫地記之。假令手中有三尺之物，亦竪之，取杖下之影長短以量竿影，得矣。或問曰：「今有深坑，在上看之，可知尺數已否？」荅曰：以一杖任意長短，⑥假令以一丈之杖擲著坑中，人在岸上手捉之一杖⑦，舒手望坑中之杖，遥量知其寸數。卽令一人於平地捉一丈之杖，漸令卻行，以前者遥望坑中寸量之，與望坑中數等者卽得。或問曰：「令甲乙各驅羊一羣，人問各多少。⑧甲曰：『我得乙一口，卽與乙等。』乙曰：『我得甲一口，卽加半多於甲。』⑨問各幾何？」荅曰：甲九口，乙十一口。或問曰：「甲乙各驅羊，行人問其多少。甲曰：『我得乙一口，卽與乙等。』乙曰：『我得甲一口，則五倍於甲⑩。』問各幾何？」荅曰：甲二，乙四。或問曰：「今有雞翁一隻直五文，雞母一隻直四文，雞兒一文得四隻。今有錢一百文⑪，買雞大小一百隻。問各幾何？」荅曰：雞翁十五隻，雞母一隻，雞兒八十四隻，合大小一百隻。計數多少略舉其例。或問曰：「今有雞翁一隻直四文，雞母一隻直三文，雞兒三隻直一文。今有錢一百文⑫，還買雞大小一百隻。問各幾何？」荅曰：雞翁八隻，雞母十四隻，雞兒七十八隻，台一百隻。

或問鸞曰：「世人乃云算位者算子則竪，信有之乎？」鸞答之曰：「依如針算，則以針鋒指八卦之位，一從離起，左行周帀，至巽八，位旣合。及其至九，無位可指，是以在中竪而

---

① 「龜頭指亥、子、丑，不以爲數」，南宋本作「指亥子丑，龜頭指不以爲數」，明本妄改爲「指亥爲十，龜頭指不以爲數」。今依文義校正。按在算位上爲數最多者是九，不是十。又兼亥、子、丑三月爲冬季，龜頭指亥、子、丑不以爲數是也。

② 「其上別色之珠當五」，各本俱脱落「五」字，今補。

③ 「宜以意計之」，明本「意」改作「心」。

④ 「欲不用算法，計而知之」，明本「法」訛作「籌」，「計」訛作「度」。

⑤ 「水南岸」，明本訛作「河北岸」，南宋本不誤。

⑥ 「以一杖任意長短」，南宋本「杖」訛作「丈」，明本「任」又訛作「極」，今以意校正。

⑦ 「手捉之一杖」係南宋本原文，明本「捉」改作「提」，是不合原意的。

⑧ 「人問各多少」，南宋本、明本俱作「人各問多少」，此從微波榭本。

⑨ 「甲曰，我得乙一口卽與乙等。乙曰，我得甲一口，卽加半多於甲」，南宋本、明本俱訛作「而甲曰更得乙一口卽加五多於甲」。此從微波榭本。

⑩ 「則五倍於甲」，各本俱訛作「則倍多於甲」，今據答案校正。

⑪ 「今有錢一百文」係南宋本原文。明本「今」訛作「合」。

⑫ 「今有錢一百文」，明本「今」訛作「合」。

指天，故有位合算子竪之名也。」①又問鸞曰：「昔有吳人趙達，用一算之法②頭乘尾除，其有此術乎？」鸞荅之曰：「此乃傳之失實，猶哀公獲夔一足③，丁氏穿井而獲一人也。何者？按乘之法，重張其位，以上呼下④，置得於中。置所除之數於下，又置得於上，亦三重張位。然則乘之與除法用不同。欲以一算上下當六重之身，增損爲衆位之實，若其神也，則藉一算之功如其凡也。理不可爾。」問者又曰：「若如來指爲妄矣，此言何從而至？」鸞荅之曰：「此亦傳之過實也。何者？積算者⑤，蓋一位用一算也。頭乘、尾除者，欲使乘、除別位⑥，乘時以針鋒指之，除時則用針尾擿之，故有頭乘、尾除之名也。」

① 「故有位合算子竪之名也」，明本於「故」字下衍一「曰」字。
② 「用一算之法」，明本「算」訛作「等」。
③ 「猶哀公獲夔一足」，明本脱落「哀」字。
④ 「以上呼下」，各本俱訛作「以上呼一」，今以意校正。
⑤ 「積算者」，各本於「積」字下衍「一」字，今删。
⑥ 「欲使乘除別位」，各本脱落「除」字，今補。

夏侯陽算經

「夏侯陽算經」提要

北宋元豐七年祕書省所刻算經十書中的「夏侯陽算經」是一部僞書，不是唐代立於學官的夏侯陽算經。張邱建算經自序說，「其夏侯陽之方倉，孫子之蕩杯，此等之術皆未得其妙」，可證夏侯陽算經的著作年代是在張邱建算經之前。而現在有傳本的所謂「夏侯陽算經」則是唐代中葉的作品。作者自序明言他自己搜集了各家算法，寫出一部結合當代法令的實用算術書。這部書有三卷，卷上的第一章「明乘除法」引「夏侯陽曰，夫算之法，省約爲善」等等約六百字。宋歐陽修等撰新唐書藝文志時（約一〇六〇年），誤認這部書爲韓延所傳的夏侯陽算經；韓延可能是這部書的作者。元豐七年（一〇八四年）刻書時就以這部書爲算經十書的一種。

根據下列史料，我們認爲傳本「夏侯陽算經」是在唐代宗在位時期（公元七六三——七七九年）寫成的。本書卷上引田令、賦役令、倉庫令、雜令等都是唐代刑部頒行的法令。「課租庸調」章所引賦役令戶調法和杜佑通典食貨六所載的開元二十五年（七三七年）的法令相同。卷中「求地稅」章有按畝收穀二題，「定脚價」章有兩稅米、兩稅錢各一題，卷下又有兩稅錢三題。新唐書食貨志說，「自代宗時始以畝定稅而斂以夏秋。至德宗相楊炎遂作兩稅法」。據此可知代宗在位時期已徵收兩稅米和兩稅錢與租庸調法並行。本書在敍述租庸調的計算方法的同時，兼收有關兩稅米、兩稅錢的問題是符合當時實際的。卷中「分祿秩」章有一個分配官本利息給州郡官吏的問題，題中列擧的官吏名稱及人數和唐書職官志所載「下州」佐吏相合。又據新唐書百官志說，「上元二年（七六一年）諸州復置別駕，德宗時復省」，本題中有別駕官，亦足證本書爲代宗時期的作品。戴震夏侯陽算經跋以爲夏侯陽爲晉代人。傳本夏侯陽算經所引田令、賦役令、倉庫令、雜令「皆據隋制言之，則是韓延傳其學而以己說纂入之」。又說「韓延爲隋人蓋無可疑」。可是他拿不出眞憑實據來，信口雌黃是不能令人信服的。

古人作乘法要用算籌布置乘數、相乘積、乘數三層，作除法要布置除數、被除數、商數三層，演算程序相當痲煩。唐代數學工作者爲了簡化演算程序，想盡方法使乘除可以在一個橫列裏演算。傳本「夏侯陽算經」就有很多乘除速算的例題。乘數或除數是一位數時，乘除法是可以在一個橫列裏演算的。因此，乘數或除數可分解爲二個（或多個）一位因數時，多位數的乘除法亦可以在一個橫列裏演算。乘數的第一位數碼是一的可以用「身外添幾」法做乘法。例如以十七乘的可於被乘數的十倍上再加七倍。除法的第一位數碼是一的亦可以用「身外減幾」法。這些乘除速算法到宋代都得到了更進步的發展。

古代錢幣以制錢一文爲最低單位。碰到計算所得的結果有奇零時借用分、釐、毫、絲等長度單位名目來表示文以下的十進小數。「夏侯陽算經」推廣了這種十進小數的應用。例如卷下第十一題，解答時化絹一千五百二十五匹(四丈爲一匹)三丈七尺五寸爲一五二五四九三七五，不爲匹以下的四位數碼另立單位名目，這和現在的十進小數記法更爲接近。

據唐書經籍志、新唐書藝文志、宋史藝文志等記錄，唐、宋人民遺留下來的算術書很多。但是，在唐顯慶元年（六五五六年）李淳風等注釋十部算經以後到南宋秦九韶寫成他的數書九章（一二四七年）以前，所有五百九十年中唐、宋人的數學著作現在都沒有傳本。只有韓延的算術因宋人給它帶上一頂「夏侯陽算經」的帽子，混在算經十書裏流傳到現在。傳本「夏侯陽算經」是數學史研究中的一個重要文獻，它的豐富多彩的內容是值得珍視的。

版本與校勘

「夏侯陽算經」的北宋秘書省刻本和南宋鮑澣之刻本，經過元、明兩代漸次散佚。到清初僅存太倉王氏家藏的一個孤本。這個南宋刻本康熙初年爲常熟毛扆所得，乾隆中歸曲阜孔繼涵，今存上海圖書館。毛扆又有一個影宋抄本，後來傳入清宮天祿琳琅閣，今有影宋的天祿琳琅叢書本。

戴震任四庫全書館纂修官時，從永樂大典中輯錄「夏侯陽算經」的全文，作爲四庫書的底本。此後有孔氏微波榭算經十書本、武英殿聚珍版本、知不足齋叢書本、古今算學叢書本和各種翻印本。

「夏侯陽算經」的南宋本和永樂大典本文字大致相同，很少有互異的地方。清代學者一般認爲「夏侯陽算經」於諸算經中最爲簡要，沒有任何難以通曉之處。從而對于各本的誤文奪字都未加考訂。現在我們參互考校，寫出了校勘記五十六條，其中各本俱誤而獲得訂正的有二十五條。

夏侯陽算經序

夫博通九經爲儒門之首，學該六藝爲伎術之宗，若非材性通明，孰能與於此也。然算數起自伏犧，而黄帝定三數爲十等，隸首因以著九章。逮乎有虞，乃同律度量衡。孔子曰：「謹權量，審法度。」漢備五數，「紀於一，協於十，長於百，大於千，衍於萬」。「度長短者不失豪氂，量多少者不失圭撮①，權輕重者不失黍絫」。五曹、孫子述作滋多，甄鸞、劉徽爲之詳釋。稽之往古，妙絶其能，儲校今時，少有聞見。余以總角，志好其文，略尋古今，備覽差互。其如明數造術，詎曉端倪，尋考遺言，頗知梗概。且計課租庸調，無術可憑。步數奇殘，若爲銷盡。永變米穀，經旨未贍。正耗共升，何由剖析。三分五分取一，法理爲明焉。況今令式與古數不同，奚能則定。代相沿革，互議短長，經術尤深，難可意測。是以跋涉川陸，參會宗流，纂定研精，刊繁就省，袪蕩疑惑，括諸古法，燭盡毫芒。謹錄異同，列之於左。

---

① 「量多少者不失圭撮」係漢書律曆志原文。南宋本「圭」字作「抄」，疑非恰當。

夏侯陽算經卷上

明乘除法①
辯度量衡
言斛法不同
課租庸調
論步數不等
變米穀

明乘除法

夏侯陽曰：夫算之法，約省爲善。有分者通之，分不均者同之②，位高者下之，可約者

① 「法」，孔刻本訛作「上」，汲古影宋抄本不誤。
② 「分不均者同之」，各本「不」訛作「爲」，今改正。

約之，耦則半之，五則倍而折之。一、三、七、九，商用所宜。於此不得，乃爲之命分。分母入者須出之，然後爲定。子可半者半之，不可半者倍母而入之。此算之要道也。凡除分者全數易了，奇殘難用。心意之勞正在於此。後當隨事釋之。其物殘分求尺，尺之求寸，皆上十之。斤之求兩，二而八之。兩之求銖，三而八之。銖之求絫、黍，皆上十之。斗之求升、合、勺①、撮，皆上十之。里之求步，三百之。步之求尺，六之。釐、毫、絲、忽，可以意知。

夫乘除之法，先明九九。一從十横，百立千僵，千、十相望，萬、百相當。滿六巳上，五在上方，六不積算，五不單張。上、下相乘，實居中央。言十自過，不滿自當。以法除之，宜得上商。從算相似，横算相當。以次右行，極於左方。言步②之，上見十步至十，見百步至百，見千步至千，見萬步至萬。悉觀上數，以安下位。上不滿十，下不滿一。③步隨多少，以爲楷式。以少呼多，因法爲母，積實爲子。二分之一爲中半，三分之二爲太半，三分之一爲少半，四分之一爲弱半：此漏刻之數也。

凡算者，有五乘、五除。除者散槃除約，乃以除減爲名。乘者令少乘多，乃以乘長爲稱。乘盈、除縮，故曰乘除也。

一曰法除。上下置位，以少呼多，言十自過，不滿自當，實居中央，故曰法除也。

二曰步除。如斛中求斗，斗中求升，升中求合，合中求勺，勺中求抄，及丈中求尺，尺中求寸，寸中求分，皆言上十之，上百之，故曰步除也。

三曰約除。如等數所得者約實、約法，各得分數，故曰約除也。

四曰開平方除。借一算爲下法，步之，超一位。冪方十，其積有百。冪方百，其積有萬。至百言十，至萬言百，故曰開平方除也。

五曰開立方除。借一算爲下法，步之，超二位。立方十，其積有千。立方百，其積有百萬。至千言十，至百萬言百，故曰開立方除也。

時務云，十乘加一等，百乘加二等，千乘加三等，萬乘加四等。十除退一等，百除退二等，千除退三等，萬乘退四等。

辯度量衡

田曹云，度之所起，起於忽。十忽爲一絲，十絲爲一毫，十毫爲一氂，十氂爲一分，十分

---

①「勺」，各本訛作「求」，今改正。

②「步」，武英殿聚珍本據永樂大典抄本作「法」，此從毛氏影宋本。

③「下不滿一」，毛本脫落「一」字，此從殿本校補。

爲一寸，十寸爲一尺①，十尺爲一丈，十丈爲一引。四丈爲一匹，五丈爲一端。六尺爲一步。二百四十步爲一畝。三百步爲一里。

倉曹云，量之所起，起於粟。十粟爲一圭，十圭爲一撮，十撮爲一抄，十抄爲一勺，十勺爲一合，十合爲一升，十升爲一斗，十斗爲一斛。

金曹云，稱之所起，起於黍。十黍爲一絫，十絫爲一銖，二十四銖爲一兩，十六兩爲一斤，三十斤爲一鈞，四鈞爲一石。

漢書律曆志曰，度者所以度長短，本起於黄鍾之長。以子穀秬黍中者一黍之廣度之，九十分黄鍾之長。一黍爲分，十分爲寸，十寸爲尺，十尺爲丈，十丈爲引，而五度審矣。

量者所以量多少，本起於黄鍾之龠。用度數審其容，以子穀秬黍中者千二百實其龠。合龠爲合②，十合爲升，十升爲斗，十斗爲斛，而五量嘉矣。

權者，所以稱物平施，知輕重，本起於黄鐘之重。一龠容千二百黍，重十二銖。二十四銖爲兩，十六兩爲斤，三十斤爲鈞，四鈞爲石，而五權謹矣。兩者，兩黄鍾之重、③二十四銖，象二十四氣④。十六兩爲斤，象四時乘四方。三十斤爲鈞，象一月。四鈞爲石，象四時也。權與物鈞而生衡。謂錘⑤與物鈞，所稱適停時，衡平也。衡運生規，規圓生矩，矩方生繩，繩直生準。立準以望繩，以水爲平也。是爲五則。規者，所以規圓器械，令得其類也。矩者，所以矩方器械，令不失其形也。規矩相須，陰陽位序，圓方乃成。準者，所以揆平取正也。繩者，上下端直，經緯四通也。準繩連體，權衡合德，百工繇焉以定法式。已上古法。

在京諸司及諸州各給稱尺，并五尺度，斗、升、合等樣，皆用銅爲之。

倉庫令諸量函所在官造。大者五斛，中者三斛，小者一斛，以鐵爲緣，勘平印書，然後給用。以上⑥今時用之也已。

言斛法不同

倉曹云：古者鑿地方一尺，深一尺六寸二分，受粟一斛。至漢王莽改鑄銅斛，用積一

---

① 「十寸爲一尺」，各本脫落此五字，今補。

② 「合龠爲合」係漢書律曆志原文，「合龠」謂二龠也。大典本訛作「十龠爲合」，毛氏影宋本不誤。

③ 「兩者兩黃鍾之重」，各本脫第二個「兩」字，今補。漢書律曆志云「兩者兩黃鍾律之重也」。

④ 「二十四氣」，孔刻本「氣」訛作「象」，影宋本不誤。

⑤ 「錘」，宋本訛作「鍾」，殿本訛作「重」，今據漢書律曆志孟康注校正。

⑥ 「以上」，影宋本無「上」字，此從孔刻本。

尺六寸二分。①至宋元嘉二年徐受重鑄，用二尺三寸九分。②至梁大同元年甄鸞校之，用二尺九寸二分。然時異事變，斗尺不同。以古就今，臨時校定，始可行用。若欲審之，以掘地作穴方廣三尺已下，以今時用斗量米一斛，置諸穴中，槩令平滿。如有少賸，臨時增減，取米③適平。然後出之徑量，以知深淺，乃可以爲斛法定數。

〔一〕今有方窖，長一丈三尺，廣六尺，深一丈。問受粟幾何？

答曰：四百八十一斛四斗八升、二十七分升之四。

術曰：置長尺數，以廣尺數乘之，又以深乘之，得積尺。以斛法除之④，卽粟數。

凡斛法一尺六寸二分。

〔二〕今有圓窖，周三丈，高一丈六尺。問受粟幾何？

答曰：七百四十斛七斗四升、二十七分升之二。

術曰：置周尺數自相乘，以高數乘之，十二而一，得積尺。以斛法除之，卽粟數。

〔三〕今有平地聚粟下周三丈，高四尺。問受粟幾何？

答曰：六十一斛七斗二升、八十一分升之六十八。

術曰：置周尺數自相乘，以高乘之，三十六而一，得積尺。以斛法除之，卽粟數⑤。

〔四〕今有倉，南北一丈五尺，東西三丈五尺，高八尺。問受粟幾何？

荅曰：二千五百九十二斛五斗九升、二十七分升之七。

術曰：以東西、南北丈尺相乘，又以高乘之，得積尺。以斛法除之，卽粟數。

〔五〕今有倉，廣二丈六尺，長三丈四尺，深一丈二尺。中有二柱，長一丈二尺，圓三尺。牽二枚，長二丈六尺，方五寸。梁二枚，長二丈六尺，方三尺。問受粟幾何？

荅曰：六千二百四十斛一斗二升、八十一分升之二十八。

術曰：置廣，長相乘，以其深乘，得一萬六百八尺。柱圓三尺自相乘得九尺，以乘

---

① 「用積一尺六寸二分」，各本「積」訛作「深」，「六」訛作「九」，今校正。案王莽銅斛銘云：「冪一百六十二寸，深一尺，積一千六百二十寸。」如以一立尺作爲積的單位，斛積正是一尺六寸二分。

② 「至宋元嘉二年徐受重鑄，用二尺三寸九分」，孫詒讓札迻卷十一謂徐受當作徐爰。徐爰爲宋人，見宋書恩倖傳。按徐受重鑄的斛，有二千三百七十立方寸，似是元魏朝規定的量制，而非劉宋朝的量制。「徐受」似非「徐爰」的誤文。

③ 「米」，宋本訛作「半」，此從殿本。

④ 「以斛法除之」，各本脫落「斛」字，今補。

⑤ 「卽粟數」，「粟」字下孔刻本脫落「數」字，影宋本不脫。

其長得一百八尺，倍之得二百一十六尺，以十二除之得一十八尺。牽方自相乘，退位得二寸五分。復乘其長，得六尺五寸。倍之，得一十三尺。梁方自乘得九尺，復乘其長，得二百三十四尺。倍之，得四百六十八尺。并柱、牽、梁①得四百九十九②尺。以減大數，餘一萬一百九尺。以斛法除之，卽粟數。

〔六〕今有方倉，長三十一丈六尺，廣七十二尺，高一十七尺。中有九柱，各圓三尺五寸，長十七尺。又有六柱，各方二尺八寸，長十七尺。梁三枚，長三十二尺，厚、廣二尺。牽三枚，長三十二尺，各方七寸。問受粟幾何？

荅曰：二十三萬七千八百九十九斛四斗③三升、五十四分升之五十三。

術曰：置長、廣相乘，以高乘爲實。圓柱周④自乘，以長乘，十二而一，九因之爲實。柱方⑤自乘，以乘長，六因之，爲實。梁厚、廣相乘，以乘長，三因之爲實。牽方自乘，以乘長，三因之，爲實。并柱、梁、牽等，減倉實爲積尺。以斛法除之，卽粟數。

課租庸調

賦役令：諸戶一丁租粟二斛。其調，各隨鄉土所出，絹、絁各二丈，布二丈五尺。輸絹、絁者綿三兩，輸布者麻三斤。若當戶不成端、匹、屯、綟者，皆丈尺折半之。

求庸七丈五尺⑥法，置丁數三因之，折半。丈尺折半之。又法：置丁數以七丈五尺⑦爲法乘之，以五丈除之。不滿爲奇丁丈尺。佗皆放此。又法：重張丁數，下位退一等，五因之，以添上位。丈尺折半。又法：置丁數，退一等⑧，三而五之，丈尺折半之。凡年中除閏月外，有二月謂五月、十月一云九月。爲農事之月，免庸。若役五十日，租、庸、調並免。佗皆放此。

求每丁閏有二尺五寸法：置丁數，退二等⑨，五因之。丈尺折半之。

求有閏年每丁布二端二丈二尺五寸法：置丁數，七而七之，退一等，折半。丈尺折半之。又法⑩：置丁數，以二百四十五乘之，退二等，丈尺折半⑪之。

---

① 「并柱、牽、梁」，南宋本脱「牽」字，大典本脱「梁」字，今依戴震校補。
② 「四百九十九」，南宋本脱落第二個「九」字，大典本不誤。
③ 「斗」，各本訛作「十」，今校正。
④ 「圓柱周」，各本脱落「周」字，今補。
⑤ 「柱方」，各本作「方柱」，今校正。
⑥⑦ 「七丈五尺」，各本均訛作「七尺五寸」，今校正。
⑧ 「置丁數」下各本脱落「退一等」三字，今補。
⑨ 「置丁數」下各本脱落「退二等」三字，今補。
⑩ 「又法」，各本脱落「法」字，此依殿本校補。
⑪ 「折半」，南宋本脱落「折」字，此從殿本校補。

求庸閏布，每丁一端三丈二尺五寸法：重置丁數，各三因之。下位退一等，添上位，訖，半之。其丈尺已下更半之。

求無閏年每丁布二端一丈五尺法：重置丁數，上位二因之，下位退一等，三因之，丈尺折半，添上位。又法：置丁數以二十三乘，退一等。丈尺折半之。

求每丁調緜布四丈法：置丁數，八因，退一等。丈尺折半之。

求每丁閏年庸、調布二端二丈二尺五寸法①。列置丁數三②位，上位二因，端也。中位退一等，四因，丈也。下位退二等，五因。尺也。丈尺半之。百丁已上不折半。并三位，即都數。③

若每丁庸、調并賸布二丈五尺，都當二端二丈五尺。亦列丁數二位，上位二因。端也。下位④退一等五因。丈⑤也。奇丁丈尺折半之。并二位，得都數。

若每丁庸、調并賸布一尺六寸七分，都當二端一丈六尺六寸七分。亦列丁數五位，上位二因，端也。次位退一等三因，丈也。次位退二等三因，尺也。次位退三等三因，寸也。下位退四等四因，分也。奇丁丈尺折半之。并得都數。

凡算布，從丈尺已下皆倍本因之數。

論步數不等

田曹：以六尺爲步，三百步爲一里。此古法。

雜令：諸度地以五尺爲一步，三百六十步爲一里。

田令：諸田廣一步，長二百四十步爲畝。畝百爲頃。此今用之。

方田四方平等，名曰方田。

術曰：方自乘爲積步。以畝法除之。

直田從長而廣狹，故曰直田。

術曰：以從、廣相乘爲積步。以畝法除之。

---

① 各本脫落「法」字，今補。

② 「三」，各本訛作「之」，今校正。

③ 此下，南宋本有「若每丁因一位，端也，中位退一等二位，丈也，下位退二等五因，尺也，奇丁丈尺折半，三位即得」三十六字，似是衍文。此從殿本。

④ 「下位」，前孔刻本衍「中位退一等四因」七字，又小註「丈也」二字，南宋本、大典本均不誤。

⑤ 「丈」，孔刻本訛作「尺」。

覆鼓田形似覆鼓𦁤。

術曰：并三廣，以三而一，乘長爲積步。以畝法除之。

圓田形如鼓面。

術曰：周自乘，以十二而一，得積步。又術，周乘徑，四而一，亦得。又術，半周乘半徑亦得。各得積步，並以畝法除之。

環田此外周而心空，如環。

術曰：并外、內周而半之，以徑乘爲積步。以畝法除之。

丸田形如覆半彈丸。

術曰：徑乘周，四而一，得積步。以畝法除之。

圭田三角之田。

術曰：半長乘廣爲積步。以畝法除之。

弓田形如弓樣。

術曰：矢乘弦，矢又自乘，并之，二而一。以畝法除之。

箕田一頭廣，一頭狹。

術曰：幷二廣而半之，以乘長，爲積步。以畝法除之。

四不等田二廣、二長不齊。

術曰：幷二長而半之，又幷二廣而半之，相乘爲積步。以畝法除之。

〔七〕今有田二十一頃七十八畝一百八十步，問爲方幾何。

答曰：七百二十三步，奇百七十一步。

術曰：先置頃、畝於上，以二百四十步乘之，得五十二萬二千七百二十步。內零一百八十步。以開方除之。借一算爲下法。步之，超一位，至百止。萬上置上商七百。下亦置七萬於實位之下，下法之上，名曰方法①。命上商除實訖。倍方爲一十四萬。方法一退，下法再退。又置上商二十於前商後。又置二百於方法之下，下法之上，名曰隅法。以方、隅二法皆命上商，以除實，訖。倍隅法爲四百，從上。方法一退，下法再退。又置上商三，於前商二十之後。又置三步於方法之下，下法之上，名曰隅法。以方、隅二法皆命上商，除實訖。倍隅法得六，從上方法，得一千四百四十六。卽是上方得七百二十三步，奇一百七十一步。

① 各本脱落「名曰方法」四字，今補。

變米穀

倉庫令云，其折糙米者，稻三斛折納糙米一斛四斗。

若穀求米法，十四乘，三除。除畢以米數①折退一等。

又法，四二乘，九除；一四乘，三除；二八乘，六除。

若米求穀法，三乘十四除。

又法，九乘，四二除；三乘，一四除；六乘，二八除。

粟五斗爲糲米三斗，三十乘之，五十而一。爲粺米二斗七升，二十七乘之，五十而一。爲糳米二斗四升，二十四乘之，五十而一。爲御米二斗一升，二十一乘之，五十而一。

〔八〕今有粟五千五百一十斛九斗，欲每斛爲糲米六斗，粺米五斗四升，糳米四斗八升，御米四斗二升。問各幾何？

答曰：

糲米三千三百六斛五斗四升。

粺米二千九百七十五斛八斗八升六合。

糳米二千六百四十五斛二斗三升二合。

御米二千三百一十四斛五斗七升八合。

術曰：置粟退一等，以六斗乘，爲糲米。以五斗四升乘，爲粺米。以四斗八升乘，爲糳米。以四斗二升乘，爲御米。

返求粟法：置糲米數，以五因之，三除之。置粺米數，以上十之，以五斗四升除之。糳米、御米，② 各以本米數除之，皆得本粟。

〔九〕今有穀一千八百四十三斛八斗三升，欲依租變米，每穀三斛，爲米一斛四斗。問合得米幾何？

荅曰：八百六十斛四斗五升四合。

術曰：置穀數，以一斛四斗爲法乘之，以三斛爲法乘之，得米數。

---

① 「米數」，孔刻本訛作「米穀」，影宋本不誤。

② 各本脫落「御米」二字，今補。

夏侯陽算經卷中

求地稅
分祿料
計給糧
定腳價
稱輕重

求地稅

〔一〕今有田三百七十九畝，畝出稅穀三升納官，每斛加二升耗。問輸正及耗各幾何？

答曰：

正一十一斛三斗七升。

耗二斗二升七合四勺。

術曰：置田畝數，以三升因之，得一十一斛三斗七升爲正。又二因之，得二斗二升七合四勺爲耗。

〔二〕今有田一畝計稅穀三升，問一步合計幾何？

答曰：一步，一勺二抄五撮。

術曰：置穀三升，再上十之，爲三百勺。以二百四十步爲法，除之，即得。

〔三〕今有地收穀一千二百六十三斛九斗六升七合三勺，斛別加二升耗。問正、耗共計幾何？

答曰：一千二百八十九斛二斗四升六合六勺四抄六撮。

術曰：置穀，以隔位加二，即得。

〔四〕今有上官田七十四畝一百五十三步，畝別計米六斗輸官，官令納穀三斛準米一斛四斗。問米及穀各幾何？

答曰：

米四十四斛七斗八升二合五勺。

穀九十五斛九斗六升二合五勺。

術曰：置畝數，以二百四十步乘之，内餘步，得一萬七千九百一十三步，爲實。以上田斛法四百步除之，得米數。欲求穀者，以三斛因米，爲一百三十四斛三斗四升七合五勺。以米一斛四斗除之。欲知上田一斗步數穀者，置田一畝二百四十步，以米六斗爲法，除得四十步計米一斗。以斗法上十之爲四百步，卽斛法。上田一步計米二合五勺。欲知者，置米六斗，再上十之，以二百四十步除之，見每步之數。

〔五〕今有次官田五十七畝一百五十步，畝別計米五斗輸官，官令納穀三斛準米一斛四斗。問米及穀各幾何？

答曰：

米二十八斛八斗一升二合五勺。

穀六十一斛七斗四升，二十八分升之三。

術曰：置畝數，以二百四十步乘之，内一百五十步，得一萬三千八百三十步爲實。以次田法四百八十步除之，得米數。欲求穀，以三斛因米得八十六斛四斗三升七合五勺。以米一斛四斗除之，得穀數。不盡者與法俱倍之，命分。何以次田四百八十步爲斛法？術曰，置二百四十步於上，米五斗爲法而一，得四十八步，以爲一斗之法。上十①之爲四百八十步，卽斛法。欲知次田一步計米二合、一十二分合之一，術曰：置米五斗，再上十之爲五百合，爲實。以二百四十步除之，得二合。不盡者退位，與法俱半之，命分，卽見每步之法。

〔六〕今有下官田八十九畝一百九十五步，畝別計米四斗輸官，官亦令納穀三斛準米一斛四斗。問合計米及穀幾何？

答曰：

米三十五②斛九斗二升五合。

穀七十六斛九斗八升、一十四分升之三。

術曰：置田畝數，以二百四十步乘之，內一百九十五步，得二萬一千五百五十五步，爲實。以下田斛法六百步除之，得米數。欲求穀者，以三斛因米，得一百七斛七斗七升五合爲實。以一斛四斗除，爲穀數。不盡者命分。何以知下田六百步爲法？術曰，置二百四十步，以米四斗爲法除，得六十步，爲一斗之法。上十之，爲六百步，乃爲一斛之法。欲知下田一步計米一合、三分合之二，術曰：置米四斗，再上十之爲四百合，爲實。以二百四十步除之，得一合。不盡者與法俱八約之，命分。

〔七〕今有官本錢八百八十貫文，每貫月別收息六十③，計息五十二貫八百文。內六百文充公廨食料。五十二貫二百文逐官高卑共分，太守十分，別駕七分，司馬五分，錄事參軍二人各三分，司倉參軍三分，司法參軍三分，司戶參軍三分，參軍二人各二分。問各錢幾何？

答曰：

太守十分，計十二貫七百三十一文、四十一分文之二十九。

別駕七分，計八貫九百一十二文、四十一④分文之八。

司馬五分，計六貫三百六十五文、四十一分文之三十五。

錄事參軍二人各三分，各得三貫八百一十九文、四十一分文之二十一。二人

---

① 各本脫落此「十」字，今補。

② 「五」，影宋本、孔刻本俱訛作「三」，殿本不誤。

③ 「每貫月別收息六十」，各本「十」訛作「分」，今校正。按九章算術衰分章最後一題云：「今有貸人千錢，月息三十。」此云每貫月息六十，文理相仿。如依宋朝人習慣，月息以分、釐計算，便不應有「每貫」二字。

④ 影宋本、孔刻本脫落「一」字，今補。

共七貫六百三十九文、四十一分文之一。

司倉參軍三分，計三貫八百一十九文、四十一分文之三十一。

司法參軍三分，計三貫八百一十九文、四十一分文之三十一。

司戶參軍三分，計三貫八百一十九文、四十一分文之三十一。

參軍二人各二分，各二貫五百四十六文、四十一分文之十四。二人共五貫九十二文、四十一分文之二十八。

術曰：置本錢八百八十貫文，以六因之，退二位爲息數。先除六百文公廨食料，餘令諸官均分。并諸分得四十一分爲法，除之，得一貫二百七十三文，不盡四十一分文之七。副置之，各以所求分乘之，各得其錢及分數。

〔八〕今有縣令每月課料七貫三百六十一文、五分二釐。𢒉即交承，舊官任六日，新官任二十四日。問新、舊官各得幾何？

答曰：

舊官得一貫四百七十二文三分四毫。

新官得五貫八百八十九文二分一釐六毫。

術曰：置錢數，以三十日爲法，除之，得一日之錢二百四十五文三分八釐四毫。六因之，得舊官數。三、八因之①，得新官數。

計給糧

〔九〕今有兵九千五百六十七人，人給絹二匹。問絹幾何？

答曰：一萬九千一百三十四匹。

術曰：置兵數，以二因之，即得。

〔一〇〕今有兵六千七百九十二人，人日②給米二升。問一日、一月、一年各幾何？

答曰：

一日，一百三十五斛八斗四升。

一月，四千七十五斛二斗。

一年，四萬八千九百二斛四斗。

---

① 「三、八因之」係南宋本原文，不誤。殿本改作「又四因之」，亦通。孔刻本作「三分因之」，則不可理解矣。

② 各本均脱落「日」字，今補。

術曰：置兵數，以二因之，得一日之數。上十之，得十日之數。以三因之，得一月之數。以十二因之，得一年之數。

〔一一〕今有馬七千六百八十匹，匹日給料五升。問一日幾何？

答曰：一日，三百八十四石。①

術曰：置馬匹數，以五因之，得三萬八千四百升，再退爲石②數。

〔一二〕今有粟三千八百四十斛，欲給馬每匹五升。問給幾何？

答曰：給馬七萬六千八百匹。

術曰：置粟數，再上十之，爲升。以五升除之，得馬匹數。

〔一三〕今有酒五百六十五斛八斗三升，欲給兵每人三升。問給幾何？

答曰：給兵一萬八千八百六十一人。

術曰：置酒數，再上十之爲升。以三除之，得兵數。

〔一四〕今有兵八萬人，凡五兵共給醬二升。問日給幾何？

答曰：日給三百二十斛。

術曰：置兵數，以二因之，得一十六萬。以五兵除之，得醬數。

〔一五〕今有醬二升給五兵。見有三百二十斛，問給幾何？

荅曰：給兵八萬人。

術曰：置醬數，再上十之，爲升。以五因之，得一十六萬。以二升爲法，除之，即得。

〔一六〕今有兵四萬八千六百二十五人，人凡五日給鹽二升。問一月幾何？

荅曰：一月，五千八百三十五斛。

術曰：置兵數，以二因之，退一等，得五日鹽數九百七十二斛五斗。求一月數，以六因之。

〔一七〕今有醋三升給七兵。見有四百五十七斛，問給幾何？

荅曰：給兵十萬六千六百三十三人、三分人之一。

術曰：置醋數，再上十之爲升。以七因之，又以三升除之，即得。

定腳價

---

① 「石」疑是「斛」之誤，微波榭本缺荅。

② 南宋本、大典本脫落「石」字，依戴震校補。

〔一八〕今有租布一萬三千七百九十五端三丈七尺，送納洛州。計從州到彼，别一十八文充水腳，又抽一文充積疊，並於數内抽給。其布準時估端别一百五十文。問正及水腳、積疊等三色各幾何？

答曰：

正布一萬二千二百四十四端三丈六尺九寸、一百六十九分寸之一百三十九。

水腳，一千四百六十九端一丈八尺四寸、一百六十九分寸之六十四。

積疊，八十一端三丈一尺五寸、一百六十九分寸之一百三十五。

術曰：置元布數，倍丈、尺，以估一百五十文乘，得二百六萬九千三百六十一文，爲實。置一百五十文，加水腳一十八文，又加積疊一文，得一百六十九文爲法。除實，得正布一萬二千二百四十四端。不盡一百二十五文，進位，五因之，得六千二百五十，以下法除之，得三丈六尺九寸。不盡者與法俱退位，得一百六十九分寸之一百三十九，爲命分也。欲知水腳，先置元布數，倍丈尺寸，以水腳一十八文乘之，得二十四萬八千三百二十三文三分二釐，爲實。以法一百六十九除，得一千四百六十九端。不盡六十二文三分二釐，進位，五因之，得三千一百一十六。以下法除之，得一丈八尺四寸。不盡，一百六十九分寸之六十四爲命分也。欲求積疊，置元布數，倍丈尺寸，訖，所得以一文因之，得一萬三千七百九十五文七分四釐。以法除之，得八十一端。不盡一百六文七分四釐，進位，以五因之，得五千三百三十七。以下法除，得三丈一尺五寸。不盡者與法俱退，得一百六十九分寸之一百三十五，爲命分也①。

〔十九〕今有布三百九十六端二丈五尺，端別一百八十文充腳。其布準時估端三百六十文，並於數內抽給。問正、腳各幾何？

答曰：

正、二百六十四端一丈六尺六寸、三分寸之二。

腳，一百三十二端八尺三寸、三分寸之一。

術曰：置布數，倍丈、尺，以一百八十文乘之，得七萬一千三百七十文爲實。列腳錢一百八十文，并入價錢三百六十文，得五百四十文爲法。實如法得腳端。不盡九十文，進位，五因之，②得四千五百。以下法除，得八尺三寸。不盡者與法俱一十八約之，

① 「爲命分也」，各本「爲命」二字誤倒，今改正。
② 「五因之」，影宋本、殿本、孔刻本俱脱落「五」字，今補。

得三分寸之一，爲命分。以減都數，餘卽正。①

〔三〇〕今有布二萬五千四百二十八端二丈七尺，欲折布爲輕貨絹。其絹匹價三貫八百七十文，其布端價二貫六百文。問爲絹幾何？

答曰：絹一萬七千八十三匹三丈九寸、一百二十九分寸之五十九。

術曰：置布數，倍丈尺，②以價二貫六百文乘之，得六萬六千一百一十四貫二百四文。以絹價三貫八百七十文除，得絹匹。不盡二千九百九十四文，進位，四因之，得一十一萬九千七百六十。以下法除之，得三丈九寸。不盡者與法俱三約之，得一百二十九分寸之五十九。

〔三一〕今有兩稅米一千五百七十八斛九斗送州。每斗腳一十三文，並於身內抽充。時估斗別一百三十文。問正及腳各幾何？

答曰：

正米一千四百三十五斛三斗六升、一十一分升之四。

腳米一百四十三斛五斗三升、一十一分升之七。

術曰：置米數，以每斗一百三十文乘之，爲實。又置一百三十文，加腳一十三文，得一百四十三文爲法。除得正米數。欲求腳米數，以每斗一十三文乘稅數爲實。以一百四十三文爲法。除之卽腳數。

〔二二〕今有兩稅錢一千五百二十四貫二百四十文送州。每貫一十七文七分充腳，於身內抽給。問正錢及腳價各幾何？

荅曰：

正錢一千四百九十七貫七百三十文、一萬一百七十七分文之一千七百九十。

腳價二十六貫五百九文、一萬一百七十七分文之八千三百八十七。

術曰：置稅錢數，以一貫文加一十七文七分爲一貫一十七文七分，爲法除之，得正錢數。欲求腳價，以一十七文七分爲法乘正錢，得腳價。

稱輕重

〔二三〕今有戶五百六十五戶，別納絲一斤一十一兩八銖。問得絲幾何？

荅曰：八石五斤三兩八銖。

---

① 「正」，孔刻本訛作「止」，今從影宋本改正。

② 「倍丈尺」，影宋本、孔刻本俱脫落「尺」字，今補。

術曰：置戶數。下列二十七兩，以二十四銖乘之，內八銖，爲六百五十六銖。以乘戶數，得三十七萬六百四十銖。以二十四銖爲法，除，得一萬五千四百四十三兩，零八銖。以一十六兩爲法，除得九百六十五斤三兩。以三十斤爲法，除得三十二鈞五斤三兩。以四鈞爲法除，得八石五斤三兩八銖。

〔二四〕今有丁一千八百六十五人，人納絲一斤一十三兩一十七銖。問絲幾何？

荅曰：絲三千四百六十二斤一十四兩一銖。

術曰：置丁數。又以絲一斤，二而八之，爲一十六兩，內一十三兩。三而八之，內一十七銖，爲七百一十三銖。以乘丁數，得一百三十三萬九千七百四十五銖。以二十四銖爲法，除得五萬五千四百六兩一銖。以一十六兩爲法，除得三千四百六十二斤一十四兩一銖。

〔二五〕今有生鐵六千二百八十一斤，欲錬爲黃鐵，每斤耗五兩。問爲黃鐵幾何？

荅曰：黃鐵四千三百一十八斤三兩。

術曰：置生鐵數，以一十一兩乘，以一十六兩除之，卽得。

〔二六〕今有黃鐵四千三百一十八斤三兩，欲煉爲鋼鐵，每斤耗三兩。問鋼鐵幾何？

荅曰：鋼鐵三千五百八斤八兩一十銖五絫。

術曰：置黄鐵數，以一十三兩乘之，一十六兩除之，卽得。

〔三七〕今有鋼鐵二千五百斤，依前所耗數，卻求爲黄鐵。問得幾何？

荅曰：黄鐵三千七十六斤一十四兩、一十三分兩之一十。

術曰：置鐵數，一十六乘之，一十三除之，卽得。

〔三八〕今有黄鐵三千七十六斤一十四兩、一十三分兩之一十，卻求鋼鐵。問得幾何？

荅曰：二千五百斤。

術曰：置黄鐵數，一十三乘之，一十六除①之，卽得。

〔三九〕今有官銀三千四百六十二斤一十四兩一銖，充賞賜兵一千八百六十五人，問人得幾何？

荅曰：人得一斤一十三兩一十七銖。

術曰：置銀斤，以二而八之，內一十四兩，又三而八之，內一銖，得一百三十二萬九千七百四十五銖。以兵數除之，得七百一十三銖。以二十四銖爲法除之，得二十

---

①「除」，孔刻本訛作「乘」，影宋本、殿本均不誤。

九兩零一十七銖。以一十六兩爲法除之，得一斤一十三兩零一十七銖。

夏侯陽算經卷下

說諸分

〔一〕今有黄金一斤，直絹一千二百匹。問每兩直絹幾何？

答曰：一兩直絹七十五匹。

術曰：置絹數，以一十六兩除之，卽得。

〔二〕今有絲一百九十二兩，問爲銖幾何？

答曰：四千六百八銖。

術曰：置絲數，以二十四乘之，卽得。

〔三〕今有錦一匹，直錢一十八貫。問丈、尺、寸各得幾何？

答曰：

一丈，四貫五百文。

一尺，四百五十文。

一寸，四十五文。

術曰：置錢數，以四丈除之，得丈價。一退爲尺價。再退爲寸價。

〔四〕今有金一斤，直錢一百貫。問一兩幾何？

荅曰：一兩，六貫二百五十文。

術曰：置錢數，以十六兩除之，卽得。

〔五〕今有金一斤，令五十人分之，問人得幾何？

荅曰：人得七銖六絫八黍。

術曰：置金一斤，二而八之爲兩，三而八之爲銖。以人數除之，卽得。

〔六〕今有絲三百二十四斤，欲九兩爲絹一匹，問絹幾何？

荅曰：五百七十六匹。

術曰：置絲斤數，二而八之，以九而一，卽得。

〔七〕今有下戶欠錢一百二十三貫五百文，準條於上戶均攤。今有上戶見在錢三萬一千二百五十貫文，問合每貫均著幾何？

答曰：每貫三文九分五釐二毫。

術曰：置下戶錢數，以上戶見在錢除之，即得。

〔八〕今有錢一十七貫五百二十五文，欲五文買鷄三隻，問得幾何？

答曰：得鷄一萬五百一十五隻。

術曰：置錢數，以三因之，五而一，即得。

〔九〕今有錢二貫四百文，買錫一斤。問兩、銖、絫各幾何？

答曰：

兩，一百五十文。

銖，六文二分五釐。

絫，六分二釐五毫。

術曰：置錢數，以十六除之，得兩價。欲知銖價，即置兩價，以二十四除爲銖價。退銖價一等爲絫價。

〔一〇〕今有十五家共納兩稅錢一十貫文。甲三人，人各一貫文；乙五人，人各七百文；丙七人，人各五百文。續奉符令，都卻還七貫三百。問隨元納數，給付各幾何？

答曰：

甲三人各還七百三十文。各有二百七十文在。

乙五人各還五百一十一文。各有一百八十九文在。

丙七人，人各還三百六十五文。各有一百三十五文在。

術曰：置卻還數，以百除之，所得爲每百還錢之數。置百文減之，餘爲每百錢在庫之數。各置此數，以各人所納錢數乘之，各得其數。

〔二〕今有絹一千五百二十五匹三丈七尺五寸，欲送州。每匹一十五文充腳，並於身內抽給。其絹時估，每匹一貫一百文。問正及腳各幾何？

答曰：

正，一千五百五匹一丈六尺三寸、二百二十三分寸之一百五十一。

腳，二十匹二丈一尺一寸、二百二十三分寸之七十二。

術曰：置絹數，於丈尺已下折半五因，以時估一貫一百文乘，得一千六百七十八貫五①百三十一文二分五釐。復置一貫一百文加一十五文爲法，除得一千五百五匹。不盡四百五十六文二分五釐，進位，四因之，得一萬八千二百五十。以下法除之，得一丈六尺三寸。不盡者與法退位，倍之，得二百二十三分寸之二百五十一。欲知紬價者，置元絹數，丈尺寸折半，五因，又以紬錢一十五文乘之，得二萬二千八百八十九文六釐二毫半。以一貫一百一十五文爲法，除得二十匹。不盡五百八十九文六釐二毫半，進位，四因之，得二萬三千五百六十二文半。以下法除之，得二丈一尺一寸。不盡者如前約之，得二百二十三分寸之七十二。

〔一二〕今有絹一匹，當紬一十五文。問丈、尺、寸各幾何？

荅曰：

丈，三文七分五釐。

尺，三分七釐五毫。

寸，三釐七毫五絲。

術曰：置紬一十五文，以四丈除之，得一丈紬數。退一等得尺，再退得寸紬數。

〔一三〕今有絹一匹，直一貫一百文。問丈、尺、寸各幾何？

荅曰：

① 「五」，孔刻本訛作「三」，影宋本、殿本均不誤。

丈，二百七十五文。

尺，二十七文五分。

寸，二文七分五釐。

術曰：置錢數，以四丈除之，得丈價。一退得尺價。再退得寸價。

〔一四〕今有米二千五百六十七斛五斗。其米粗，欲再舂，每八升耗一升。問合得熟米幾何？

荅曰：熟米二千二百四十六斛五斗六升二合五勺。

術曰：置米數，以七因，八除，得數。返求米，以八因，七除。

〔一五〕今有米一千五百三十二斛七斗，欲貸與人，每八升加息一升。問本息，共幾何？

荅曰：一千七百二十四斛二斗八升七合五勺。

術曰：置米數，以九因，八除之。若求元數，八因，九除之。

〔一六〕今有兩稅錢二千貫文。欲送州，每貫數內抽一十文充腳。問正及腳各幾何？

荅曰：

正，一千九百八十貫一百九十八文、一百一分文之二。

腳，一十九貫八百一文、一百一分文之九十九。

術曰：置錢數。下置一貫文，又加腳十文爲法，除之，得正數。卻減都錢，餘卽腳錢。

〔一七〕今有紬五千六百二十五匹，匹欲作複①七條。問合幾何？

答曰：三萬九千三百七十五條。

術曰：置紬數，以七因之，卽得。

〔一八〕今有金方一寸，重一斤。有金方六寸，問重幾何？

答曰：二百一十六斤。

術曰：置金寸數，再乘之，卽得。

〔一九〕今有絹二千四百五十四匹，每匹直錢一貫七百文。問計錢幾何？

答曰：四千一百七十一貫八百文。

術曰：先置絹數，七添之，退位一等，卽得。

〔二〇〕今有布一萬三千四百六十三端二丈五尺六寸，每端直錢一貫八百文。問計錢幾何？

答曰：二萬四千二百三十四貫三百二十一文六分。

---

①「複」，影宋本、孔刻本訛作「複」，今從殿本校正。

術曰：先置布數，丈尺倍之。從下八添，直至數首，退一等，卽得。

又術：退位，減一，餘以二因之，亦得。

〔二一〕今有布積尺一萬八千四百六十三尺四寸二分，問爲端幾何？

荅曰：三百六十九端一丈三尺四寸二分。

術曰：先置尺數，以五十尺除之，卽得。

〔二二〕今有絹三千四百六十三匹一丈三尺四寸，每匹三貫五百文，問計錢幾何。

荅曰：一萬二千一百二十一貫六百七十二文五分。

術曰：先置絹數，丈尺已下折半五因①。以五七因之，卽得。②

又術，從頭七因訖，折半卽得。

〔二三〕今有絹積尺一萬三千四百六十三尺五寸四分，問爲匹幾何？

荅曰：三百三十六匹二丈三尺五寸四分。③

術曰：先置積尺數，以匹四十尺爲法除之，卽得。

〔二四〕今有絲一千五百二十五斤，每兩一百七十文，問錢幾何？

荅曰：四千一百四十八貫。

術曰：先置絲數，以二、八因之，以兩價乘之，卽得。

又術，添七亦得。

〔二五〕今有絲三千四百八十五兩。令織紗一匹、用絲五兩。問得紗幾何？

答曰：六百九十七匹。

術曰：先置絲數，以二因之，退位一等卽得。

又術，以五兩除之，亦得。

〔二六〕今有絲一萬三千四百六十七兩，問斤幾何？

答曰：八百四十一斤一十一兩。

術曰：先置絲兩數，四折半卽是斤。逢零，六添之，歸實。

又術，以十六除之，亦得。

〔二七〕今有兩稅錢四萬三千六百七十五貫二百文，抽身內充脚，每貫二百文，問正及脚各

---

① 「丈尺已下折半五因」，影宋本作「丈尺已下，折半，以五因之」，大典本脫落「五因」二字，今從殿本校補。

② 「以五、七因之，卽得」，影宋本術文殘缺，僅存「所得」二字。今從殿本。

③ 影宋本脫落「四分」二字，此從殿本校補。

幾何？

答曰：

正，三萬六千三百九十六貫文。

脚，七千二百七十九貫二百文。

術曰：先置元錢，折半，六除，是正錢數。將正錢二因，卽得脚。

又術，但置錢數，身外減二，得正。倍之，得脚。

〔二八〕今有錢三千四百六十三貫五百文，欲每貫墊四十二文，問墊幾何？

答曰：一百四十五貫四百六十七文。

術曰：先置錢數，以六、七因之，退位卽得。

〔二九〕今有絹四十二匹，每匹當錢四貫三百六十六文四分七釐八毫九絲四忽，問錢幾何？

答曰：一百八十三貫三百九十二文一分一釐五毫四絲八忽。

術曰：先置絹匹之價，以七、六因之，卽得。

〔三〇〕今有錢五千四百六十三貫四百五十文，準例每貫納五十文充墊陌，問合墊幾何？

答曰：二百七十三貫一百七十二文五分。

術曰：先置錢，折半，退位，卽得。

又術，五因之，亦得。

〔三一〕今有糯米三千四百六十三斛六斗，每斗醞酒一斗四升，問酒幾何？

答曰：四千八百四十九斛四升。

術曰：先置米數，以二、七因之，卽得。

又術，以四添之，亦得。

〔三二〕今有大豆一萬三千四百五十四斛五斗，每斗造豉一斗五升，問豉幾何？

答曰：二萬一百八十一斛七斗五升。

術曰：先置豆數，以五添之，卽得。

又術，以一斗五升乘之，亦得。

〔三三〕今有小麥五萬六千四百七十三斛五斗，每斗造麴五斤，問麴①幾何？

答曰：二百八十二萬三千六百七十五斤。

術曰：先置麥數，從下五因之，卽得。

---

① 「麴」，南宋本、孔刻本俱訛作「斤」，今從殿本校改。

〔三四〕今有米一萬三千四百六十四斛五斗，每斗一百二十文，問錢幾何？

答曰：一萬六千一百五十七貫四百文。

術曰：先置米數，二、六因之，卽得。

又術，以二添之，亦得。

〔三五〕今有米一萬三千四百六十五斛四斗三升，每斗一百三十五文，問錢幾何？

答曰：一萬八千一百七十八貫三百三十文五分。

術曰：先置米數，三、九因之，折半，卽得。

又術，九因，五添，亦得。

〔三六〕今有糙米八千四百六十七斛五斗，每一斗五升碾熟米八升，問米幾何？

答曰：米四千五百一十六斛。

術曰：先置糙米數，以八因之，十五①除之，卽得。

〔三七〕今有米三千四百六十三斛四斗四升七合一勺，每斗身内抽三合充腳，問正及腳各幾何？

答曰：

正，三千三百六十二斛五斗七升。

腳，一百斛八斗七升七合一勺。

術曰：先置米數，以一斗三合除之，得正米。以三因之，得腳米。

〔三八〕今有糙米三千四百六十四斛五斗七升三合四勺，每斗舂得熟米九升，問熟米幾何？

答曰：三千一百一十八斛一斗一升六合六抄。

術曰：先置米數，九因，退之，卽得。

又術，但從十內減一②，亦得。

〔三九〕今有麻三千四百七十五斛四斗五升，每三斛三斗作油一斛，問油幾何？

答曰：一千五十三斛一斗六升、三分升之二。

術曰：以三斛三斗除，得油數。不盡，約之爲命分。

〔四〇〕今有米三千四百五十六斛，每斗身內抽二升充腳，問正、腳各幾何？

答曰：

---

① 「十五」下，影宋本衍一「升」字，孔刻本衍一「斗」字，今刪去。

② 「十內減一」，各本訛作「下內減一」，今校正。

正，二千八百八十斛。

腳，五百七十六斛。

術曰：先置米數，去二得正米。以二因，退位，得腳米。

〔四一〕今有兵一萬四千五百七十五人，每人給錢一貫四百四十文，問錢幾何？

荅曰：二萬九百八十八貫文。

術曰：先置人數，添四四，卽得。

又術，以人數乘一人所給之數，得都錢。

〔四二〕今有兵三千四百八十五人，每人賜絹一丈三尺，問絹幾何？

荅曰：一千一百三十二匹二丈五尺。

術曰：先置人數，添三得丈數。以四爲法除之，得匹。

〔四三〕今有開城濠，深二丈，闊三丈，長一里。每方三尺用一功。問功幾何？

荅曰：四萬功。

術曰：先置深、闊相乘，又以長里通尺乘之，爲實。以功數方三尺再自乘爲法除之，卽得。

〔四四〕今有築城，高三丈，上闊一丈五尺，下闊二丈五尺，長一百丈。每方二尺用一功。問功幾何？

答曰：七萬五千功。

術曰：先置上、下闊并之，折半，以高乘之，又以長乘之，爲實。以功數方二尺再自乘爲法，除之，卽得。

王孝通《緝古算术》第二題、第三題术文疏証

錢宝琮

(中国自然科学史研究室)

《缉古算术》是唐代初年王孝通的数学杰作。显庆元年(公元656年)在国子监里设立算学馆,以《缉古算术》为"十部算经"之一,从而有"缉古算经"的名称。《缉古算术》共有二十个应用问题。第一题是天文学方面的计算题,用算术解答。第二题到第十四题是立体积问题,第十五题到第十八题是句股问题,这十七个问题都用三次方程解答。第十九题和第二十题也是句股问题,解题立出来的算式是四次方程,但可用开带从平方法解答。《缉古算术》的主要成就是三次方程应用问题的解法,它用"术"文阐述三次方程各项系数的计算方法,有时有小注说明建立方程的理论根据。但因"术"文和小注的文字非常简括,流传到后世的刻本又多误文夺字,读者很难体会原著的指导思想。

清嘉庆初年,李锐以为"算书以《缉古》为最深。(第二题)'太史造仰观台'以下十九术(题),问数奇残,入算繁赜,学之未易通晓。唯以立天元术御之,则其中条理秩然,无可疑惑",撰《缉古算经衍》,未曾出版[1]。公元1803年,他在扬州,为知府张敦仁的幕宾,又写成《缉古算经细草》三卷,以张的名义出版。用十三世纪中产生的天元术来解答《缉古算术》问题,只能是一种数值验证,决不能阐明王孝通的原意。

陈杰先撰《缉古算经细草》一卷,十余年后又撰《图解》三卷和《音义》一卷(公元1815年[2])。李潢于1812年病故,遗稿中有《缉古算经考注》二卷。揭廷锵在李氏《考注》上补作几何图形和开方细草,公元1831年出版了《缉古算经图草》二卷。李潢《考注》又有1832年广州刻本。陈杰的《图解》和李潢的《考注》对《缉古算术》中三次方程各项的几何意义都有比较详明的理解,但都忽视了建立方程的代数方法,从而客观上贬低了它在代数学发展中的历史意义。

我们认为,只有用实事求是的具体分析才能对《缉古算术》得出正确的评价。在《缉古算术》里,第二题(仰观台和台阶的建筑工程)和第三题(堤防工程)是两个比较复杂的立体积问题。本文在一、二两节里分别对这二题的术文和自注作了比较详细的解释。《缉古算

---

1) 阮元《畴人传》(1799)卷16王孝通传·论。

2) 据嘉庆二十年(1815)汪廷珍序。

术》原无数字方程的求根法。陈杰《细草》和揭廷锵《图草》都用《数理精蕴》(1723)的“开带纵立方法”来解王孝通立出来的三次方程,当然不能说明《缉古算术》“开立方除”的演算程序。我以为王孝通用象本文第三节里描写的开带从立方法是很可能的。最后在第四节里对王孝通在代数学方面的成就略予评论。本文提出了一些不成熟的意见，希望能得到读者的指教。

下面征引的《缉古算术》文字一般依据中华书局 1963 年出版的《算经十书》。 第三题的王孝通自注,本人二年前所校订的文字有错误,今又重加校勘。

一、第二题术文疏証

《缉古算术》的第二题全文如下:

“假令太史造仰观台,上广袤少,下广袤多。上下广差二丈,上下袤差四丈,上广袤差三丈,高多上广一十一丈。甲县差一千四百一十八人，乙县差三千二百二十二人,夏程人功常积七十五尺,限五日役台毕。羡道从台南面起，上广多下广一丈二尺，少袤一百四尺,高多袤四丈。甲县一十三乡，乙县四十三乡，每乡别均赋常积六千三百尺,限一日役羡道毕。二县差到人共造仰观台,二县乡人共造羡道,皆从先给甲县,以次与乙县。台自下基给高，道自初登给袤。问：台、道广、高、袤及县别给高、广、袤,各几何?”

假令太史局要造一个观测天象的仰观台,并在它的南面造一个羡道(台堦),它们的形状大致如下图。台顶为长方形,南北向为广，东西向为袤，广比袤小。台的四周应有挡土墙,南面的墙是直立的,其他三面具有一定的坡度。羡道的北面紧靠台的南面，两侧也有一定的坡度。

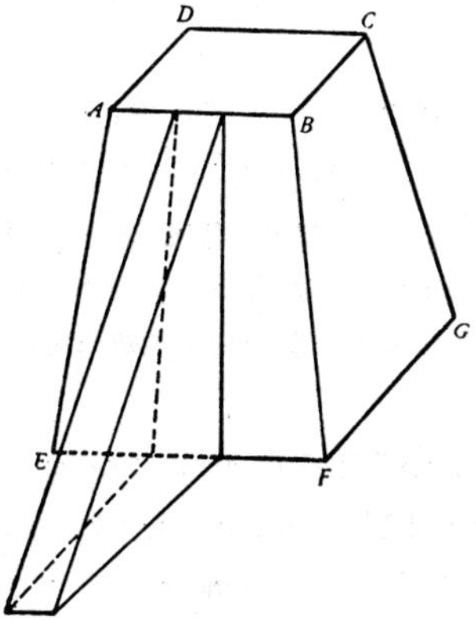

本题作为一个三次方程应用问题，一方面要依据题示的数据计算仰观台和羡道全部工程的长阔高尺寸，另一方面要计算出二者先筑成的部分工程，各有长、阔、高尺寸。这就需要四个三次方程，分别立出四条术文如下。

1. 求仰观台广、袤、高术。

“术曰：以程功尺数乘二县人，又以限日乘之,为台积。又以上下袤差乘上下广差,三而一为隅阳幂。以乘截高为隅阳截积。又半上下广差乘斩上袤为隅头幂。以乘截高为隅头截积。并二积以减台积,余为实。以上下广差并上下袤差,半之为正数。加截上袤,以乘截高,所得,增隅阳幂加隅头幂,为方法。又并截高及截上袤与正数,为廉法,从。开立方除之,即得上广。各加差,得台下广及上下袤、高。”

设 f_1, f_2 为仰观台的上广、下广；g_1, g_2 为台的上袤、下袤；h 为高，V 为体积。已知 $f_2-f_1=2$ 丈，$g_2-g_1=4$ 丈，$g_1-f_1=3$ 丈，$h-f_1=11$ 丈，$V=(1418+3222)5\times 75=1{,}740{,}000$ 立方尺$=1740$ 立方丈，求 f_1, f_2, g_1, g_2, h。

由已知数据求台的上下广袤或高须要立出一个三次方程来计算。假如立出来的三次方程为 $u^3+pu^2+qu=r$，古人称常数项 r 为"实"，一次项系数 q 为"方法"，二次项系数 p 为"廉法"[1)]。台的广、袤、高尺寸以上广 f_1 为最小，王孝通取为所立方程中的未知量，这使 p, q, r 各数皆为正数。术文说明实、方法、廉法三个数字的来由。

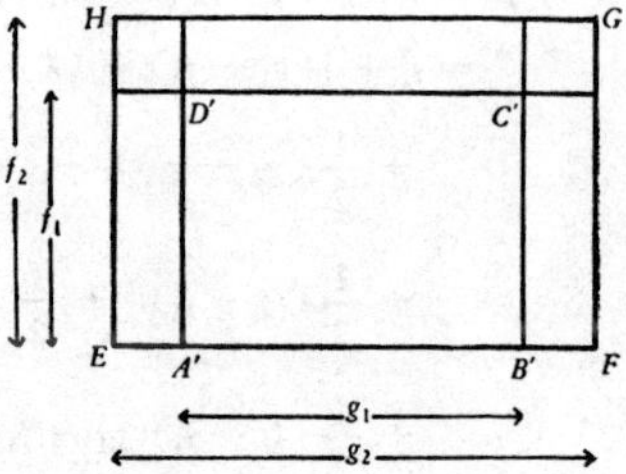

如图，$EFGH$ 为仰观台的地基，$A'B'C'D'$ 为台顶 $ABCD$ 在基地上的投影。在台的东北隅、西北隅各有一个阳马[2)]，它们底面积的和为 $(f_2-f_1)(g_2-g_1)$，体积 V_1 为 $\frac{1}{3}(f_2-f_1)(g_2-g_1)h$。因 $h=f_1+(h-f_1)$，故

$$V_1=\frac{1}{3}(f_2-f_1)(g_2-g_1)f_1+\frac{1}{3}(f_2-f_1)(g_2-g_1)(h-f_1).$$

上式中，$\frac{1}{3}(f_2-f_1)(g_2-g_1)$ 为两隅阳马的平均剖面积，在术文里被称为"隅阳幂"。$\frac{1}{3}(f_2-f_1)(g_2-g_1)(h-f_1)$ 为两隅阳马体积的已知部分，被称为"隅阳截积"。

在台的北部有一个壍堵[3)]，它的底面积为 $(f_2-f_1)g_1$，体积 V_2 为 $\frac{1}{2}(f_2-f_1)g_1h$。因 $g_1=f_1+(g_1-f_1)$，故

$$\begin{aligned}V_2&=\frac{1}{2}(f_2-f_1)[f_1+(g_1-f_1)][f_1+(h-f_1)]\\&=\frac{1}{2}(f_2-f_1)f_1^2+\frac{1}{2}(f_2-f_1)[(g_1-f_1)+(h-f_1)]f_1+\\&\quad+\frac{1}{2}(f_2-f_1)(g_1-f_1)(h-f_1).\end{aligned}$$

上式中，$\frac{1}{2}(f_2-f_1)(g_1-f_1)$ 为这个壍堵的平均剖面积，在术文里被称为"隅头幂"，$\frac{1}{2}(f_2-f_1)(g_1-f_1)(h-f_1)$ 为 V_2 的已知部分，被称为"隅头截积"。

在台的东部、西部各有一个壍堵，它们底面积的和为 $(g_2-g_1)f_1$，体积 V_3 为 $\frac{1}{2}(g_2-g_1)f_1h$，

---

1) "方法"、"廉法"这两个术语最早见于《九章算术·少广章》"开立方术"的刘徽注中。

2) 据《九章算术·商功章》，阳马是底面为长方形而有一棱与底面垂直的锥体。

3) 壍堵是底面为长方形的楔形体。

$$V_3=\frac{1}{2}(g_2-g_1)f_1^2+\frac{1}{2}(g_2-g_1)(h-f_1)f_1.$$

基地 $A'B'C'D'$ 之上为一长方柱体，它的体积 V_4 为 f_1g_1h。

$$\begin{aligned}V_4&=[f_1+(g_1-f_1)][f_1+(h-f_1)]f_1\\&=f_1^3+[(g_1-f_1)+(h-f_1)]f_1^2+(g_1-f_1)(h-f_1)f_1.\end{aligned}$$

$$\begin{aligned}V&=V_4+V_3+V_2+V_1.\\&=f_1^3+[(g_1-f_1)+(h-f_1)]f_1^2+(g_1-f_1)(h-f_1)f_1\\&\quad+\frac{1}{2}(g_2-g_1)f_1^2+\frac{1}{2}(g_2-g_1)(h-f_1)f_1\\&\quad+\frac{1}{2}(f_2-f_1)f_1^2+\frac{1}{2}(f_2-f_1)[(g_1-f_1)+(h-f_1)]f_1\\&\quad+\frac{1}{2}(f_2-f_1)(g_1-f_1)(h-f_1)\\&\quad+\frac{1}{3}(f_2-f_1)(g_2-g_1)f_1+\frac{1}{3}(f_2-f_1)(g_2-g_1)(h-f_1).\end{aligned}$$

因此，术文中说明：在三次方程

$$f_1^3+pf_1^2+qf_1=r$$

中，

$$r=V-\left[\frac{1}{2}(f_2-f_1)(g_1-f_1)(h-f_1)+\frac{1}{3}(f_2-f_1)(g_2-g_1)(h-f_1)\right],$$

$$q=[m+(g_1-f_1)](h-f_1)+\frac{1}{2}(f_2-f_1)(g_1-f_1)+\frac{1}{3}(f_2-f_1)(g_2-g_1),$$

$$p=m+(g_1-f_1)+(h-f_1),$$

式内 $m=\frac{1}{2}[(f_2-f_1)+(g_2-g_1)]$，在术文中称为“正数”。

以已知数据入算，得

$$f_1^3+17f_1^2+71\frac{2}{3}f_1=1677\frac{2}{3}$$

开带从立方，得 $f_1=7$ 丈。

由此得 $g_1=7+3=10$ 丈，$f_2=7+2=9$ 丈，$g_2=10+4=14$ 丈，$h=7+11=18$ 丈。

2. 求甲、乙二县人造仰观台均给积尺受广袤术。

仰观台是由甲、乙二县所供徭役造成的。先由甲县 1418 人施工五日，造成的台积为 $1418\times5\times75=531{,}750$ 立方尺。继由乙县 3222 人施工五日，续成台积 $3222\times5\times75=1208{,}250$ 立方尺。共 1740 立方丈。本题求甲、乙二县人所造的台体积各有多少高。王孝通解题时先求乙县人所造仰观台上部的高度(简称乙高)。

“术曰：以程功尺数乘乙县人，又以限日乘之，为乙积。三因之，又以高幂乘之，

以上下广差乘袤差而一,为实。又以台高乘上广,广差而一,为上广之高。又以台高乘上袤,袤差而一,为上袤之高。又以上广之高乘上袤之高,三之为方法。又并两高,三之,二而一,为廉法,从。开立方除之,即乙高。以减本高,余即甲高。”(下略)

设 V' 为乙县人造成的仰观台上部的体积。f_1, f_2, g_1, g_2, h 为台的上下广,上下袤和高,如前。依据术文计算实,方法,廉法数字如下。

$$r=\frac{3V'h^2}{(f_2-f_1)(g_2-g_1)}=146{,}802{,}375\text{ 立方尺},$$

$$q=3\frac{f_1h}{f_2-f_1}\cdot\frac{g_1h}{g_2-g_1}=850500\text{ 方尺},$$

$$p=\frac{3}{2}\left(\frac{f_1h}{f_2-f_1}+\frac{g_1h}{g_2-g_1}\right)=1620\text{ 尺}.$$

立出开方式 $x^3+1620x^2+850500x=146{,}802{,}375$ 开带从立方,得 $x=135$ 尺,就是“乙高”。从台高 180 尺内减去 135 尺,得 45 尺,就是“甲高”。

上列的三次方程是怎样立出来的?要了解它,请看王孝通的自注。设 x 为乙积的高,f', g' 为乙积的下广、下袤,依据《九章算术·商功章》刍童术,

$$V'=[(2g_1+g')f_1+(2g'+g_1)f']x/6$$

或

$$6V'=(2g_1f_1+g'f_1+2g'f'+g_1f')x \tag{I}$$

在上列方程中,不仅 x 为所求的未知数,f', g' 也是未知数。但 f', g' 与 x 有着下列的关系:

$$\frac{x}{f'-f_1}=\frac{h}{f_2-f_1},\qquad \frac{x}{g'-g_1}=\frac{h}{g_2-g_1}$$

或

$$\frac{f'h}{f_2-f_1}=\frac{f_1h}{f_2-f_1}+x,\qquad \frac{g'h}{g_2-g_1}=\frac{g_1h}{g_2-g_1}+x$$

借此可以消去(Ⅰ)式中的 f', g'。自注说:

“此应六因乙积,台高再乘,上下广差乘袤差而一。”

这说明:求乙高的三次方程应有一个常数项 $6V'h^2/(f_2-f_1)(g_2-g_1)$。以 $h^2/(f_2-f_1)(g_2-g_1)$ 乘 (I) 式两端,得

$$\frac{6V'h^2}{(f_2-f_1)(g_2-g_1)}=\left(2\frac{f_1h}{f_2-f_1}\cdot\frac{g_1h}{g_2-g_1}+\frac{f_1h}{f_2-f_1}\cdot\frac{g'h}{g_2-g_1}\right.$$
$$\left.+2\frac{f'h}{f_2-f_1}\cdot\frac{g'h}{g_2-g_1}+\frac{f'h}{f_2-f_1}\cdot\frac{g_1h}{g_2-g_1}\right)x. \tag{II}$$

“又以台高乘上广,广差而一,为上广之高。又以台高乘上袤,袤差而一,为上袤之高。以上广之高乘上袤之高为小幂二。”

这说明:(II) 式右边括号内的第一项为 $2\frac{f_1h}{f_2-f_1}\cdot\frac{g_1h}{g_2-g_1}$。“上广之高”、“上袤之

高”两个名词表示什么呢？

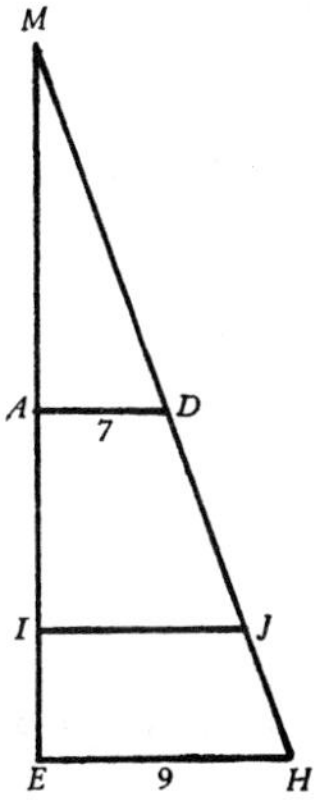

图 a

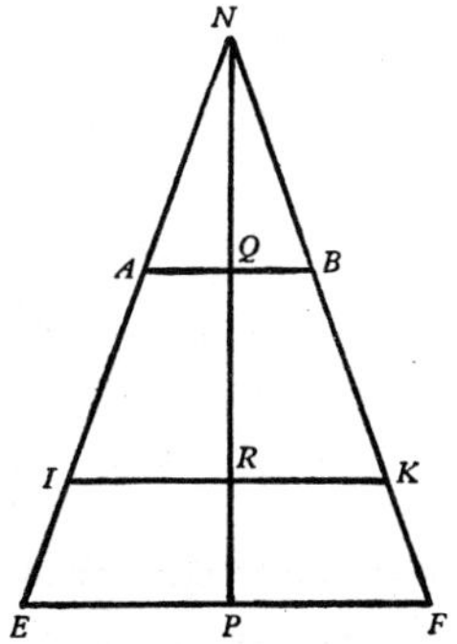

图 b

如图 a，AD 为台的上广，EH 为下广，EA 为台高。EA 和 HD 的延长线交于 M。AM 为上广 AD 上面的“高”。$AM=\dfrac{AD\cdot AE}{EH-AD}=\dfrac{f_1h}{f_2-f_1}$。

如图 b，AB 为上袤，EF 为下袤，PQ 为台高。EA 和 FB 的延长线交于 N。QN 为上袤 AB 上面的“高”。$QN=\dfrac{AB\cdot PQ}{EF-AB}=\dfrac{g_1h}{g_2-g_1}$。

再在图 a 里作 IJ 线，为乙积的下广，在图 b 里作 IK 线，为乙积的下袤，于是 IM 为“下广之高”，RN 为“下袤之高”。

$$IM=\frac{IJ\cdot AE}{EH-AD}=\frac{f'h}{f_2-f_1}$$

$$RN=\frac{IK\cdot AE}{EF-AB}=\frac{g'h}{g_2-g_1}.$$

自注说：

“（以上广之高）因下袤之高为中幂一。凡下袤、下广之高即是截高与上袤、上广之高相连并数。然此有中幂定有小幂一，又有上广之高乘截高为幂一。”

这说明

$$RN=QN+RQ,\qquad \frac{g'h}{g_2-g_1}=\frac{g_1h}{g_2-g_1}+x;$$

$$IM=AM+IA,\qquad \frac{f'h}{f_2-f_1}=\frac{f_1h}{f_2-f_1}+x.$$

(II) 式右边括号内第二项

$$\frac{f_1h}{f_2-f_1}\cdot\frac{g'h}{g_2-g_1}=\frac{f_1h}{f_2-f_1}\cdot\frac{g_1h}{g_2-g_1}+\frac{f_1h}{f_2-f_1}\cdot x.$$

"又下广之高乘下袤之高为大幂二。乘上袤之高，为中幂一。其大幂之中又有小幂一，复有上广、上袤之高各乘截高，为中幂各一，又截高自乘为幂一。其中幂之內有小幂一，又上袤之高乘截高为幂一。"

这说明(II)式右边括号內的第三项、第四项为

$$2\frac{f'h}{f_2-f_1}\cdot\frac{g'h}{g_2-g_1}+\frac{f'h}{f_2-f_1}\cdot\frac{g_1h}{g_2-g_1}$$

因

$$\frac{f'h}{f_2-f_1}\cdot\frac{g'h}{g_2-g_1}=\left(\frac{f_1h}{f_2-f_1}+x\right)\left(\frac{g_1h}{g_2-g_1}+x\right)$$
$$=\frac{f_1h}{f_2-f_1}\cdot\frac{g_1h}{g_2-g_1}+\frac{f_1h}{f_2-f_1}x+\frac{g_1h}{g_2-g_1}x+x^2,$$
$$\frac{f'h}{f_2-f_1}\cdot\frac{g_1h}{g_2-g_1}=\frac{f_1h}{f_2-f_1}\left(\frac{g_1h}{g_2-g_1}+x\right)$$
$$=\frac{f_1h}{f_2-f_1}\cdot\frac{g_1h}{g_2-g_1}+\frac{f_1h}{f_2-f_1}x.$$

故

$$2\frac{f'h}{f_2-f_1}\cdot\frac{g'h}{g_2-g_1}+\frac{f'h}{f_2-f_1}\cdot\frac{g_1h}{g_2-g_1}$$
$$=3\frac{f_1h}{f_2-f_1}\cdot\frac{g_1h}{g_2-g_1}+3\frac{f_1h}{f_2-f_1}x+2\frac{g_1h}{g_2-g_1}x+2x^2.$$

"然则截高自相乘为幂二，小幂六，又上广、上袤之高各三，以乘截高为幂六。令皆半之，故以三乘小幂。又上广、上袤之高各三，今但半之，各得一又二分之一，故三之二而一。"

这说明(II)式括号內四项之和为

$$2x^2+\left(3\frac{f_1h}{f_2-f_1}+3\frac{g_1h}{g_2-g_1}\right)x+6\frac{f_1h}{f_2-f_1}\cdot\frac{g_1h}{g_2-g_1}$$

取其一半，得

$$x^2+\frac{3}{2}\left(\frac{f_1h}{f_2-f_1}+\frac{g_1h}{g_2-g_1}\right)x+3\frac{f_1h}{f_2-f_1}\cdot\frac{g_1h}{g_2-g_1}$$

自注最后说：

"诸幂乘截高为积尺。"

上列四项面积之和乘截高 x 应是 $\frac{6V'h^2}{(f_2-f_1)(g_2-g_1)}$。今但取其一半，故

$$x^3+\frac{3}{2}\left(\frac{f_1h}{f_2-f_1}+\frac{g_1h}{g_2-g_1}\right)x^2+3\frac{f_1h}{f_2-f_1}\cdot\frac{g_1h}{g_2-g_1}x=\frac{3V'h^2}{(f_2-f_1)(g_2-g_1)}.$$

这一段自注在流传到清代的南宋刻本《缉古算经》中有很多衍文夺字，全文大意颇难体会。本人依据骆腾凤的"重订缉古算经仰观台求乙高术"[1]重加校订，对王孝通的"求均给积尺受广袤术"才能有所理解。李潢《缉古算经考注》(1812)、陈杰《缉古算经图解》

1) 骆腾凤(1770—1841)《艺游录》卷一。

(1823)对求仰观台乙高术各自作了一些解释，但由于忽视了自注中“凡下袤、下广之高即是截高与上袤、上广之高相连并数”一语，他们的解释都未得要领。张敦仁《缉古算经细草》(1803)以元代人的天元术，本人三十多年前所撰的《中国算学史》(1931)以近代代数方法导出“求均给积尺受广袤术”，也都不合王孝通造术的原意。

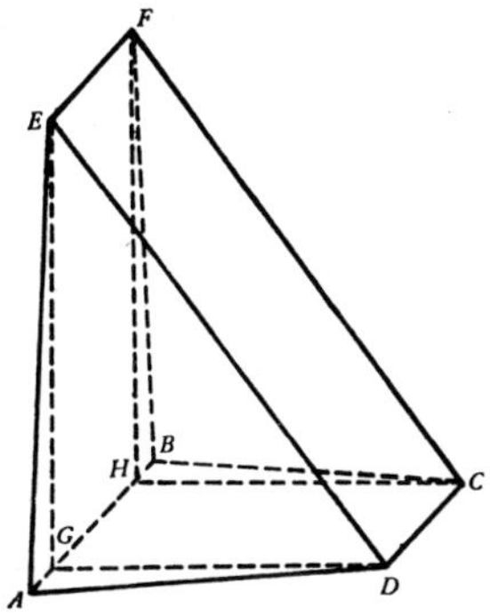

3. 求羡道广、袤、高术。

“求羡道广、袤、高术曰：以均赋常积乘二县五十六乡，又六因为积。又以道上广多下广数加上广少袤为下广少袤。又以高多袤加下广少袤为下广少高。以乘下广少袤为隅幂[1)]。又以下广少上广乘之，为鳖隅积。以减积，余，三而一，为实。并下广少袤与下广少高，以下广少上广乘之，为鳖从横廉幂，三而一，加隅幂，为方法。又以三除上广多下广，以下广少袤、下广少高加之，为廉法，从。开立方除之，即下广。加广差即上广。加袤多上广于上广即袤，加高多袤即道高。”

羡道如上图，它的基地为一梯形，北边宽，南边狭，台阶的斜面为一长方形。设 b_1 为“下广”，CD，EF；b_2 为“上广”，AB；l 为“袤”；GD；h 为高，GE；V 为羡道体积。据题示，已知

$$V=(13+43)6300=352800\text{ 立方尺}$$

$$b_2-b_1=12\text{ 尺}$$

$$l-b_1=l-b_2+b_2-b_1=104+12=116\text{ 尺}$$

$$h-b_1=h-l+l-b_1=40+116=156\text{ 尺}.$$

求 b_1，b_2，l 和 h。

通过 DE 边和 CF 边，分别作垂直平面 EGD 和 FHC，分解羡道体为中间一个堑堵和两旁两个鳖臑[2)]。堑堵体积为 $\frac{1}{2}hlb_1$，二鳖臑体积之和为 $\frac{1}{6}(b_2-b_1)hl$，由此得

$$6V=3hlb_1+(b_2-b_1)hl$$

因

$$h=b_1+(h-b_1),\quad l=b_1+(l-b_1).$$

故

$$\begin{aligned}6V&=3[b_1+(h-b_1)][b_1+(l-b_1)]b_1+(b_2-b_1)[b_1\\&\quad+(h-b_1)][b_1+(l-b_1)]\\&=3b_1^3+3[(h-b_1)+(l-b_1)]b_1^2+3(h-b_1)(l-b_1)b_1\\&\quad+(b_2-b_1)b_1^2+(b_2-b_1)[(h-b_1)+(l-b_1)]b_1\\&\quad+(b_2-b_1)(h-b_1)(l-b_1).\end{aligned}$$

1) “隅幂”各本讹作“隅阳幂”，多一个“阳”字，今删去。

2) 鳖臑为三个棱相互垂直的四面体。

术文中称 $(h-b_1)(l-b_1)$ 为"隅幂"，$(b_2-b_1)(h-b_1)(l-b_1)$ 为"鳖隅积"。因鳖隅积为一已知量，在建立开方式时应从 $6V$ 中减去。又因 b_1^3 的系数为 3，故开方式各项俱以 3 除。设最后的开方式为

$$b_1^3+pb_1^2+qb_1=r$$

则

$$r=\frac{1}{3}[6V-(b_2-b_1)(h-b_1)(l-b_1)]$$

$$q=\frac{1}{3}[(h-b_1)+(l-b_1)](b_2-b_1)+(h-b_1)(l-b_1)$$

$$p=\frac{1}{3}(b_2-b_1)+(h-b_1)+(l-b_1).$$

以已知数入算，得

$$b_1^3+476b_1^2+19184b_1=633216$$

开带从立方，得 $b_1=24$ 尺

$$b_2=24+12=36\text{ 尺},\qquad l=36+104=140\text{ 尺}$$

$$h=140+40=180\text{ 尺}.$$

4. 求羡道均给积尺，甲县受广袤术。

"求羡道均给积尺，甲县受广袤术曰：以均赋常积乘甲县一十三乡，又六因为积。以袤再乘之，以道上下广差乘台高为法而一，为实。又三因下广，以袤乘之，如上下广差而一，为都廉，从。开立方除之，即甲袤。以广差乘甲袤，本袤而一，以下广加之，即甲上广。又以台高乘甲袤，本袤除之，即甲高。"

已知羡道下广 $b_1=24$ 尺，本上广 $b_2=36$ 尺，本高 $h=180$ 尺，本袤 $h=140$ 尺。设 V' 为甲县十三乡徭役共筑羡道一部分体积；y 为这一部分羡道的袤，h' 为高，b' 为上广。已知 $V'=13\times6300=81900$ 立方尺，求 y，h' 和 b'。

V' 与 b'，h'，y 的关系是：

$$(b'-b_1)h'y+3b_1h'y=6V',$$

式內 y，b'，h' 都是未知量。但因

$$\frac{h'l}{h}=\frac{(b'-b_1)l}{b_2-b_1}=y.$$

故以 $\frac{l^2}{h(b_2-b_1)}$ 乘上式两端，得

$$\frac{(b'-b_1)l}{b_2-b_1}\cdot\frac{h'l}{h}\cdot y+3b_1\frac{h'l}{h}\cdot\frac{l}{b_2-b_1}\cdot y=\frac{6V'l^2}{(b_2-b_1)h}.$$

也就是

$$y^3+\frac{3b_1l}{b_2-b_1}y^2=\frac{6V'l^2}{(b^2-b_1)h}.$$

以已知数量代入,得

$$y^3 + 840y^2 = 4459000$$

开带从立方,得"甲袤" $y = 70$ 尺,

甲上广 $$b' = \frac{(b_2 - b_1)y}{l} + b_1 = 30 \text{ 尺}$$

甲高 $$h' = \frac{hy}{l} = 90 \text{ 尺}.$$

二、第三题术文疏証

«缉古算术»第三题用 290 个字写出,是全书中字数最多的一个题目。

"假令筑堤,西头上下广差六丈八尺二寸,东头上下广差六尺二寸,东头高少于西头高三丈一尺,上广多东头高四尺九寸,正袤多于东头高四百七十六尺九寸。甲县六千七百二十四人,乙县一万六千六百七十七人,丙县一万九千四百四十八人,丁县一万二千七百八十一人:四县每人一日穿土九石九斗二升,每人一日筑常积一十一尺四寸、十三分寸之六。穿方一尺得土八斗。古人负土二斗四升八合,平道行一百九十二步,一日六十二到。今隔山渡水取土,其平道只有一十一步,山斜高三十步,水宽一十二步。上山三当四,下山六当五,水行一当二,平道踟蹰十加一,载输一十四步。减计一人作功为均积。四县共造,一日役毕。今从东头与甲,其次与乙、丙、丁。问给斜、正袤与高及下广,幷每人一日自穿、运、筑程功,及堤上、下高、广各几何?"

这个问题的解法分三个部分:第一部分是每个民工劳动一天筑成堤工的土方数量,这是一个算术问题;第二部分是求堤工的东西两头的高、广和全堤的长;第三部分是求甲、乙、丙、丁四县民工各自负责建筑一段堤工的长,主要运用了代数方法。末了,王孝通提出了"求堤都积术",这是一个立体几何命题。

1. 求人到程功,运、筑积尺术。

"求人到程功,运、筑积尺术曰:置上山四十步,下山二十五步,渡水二十四步,平道一十一步,踟蹰之间十加一,载输一十四步,一返计一百二十四步。以古人负土二斗四升八合,平道行一百九十二步,以乘一日六十二到为实。却以一返步为法除,得自运土到数也。又以一到负土数乘之,却以穿方一尺土数除之,得一人一日运功积。又以一人穿土九石九斗二升,以穿方一尺土数除之为法,除之,得穿用人数。复置运功积,以每人一日常积除之,得筑用人数。幷之得六人,共成二十九尺七寸六分。以六人除之,即一人程功也。"

筑堤施工应有挖土、运土、填土三种性质的工事。本术先计算一人一日挖土多少,一人一日运土多少,一人一日填土多少,然后计算一人一日平均能筑堤工土方的数量。

先算运土方面的工作量。平路 11 步,上山 30 步相当于平路 $30 \times \frac{4}{3} = 40$ 步,下山

30 步相当于平路 $30 \times \frac{5}{6} = 25$ 步，涉水 12 步相当于平路 24 步，相加得 100 步。加十分之一，为 110 步。再加 14 步得 124 步。依据以往经验，一人负土 2.48 斗，平路行 192 步，一日可有 62 次往返。现在平路路程为 124 步，可有 $192 \times 62 \div 124 = 96$ 次往返。因此得一人一日"运功积" $2.48 \times 96 \div 8 = 29.76$ 立方尺。

一人一日穿土 99.2 斗，以 8 斗除之，得 12.4 立方尺。一人一日筑堤常积（填土）为 $11.4\frac{6}{13}$ 立方尺。一人一日往返运输的土须要有 $29.76 \div 12.4 = 2.4$ 人去挖，也要有 $29.76 \div 11.4\frac{6}{13} = 2.6$ 人来填。因此，这 29.76 立方尺的土方，应有 $1 + 2.4 + 2.6 = 6$ 个工。每人每日的工作量为 $29.76 \div 6 = 4.96$ 立方尺。

堤工的管理人员可以通过上面的计算，对三种不同性质的工种作适当的安排——在 60 个民工中应有 24 人穿土，10 人运土，26 人填土。

2. 求堤上、下广及高袤术。

> "求堤上、下广及高、袤术曰：一人一日程功乘总人为堤积。以高差乘下广差，六而一，为鳖羃。又以高差乘小头广差，二而一，为大卧堑头羃。又半高差乘上广多东头高之数，为小卧堑头羃。并三羃为大小堑鳖率。乘正袤多小高之数，以减堤积，余为实。又置半高差及半小头广差与上广多小头高之数，并三差，以乘正袤多小头高之数。以加率为方法。又并正袤多小高、上广多小高及半高差，兼半小头广差加之，为廉法，从。开立方除之，即小高。加差即各得广、袤、高。又正袤自乘、高差自乘并，而开方除之，即斜袤。"

这个堤工的垂直剖面是等腰梯形。堤顶是水平的平面，它的宽度 a 是梯形剖面的"上广"。因西头地面低，东头地面高，堤工的底面是一个斜面。西头梯形剖面的高 h_2 大于东头梯形剖面的高 h_1，西头梯形的下广 b_2 也大于东头梯形的下广 b_1。堤的袤（两头梯形面间的平距离）是 l。如下图。

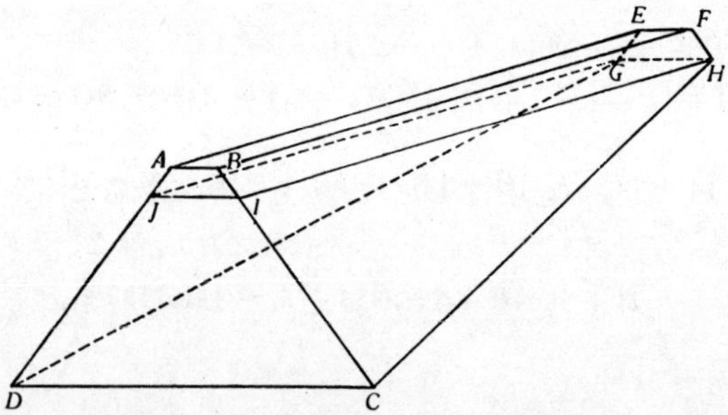

已知："高差" $h_2 - h_1 = 310$ 寸，"下广差" $b_2 - b_1 = 620$ 寸，"小头广差" $b_1 - a = 62$ 寸，"上广多小高" $a - h_1 = 49$ 寸，"正袤多小高" $l - h_1 = 4769$ 寸，四县民工共 55630

人,以一人一日筑堤 4960 立方寸乘,得体积 $V = 275{,}924{,}800$ 立方寸,求 h_1, h_2, a_1, b_1, b_2 和 l。

下一术的自注说:"此平堤在上,羡除在下。两高之差即除高。其除两边各一鳖臑,中,一壍堵。"王孝通创立此术时从分解堤工为平堤、壍堵、鳖臑三种立体形入手是无可怀疑的。通过东头梯形的下底 GH 作水平面 $GHIJ$ 与堤的顶面 $EFBA$ 平行。在这个平面之上为一个平堤,它的体积为 $\left[ah_1 + \frac{1}{2}(b_1 - a)h_1\right] l$,在这个平面之下是一个羡除,它的体积为壍堵体积 $\frac{1}{2} b_1(h_2 - h_1)l$ 与鳖臑体积 $\frac{1}{6}(b_2 - b_1)(h_2 - h_1)l$ 之和。故堤工的全部体积是:

$$V = \left[ah_1 + \frac{1}{2}(b_1 - a)h_1 + \frac{1}{2} b_1(h_2 - h_1) + \frac{1}{6}(b_2 - b_1)(h_2 - h_1)\right] l. \tag{1}$$

因问题所求各数中以 h_1 为最小,故用 h_1 为未知量,令

$$a = h_1 + (a - h_1)$$
$$b_1 = h_1 + (a - h_1) + (b_1 - a)$$
$$l = h_1 + (l - h_1)$$

代入(1)式,得

$$V = \left\{\left[h_1 + (a - h_1) + \frac{1}{2}(b_1 - a)\right] h_1 + \frac{1}{2}[h_1 + (a - h_1) + (b_1 - a)](h_2 - h_1) + \frac{1}{6}(b_2 - b_1)(h_2 - h_1)\right\}(h_1 + l - h_1) \tag{2}$$

在术文里 $\frac{1}{6}(b_2 - b_1)(h_2 - h_1)$ 称为"鳖幂",$\frac{1}{2}(b_1 - a)(h_2 - h_1)$ 称为"大卧壍头幂",$\frac{1}{2}(a - h_1)(h_2 - h_1)$ 称为"小卧壍头幂",这三幂之和称为"大小壍鳖率",我们以字母 A 表示之。三个差数之和 $(a - h_1) + \frac{1}{2}(b_1 - a) + \frac{1}{2}(h_2 - h_1)$,我们用字母 k 表示之。(2)式化简为

$$V = (h_1^2 + kh_1 + A)[h_1 + (l - h_1)]$$
$$= h_1^3 + [k + (l - h_1)]h_1^2 + [k(l - h_1) + A]h_1 + A(l - h_1)$$

由此得

$$h_1^3 + [k + (l - h_1)]h_1^2 + [k(l - h_1) + A]h_1 = V - A(l - h_1) \tag{3}$$

以已知数入算,得

$$h_1^3 + 5004h_1^2 + 1169953\frac{1}{3} h_1 = 41107188\frac{1}{3}. \tag{4}$$

开带从立方,得 $h_1 = 31$ 寸,

由此得

$h_2 = 341$ 寸, $a = 80$ 寸, $b_1 = 142$ 寸

$b_2 = 762$ 寸, $l = 480$ 尺.

并且用句、股求弦术得堤工的斜袤

$$\sqrt{l^2+(h_2-h_1)^2}=481\text{ 尺}。$$

3. 求甲县负责建筑的部分堤工高、广，正、斜袤术。

“求甲县高、广，正、斜袤术曰：以程功乘甲县人，以六因取积。又乘袤冪，以下广差乘高差为法除之，为实。又并小头上、下广，以乘小高，三因之为垣头冪。又乘袤冪，如法而一，为垣方。又三因小头下广，以乘正袤，以广差除之，为都廉，从。开立方除之，得小头袤，卽甲袤。又以下广差乘之，以正袤除之，所得，加东头下广，卽甲广。又以两头高差乘甲袤，以正袤除之，以加东头高，卽甲高。又以甲袤自乘，以堤东头高減甲高，余，自乘，并二位，以开方除之，卽得斜袤。若求乙、丙、丁，各以本县程功积尺。每以前大高、广为后小高、广。凡廉母自乘为方母，廉母乘方母为实母。”

题中说：“四县共造，一日役毕。今从东头与甲，其次与乙、丙、丁。”甲县民工所担当的一段堤工是从东头筑起，应有土方，$V'=6724\times 4960=33{,}351{,}040$ 立方寸。已知 $a=8$ 尺，$b_1=14.2$ 尺，$b_2=76.2$ 尺，$h_1=3.1$ 尺，$h_2=34.1$ 尺，$l=480$ 尺，求甲县民工所筑一段堤工的袤 z 和它的西头高 h' 及西头下广 b'。

将这段堤工分解为平堤(在术文中简称为“垣”)、壍堵、鳖臑三种立体形，从而立出甲县民工负责建筑的堤工体积公式：

$$V'=\frac{1}{6}(b'-b_1)(h'-h_1)z+\frac{1}{2}b_1(h'-h_1)z+\frac{1}{2}(a+b_1)h_1z.$$

也就是

$$(b'-b_1)(h'-h_1)z+3b_1(h'-h_1)z+3(a+b_1)h_1z=6V'. \tag{1}$$

以 $\dfrac{l^2}{(b_2-b_1)(h_2-h_1)}$ 乘(1)式两端，得

$$\frac{(b'-b_1)l}{b_2-b_1}\cdot\frac{(h'-h_1)l}{h_2-h_1}\cdot z+\frac{3b_1l}{b_2-b_1}\cdot\frac{(h'-h_1)l}{h_2-h_1}\cdot z$$
$$+\frac{3(a+b_1)h_1l^2}{(b_2-b_1)(h_2-h_1)}z=\frac{6V'l^2}{(b_2-b_1)(h_2-h_1)}$$

因

$$\frac{(b'-b_1)l}{b_2-b_1}=\frac{(h'-h_1)l}{h_2-h_1}=z,$$

故得求甲袤 z 的三次方程：

$$z^3+\frac{3b_1l}{b_2-b_1}z^2+\frac{3(a+b_1)h_1l^2}{(b_2-b_1)(h_2-h_1)}z=\frac{6V'l^2}{(b_2-b_1)(h_2-h_1)} \tag{2}$$

本条术文的下面有王孝通的自注。这个注文在传刻本中有误文夺字，须要校勘。本人为中华书局校点《算经十书》时对注文作了过多的改动，以致不能符合王孝通的原意，理应向读者承认错误。今特重加校订，并分段疏解如下：

“此平堤在上，羡除在下。两高之差卽除[1]高。其除两边各一鳖臑，中一壍堵。”

这说明甲县民工负责建筑的堤工（和全部堤工一样）可以分解为平堤和羡除两部分，在下的羡除又可分解为一个壍堵和二个鳖臑。平堤、壍堵、鳖臑同以截袤 z 为袤。它们的体积分别是

$$\frac{1}{2}(a+b_1)h_1z,\quad \frac{1}{2}b_1(h'-h_1)z,\quad \frac{1}{6}(b'-b_1)(h'-h_1)z.$$

“今以袤再乘积[2]，广差乘高差[3]而一，得截鳖臑袤再乘为立方一。又壍堵袤自乘为幂一，又三因小头下广，大袤乘之，广差而一，与幂为高，故为廉法。”

这说明：$6V'=(b'-b_1)(h'-h_1)z+3b_1(h'-h_1)z+3(a+b_1)h_1z$. 以 l^2 乘，以 $(b_2-b_1)(h_2-h_1)$ 除上式两边，右边第一项变为

$$\frac{(b'-b_1)l}{b_2-b_1}\cdot\frac{(h'-h_1)l}{h_2-h_1}\cdot z=z^3$$

第二项变为

$$3b_1\frac{(h'-h_1)l}{h_2-h_1}\cdot\frac{l}{b_2-b_1}\cdot z=\frac{3b_1l}{b_2-b_1}z^2.$$

$\frac{3b_1l}{b_2-b_1}z^2$ 的几何意义是：以 z^2 为底面积，$\frac{3b_1l}{b_2-b_1}$ 为高的正方形柱体。在代数意义上，$\frac{3b_1l}{b_2-b_1}$ 是 z^2 的系数，也就是廉法。

“又并小头上下广，又三之，以乘小头高为头幂，意同六除。然此头幂本乘截袤，又袤再[4]乘之，差相乘而一。今还依数乘除[5]头幂为从，得截袤为广。”[6]

这说明：平堤两头的面积原为 $\frac{1}{2}(a+b_1)h_1$，现在取它的六倍，应是 $3(a+b_1)h_1$，这和羡除部分用六倍入算有同样的理由。上式右边第三项，以 l^2 乘，$(b_2-b_1)(h_2-h_1)$ 除，得 $\frac{3(a+b_1)h_1l^2}{(b_2-b_1)(h_2-h_1)}z$。$z$ 的系数称为“方法”，也得称“从”。这一项又可以说是以 z 为“广”的立体积。

事实上，本术和第二题的求羡道甲袤术是属于同一类型的。所不同的是：由于羡道沒有平堤故开方式中 $h_1=0$。本术与求羡道求甲袤术，所用的代数方法是一致的。

以已给的数字计算(2)式的实、方法、廉法，得

实，$$\frac{6V'l^2}{(b_2-b_1)(h_2-h_1)}=\frac{743{,}620{,}608}{31},$$

1) “除”是羡除的简称，下文同。

2) 本条术文说：“以程功乘甲县人，以六因取积”，所以注中的“积”是 $6V'$，原文不误。我在校点《算经十书》时，误信李潢《考注》在“积”字上添补“六因”二字，是错误的。

3) “高差”各本俱讹作“袤差”，今校正。

4) “再”字原缺，今补。

5) “乘除”下原衍一“一”字，今删。

6) “得截袤为广”系南宋本原文，不误。中华书局《算经十书》本校改为“开立方除之得截袤”是错误的。

方法，

$$\frac{3(a+b_1)h_1l^2}{(b_2-b_1)(h_2-h_1)}=\frac{167,232}{31}$$

廉法，

$$\frac{3b_1l}{b_2-b_1}=\frac{10,224}{31}$$

开立方除之，得甲袤 $z=192$ 尺，

甲西头下广 $b'=b_1+\frac{(b_2-b_1)z}{l}=39$ 尺

甲西头高 $h'=h_1+\frac{(h_2-h_1)z}{l}=15.5$ 尺

甲斜袤 $\sqrt{z^2+(h'-h_1)^2}=192.4$ 尺

求乙县民工所筑的一段堤工的正袤时，所立的开方式与甲袤的开方式相仿。设 b''，h'' 为乙县民工所筑段的西头下广和高，u 为这段堤工的正袤，V'' 为这段堤工的体积，那末

$$(b''-b')(h''-h')u+3b'(h''-h')u+3(a+b')h'u=6V''$$

因

$$\frac{(b''-b')l}{b_2-b_1}=\frac{(h''-h')l}{h^2-h_1}=u,$$

故以 $\frac{l^2}{(b_2-b_1)(h_2-h_1)}$ 乘上式两端，得

$$u^3+\frac{3b'l}{b_2-b_1}u^2+\frac{3(a+b')l^2}{(b_2-b_1)(h_2-h_1)}u=\frac{6V''l^2}{(b_2-b_1)(h_2-h_1)}$$

开带从立方得 u，又依前术求得 b'' 和 h''。

仿此可求丙县民工所筑一段堤工的袤。

术文的最后一句，——“凡廉母自乘为方母，廉母乘方母为实母”，当是有关开带从立方的话，留待下文第三节里讨论。

4. 求堤积术。

“求堤都积术曰：置西头高，倍之，加东头高，又并西头上、下广，半而乘之。又置东头高，倍之，加西头高，又并东头上、下广，半而乘之。并二位积，以正袤乘之，六而一，得堤积也。”

一般堤工的顶面是有一定宽度的水平面，它的两侧斜面应有与泥土的休止角有关的一定的坡度。王孝通在本题里设计的堤工，在 48 丈长一段的东西两头剖面高低不平，但上广都是 8 尺，两侧斜面的坡度 $\left(\frac{2h_1}{b_1-a}=\frac{2h_2}{b_2-a}\right)$ 都是 1:1，这是适合工程实际的。但作为一个数学问题，不妨假定：堤工的顶面宽度由一头的 a_1 逐渐放宽到另一头的 a_2，两侧斜面的坡度由一头的 $\frac{2h_1}{b_1-a_1}$ 逐渐改变为另一头的 $\frac{2h_2}{b_2-a_2}$。假如这段堤工从东头到西

头两侧的坡度并不一致,它的侧面就不是平面而是曲面,堤工的体积就不能用"平堤在上,羡除在下"的分解方法来计算。因此,王孝通创立了一个普遍正确的堤工体积公式——"求堤都积术"。

$$V = \left[(2h_1 + h_2)\frac{a_1 + b_1}{2} + (2h_2 + h_1)\frac{a_2 + b_2}{2}\right]\frac{l}{6}.$$

在《缉古算术》书中沒有注明这个公式的来历。明清二代的数学家们对此发生了许多误会1)。我们认为:王孝通创立"求堤都积术"时可能应用了祖暅公理。

假如有一个立体形,一头广 $g_1 = \frac{a_1 + b_1}{2}$,高 h_1;一头广 $g_2 = \frac{a_2 + b_2}{2}$,高 h_2;正袤 l;侧面都是平面,它的体积可用《九章算术·商功章》刍童术

$$V = [(2h_1 + h_2)g_1 + (2h_2 + h_1)g_2]\frac{l}{6}$$

来计算。设 x 为这个刍童体的一个垂直剖面到高 h_1 的一头的平距离,这个剖面的广为 $g_x = g_1 + (g_2 - g_1)\frac{x}{l}$,高 $h_x = h_1 + \frac{(h_2 - h_1)x}{l}$。

堤工的顶面是一个水平的梯形,它的底面是一个倾斜的梯形,在离东头 x 处的垂直剖面也是一个梯形,它的上广是 $a_x = a_1 + (a_2 + a_1)x/l$,下广是 $b_x = b_1 + (b_2 - b_1)x/l$。这个垂直剖面的面积是

$$\begin{aligned}\frac{a_x + b_x}{2}\cdot h_x &= \left[\frac{a_1 + b_1}{2} + \left(\frac{a_2 + b_2}{2} - \frac{a_1 + b_1}{2}\right)\frac{x}{l}\right]h_x\\ &= \left[g_1 + (g_2 - g_1)\frac{x}{l}\right]h_x\\ &= g_x h_x.\end{aligned}$$

这正是上述刍童体在 x 处的垂直剖面面积。由此可知堤工的任何垂直剖面与刍童的垂直剖面一一对应而面积相等。依据祖暅的"羃势既同,则积不容异"的体积公理,王孝通"求堤都积术"的正确性是显而易见的。

三、关于《緝古算术》的开带从立方法

我们在上引的第二题和第三题的术文里看到了八个三次方程,在其他问题里还有二十四个三次方程。在术文中,对每一个三次方程 $x^3 + px^2 + qx = r$,都用如下的文字叙述:以 r 为实。以 q 为方法(如 $q = 0$ 则无此一句)。以 p 为廉法,从。开立方除之,即得 x。我们认为这里的"立方"不是一个正立方而是一个有 qx、px^2 和 x^3 一起的广义"立方","开立方除之"就是求这个广义"立方"的根。术文应在"从"字断句,"从"有跟随的意义。《九章算术·句股》第 20 题是一个属于 $x^2 + kx = A$ 类型的二次方程问题,解题的术大致

1) 参见沈康身,"王孝通开河筑堤题分析",《杭州大学学报》,自然科学版,1964,第一卷第四期。

说：以 A 为实，k 为从法，开方除之，即 x。《张邱建算经》卷中第 22 题，卷下第 9 题也是同类型的二次方程问题，解题术文中称一次项系数 k 为"从"。杨辉《田亩比类乘除捷法》(1275)卷下引刘益《议古根源》称这个类型的二次方程为"带从平方"。明吴敬《九章算法比类大全》(1450)卷十有"带从廉开平方"幷有"带从方廉开立方"。我们认为：数字二次方程 $x^2+kx=A$ 的求正根法称为"开带从平方法"，数字三次方程 $x^3+px^2+qx=r$ 的求正根法称为"开带从立方法"：是名副其实的。

遗憾的是：在程大位《算法统宗》(1592)卷六里有"带纵开平方法"和"开立方带纵法"，他毫无根据地把"从"字改成"纵"字。清代初期的数学家大都盲从程大位说，在他们的数学著作中大谈其"开带纵平方法"和"开带纵立方法"。名不正则言不顺，这使他们的"带纵平方"局限于长方形面积，"带纵立方"局限于长方柱体积。

陈杰在他的《缉古算经音义》里列入"从开立方除之"一条，注云："此句六字连读。或以从字连上句读，误也。从，即容切，音宗，直也，横之对也。……"注文很长，但始终沒有说明："从"字为什么要读作"纵"字？"从开立方除之"六字连读又有什么意义？陈杰的这一条"音义"是不可理解的。

王孝通在各题的术文中说明了各个带从立方之后，接着说："开立方除之，即得……。"但是书中沒有数字计算的细草，王孝通开带从立方的演算程序颇难详考。根据《隋书·律历志》我们知道祖冲之(429—500)有"开差幂、开差立"的算法，这可能是他的开带从平方法和开带从立方法。因《缀术》书早已失传，无法知道"开差幂、开差立"二术的具体內容。王孝通是否引用了祖冲之的"开差立"术，姑不具论，但《缉古算术》的开带从立方法是《九章算术·少广章》"开立方术"的推广，是无可怀疑的。

《九章算术》"开立方术"是求正立方的根，它的术文抄录如下：

"置积为实。借一算，步之，超二等。议所得，以再乘所借一算为法，而除之。除已，三之为定法。复除，折而下。以三乘所得数置中行，复借一算置下行。步之，中超一，下超二等。复置议，以一乘中，再乘下，皆副，以加定法。以定法除。除已，倍下、幷中从定法。复除，折下如前。"

我们对上引的开立方术文略予增订，写成开带从立方术的条文如下，这可能符合王孝通"开立方除之"的原意。

置实、方法、廉法、隅法四项。步之：方法进一位，廉法进二位，隅法进三位。议得初商。以初商一乘廉法，再乘隅法，分别置于廉法、隅法的右边，幷将这二数加入方法，为定法。以初商乘定法，于实中减去。再以置于右边的下项加倍，与上项一起加入定法，退一位为求次商的方法。以初商乘隅法，三倍之，加入廉法，退二位，为求次商的廉法。隅法退三位。议得次商。以次商一乘廉法，再乘隅法，加入方法，为定法。以次商乘定法，于实中减去。如实尚未尽，求第三位商如求次商法。

现在以上述第二题的仰观台求乙高术为例，说明开带从立方的演算程序。这个三次

方程用现在的代数符号表达出来，是

$$x^3 + 1620x^2 + 850500x = 146802375$$

古人用算筹来表示，如图 1

实	146,802,375
方法	850,500
廉法	1,620
隅法	1

图 1

实	146,802,375
方法	850500
廉法	1620
隅法	1

图 2

估计这个方程的正根约在 100 与 1000 之间，将方法向左移二位，廉法向左移四位，隅法向左移六位，如图 2。这个新的开方式用代数符号表达出来，是

$$1000000x_1^3 + 16200000x_1^2 + 85050000x_1 = 146802375.$$

议得 $1 < x_1 < 2$，置初商 1 于实数百位的上面。以初商 1 乘廉法得 16200000，以初商 1 自乘，乘隅法得 1000000，放在廉法、隅法的右边。将这二数加入方法得 102250000 为定法。再以初商 1 乘定法，从实中减去，余 44552375。如图 3。

1	
44552375	
102250000	
16200000	16200000
1000000	1000000

图 3

将放在右边的 1000000 加倍，和 16200000 相并，加入定法得 120450000，向右移一位，作 12045000，为求次商的方法。以初商 1 乘隅法得1000000，以它的三倍加入16200000得 19200000，向右移二位，作 192000，为求次商的廉法。隅法向右移三位，作 1000，为求次商的隅法，如图 4 。这是一个求次商的开方式。设 $10x_2 = x - 100$，则

$$1000x_2^3 + 192000x_2^2 + 12045000x_2 = 44552375.$$

商	1
实	44552375
方法	12045000
廉法	192000
隅法	1000

图 4

13	
6662375	
12630000	
192000	576000
1000	9000

图 5

估计 x_2 在 3、4 之间,即以 3 为次商。以次商 3 乘廉法得 576000,以次商 3 自乘,乘隅法得 9000,放在右边。将这二数加入方法得 12630000,为定法。再以初商 3 乘定法,从实中减去,余 6662375,如图 5。

将放在右边的 9000 加倍,和 576000 相并,加入定法得 13224000,向右移一位作 1322400,为求三商的方法。以次商 3 乘隅法得 3000,以它的三倍加入 192000 得 201000,向右移二位,作 2010 为求三商的廉法。隅法向右移三位,作 1,为求三商的隅法。如图 6,这是一个求第三位商的方程

$$x_3 = x - 130$$

$$x_3^3 + 2010x_3^2 + 1322400x_3 = 6662375$$

商	13
实	6662375
方法	1322400
廉法	2010
隅法	1

图 6

135	
0	
1332475	
2010	10050
1	25

图 7

估计得 x_3 约等于 5,即以 5 为三商。以三商 5 乘廉法,得 10050,以三商 5 自乘,乘隅法得 25。将这二数加入方法,得 1332475 为定法。以三商 5 乘定法,从实中减去,恰恰减尽,如图 7。

因此得

$$x_3 = 5, \qquad x = 135.$$

在«缉古算术»里,依术推导出来的带从立方,隅法常是 1,廉法、方法、实都是正数,方法有时为 0。因为硬性规定以 1 为隅法,开方式的廉法、方法和实就不能常是整数,这在"开立方除"的过程中引起了一定的困难。第二题的求仰观台上广术中立出来的三次方程

$$f_1^3 + 17f_1^2 + 71\frac{2}{3}f_1 = 1677\frac{2}{3},$$

第三题的求堤工小头高术中立出来的三次方程

$$h_1^3 + 5004h_1^2 + 1169953\frac{1}{3}h_1 = 41107188\frac{1}{3}$$

方法和实都带有 2/3 或 1/3 的分数,开带从立方时依术演算困难尚不大。第三题求堤工甲袤术的三次方程是

$$z^3 + \frac{10224}{31}z^2 + \frac{167232}{31}z = \frac{743620608}{31},$$

廉法、方法和实都是以 31 为分母的分数,开带从立方时就很难引用常规的演算程序了。«缉古算术»于这一术的最后说:"凡廉母自乘为方母,廉母乘方母为实母",似是解决廉法为分数的开方式的一种算法,但这一句话的前后疑有脱落的文字,这种特殊的开立方除法

的演算程序不很清楚。我个人以为王孝通的原意可能如下:

开方式中的廉法既以 31 为分母,方法应以 31^2 为分母,它的分子可改为 $167232\times31=5184192$; 实应以 31^3 为分母,它的分子可改为 $743620608\times961=714,619,404,288$,立出开方式:

$$u^3+10224u^2+5,184,192u=714,619,404,288.$$

用常规开带从立方法,求得 $u=5952$,所求的 z 应是 $5952\div31=192$。这样解决廉法为分数的开方式,理论上是正确的,但方法和实的数字变得相当庞大,计算工作就相当繁重。如果王孝通于解上述三次方程时能以 31 遍乘方程各项,将它化为

$$31z^3+10224z^2+167232z=743620608$$

用开带从立方法就可以直接得到 $z=192$,以 31 为隅法,在"开立方除"的演算中并不增加多大困难。王孝通计不及此是有遗憾的。«缉古算术»第十一题,依术立出来的开方式的廉法、方法与实都是以 89 为分母的分数。"开立方除"时,因受着隅法必须为 1 的清规戒律的束缚,数字计算也是比较繁重的。在另一方面,如果廉法的分母为 10,方法的分母为 100,实的分母为 1000,那末,廉法、方法与实,分别以 10、100、1000 乘后都化为整数,"开立方除"所得之根是原来开方式根的 10 倍,在数字计算工作上并不增加困难。«缉古算术»书中有不少问题就是这样解决的。

四、評　論

王孝通解答一个立体积问题或句股问题,都必须从他所掌握的几何知识入手,然后用代数方法立出一个开方式,开方得到所求的答数。这些几何知识都不出«九章算术»商功章和句股章的范围。除第三题的"求堤都积术"外,王孝通在几何学方面,并无创造性的贡献。但在代数方法方面,他是有显著成就的。在上引的第二题、第三题术文中,我们看到:在建立开方式的过程中,有时求几个多项式的和,有时求两个多项式的积,种种恆等变换都是合理的;在开带从立方时,对分数系数的开方式也有了适当的解法。中国古代的代数学经历了一个发生、发展和系统化的过程,到元代的天元术和四元术,达到一个比较完整的阶段。王孝通的«缉古算术»是在唐代初年写成的,它在代数方法上的贡献登上了古代代数学高度发展的阶梯。

«九章算术»商功章第七题是:"今有穿渠,上广一丈八尺,下广三尺六寸,深一丈八尺,袤五万一千八百二十四尺,问积几何?秋程人功三百尺,问用徒几何?一千人先到,问受袤几何?"这一题的最后部分问:1000 个人工所开凿的渠道应有多少长?因渠道的剖面积并不改变,这个问题是很容易解答的。隋王朝统一中国后,展开了筑长城,开运河等规模宏大的工程建设,这对于有关的数学知识和计算技能提出了比前代更高的要求。王孝通«上缉古算术表»说:"伏寻«九章»商功篇有平地役工受袤之术。至于上宽下狭、前高后卑,正经之内阙而不论。致使今代之人不达深理,就平正之间同欹邪之用。斯乃圆孔方枘,如

何可安。臣昼思夜想，临书浩叹，恐一旦瞑目，将来莫覩。遂于平地之余，续狭斜之法，凡二十术，名曰‘缉古’。”上述第三题的“求甲县高、广、正、斜袤术”正是一个上狭下宽、前高后卑的堤防工程，役工受袤的例题。第四题“筑龙尾堤”，第五题“穿河”、“造滑”，也是有同样性质的施工问题。这几个水利工程问题在«缉古算术»里获得解决，说明了数学理论与工程实践相结合，社会的生产事业推动了数学的发展。

«缉古算术»第七题是个方亭问题，“假令亭仓上小、下大，上下方差六尺，高多上方九尺，容粟一百八十七石二斗[1]。今已运出五十石四斗。问仓上、下方、高及余粟深、上方各多少？”方亭是一个上广、上袤相等，下广下袤相等的刍童形。这题的“求余粟高及上方术”和第二题仰观台的“求均给积尺受广袤术”，理论上是一致的。第八题是个刍甍问题。题中说，甲县若干人，乙县若干人共筑一个已给上袤、下袤、下广及高的刍甍，甲县人先到先筑，问应筑到多少高。刍甍是一个直立的羡除形。解题用的“求甲县均给积尺受广袤术”与第二题的“求羡道均给积尺，甲县受广袤术”意义相同。«上缉古算术表»中说：“其祖暅之«缀术»，时人称之精妙。曾不觉方邑进行之术，全错不通；刍甍方亭之问，于理未尽。臣今更作新术，于此附申。”据此可知：第七题的“求余粟高及上方术”和第八题的“求甲县均给积尺受广袤术”，是王孝通的“新术”，提出来补祖暅«缀术»所不足的。

从第二题到第八题所有的求均积尺术都是三次方程的应用问题，无疑是«缉古算术»的重要成就之一。但是王孝通对三次方程的认识是有所局限的，他于建立开方式时和开带从立方时，都有隅法必须是 1 的硬性规定，这引起了解题时的许多困难。王孝通用他的有高度技巧的代数方法解决了这些困难。如果用宋元人的天元术或现在的代数术，取消隅法为 1 的规定，问题的解决就简单得多。

我们在表彰王孝通在代数学上的成就的同时，也应看到在他提出来的具体问题中有着不少可以指摘的缺点。譬如说：堤防工程的高度应由当地地形的高下和水文情况所决定；两侧斜面的坡度应由泥土的休止角大小所决定，都不是从虚拟的数据推算出来的。但第三题的“求堤上、下广及高袤术”所依据的数据，如“上广多东头高”、“正袤多于东头高”等等都是矫揉造作的，从而立出来的带从立方不是实事求是的。其他立体积问题中也都有这种脱离实际的数据。

第三题“求堤上、下广及高、袤术”下的自注说：“此平堤在上，羡除在下。”由此可知；开方式是从假定堤工的两侧斜面是有一定坡度的平面而立出来的。堤工东西两头斜面的坡度是 $\frac{2h_1}{b_1-a}$ 与 $\frac{2h_2}{b_2-a}$，它们是相等的。所以

$$\frac{h_1}{b_1-a}=\frac{h_2-h_1}{b_2-b_1}$$

题中已给 $h_2-h_1=310$ 寸，$b_1-a=62$ 寸，$b_2-b_1=682-62=620$ 寸。由此可以

1）第六题说“斛法二尺五寸”，就是说：粟一石的体积为 2.5 立方尺。

准确地算出

$$h_1 = 310 \times 62/620 = 31 \text{ 寸。}$$

王孝通用开带从立方法来求 h_1,似非必要。

第三题的甲、乙、丙、丁四段堤工的工作量可以用土方来计算,四段堤工的体积以四县徭役人数来比例分配是比较合理的。但在第二题的"求(仰观台)均给积尺受广袤术"里,就不应以甲乙二县徭役人数来分配所筑仰观台高下两部分的体积。一则,乙县人负责建筑的部分比较高,每一立方尺体积的工作量应是更重。一则,仰观台上有台面,四面有石作或砖砌的挡土墙,它们每一立方尺的工作量都比较大。甲、乙二部分挡土墙工作量的比显然小于这二部分体积的比。王孝通简单地用体积大小来计算甲、乙二县徭役的筑台工作是缺少理论根据的。在"求(羡道)均给积尺受广袤术"里也有同样不合理的分配。

王孝通于《上缉古算术表》中说:"臣长自闾阎,少小学算,鐫磨愚钝,迄将皓首,钻寻秘奥,曲尽无遗。代乏知音,终成寡和。"又说:"请访能算之人考论得失,如有排其一字,臣欲谢以千金。"他爱惜他自己的数学著作到骄傲自满的地步。《缉古算术》的写成可能是在他的早年,到上表那年已有相当长的时期。书中偶然存在的一些缺点未能及时改正,这是他的骄傲自满情绪导致的过失。

用"一分为二"的观点来分析,一方面看到王孝通在代数学上是有所发展、有所前进的。对此,我们自应给予高度的评价。在另一方面,我们看到《缉古算术》中的代数方法有它的局限性,它的设题造术还有理论脱离实际的情况。《缉古算术》的成就是不应完全肯定的。